高职高专“十四五”规划教材

印制电路板设计
——Altium Designer 17

主　编　太淑玲　孙冠男
副主编　秦　荣　杨子江
主　审　于润伟

北京航空航天大学出版社

内 容 简 介

设计印制电路板是电子产品制作过程中非常重要的环节。本书主要介绍了当下比较流行的印制电路板设计软件——Altium Designer 17 的设计功能，重点培养学生熟练运用计算机辅助设计软件完成电子电路和印制电路板图的设计与制作的能力；从原理图设计、原理图元件绘制、印制电路板设计到元件封装的设计，按照电路板的设计顺序，深入浅出地讲解了 Altium Designer 17 软件，使读者能迅速掌握该软件的基本应用，同时深入讲解了电路板设计中的一些知识，学习后有助于读者设计真实的印制电路板。

全书内容丰富，软件新颖，案例由浅入深，可以帮助读者逐步提高设计能力；每章前有导读，章后配有习题，便于读者学习和练习。

本书可作为高等职业院校电子类、电气类、通信类、机电类等专业的教材，也可作为职业技术教育、技术培训的教材，并可供从事电子产品设计与开发的工程技术人员参考。

图书在版编目(CIP)数据

印制电路板设计 : Altium Designer 17 / 太淑玲，孙冠男主编. -- 北京：北京航空航天大学出版社，2020.8

ISBN 978-7-5124-3312-0

Ⅰ.①印… Ⅱ.①太… ②孙… Ⅲ.①印刷电路—计算机辅助设计—应用软件 Ⅳ.①TN410.2

中国版本图书馆 CIP 数据核字(2020)第 132950 号

印制电路板设计——Altium Designer 17

主　编　太淑玲　孙冠男

副主编　秦　荣　杨子江

主　审　于润伟

责任编辑　杨　昕

*

北京航空航天大学出版社出版发行

北京市海淀区学院路 37 号(邮编 100191)　http://www.buaapress.com.cn

发行部电话：(010)82317024　传真：(010)82328026

读者信箱：goodtextbook@126.com　邮购电话：(010)82316936

北京宏伟双华印刷有限公司印装　各地书店经销

*

开本：787×1 092　1/16　印张：15.25　字数：390 千字

2020 年 8 月第 1 版　2020 年 8 月第 1 次印刷　印数：3 000 册

ISBN 978-7-5124-3312-0　定价：45.00 元

前　言

本书主要介绍了现在比较流行的电路板设计软件 Altium Designer 17.0.6(简称 Altium Designer 17 或 AD17),通过具体实例讲解电路板设计应具备的知识,包括原理图设计、印制电路板设计及元件库设计等。在案例选用上突出了实用性、综合性和先进性,使读者能迅速掌握软件的基本应用,重点培养 PCB 设计的能力。

本书具有以下特点:

(1) 以具体实例为切入点,将软件操作巧妙地融入实例设计过程中;以完成印制电路板设计为目标,进行每一个具体知识的讲解。

(2) 图文并茂地讲述了具体实例,在解决具体实例上步骤清晰,方便初学者和广大电路板设计爱好者自行学习。

(3) 案例丰富,内容由浅入深,案例由简入繁,使读者在设计能力上得到逐步的增强。

(4) 每章之后都有具体操作习题,方便读者在课下进行学习巩固。

本书共分 10 章,内容包括原理图绘制、原理图元件绘制、手工设计电路板、自动设计电路板、元件封装制作、实例篇等。每章都配有深浅度适中的习题供读者练习,可依据实际情况取舍。本书由太淑玲、孙冠男担任主编,其中第 1～4 章由太淑玲编写,第 5、7、8 章由孙冠男编写,第 6 章由杨子江编写,第 9、10 章由秦荣编写,全书由太淑玲统稿,于润伟主审。

由于作者水平有限,书中难免有疏漏和不妥之处,敬请专家、同仁和广大读者批评指正。

编　者

2020 年 6 月

目　　录

第 1 章　印制电路板与 Altium Designer 17 概述

本章导读

本章主要讲述印制电路板的基本知识及 Altium Designer 17.0.6(以下简称为 Altium Designer 17 或 AD17)的安装方法、破解方法、汉化方法及 AD17 软件的文件管理,为进一步学习软件打下基础。

1.1　印制电路板设计的基本知识

学习电路设计的最终目的是完成印制电路板的设计,印制电路板是电路设计的最终结果。为了更好地掌握电路设计的方法,本节将简单介绍印制电路板的基本概念。

1.1.1　印制电路板——PCB

在现实生活中,打开电子产品后,通常可以发现其中有一块或者多块印制板子,在这些板子上面有电阻、电容、二极管、三极管、集成电路芯片、各种连接插件,另外还可以发现在板子上有印制线路连接着各种元件的引脚,这些板子称为印制电路板,英文简称为 PCB。通常电路设计在原理图设计完成后,需要设计一块印制电路板来完成原理图中的电气连接,并安装上元件,进行调试,因此可以说印制电路板是电路设计的最终结果。

在 PCB 上通常有一系列的芯片、电阻、电容等元件,它们通过 PCB 上的导线连接,构成电路,电路通过连接器或者插槽进行信号输入或者输出,从而实现一定的功能。可以说,PCB 主要是为元件提供电气连接,为整个电路提供输入/输出端口及显示,电气连接性是 PCB 最重要的特性。PCB 在各种电子设备中的功能如下:

① 提供集成电路等各种电子元件的固定、装配的机械支撑。

② 实现电路的电气连接。

③ 为装配电子产品提供焊接图形,为电子元件的插装、检查、调试、维修提供识别图形,以便正确插装元件,快速对电子设备电路进行维修。

1.1.2　印制电路板的组成

PCB 为各种元件提供电气连接,并为电路提供输出端口,这些功能决定了 PCB 的组成和分层。图 1-1 所示为 PCB 实物图,在图上可以看见各种芯片、PCB 板上的走线、输入/输出端口等(这里用的是通用插槽和连接器)。

印制电路板主要由焊盘、过孔、安装孔、导线元件、接插件、填充、电器边界等组成,各组成部分的主要功能如下:

1. 元　件

用于完成电路功能的各种器件。每一个元件都包含若干个引脚,通过引脚将电信号引入元件内部进行处理,从而完成对应的功能。引脚还有固定元件的作用。电路板上的元件包括

图 1-1　PCB 实物图

集成电路芯片、分立元件(如电阻、电容等)、提供电路板的输入/输出端口和电路板供电端口的连接器,某些电路板上还有指示的器件(数码显示管、发光二极管 LED 等),如网卡的工作指示灯。

2. 铜　箔

铜箔在电路板上可以表现为导线、焊盘、过孔和敷铜等各种方式,作用分别如下:

① 导线。用于连接电路板上各种元件的引脚,完成各个元件之间的电信号连接。

② 过孔。在多层的电路板中,为了完成电气连接的建立,在某些导线上会出现过孔。在工艺上,过孔的孔壁圆柱面上用化学沉积的方法镀上一层金属,用以连接中间各层需要连通的铜箔,而过孔的上下两面做成普通的焊盘形状,可直接与上下两面的线路相通,也可不连。

③ 安装孔。用于固定印制电路板。

④ 焊盘。用于在电路板上固定元件,也是电信号进入元件通路的组成部分。用于安装整个电路板的安装孔有时也以焊盘的形式出现。

⑤ 敷铜。在电路板上的某个区域填充铜箔称为敷铜,敷铜可以改善电路的性能。

⑥ 丝印层。印制电路板的顶层,采用绝缘材料制成,在丝印层上可以标注文字,注释电路板上的元件和整个电路板,此外,丝印层还能起到保护顶层导线的作用。

⑦ 接插器。用于电路板之间连接的元件。

⑧ 填充。用于地线网络的敷铜,可以有效减小阻抗。

⑨ 电器边界。用于确定电路板的尺寸,所有电路板上的元器件都不能超过该边界。

⑩ 印制材料。采用绝缘材料制成,用于支撑整个电路。

1.1.3　元件封装的基本知识

所谓元件封装,是指当元件焊接到电路板上时,在电路板上所显示的外形和焊点位置的关系。它不仅起着安放、固定、密封、保护芯片的作用,而且是芯片内部和外部沟通的桥梁。

不同的元件可以有相同的封装,相同的元件也可以有不同的封装。因此,在进行印制电路板设计时,不但要知道元件的名称、型号,还要知道元件的封装。常用的封装类型有直插式封装和表贴式封装,直插式封装是指将元件的引脚插过焊盘导孔,然后再进行焊接;而表贴式封装是指元件的引脚与电路板的连接仅限于电路板表层的焊盘。

注意:在设计电路原理图时,选择放置元件在原理图中就需要注意元件的封装,如果选择的元件没有封装或封装不正确将不能完成 PCB 的设计。这点读者在后面学习电路设计时一定要注意。

另外，Altium Designer 17 集成的元件库中的元件一般都有封装，而自己设计的元件则需要手动添加封装。

1.2　Altium Designer 17 简介

1.2.1　Altium Designer 17 的发展历史

1998 年，Protel 公司推出了 Protel 98，它是一个 32 位的 EDA 软件，将原理图设计、PCB 设计、无网格布线器设计、可编程逻辑器件设计和混合电路模拟仿真集于一体，大大改进了自动布线技术，使得印制电路板自动布线真正走向了实用。随后 Protel 99 和 Protel 99SE 的出现使 Protel 成为中国使用得最多的 EDA 工具。电子专业的大学生在学校基本上都用过 Protel 99SE，公司在招聘新人的时候也将 Protel 作为考核标准；据统计，在中国有 73%的工程师和 80%的电子工程相关专业在校学生正在使用其所提供的解决方案。

2001 年，Protel Technology 公司改名为 Altium 公司，并于 2002 年推出了令人期待的新产品 Protel DXP。Protel DXP 与 Protel 99SE 相比，不论是操作界面还是功能上都有了非常大的改进。而 2003 年推出的 Protel 2004 又对 Protel DXP 进行了进一步的完善。

2006 年，经过多次蜕变，Protel DXP 正式更名为 Altium Designer，Altium Designer 6.0 的推出，集成了更多的工具，使用更方便，功能更强大，特别是在 PCB 设计这方面性能得到了极大提高。伴随着计算机系统的更新和软件的更新，其先后推出了 Altium Designer 6.9、Altium Designer 10.0 等多款软件，使得软件的功能不断完善。

Altium Designer 17 于 2017 年初在中国上市，简称 AD17，是与 AD15、AD16 在操作上极为相似的一个版本。它除了全面继承包括 Protel 99SE、Protel DXP 在内的先前一系列版本的功能和优点外，还增加了许多改进和高端功能。其支持软硬件复合设计，将原理图捕获、3D PCB 布线、分析及可编程设计等功能集于一体，是当下比较流行的软件。

1.2.2　Altium Designer 17 的新特性

Altium Designer 17 拥有全新的替代元器件选择系统，可以帮助设计师掌控定义元器件可替换方案的全过程；直观的间距指示，可以帮助设计师在 PCB 板上正确地放置各种设计元素，因为它可以直观地看到它们之间的距离；智能的元器件布局系统，可以帮助设计师高效地在 PCB 板上实现排列整齐的元器件布局。

Altium Designer 17 增加了 Active Route 功能。

在 PCB 设计阶段，我们将大量的时间精力耗费在了 PCB 布线这个环节上，成千上万个网络，不断地打孔换层修线绕线，有时还要将之前布好的线删除重走，真的是费时、费力。AD17 带来的 Active Route 新功能将我们从繁重的拉线工作中解放出来。

Active Route 是一种交互式自动布线技术，可以实现高速、多网络、多层的网络自动布线功能。

Active Route 允许我们交互式地针对一组网络进行自动布线，在满足设计规则的条件下，通过设计师的一些简单的控制，就能将一组关联的网络走线快速并且高质量地布通，以最大化地解放我们的劳动力。以前我们觉得自动布线功能是鸡肋，只能在一些非关键的简单的网络上应用，并且最终自动布线完成后，还要人工去修线；现在，Active Route 的新功能足以让人们改变这种看法。

1.2.3 Altium Designer 17 的组成

Altium Designer 17 并不是一个简单的电子电路设计工具，而是一个功能完善的电路设计、仿真与 PCB 制作系统。其由 4 个大的设计模块组成，分别为原理图(SCH)设计模块、原理图(SCH)仿真模块、印刷电路板(PCB)设计模块、可编程逻辑器件(FPGA)设计模块。

1.3 Altium Designer 17 的安装及优化

1.3.1 Altium Designer 17 的安装

AD17 的安装过程与 Protel 家族的其他软件类似。

① 找到 AD17 文件包，将其解压。

② 安装文件解压后，找到 Altium Designer Setup17_0_6. exe 文件并双击安装。

③ 弹出 AD17 安装向导界面，无须设置直接进入下一步。

④ 单击 Next 按钮，弹出接受协议界面，选中 I accept the agreement 复选框。

⑤ 单击 Next 按钮，选择版本号和安装的源文件，这里可以选择默认。

⑥ 单击 Next 按钮，选择安装程序到哪个文件夹，即安装的目标路径，默认是 C 盘，也可以选择 D 盘，其他的路径不变，如图 1-2 所示。

图 1-2 安装的目标路径

⑦ 单击 Next 按钮，弹出 Ready to Install 准备安装对话框。

⑧ 单击 Next 按钮，弹出 Installing Altium Designer 安装过程对话框，直到安装完成。

⑨ 安装完成后，单击 Finish 按钮完成安装。

1.3.2　Altium Designer 17 的中英文界面转换

AD17 安装完成后的工作窗口默认状态是英文操作界面，需要手动将英文界面转换为中文界面。

① 从“开始”菜单的“所有程序”中启动这个软件。

② 在软件启动的过程中，可以看到软件的版本号和软件的启动界面。

③ 在软件启动成功后的窗口中，软件语言是英文的，同时软件有一个红色的提示，说明软件还不能使用，没有激活。

④ 打开的 DXP 菜单，在弹出的快捷菜单中选择 Preferences 命令，如图 1－3 所示。

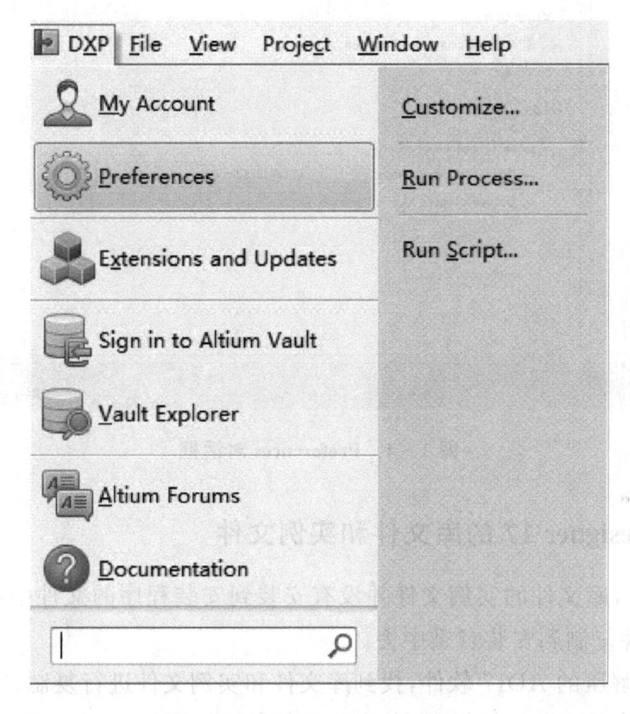

图 1－3　选择 Preferences 命令

⑤ 在弹出的 Preferences 对话框中，展开 System-General，在 Localization 区域中选中 Use localized resources 复选框，同时选中 Localized menus 复选框，如图 1－4 所示。当选中后，将会弹出一个提示对话框，单击 OK 按钮，回到图 1－4 中，再单击 OK 按钮，退出 AD17，然后重新启动，此时软件的工作窗口界面就转换成为中文界面了。

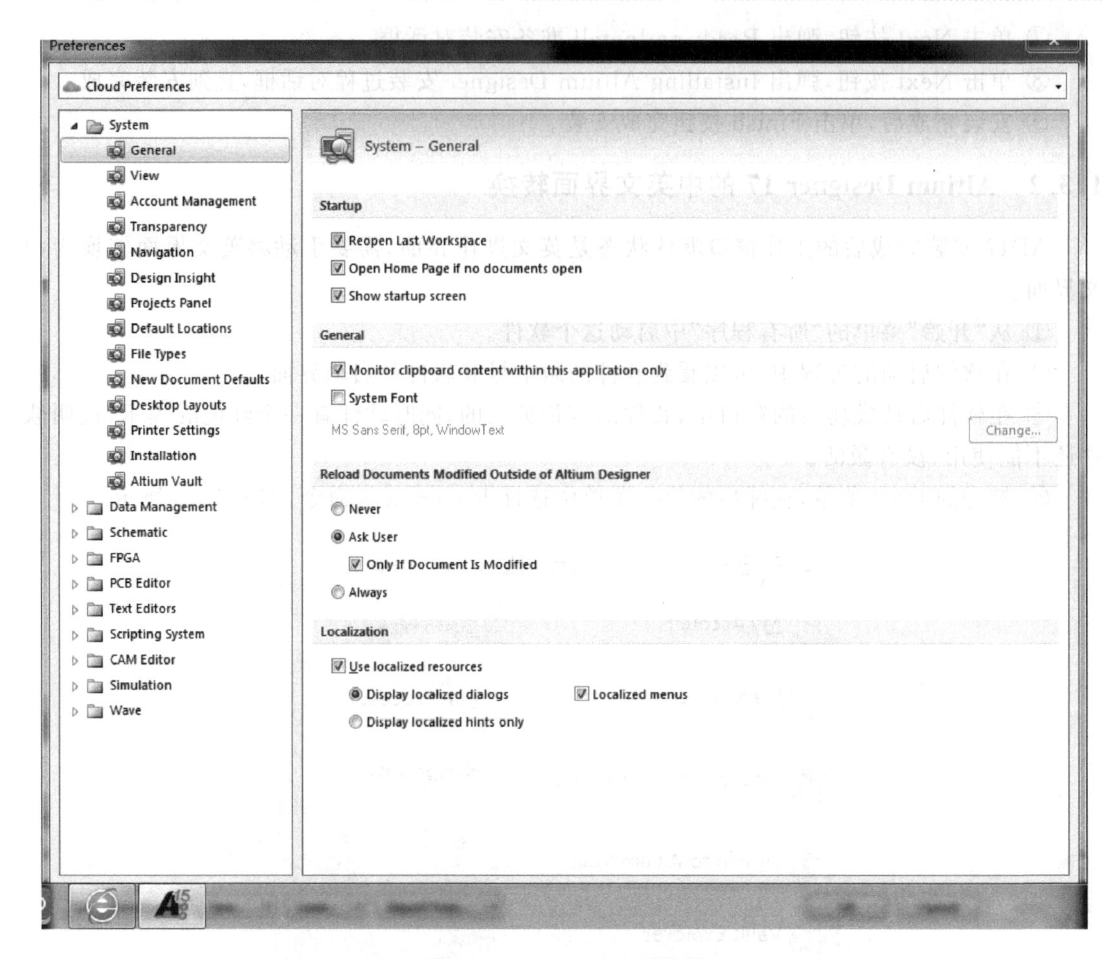

图 1-4　Preferences 对话框

1.3.3　Altium Designer 17 的库文件和实例文件

AD17 在安装后，库文件的实例文件并没有安装到安装程序的文件中，此时需要将下载并解压后的这两个文件复制到安装目录中去。

① 选择下载并解压的 AD17 软件，找到库文件和实例文件进行复制。

② 找到安装程序的文件，粘贴库文件和实例文件，粘贴后，就可以正常使用库文件和实例文件了。

1.3.4　Altium Designer 17 的工作环境介绍

和 Protel 家族的其他软件类似，AD17 启动后将进入自己的主窗口。在主窗口中，可以完成新建/打开工程或者文件的功能，也可以对元件库进行编辑。本小节将介绍 AD17 的主工作窗口、主菜单、工具栏等。

1. Altium Designer 17 的启动

启动 AD17 的方法非常简单，只要运行 AD17 的程序就可以启动。

① 从“开始”菜单中启动。单击桌面左下角的“开始”按钮，然后在“开始”菜单栏中选择

Altium Designer 17 命令。

② 单击“开始”按钮，选择“程序”→Altium→Altium Designer 17 命令即可启动。

2. 主窗口

AD17 启动后，进入 AD17 主窗口，如图 1－5 所示。在 AD17 的主窗口中，包含主菜单、工具栏、主工作窗口、工作面板、标签栏、状态栏和命令栏。

在主工作窗口中，默认的工作面板为 Files 面板，在主工作窗口的右下角是激活各种工作面板的按钮，主工作窗口右边还有各种快速启动的图标。

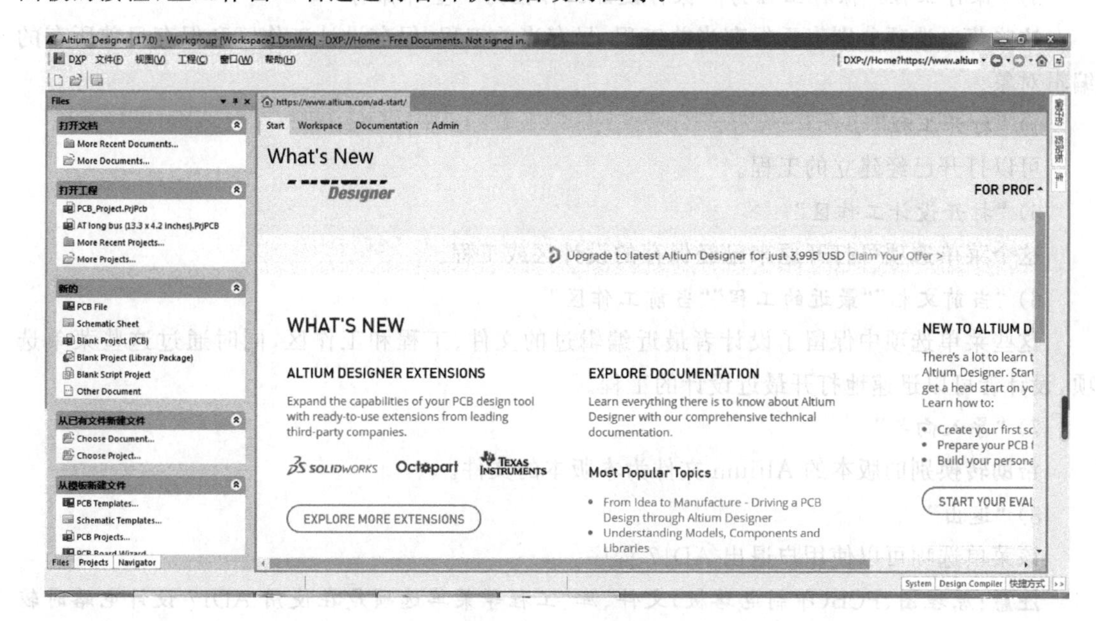

图 1－5　主窗口

3. 主菜单

主菜单中包括用户配置按钮和 5 个菜单选项，它们的作用各不相同。

(1) DXP 菜单选项

打开 DXP 菜单，将弹出用户配置按钮菜单。在该菜单选项中设计者可以定义界面内容，还可以查看当前系统的信息。该菜单提供的功能大部分是为高级用户所设定的，这里只进行简略介绍。

① “我的账户”菜单选项：该菜单帮助用户自定义界面，选择该菜单选项，可以完成软件的激活等功能。

② “参数设置’”菜单选项：该菜单帮助用户定义系统工作状态，在该对话框中，通过设置这些选项卡的参数可以设置 AD17 的工作状态。

注意：优先设定对话框的设置很重要，前面介绍的 AD17 软件的中文化就是通过此对话框的设置来实现的，希望读者引起重视。

(2) “文件”菜单选项

“文件”菜单选项的各项功能如下：

1) “新的”

将光标停留在该菜单选项上一小段时间，将弹出下一级菜单选项，这里可以新建各种

AD17 支持的文件。

① 常用的文件包括原理图、PCB(印制电路板)文件、库、工程等。

② 将光标移动到“工程”菜单选项上显示三级菜单。

③ 将光标移动到“库”菜单选项上显示三级菜单。

2) “打开”

该菜单选项可以打开 AD17 支持的所有文件。

3) “保存工程”“保存工程为”“保存设计工作区为”“全部保存”

这些菜单选项分别表示保存当前工程、另存当前工程、保存设计工作区和保存目前所有的编辑对象。

4) “打开工程”

可以打开已经建立的工程。

5) “打开设计工作区”

这个菜单选项可打开原来已经保存的设计区或工程。

6) “当前文档”“最近的工程”“当前工作区”

这些菜单选项中保留了设计者最近编辑过的文件、工程和工作区，同时通过这些菜单选项，设计者可以迅速地打开最近设计的工程。

7) “导入向导”

帮助转换别的版本的 Altium 文件为本版本的文件。

8) “退出”

该菜单选项可以使用户退出 AD17 程序。

注意：原理图、PCB(印制电路板)文件、库、工程等菜单选项是在使用 AD17 设计电路时较常使用的选项。

(3) “视图”菜单选项

打开“视图”菜单，弹出菜单选项。菜单选项包括“工具栏”“工作区面板”“桌面布局”“器件视图”“首页”“状态栏”等选项。

(4)“工程”菜单选项

打开“工程”菜单，弹出菜单选项。

4. 工作面板

AD17 启动后，在主窗口左边自动出现默认的 Files 面板，如图 1-6 所示。该面板的操作分 5 个部分。

1)“打开文档”

打开 AD17 支持的单个文件。

2)“打开工程”

打开 AD17 支持的工程文件。

3)“新的”

新建 AD17 支持的单个文件或工程文件。

4)“从已有文件新建文件”

从已有文件中新建文件。

5)"从模板中新建文件"

从模板中新建文件。

其他工作面板可以通过主窗口中左下角的按钮进行切换。单击 Projects 按钮切换到 Projects 面板,如图 1－7 所示。

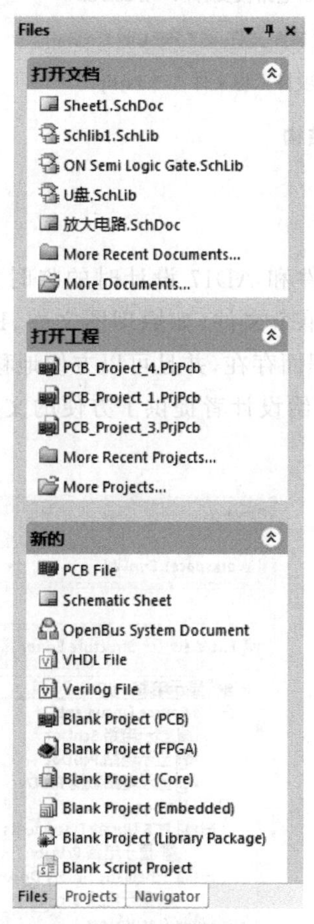

图 1－6　Files 面板

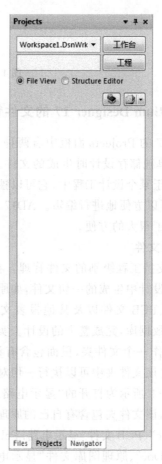

图 1－7　Projects 面板

注意:由于还没有建立工程,所以工程是空白的。如果建立了工程后则会显示工程内容,单击 Navigator 按钮切换到 Navigator 面板。

1.4　Altium Designer 17 的文件管理

1.4.1　Altium Designer 17 的文件结构

AD17 同样引入了工程(＊.PrjPcb 为扩展名)的概念,其中包含一系列的单个文件,如原理图文件(.SchDoc)、元件库文件(.SchLib)、网络报表文件(.NET)、PCB 设计文件(.PcbDoc)、报表文件(.REP)、CAM 报表文件(.Cam)等,工程文件的作用是建立与单个文件之间的连接关系,方便电路设计的组织和管理。文件组织结构如图 1－8 所示。

PCB 设计工程项目文件（*.PrjPcb）
- 电路原理图文件（ *.SchDoc ）
- 原理图元器件库文件（ *.SchLib ）
- 网络报表文件（ *.NET ）
- PCB印制电路板文件（ *.PcbDoc ）
- PCB 封装库文件（ *.PcbLib ）
- FPGA 项目工程文件（ *.PrjFpc）

图 1-8　文件组织结构

1.4.2　Altium Designer 17 的文件管理系统

在 AD17 的 Projects 面板中有两种文件：工程文件和 AD17 设计时的临时文件。此外，AD17 还将单独储存设计时生成的文件。AD17 中的单个文件(如原理图文件、PCB 文件)不要求一定处于某个设计工程中，它可以独立于设计工程而存在，并且可以方便地移入和移出设计工程，也可以方便地进行编辑。AD17 文件管理系统给设计者提供了方便的文件中转，给大型设计带来了很大的方便。

1. 工程文件

AD17 支持工程级别的文件管理。在一个工程文件中包含有设计中生成的一切文件，如原理图文件、网络报表文件、PCB 文件以及其他报表文件等，它们一起构成一个数据库，完成整个的设计。实际上，工程文件可以被看作一个文件夹，里面包含有设计中需要的各种文件，在该文件夹中可以执行一切对文件的操作。

如图 1-9 所示为打开的“显示电路. PrjPcb”工程文件的展开，该文件夹包含有自己的原理图文件“显示电路. SchDoc”、PCB 文件“显示电路. PcbDoc”“显示电路敷铜. PcbDoc”、原理图库文件“显示电路. SchLib”、PCB 库文件“显示电路. PcbLib”。

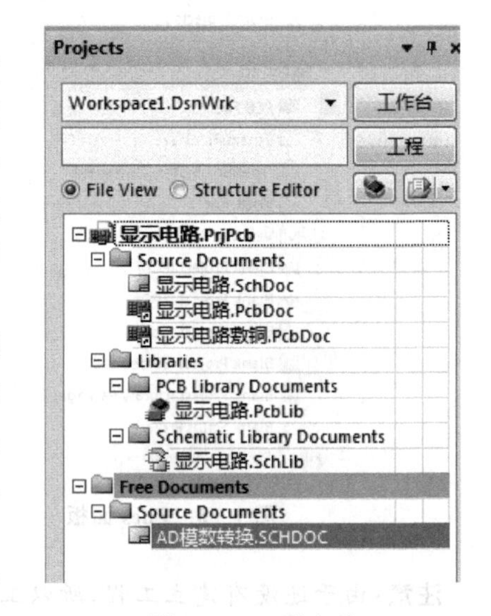

图 1-9　工程文件

注意：工程文件中并不包括设计中生成的文件，工程文件只起到管理的作用。如果要对整个设计工程进行复制、移动等操作，则需要对设计时生成的所有文件都进行操作。如果只复制工程，则不能完成所有文件的复制，在工程中列出的文件将是空的。

2. 自由文档

不从工程中新建，而直接从“文件”→“新建”中建立的文件作为自由文档，如图 1-9 所示的 Free Documents。

3. 文件保存

当 AD17 存盘时，系统会单独地保存所有设计中生成的文件，同时也会保存工程文件。但是需要说明的是，在文件存盘时，工程文件不像 Protel 99SE 那样，将所有设计时生成的文件都保存在工程文件中，而是针对每个生成文件都有自己的独立文件。

1.4.3　Altium Designer 17 的原理图和 PCB 设计系统

AD17 作为一套电路设计软件，主要包含 4 个组成部分：原理图设计系统、PCB 设计系统、电路仿真系统、可编程程序设计系统。

Schematic DXP：电路原理图绘制部分，提供超强的电路绘制功能。设计者不但可以绘制电路原理图，还可以绘制一般的图案，也可以插入图片，对原理图进行注释。原理图设计中元件由元件符号库支持，对于没有符号库的元件，设计者可以自己绘制元件符号。

PCB DXP：印制电路板设计部分，提供超强的 PCB 设计功能。AD17 有完善的布局和布线功能，尽管 Protel 的 PCB 布线功能不能说是最强的，但是它的简单易用使得软件具有很强的亲和力。PCB 需要由元件封装库支持，对于没有封装库的元件，设计者可以自己绘制元件封装。

SIM DXP：AD17 的电路仿真部分。在电路图和印制板设计完成后，需要对电路设计进行仿真，以便检查电路设计是否合理，是否存在干扰。

PLD DXP：AD17 的可编程逻辑设计部分。

本小节将重点介绍原理图和 PCB 设计系统，从新建一个工程文件开始，然后在工程文件中新建原理图文件、新建原理图库文件、新建 PCB 文件、新建 PCB 库文件。

1. 新建工程文件

新建工程文件的方法有以下两种。

方法一：在 AD17 默认的 Files 面板中选择“新的”→Blank Project(PCB)(PCB 工程)命令。

方法二：选择“文件”→“新建”→“工程”“PCB 工程”命令。

通过以上两种方式建立的工程文件如图 1－10 所示。

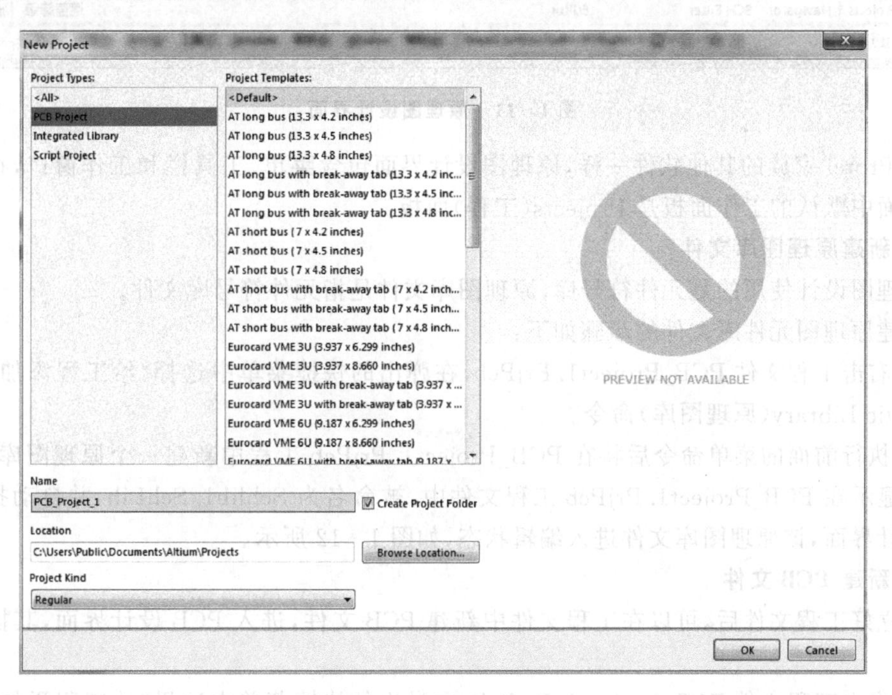

图 1－10　工程文件

工程文件建立好后，可以在工程文件中建立单个文件。

2. 新建原理图文件

新建原理图文件的操作步骤如下：

① 右击工程文件 PCB_Project1. PrjPcb，在弹出的快捷菜单中选择“给工程添加新的”→Schematic(原理图)命令。

② 执行前面的菜单命令后将在 PCB_Project1. PrjPcb 工程中新建一个原理图文件，该文件将显示在 PCB_Project1. PrjPcb 工程文件中，被命名为 Sheet1. SchDoc，并自动打开原理图设计界面，该原理图文件进入编辑状态，如图 1－11 所示。

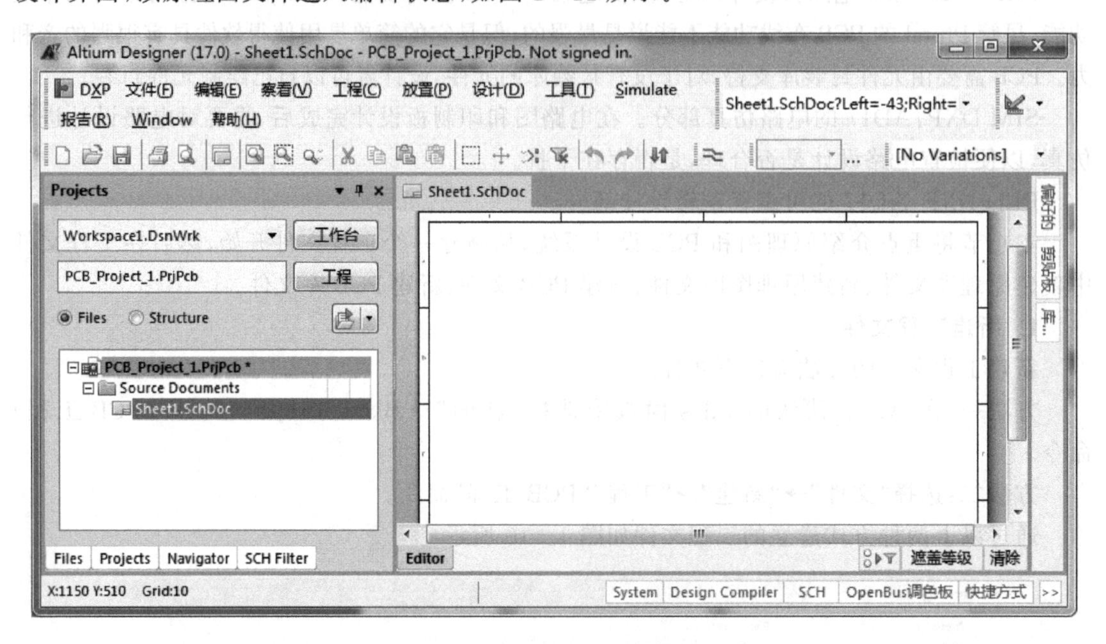

图 1－11 原理图设计界面

和 Protel 家族的其他软件一样，原理图设计界面包含菜单、工具栏和工作窗口，在原理图设计界面中默认的工作面板是 Projects(工程)面板。

3. 新建原理图库文件

原理图设计使用的是元件符号库，原理图库文件是指元件符号库文件。

新建原理图元件库文件的步骤如下：

① 右击工程文件 PCB_Project1. PrjPcb，在弹出的快捷菜单中选择“给工程添加新的”→Schematic Library(原理图库)命令。

② 执行前面的菜单命令后将在 PCB_Project1. PrjPcb 工程中新建一个原理图库文件，该文件将显示在 PCB_Project1. PrjPcb 工程文件中，被命名为 Schlib1. SchLib，并自动打开原理图库设计界面，该原理图库文件进入编辑状态，如图 1－12 所示。

4. 新建 PCB 文件

建立好工程文件后，可以在工程文件中新建 PCB 文件，进入 PCB 设计界面，其操作步骤如下：

① 右击工程文件 PCB_Project1. PrjPcb，在弹出的快捷菜单中选择“给工程添加新的”→PCB(印制电路板)命令。

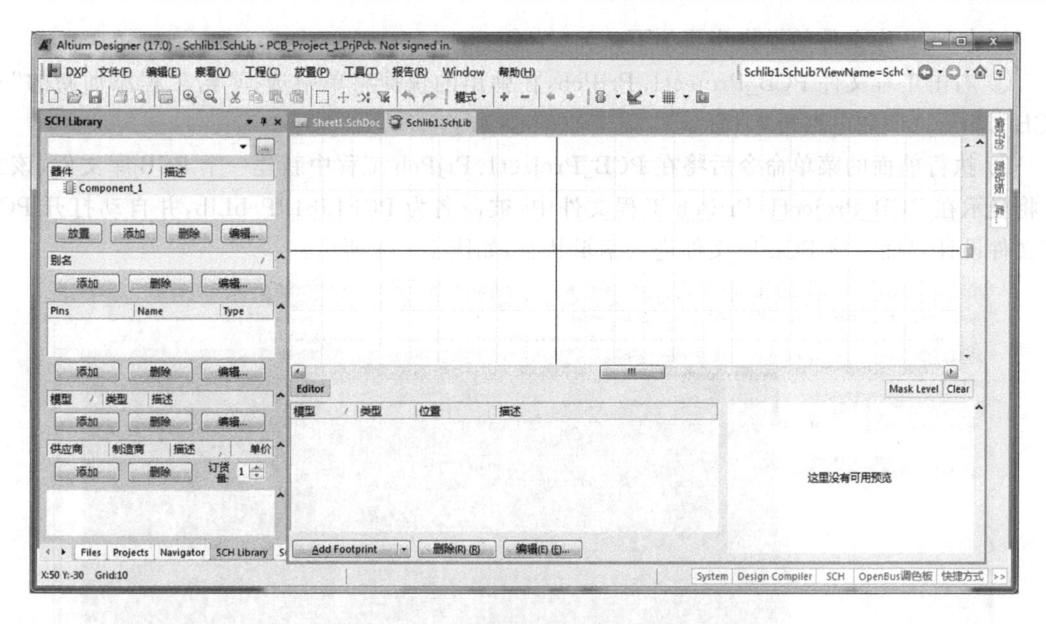

图 1-12　原理图库文件设计界面

② 执行前面的菜单命令后将在 PCB_PrjPcb 工程中新建一个 PCB 文件，该文件将显示在 PCB_Project1. PrjPcb 工程文件中，被命名为 PCB1. PcbDoc，并自动打开 PCB 设计界面，该 PCB 文件进入编辑状态，如图 1-13 所示。

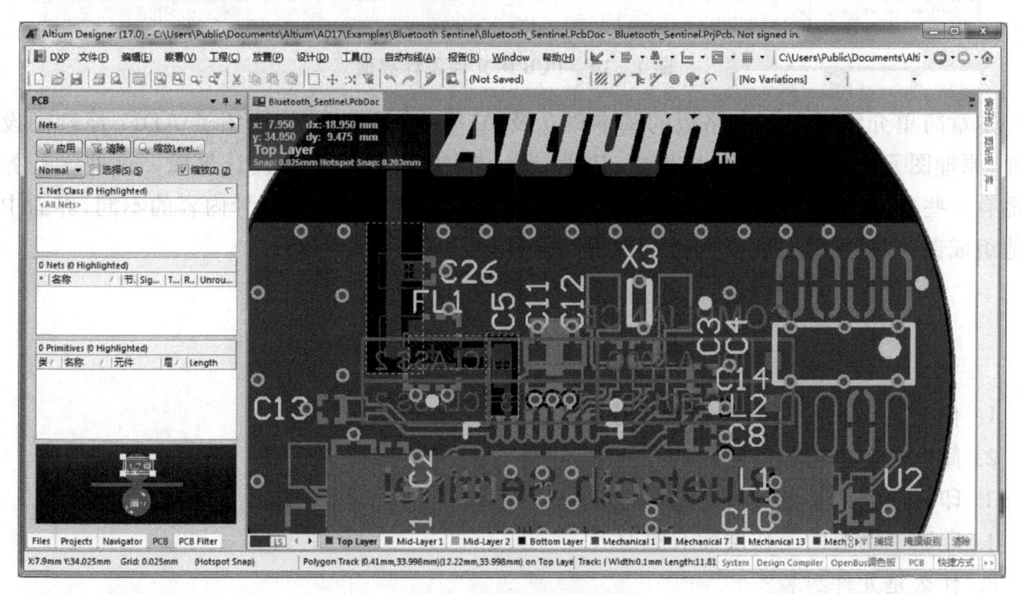

图 1-13　PCB 设计界面

此时激活的设计工程仍然是 PCB_Project1. PrjPcb。不过和原理图设计界面不同，在左下角将显示 PCB 选项，选择该选项后正式进入 PCB 文件的编辑。

5. 新建 PCB 库文件

PCB 设计使用的是元件封装库。没有元件封装库的元件将不会出现，如果从原理图转换为 PCB，则只会出现元件的名称而没有元件的外形封装。

新建 PCB 库文件的操作步骤如下：

① 右击工程文件 PCB_Project1. PrjPcb，在弹出的快捷菜单中选择"给工程添加新的"→PCB Library(印制电路板库)命令。

② 执行前面的菜单命令后将在 PCB_Project1. PrjPcb 工程中新建一个 PCB 库文件，该文件将显示在 PCB_Project1. PrjPcb 工程文件中，被命名为 PCBLib1. PcbLib，并自动打开 PCB 库文件设计界面。该 PCB 库文件进入编辑状态，如图 1－14 所示。

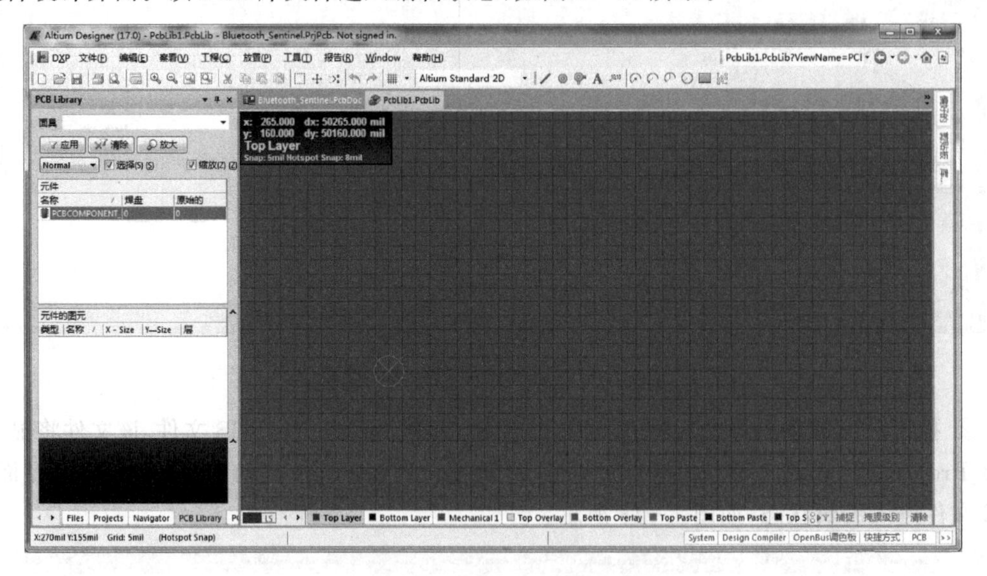

图 1－14　PCB 库文件设计界面

本章简单介绍了印制电路板的基本概念及 AD17 的基本情况，介绍了 AD17 原理图设计界面、原理图元器件设计界面、电路板(PCB)设计界面、PCB 库文件设计界面。这些设计界面中都有一些共同的组成：菜单、工具栏、工作面板和工作窗口。随着设计内容的不同，界面中的其他组成部分将会有所不同，详细的内容将会在以后的章节中介绍。

习　题

1. 什么是 PCB? PCB 的功能是什么？
2. 简述印制电路板的组成。
3. 印制电路板常见的板层结构有哪些？
4. 印制电路板的工作层面有哪些？
5. 什么是元件封装？
6. 上机操作：AD17 软件的汉化。
7. AD17 的文件结构是怎样的？
8. AD17 的单个文件的后缀名是什么？
9. AD17 的文件系统包含哪些？
10. AD17 的工程文件和单个文件的建立方法是怎样的？
11. 上机操作：读者自己建立一个工程文件，并在工程文件中建立单个文件。

第 2 章　绘制第一张原理图

本章导读

本章通过图 2－1 所示单管放大电路原理图的绘制，介绍原理图设计的基本方法。从图中可以看出，该原理图主要由元件、连线、电源体等组成。一张正确、美观的电路原理图是印制电路板设计的基础，在设计好电路原理图的基础上才可以进行印制电路板的设计和印制电路板的制作等。

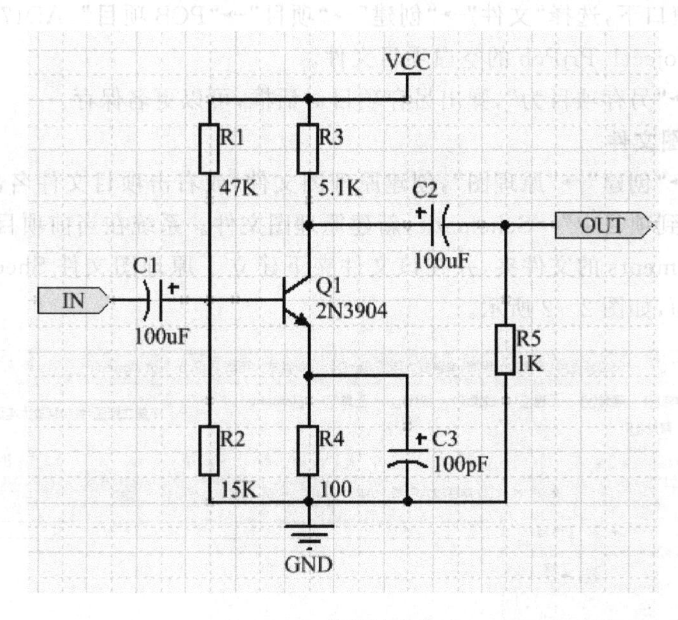

图 2－1　单管放大电路

本例中由于元件较少，采用了先放置元件、电源和端口，然后布局调整，再进行连线，最后进行属性调整的方式进行设计。对于比较大的电路则可采用边放置元件，边布局并连线，最后进行属性调整的方式。

2.1　设置原理图图纸

2.1.1　原理图设计的基本步骤

原理图的绘制大致可以按如下步骤进行。

① 新建原理图：创建一个新的电路原理图文件。

② 页面设置：根据原理图的大小来设置图纸的大小。

③ 载入元器件库：将电路图设计中需要的所有元器件的 AD17 库文件载入内存。

④ 放置元器件：将相关的元器件放置到图纸上。

⑤ 调整元器件的位置:根据设计需要调整位置,便于布线和阅读。

⑥ 电气连线:利用导线和网络标号确定器件的电气关系。

⑦ 添加说明信息:在原理图中必要的地方添加说明信息,便于阅读。

⑧ 检查原理图:利用 AD17 提供的校验工具对原理图进行检查,保证设计准确无误。

⑨ 输出:打印输出电路原理图或是输出相应的报表。

在原理图设计中要注意元件标号的唯一性,根据实际需要设置好元件的封装形式,以保证印制电路板设计的准确性,复杂的电路可以借助网络标号来简化电路。

2.1.2 新建原理图

1. 新建 PCB 项目文件

在 AD17 主窗口下,选择"文件"→"创建"→"项目"→"PCB 项目",AD17 系统会自动创建一个名为 PCB_Project1. PrjPcb 的空白项目文件。

选择"文件"→"另存项目为",弹出另存项目对话框,可以更名保存。

2. 新建原理图文件

选择"文件"→"创建"→"原理图",创建原理图文件,或右击项目文件名,在弹出的菜单中选择"追加新文件到项目中"→Schematic,新建原理图文件。系统在当前项目文件下新建一个名为 Source Documents 的文件夹,并在该文件夹下建立了原理图文件 Sheet1. SchDoc,并进入原理图设计界面,如图 2-2 所示。

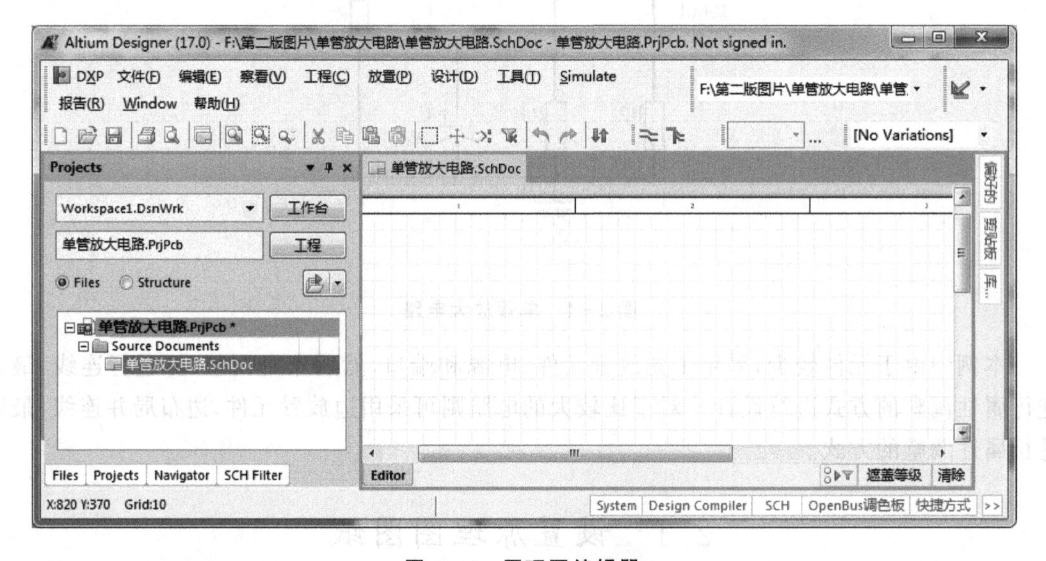

图 2-2 原理图编辑器

右击原理图文件 Sheet1. SchDoc,在弹出的菜单中选择"另存为",弹出一个对话框,将文件夹改名为"单管放大"并保存。

3. 原理图编辑器

在图 2-2 所示的原理图编辑器中,工作区面板中已经建立了两个设计文件,其中"单管放大电路. PrjPcb"为项目文件,"Source Documents"为自由文件夹,不属于某个设计项目(自由文件可以在 AD17 的主窗口中选择"文件"→"创建"→"原理图"建立)。

原理图编辑器由主菜单、主工作栏、原理图设计工具栏、实用工具栏（包括绘图工具、电源工具、常用元件工具等）、工作窗口、工作区域面板和元件库书签按钮等组成。

(1) 主工具栏

AD17 提供了形象、直观的工具栏，用户可以单击工具栏上的按钮来执行常用的命令。标准工具栏的按钮功能如表 2-1 所列。

选择"查看"→"工具栏"→"原理图标准"，可以打开或关闭标准工具栏。

表 2-1　标准工具栏功能介绍

按　钮	功　能	按　钮	功　能
	新建文档		打开文档
	保存文档		打印文档
	打印预览		打开工作间
	适合文档显示		选择区域放大显示
	适合选择区域显示		复制
	剪切		橡皮图章工具
	粘贴		移动器件对象
	选择区域内器件		清空过滤器
	取消所有选择		重新执行
	撤销操作		交叉探针
	层次式电路图切换		浏览元件库

(2) 图纸浏览器

在图 2-2 中，其左侧的工作区面板显示的是当前的项目文件，工作窗口中有一个"图纸"窗口。该窗口用于选择浏览当前工作窗口中的内容，单击窗口中的按钮和按钮可以放大或缩小工作窗口的电路图，拖动红色的边框，可以对电路进行局部浏览。

选择"查看"→"工作区面板"→SCH→"图纸"可以打开或关闭"图纸浏览器"窗口。

2.1.3　图纸设置

1. 设置图纸格式

进入原理图编辑器后，一般要先设置图纸参数。图纸尺寸的大小是根据电路图的规模和复杂程度而定的，设置合适的图纸是设计好原理图的第一步，图纸尺寸设置方法如下。

双击图纸边框或选择"设计"→"文档选项"，弹出如图 2-3 所示的"文档选项"对话框，选中"方块电路选项"选项卡进行图纸设置。

图 2-3 中"标准风格"区是用来设置标准图纸尺寸的，左击下方的下拉列表框可选定图纸的

大小。其中 A0、A1、A2、A3、A4 为公制标准；A、B、C、D、E 为英制标准；此外还提供了 OrCAD A、OrCAD B 等其他一些图纸格式。“自定义风格”区是用来自定义图纸尺寸的，选中“使用自定义风格”复选框后，可以自定义图纸尺寸，系统默认的单位为 mil(1 mil=25.4 μm)。

“选项”区的“定位”下拉列表框用于设置图纸的方向，有 Landscape(横向)或 Portrait(纵向)两种选择。

图 2-3 “文档选项”对话框

2. 设置图纸标题栏

软件提供了两种预先设定好的标题栏，分别是 Standard(标准)和 ANSI 形式，可在“标题块”后的下拉列表框中进行设置。

“显示绘制模板”复选框用于设置是否显示模板的图形、文字及专用参数，通常在显示自定义的变体栏或公司 logo 等时才选中该复选框。

2.1.4 设置栅格尺寸和光标形状

1. 设置栅格尺寸

在 AD17 中栅格类型主要有 3 种，即捕捉栅格、栅格和电栅格。其中捕捉栅格是指光标移动一次的步长；可见栅格是指图纸上实际显示的栅格之间的距离；电栅格是指连线时自动寻找电气节点的半径范围。图 2-3 中的“栅格”区用于设置图纸的栅格，其中“捕捉”用于栅格的设定，为 10 mil，光标移动一次的距离为 10 mil；“可见”用于可视栅格的设定，此项设置只影响视觉效果，不影响光标的位移量。例如“可见的”设定为 20 mil，“捕捉”设定为10 mil，则光标移动两次走完一个可视栅格。

图 2-3 中“电栅格”区用于电气栅格的设定，选中“使能”复选框，在绘制导线时，系统会以

“栅格范围”中设置的值为半径，以光标所在点为中心，向四周搜索电气节点，如果在搜索半径内有电气节点，则系统会将光标自动移到该节点上，并在该节点上显示一个圆点。

2. 设置光标形状

选择“工具”→“设置原理图参数”，弹出“参数设定”对话框，选中 Schematic 中的 Graphical Editing 选项，在“光标”区的“光标类型”下拉列表框中选择光标形状。

下拉列表框中的光标形状有 Large Cursor 90（大十字）、Small Cursor 90（小十字）、Small Cursor 45（小 45°）和 Tiny Cursor 45（微小 45°）共 4 种。

2.2　单管放大电路原理图的设计

2.2.1　设置自定义图纸和自定义标题栏

本例电路简单，图纸自定义，尺寸为 650 mil×400 mil。

1. 设置自定义图纸

选择“设计”→“文档选项”，弹出“文档选项”对话框，选中“方块电路选项”选项卡，在“自定义风格”区进行自定义图纸设置，具体设置如图 2－3 所示。

在进行自定义前必须选中“使用自定义风格”复选框。

2. 设置自定义标题栏

在图 2－4 中，将“标题块”前面的“√”去掉，图纸上将不显示标准标题栏，此时用户可以自行定义标题栏。标题栏一般定义在图纸的右下方。

图 2－4　自定义图纸

2.2.2 设置元件库

1. 加载元件库

在放置元件之前，必须先将元件所在的元件库载入内存。如果一次载入的元件库过多，则占用较多的系统资源，同时也会降低程序运行效率，所以最好的做法是只载入必要的元件库，而其他的元件库在需要时再载入。

单击图 2-2 所示的原理图编辑器右上方的“库”标签，弹出如图 2-5 所示的“库”控制面板，该控制面板中包含元件库栏、元件查找栏、元件列表栏、当前元件符号栏、当前元件封装名栏和元件封装图形栏等内容，用户可以在其中查看相应信息，以判断元件是否符合要求。其中元件封装图形栏默认是不显示状态，单击该区域将显示元件封装图形。

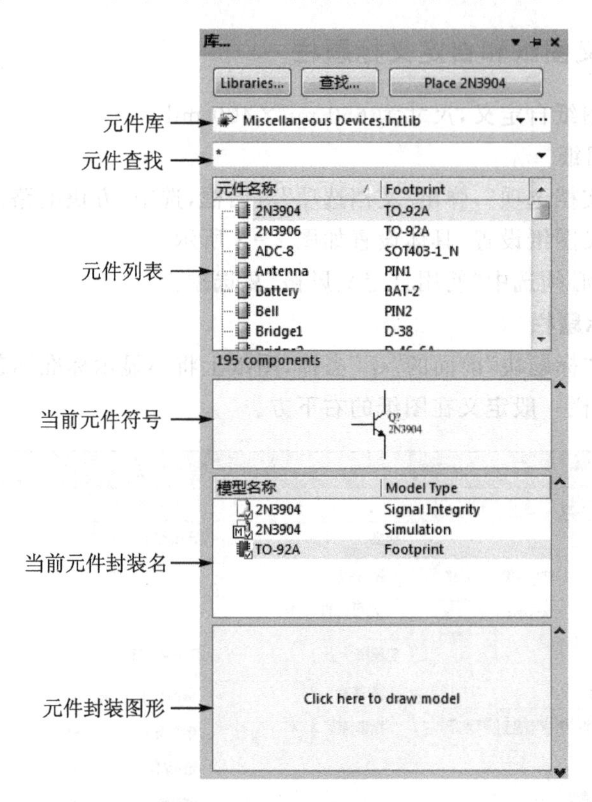

图 2-5 “库”控制面板

单击图 2-5 中的 Libraries 按钮，弹出“可用库”对话框，选择 Installed 选项卡，如图 2-6 所示，窗口中显示了当前已装载的元件库。

单击图 2-6 中的“安装”按钮可以加载元件库，弹出“可用库”对话框，此时可以根据需要加载元件库，如图 2-7 所示，选中元件库，单击“打开”按钮完成元件库的加载。

文件类型可选择 *.INTLIB(集成元件库，包含原理图和 PCB 元件)、*.SCHLIB(原理图元件库)、*.PCBLB(PCB 元件库，即封装)及 *.PCB3DLib(PCB 3D 元件库)等，一般在进行原理图设计时，选择 *.INTLIB 或 *.SCHLIB。

Altium Designer 的元件库是按生产厂商进行分类的，一般情况下，元件库在 Altium\Library 目录下，选定某个厂商的元件库，则该厂商的元件列表会被显示出来。

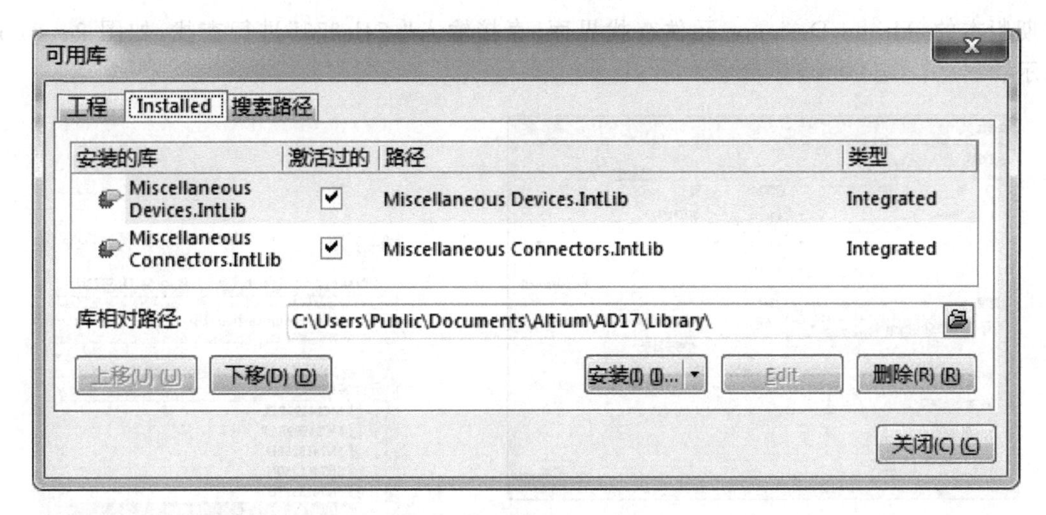

图 2-6　“可用库”对话框

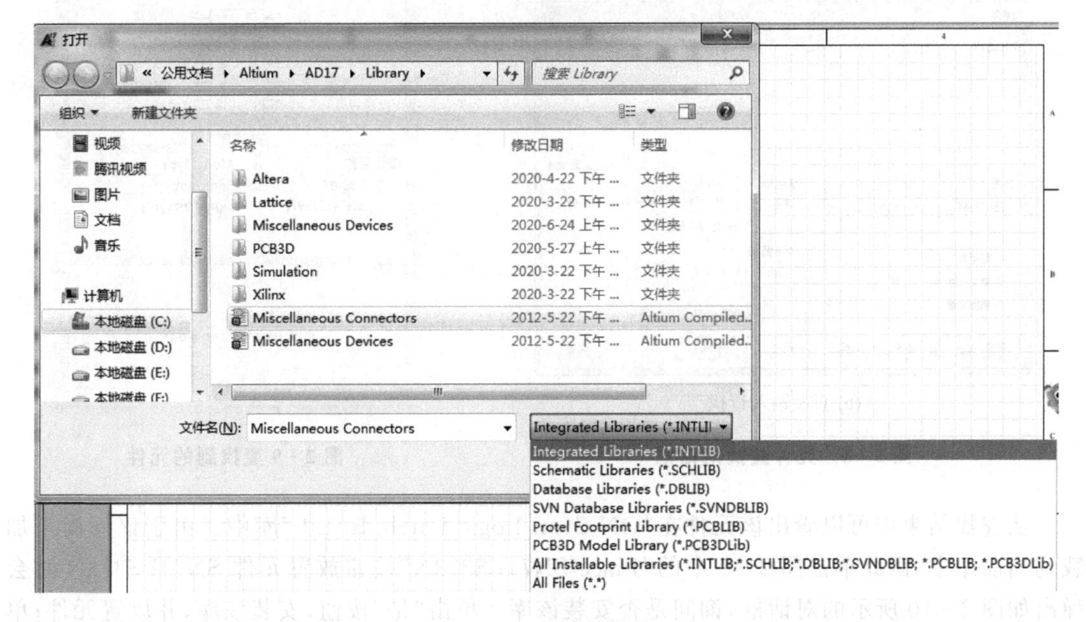

图 2-7　加载元件库

在原理图设计中，常用的元件库为 Miscellaneous Devices. IntLib 和 Miscellaneous Connectors. IntLib，它们包含了常用的电阻、电容、二极管、变压器、按键开关、接插件等元器件。

加载元件库也可以通过选择“设计”→“追加/删除元件库”实现。

2. 通过查找元件的方式设置元件库

在对原理图进行设计时，有时不知道元件所在的库，无法使用该元件，此时可以采用查找元件的方式来查找包含该元件的元件库。下面以设置 SN74LS373 所在的元件库为例进行介绍。

单击图 2-5 中的“查找”按钮，弹出“搜索库”对话框，在“过滤器”选项组“域”下的第一行输入“Name”，在“值”中输入“SN74LS373”，在“范围”选项组中选中“库文件路径”单选按钮，在“路径”中设置元件库所在的路径，如图 2-8(a)所示。单击“查找”按钮开始查找，查找结束后，该面板中将显示“SN74LS373”元件信息，如图 2-9 所示。也可以采用单击 Advanced 进入早期版本的 Altium Designer 元件查找界面，直接输入“ 74ls373”进行查找，如图 2－8(b)所示。

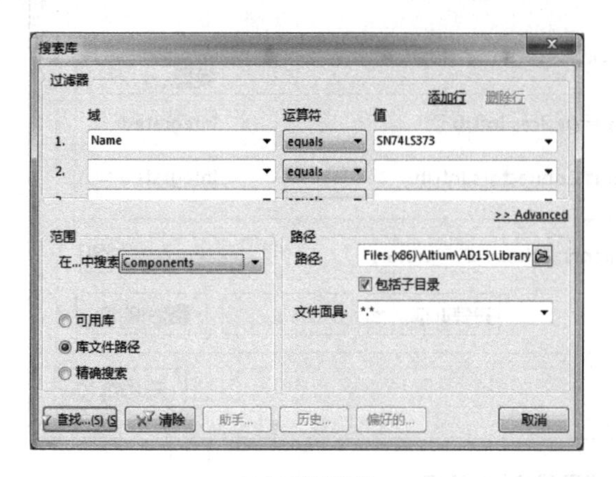

(a) 过滤器查找

(b) 直接输入查找

图 2－8　元件查找对话框

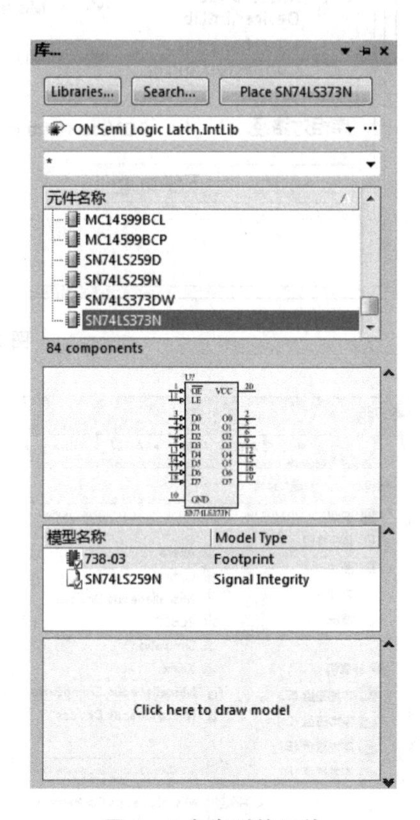

图 2－9 查找到的元件

从查找结果中可以看出该元件在“ON Semi Logic Latch. IntLib”库中。由于该库尚未加载到当前库中，因此单击图 2－9 中的“Place SN74LS373N”按钮放置元件 SN74LS373N 时会弹出如图 2－10 所示的对话框，询问是否安装该库。单击“是”按钮，安装该库，并放置元件；单击“否”按钮，不安装该库，但可以放置该元件。

图 2－10　是否安装库

单击“Click here to draw model”区域，可以加载元件的封装模型，如果该原理图所在项目中已经建立了 PCB 文件，则不需要单击此处，元件的封装模型会自动显示。

3. 删除已设置的元件库

如果要删除已设置的元件库，可在图 2-6 中单击选中元件库，然后单击“删除”按钮，即可移去已设置的元件库。

2.2.3　原理图设计配线

AD17 提供了“布线”工具栏用于原理图的快捷绘图，如图 2-11 所示。

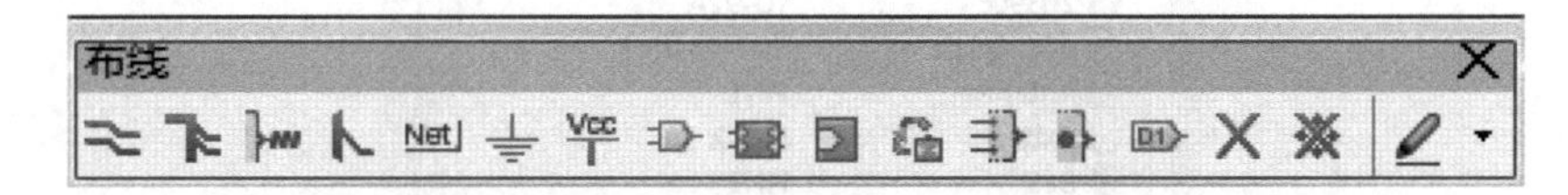

图 2-11　“布线”工具栏

该工具栏可以实现原理图设计中常用的电路元素的放置，具体功能详见表 2-2。

配线工具栏的显示与隐藏可以选择“查看”→“工具栏”→“配线”实现。

表 2-2　“布线”工具栏功能介绍

按　钮	功　能	按　钮	功　能	按　钮	功　能
	放置导线		放置总线		放置信号线束
	放置总线入口		放置网络标号		放置地
	放置电源		放置器件		放置图纸符号
	放置图纸入口		器件图纸符号		线束连接器
	线束入口		放置端口		No ERC 标志
	编译网络错误		标号颜色		

注意：“布线”工具栏放置的是包含电气信息的电路元素，表示电气连接的属性，而“描述工具”则是非电气制图工具，为一般的说明性图形，不具备电气连接关系，如电路中的波形、电路说明及标题栏等。

2.2.4　放置元件

本例中要用到 3 种元件，即电阻、电解电容和三极管 2N3904，它们都在 Miscellaneous Devices. IntLib 库中，设计前需先安装该库。下面以放置三极管 2N3904 为例介绍元件的放置。

1. 通过元件库控制面板放置元件

载入所需元件库后，就可以在元件库控制面板中看到元件库、元件列表及元件外观等。选中所需元件库，该元件库中的元件就出现在元件列表中，找到三极管 2N3904，控制面板中将显示它的元件符号和封装图，如图 2-12 所示。

单击“Place 2N3904”按钮，将光标移动到工作区中，此时元件以虚框的形式粘在光标上（见图 2-13(a)），系统仍处于放置元件状态，可以继续放置该类元件，右击退出放置。

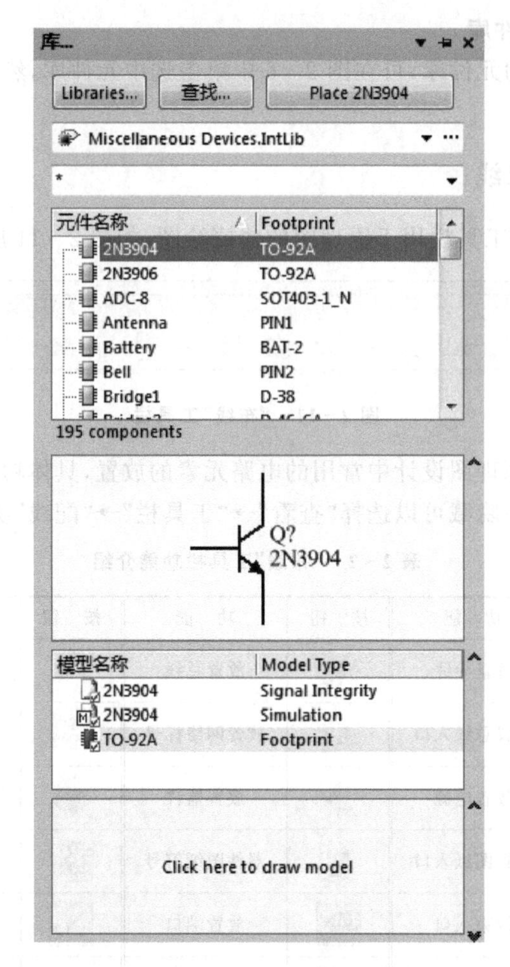

图 2-12　单击"Place 2N3904"按钮放置 2N3904

当元件处于虚框状态时，按 Tab 键，或者在元件放置好后双击元件，会弹出元件属性对话框，可以修改元件的属性，具体设置方法将在后面章节进行介绍。

本例放置的 3 种元件分别为：三极管选择 2N3904、电阻选择 Res2、电解电容选择 CAP POL1。

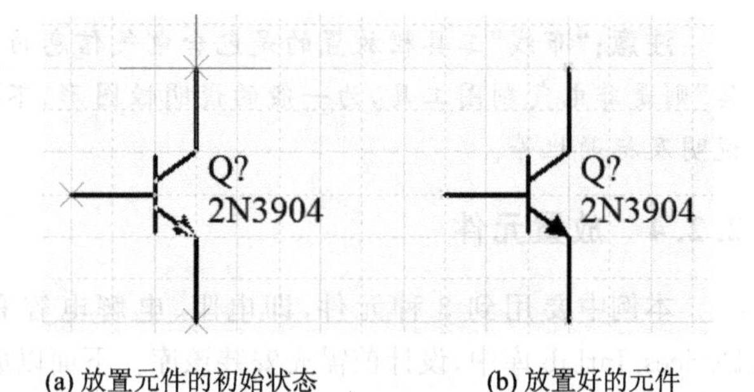

(a) 放置元件的初始状态　　(b) 放置好的元件

图 2-13　放置元件

2. 通过菜单放置元件

选择"放置"→"元件"，或单击"布线"工具栏按钮，弹出如图 2-14 所示的"放置端口"对话框。在"物理元件"栏中输入需要放置的元件名称，例如放置电阻 Res2，可以通过在"物理元件"栏中输入 Res2，"标识"栏中输入元件标号 R1，"注释"栏中采用默认注释，"封装"栏中单击后面的下拉按钮选择 AXIAL-0.4 进行放置。

所有内容输入完毕，单击"确定"按钮，此时元件便出现在光标处，单击放置元件。本例中元件的属性均选择默认，不进行设置。

若不了解元件名称，可以单击“选择”按钮进行元件浏览，弹出如图 2 - 15 所示的对话框，从中可以查出元件的名称与元件图形的对应关系。

若要放置最近使用过的元件，可以单击图 2 - 14 中“物理元件”栏右边的下拉按钮，从下拉列表中选择最近使用过的元件。

图 2 - 14　“放置端口”对话框

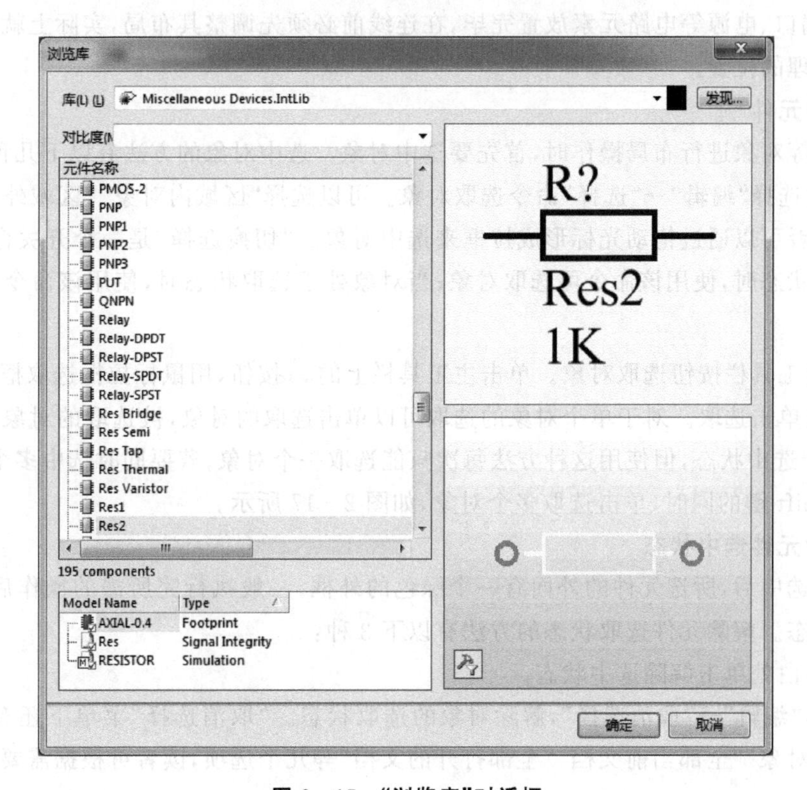

图 2 - 15　“浏览库”对话框

3. 通过查找方式放置元件

在放置元件时，如果不知道元件在哪个元件库中，可以使用搜索功能，查找元件所在的库并放置元件，如图 2-8 和图 2-9 所示。为提高查找的效率，可以采用模糊方式查找，如查找 DM74LS00，可以输入查找信息为“*74*00”“*74*”等，充分利用通配符“*”。

放置完成的元件电路如图 2-16 所示。

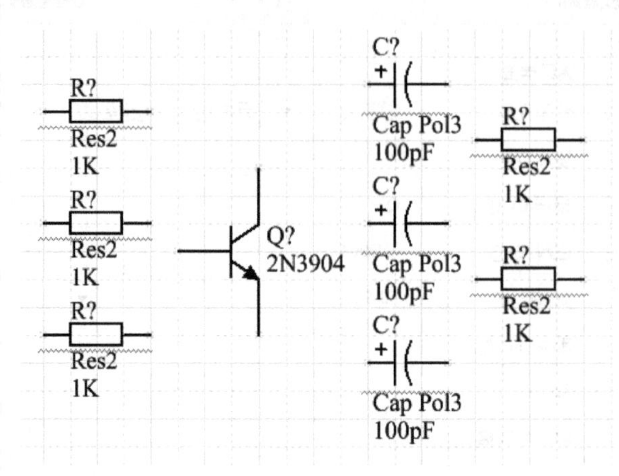

图 2-16 放置完成的元件电路图

2.2.5 调整元件布局

元件、端口、电源等电路元素放置完毕，在连线前必须先调整其布局，实际上就是移动各电路元素到合理的位置。

1. 选中元件

对元件等对象进行布局操作时，首先要选中对象。选中对象的方法有以下几种：

① 通过选择“编辑”→“选择”命令选取对象。可以选择“区域内对象”“区域外对象”“全部对象”，前两者可以通过拖动光标形成拉框来选中对象。“切换选择”是一个开关命令，当对象处于未选取状态时，使用该命令可选取对象；当对象处于选取状态时，使用该命令可以解除选取状态。

② 利用工具栏按钮选取对象。单击主工具栏上的按钮，用鼠标拉框选取框内对象。

③ 直接单击选取。对于单个对象的选取可以单击选取的对象，被选取的对象周围出现虚线框，即处于选中状态，但使用这种方法每次只能选取一个对象；若要同时选中多个对象，则可以在按下 Shift 键的同时，单击选取多个对象，如图 2-17 所示。

2. 解除元件选中状态

元件被选中后，所选元件的外面有一个绿色的外框，一般执行完所需的操作后，必须解除元件选取状态。解除元件选取状态的方法有以下 3 种：

① 在空白处单击解除选中状态。

② 选择“编辑”→“取消选择”，解除对象的选取状态。“取消选择”菜单下还有“区域内对象”“区域外对象”“全部当前文档”“全部打开的文档”等几个选项，读者可根据需要自行选择。

③ 单击主工具栏上的按钮，解除所有的选取状态。

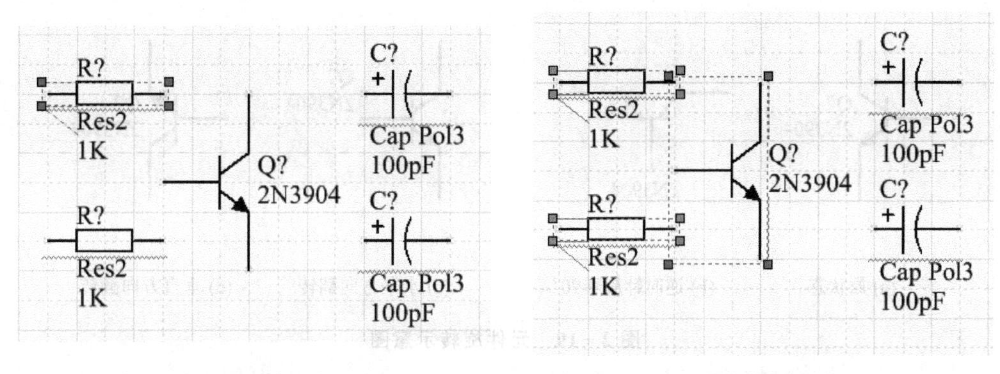

(a) 选中单个对象　　(b) 选中多个对象

图2-17　选中对象示意图

3. 移动元件

(1) 单个元件的移动

单个元件移动的常用方法是：用鼠标左键选中要移动的元件，将元件拖到要放置的位置，松开鼠标左键即可移动到新位置。

(2) 一组元件的移动

用鼠标拉框选中一组元件或用Shift键和单击选中一组元件，然后用鼠标选中其中的一个元件，将这组元件拖到要放置的位置，松开鼠标左键即可移动到新位置，最后在电路空白处单击退出选择状态，如图2-18所示。

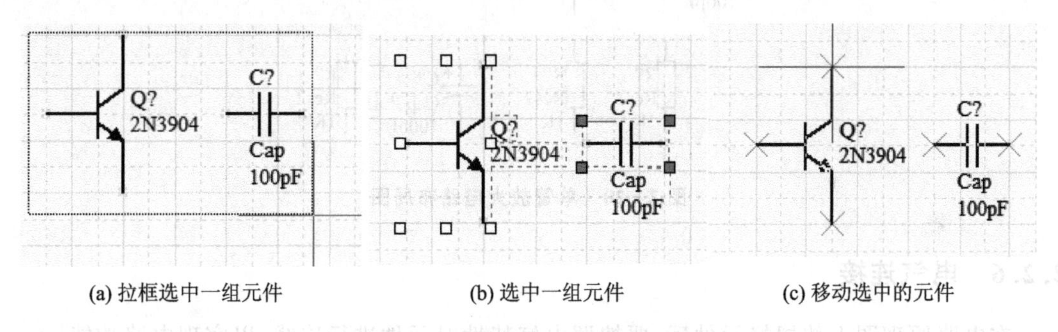

(a) 拉框选中一组元件　　(b) 选中一组元件　　(c) 移动选中的元件

图2-18　移动一组元件的示意图

4. 元件的旋转

对于放置好的元件，在重新布局时，根据连线的需要，可能会对元件的方向进行调整，用户可以通过键盘来调整元件的方向。

用鼠标左键选中要旋转的元件不放，按Space键可以进行逆时针旋转90°，按X键可以进行水平方向翻转，按Y键可以进行垂直方向翻转，如图2-19所示。

注意：必须在英文输入状态下按Space键、X键、Y键才可以进行翻转。

5. 对象的删除

要删除某个对象，可单击要删除的对象，此时元件将被虚线框住，按Delete键即可删除该对象。也可选择"编辑"→"删除"，将光标移动到要删除的元件上，单击删除对象。

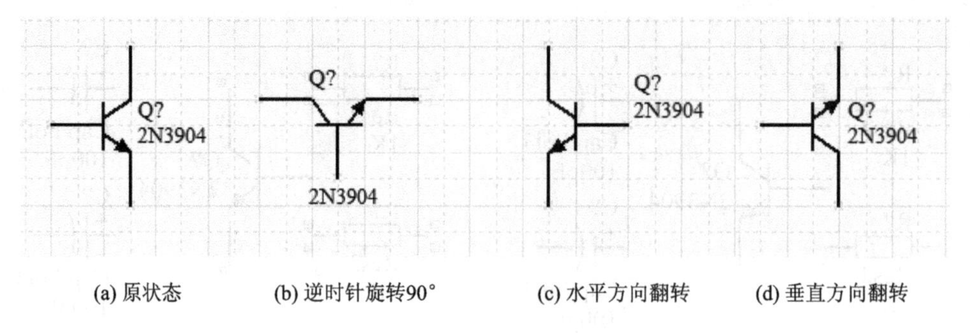

(a) 原状态　(b) 逆时针旋转90°　(c) 水平方向翻转　(d) 垂直方向翻转

图 2-19　元件旋转示意图

6. 全局显示全部对象

元件布局调整完毕，选择“查看”→“显示全部对象”，全局显示所有对象，此时可以观察布局是否合理。

完成元件布局调整的单管放大电路如图 2-20 所示。

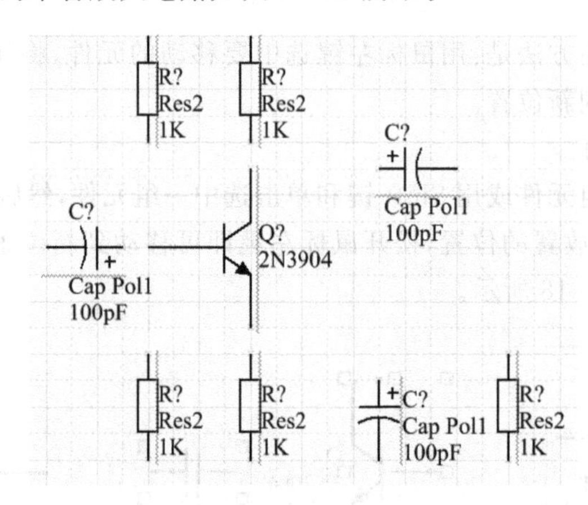

图 2-20　单管放大电路布局图

2.2.6　电气连接

在电路原理图上放置好元件后，要按照电气特性对元件进行连线，以实现电路功能。

1. 放置导线

选择“放置”→“导线”，或单击配线工具栏的按钮，光标变成“×”形，系统处于画导线的状态，此时按下 Tab 键，弹出导线属性对话框，可以修改连线粗细和颜色，一般情况下不做修改。

将光标移至所需位置，单击，定义导线起点；将光标移至下一位置，再次单击，完成两点间的连线；右击，退出画线状态。

在连线中，当光标接近引脚时，会出现一个“×”形连接标志，此标志代表电气连接的意义，单击，这条导线就与引脚建立了电气连接，元件连接过程如图 2-21 所示。

2. 导线转弯形式的选择

在放置导线时，系统默认的导线转弯方式为 90°，有时在连线时需要改变连线的角度。可以在放置导线的状态下按 Shift+Space 键来进行切换，可以依次切换为 90°转角、45°转角和任意转角，如图 2-22 所示。

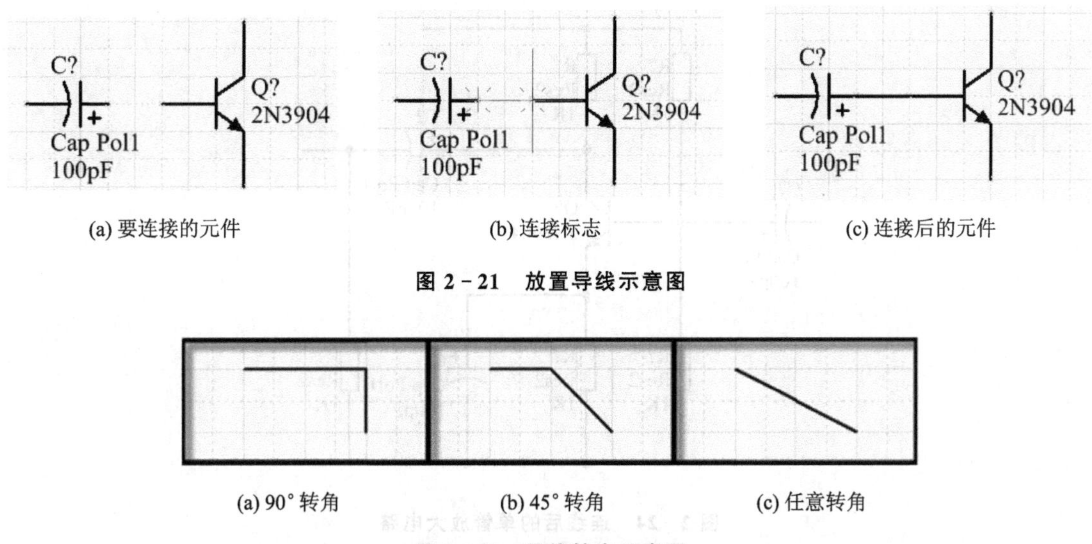

(a) 要连接的元件　(b) 连接标志　(c) 连接后的元件

图 2-21　放置导线示意图

(a) 90° 转角　(b) 45° 转角　(c) 任意转角

图 2-22　导线转弯示意图

3. 放置节点

节点用来表示两条相交的导线是否在电气上连接。如果没有节点，则表示在电气上不连接；如果有节点，则表示在电气上是连接的。

选择“放置”→“手工放置节点”，进入放置节点状态，此时光标上带着一个悬浮的小圆点，将光标移到导线交叉处，单击即可放下一个节点，右击退出放置状态。当节点处于悬浮状态时，按下 Tab 键，弹出节点属性对话框，可设置节点的大小。

当两条导线呈 T 字相交时，系统将会自动放入节点；但对于呈十字交叉的导线，必须采用手动放置，如图 2-23 所示。

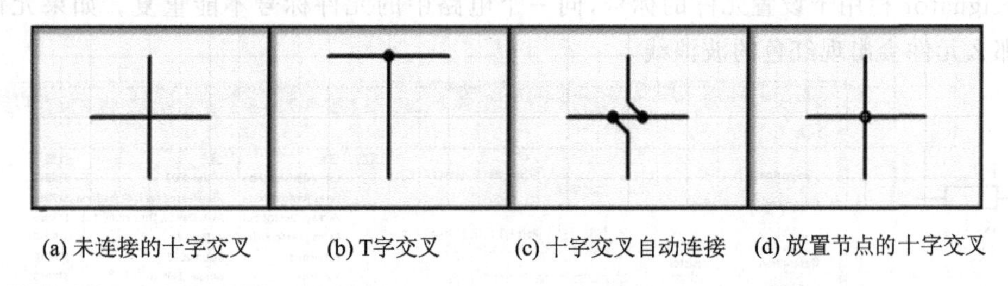

(a) 未连接的十字交叉　(b) T字交叉　(c) 十字交叉自动连接　(d) 放置节点的十字交叉

图 2-23　交叉的连接

需要注意的是，系统有可能在不该有节点的地方出现节点，比时应做相应的删除。删除节点的方法是，单击需要删除的节点，出现虚线框后，按 Delete 键删除该节点。

连线后的单管放大电路如图 2-24 所示。

4. 拖动对象

在 AD17 中，用户可以移动和拖动对象，两者的操作类似，但结果不同。移动对象时，连接在对象上的连线不会跟着移动；而拖动对象时，连线会随之一起移动。

拖动单个对象：选择“编辑”→“移动”→“拖动”，然后选择对象进行拖动。

拖动多个对象：选中一组对象，然后选择“编辑”→“移动”→“拖动多个对象”，将对象拖动到适当的位置。

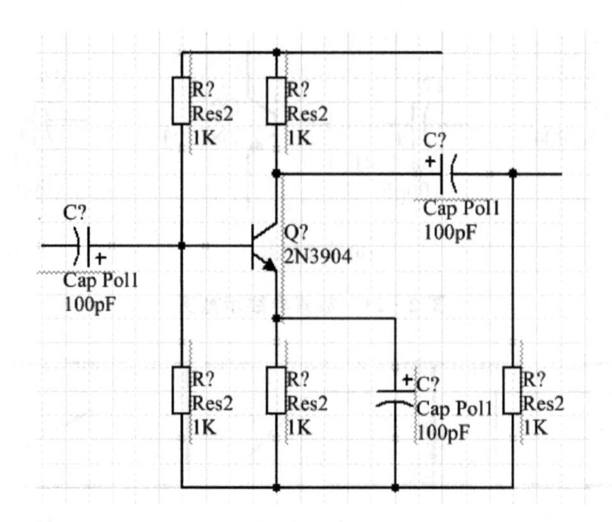

图 2-24　连线后的单管放大电路

2.2.7　元件属性的调整

从元件浏览器放置到工作区的元件都是尚未定义元件标号、标称值和封装形式等属性的，因此必须重新逐个设置元件的参数，元件属性设置得是否正确，不仅影响图纸的可读性，还影响到设计的正确性。

1. 设置元件属性

在放置元件时，按 Tab 键，或者在元件放置好后双击该元件，会弹出元件属性对话框。如图 2-25 所示为电阻 Res2 的元件属性对话框，图中主要设置如下：

Designator 栏用于设置元件的标号，同一个电路中的元件标号不能重复。如果元件标号重复，那么元件会出现红色的波浪线。

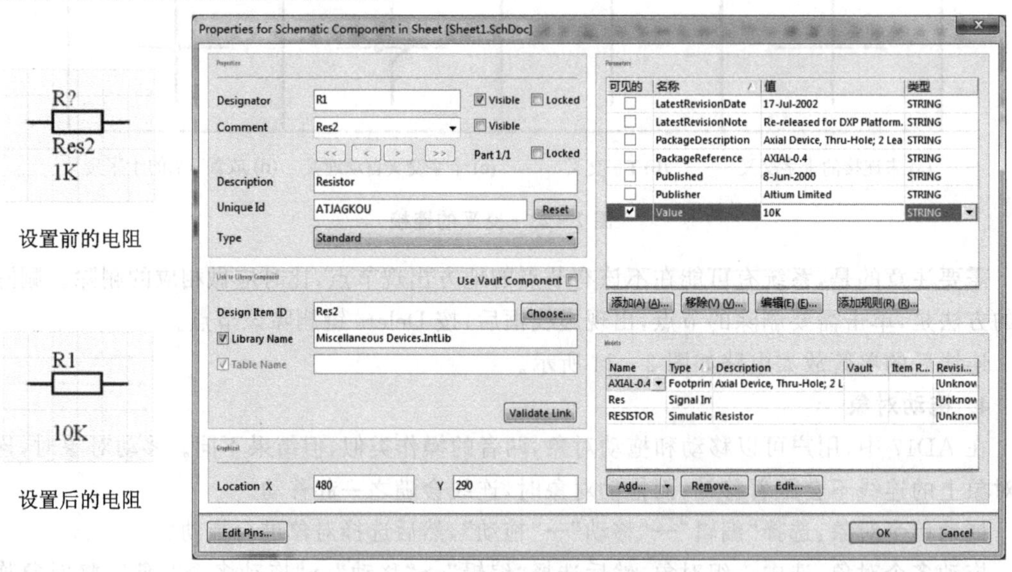

图 2-25　电阻的元件属性对话框

Comment 栏用于设置元件的型号或标称值，如三极管型号等。对于电阻、电容等元件，该栏与 Value 栏中的意义相同，用于设置元件的标称值，单击其后的下三角按钮，在下拉列表框中选中数(Value)，即与 Value 栏中设置的相同。若要不显示，则取消该栏后 Visible 前的"√"即可。

注意：在 PCB 中元件封装只显示标识符和注释，所以此处必须设定好。

Parameters 区中的 Value 栏用于设置元件的标称值，可在其后填入元件的标称值，若要显示标称值，则该栏前的"可视"要选中。

双击元件的标号、标称值等，会弹出相应的对话框，也可以修改对应的属性。

Models 区中的 Footprint 栏用于设置元件的封装形式(即 PCB 中的元件)，单击右边的下三角按钮可以选择元件的封装形式。

如设置一个电阻的属性，其标号为"R1"、阻值为"10K"，则上述参数依次设置为 Designator 栏输入"R1"；Comment 栏 Visible 前面的"√"去掉；Value 栏输入"10K"，并选中该复选框；Footprint 栏采用默认值"AXIAL－0.4"。

2. 为元件添加新封装

在原理图设计时一般要设置好元件的封装形式，以便 PCB 设计时调用，但有时元件自带的封装不符合当前设计的需求，必须更改元件的封装，此时可以在图 2－25 的元件属性对话框中的 Models 区进行追加。下面以追加三极管 2N3904 的封装为例进行介绍。

如图 2－26 所示，系统默认三极管 2N3904 的封装形式为 TO－92A，如果想把三极管的封装改为 TO－220－AB，那么可以通过如下方式进行。

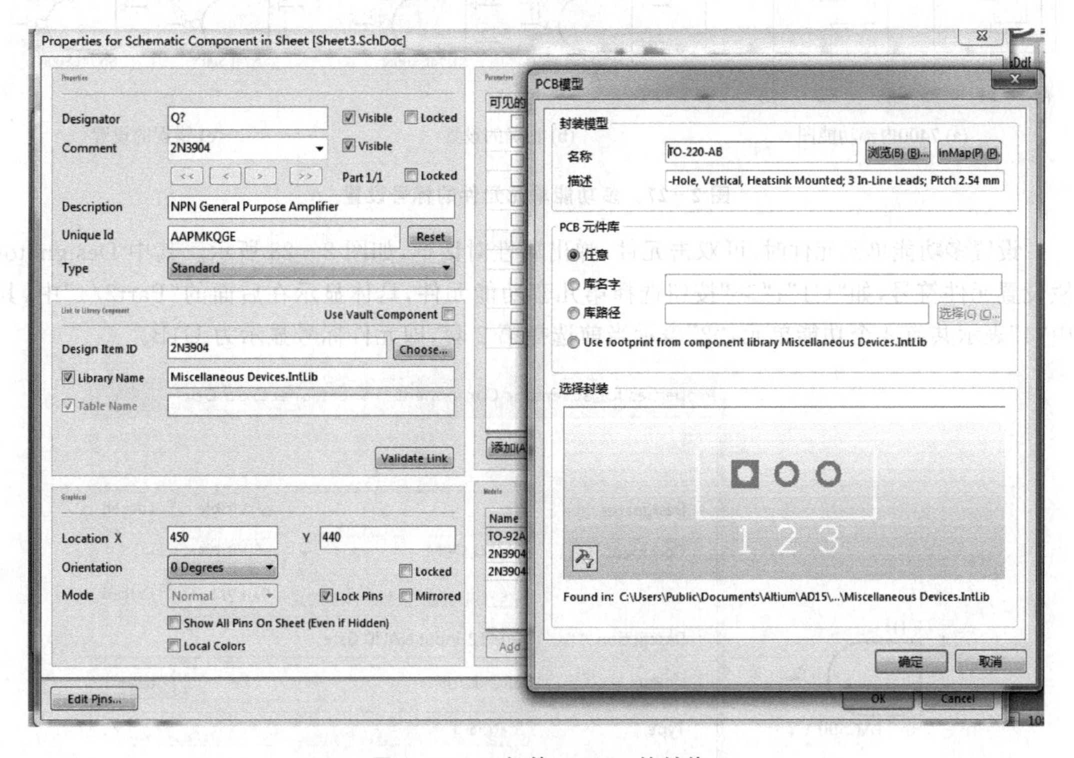

图 2－26　三极管 2N3904 的封装

注意：有时为了与当前实际元件引脚顺序配合，可以自行改变封装形式。

单击图 2-26 中的 Add 按钮，弹出"加新的模型"对话框，选择 Footprint 后单击"确定"按钮，弹出"PCB 模型"对话框，在"名称"栏中输入"TO-220-AB"，在"PCB 元件库"中选择"任意"单选按钮，此时对话框中将显示封装的详细信息和封装的图形，确认无误后，单击"确定"按钮完成设置。此时 Models 区中有两种封装选择，选中"TO-220-AB"，单击"确定"按钮将封装形式设置为"TO-220-AB"。

3. 多功能单元的元件属性调整

如果某个元件由多个功能单元组成(如一个 SN74LS00AN 中包含有 4 个与非门)，在进行元件属性设置时要按实际元件中的功能单元数合理设置元件标号。

如某个电路使用了 4 个与非门，则用一个 SN74LS00AN 芯片就够了。所以在定义元件标号时应将 4 个与非门的标号分别设置为：U1A、U1B、U1C、U1D，这样这 4 个与非门才能同属于 U1，即电路板只出现一个 SN74LS00AN 芯片；若 4 个与非门的标号分别为：U1A、U2A、U3A、U4A，则是分别使用了 4 个 SN74LS00AN 芯片中的编号为 A 的一个与非门，即电路板上会出现 4 个 SN74LS00AN 芯片，这样会造成浪费。如图 2-27 所示为多功能单元元件的标号设置示意图。

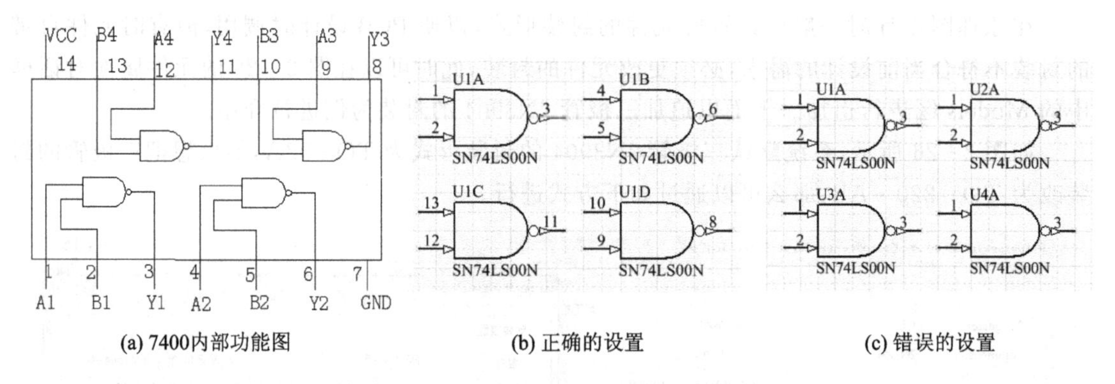

(a) 7400内部功能图　(b) 正确的设置　(c) 错误的设置

图 2-27　多功能单元元件的标号设置

设置多功能单元元件时，可双击元件，弹出属性对话框，如图 2-28 所示。其中 Designator 栏设置元件符号，如"U1"；">"按钮选择第几套功能元件，具体显示在后面的"Part2/4"中，其中"4"表示共有 4 个功能单元，"2"表示当前选择第 2 套，即元件标号显示为 U1B。

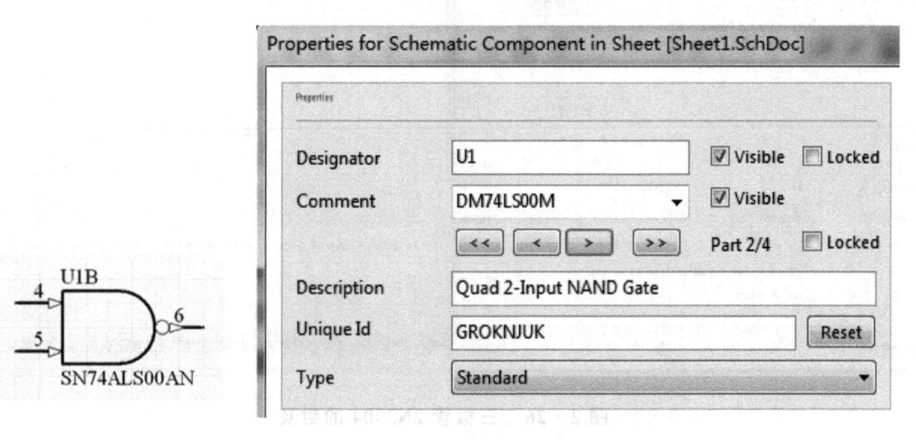

图 2-28　多功能单元元件设置

4. 元件符号的自动标注

在图 2 - 24 中，所有的元件均没有设置标号，元件的标号可以在元件属性对话框中设置，也可以统一标注。统一标注通过选择“工具”→“注释”实现，系统将会弹出如图 2 - 29 所示的元件自动“注释”对话框。

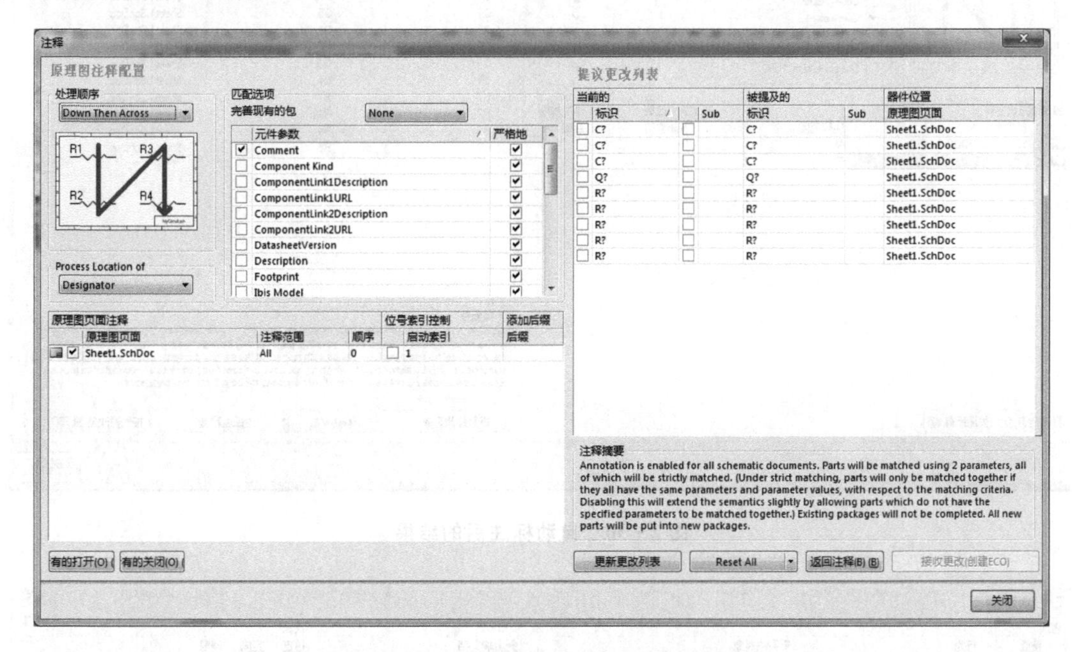

图 2 - 29　元件自动“注释”对话框

图 2 - 29 中“处理顺序”区的下拉列表框中有 4 种自动注释方式可供选择，本例中选择“Down Then Across”的注释方式。

选择自动注释的顺序后，用户还需选择需自动注释的原理图，在图 2 - 29 的“原理图页面注释”区中的“原理图页面”栏里打勾选中要注释的原理图，由于本例中只有一个原理图，所以系统自动选定。

在“提议更改列表”区可以看到所有需要标注的带问号的元件，单击“更新更改列表”按钮，系统会自动进行标注，并将结果显示在建议值的“标识”栏中。从图 2 - 30 中可以看出各元件都被自动标注。

自动标注完成后，单击“接受更改(创建 ECO)”按钮进行注释确定，系统会弹出“工程上改变清单”对话框，显示修改的情况，如图 2 - 31 所示。

单击“执行更改”按钮，系统自动对注释状态进行检查，检查完成后，单击“关闭”按钮，结束变化订单的检查和执行，系统退回到图 2 - 29 的“注释”对话框，单击“关闭”按钮，完成自动注释。

本例中三极管的标号系统自动标注为 Q1，为了与国标的表示方式一致，修改三极管的元件属性，将其标号改为 V1，经重新标注并设置好标称值后的电路如图 2 - 32 所示。

5. 利用全局修改功能设置元件属性

在图 2 - 32 中，电阻和电容的注释 Res2 和 Cap Poll 对电路来说是无用的，需要将其隐藏，如果一个一个去修改，将耗费大量的时间。Protel DXP2004 SP2 提供了全局修改功能，下面以电阻为例说明采用全局修改方式统一隐藏电阻注释 Res2 的方法。

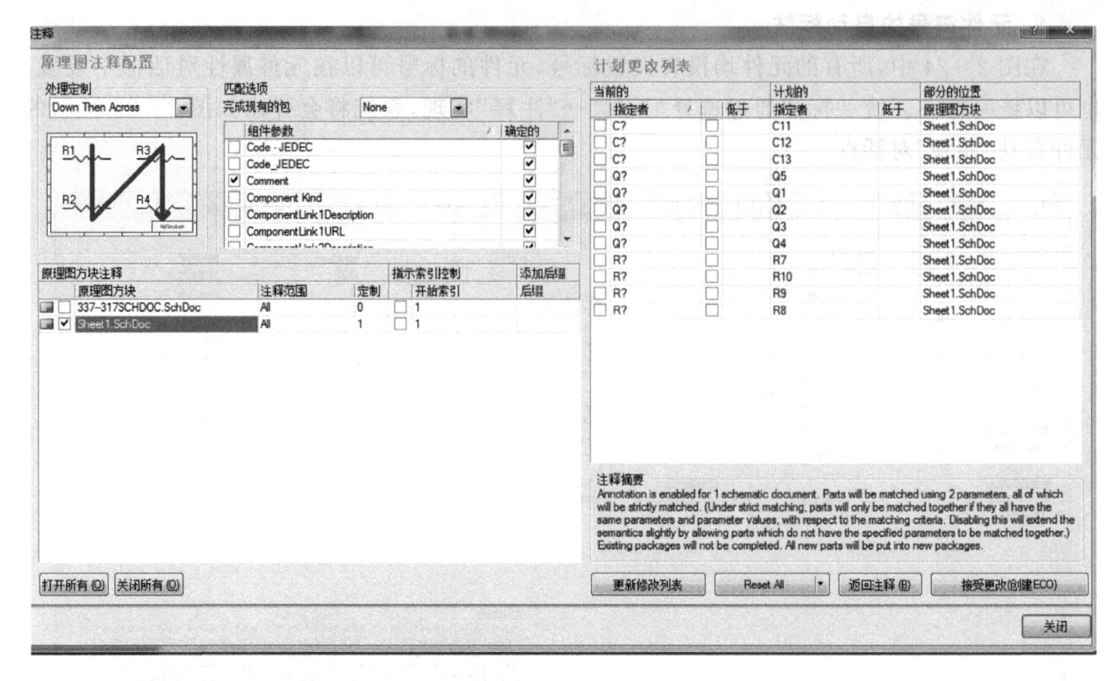

图 2-30　自动标注后的结果

工程上改变清单

使能	行为	受影响对象		受影响文档	检查	完成	消息
	Annotate Component(12)						
✔	Modify	C? -> C11	In	Sheet1.SchDoc			
✔	Modify	C? -> C12	In	Sheet1.SchDoc			
✔	Modify	C? -> C13	In	Sheet1.SchDoc			
✔	Modify	Q? -> Q1	In	Sheet1.SchDoc			
✔	Modify	Q? -> Q2	In	Sheet1.SchDoc			
✔	Modify	Q? -> Q3	In	Sheet1.SchDoc			
✔	Modify	Q? -> Q4	In	Sheet1.SchDoc			
✔	Modify	Q? -> Q5	In	Sheet1.SchDoc			
✔	Modify	R? -> R7	In	Sheet1.SchDoc			
✔	Modify	R? -> R8	In	Sheet1.SchDoc			
✔	Modify	R? -> R9	In	Sheet1.SchDoc			
✔	Modify	R? -> R10	In	Sheet1.SchDoc			

使更改生效　执行更改　报告更改(R)...　仅显示错误　关闭

图 2-31　工程变化订单

将光标移动到电阻上，右击弹出图 2-33 所示的菜单，选择“查找相似对象”，弹出“发现相似目标”属性对话框，在 Object Specific 区的 Value 栏后显示为“Res2”，单击其后的下三角按钮，选择 Same，然后勾选“选择匹配”复选框，如图 2-34 所示。

设置完成后，单击“确定”按钮，可以看到图中所有具有相同属性的元件被选中，如图 2-35 所示。

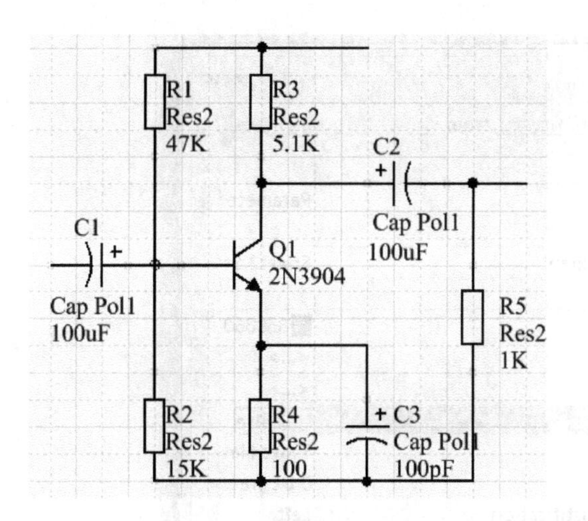

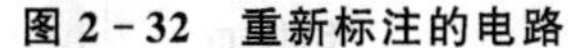

图 2-32　重新标注的电路

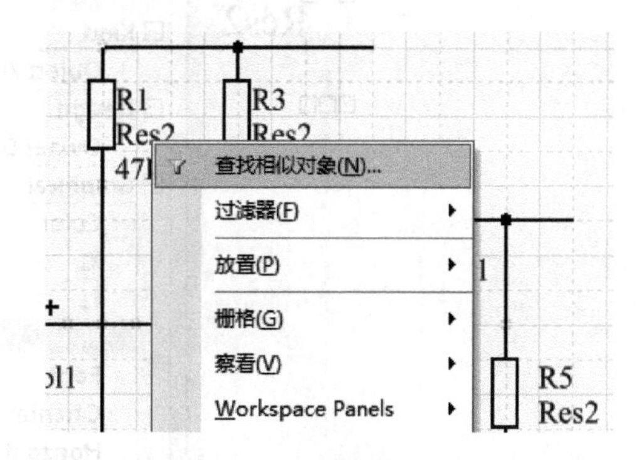

图 2-33　查找相似对象

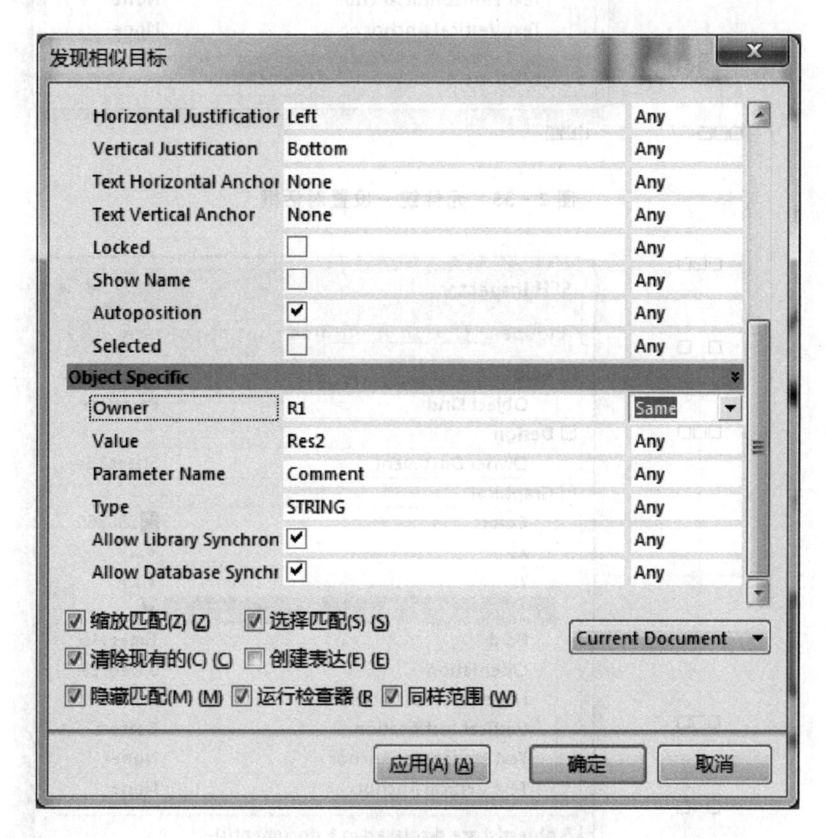

图 2-34　"发现相似目标"对话框

在图 2-36 的 Graphical 区中勾选 Hide 项，隐藏元件的注释，从图中可以看到电阻上的注释"Res2"被隐藏，但此时整个原理图是灰色的。在编辑区右击，在弹出的菜单中选择"过滤器"→"清除过滤器"，原理图恢复正常显示。

设置好注释隐藏后，适当调整元件标号和标称值的位置，设置好的电路如图 2-37 所示。

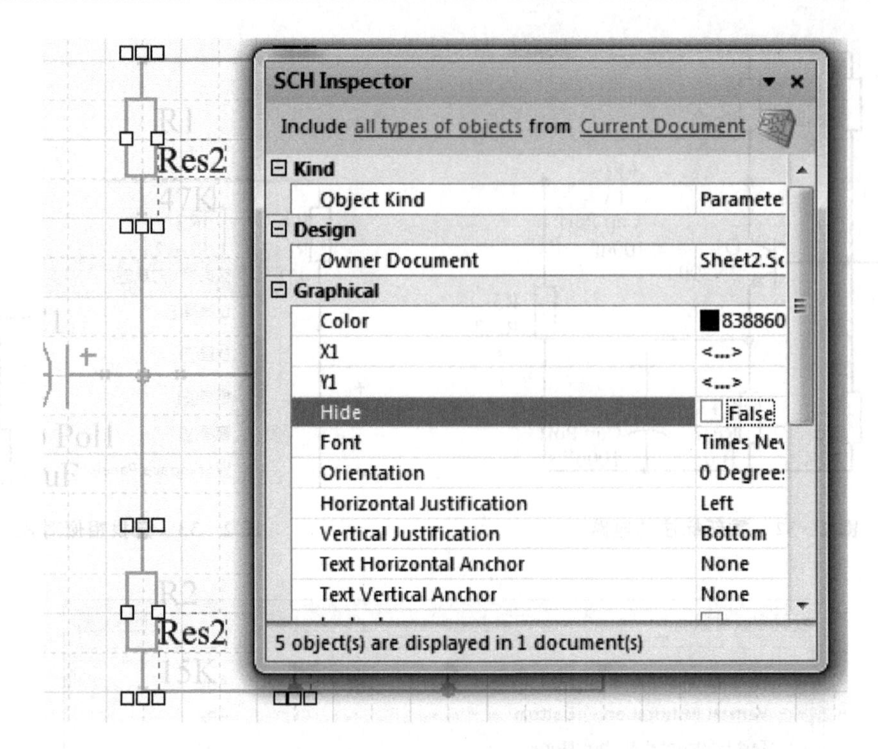

图 2-35　元件统一设置对话框

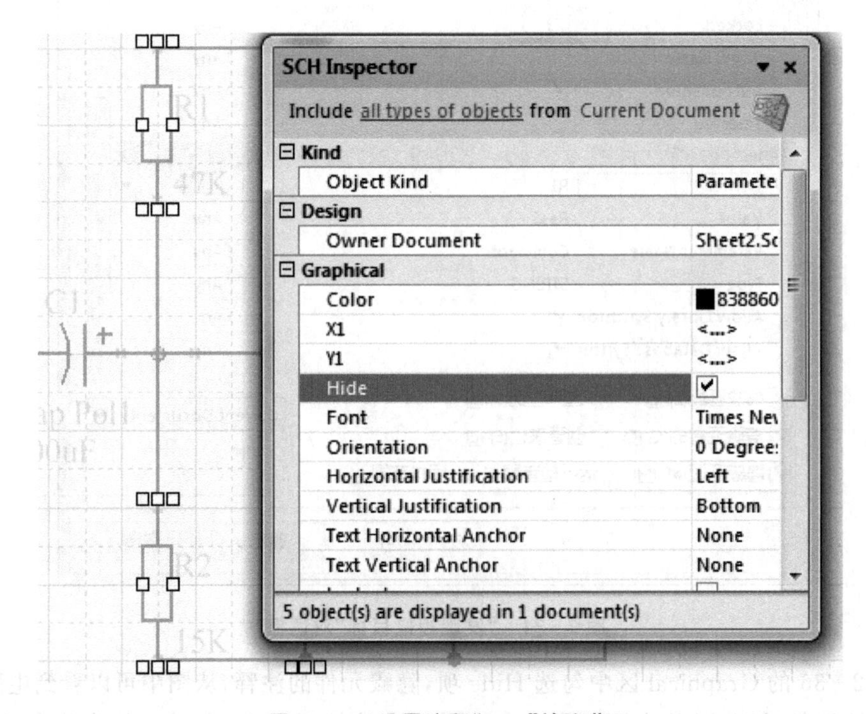

图 2-36　设置注释“Res2”被隐藏

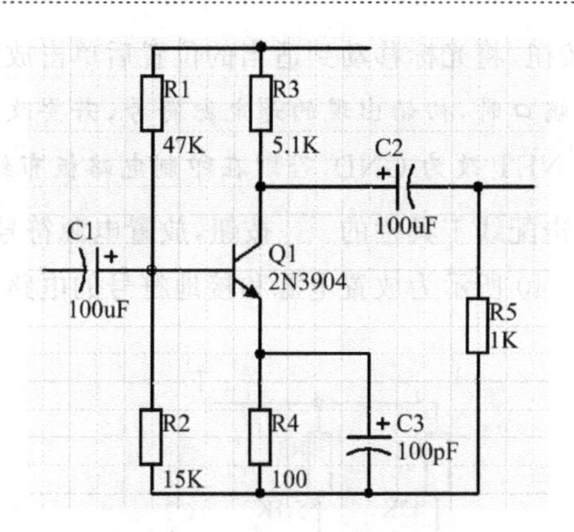

图 2-37 元件属性调整完毕

2.2.8 放置电源和接地符号

选择“放置”→“电源端口”，进入放置电源符号状态，此时光标上带着一个电源符号，按 Tab 键，弹出如图 2-38 所示的“电源端口”属性设置对话框，其中“网络”栏可以设置电源端口的网络名，通常电源符号设置为 VCC，接地符号设置为 GND，将光标移动到“定位”栏后的“90 Degrees”处，会出现下拉列表框，可以选择电源符号的选装角度有 0°、90°、180° 和 270°这 4 种；将光标移动到“类型”栏后的 Bar 处，也会出现下拉列表框，可以选择电源和接地符号的形状，共有 7 种，如图 2-39 所示。

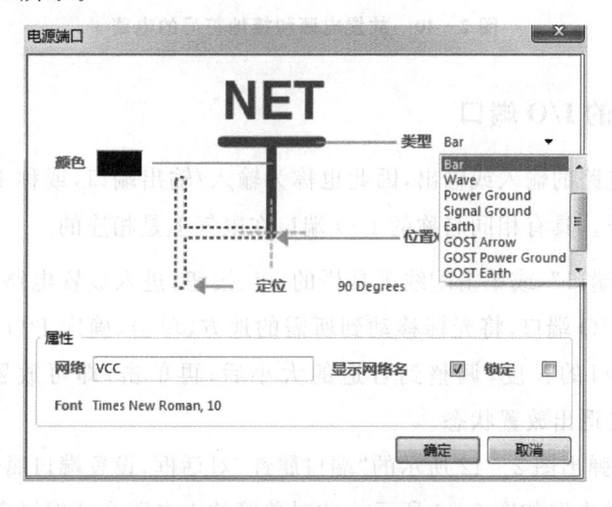

图 2-38 “电源端口”属性对话框

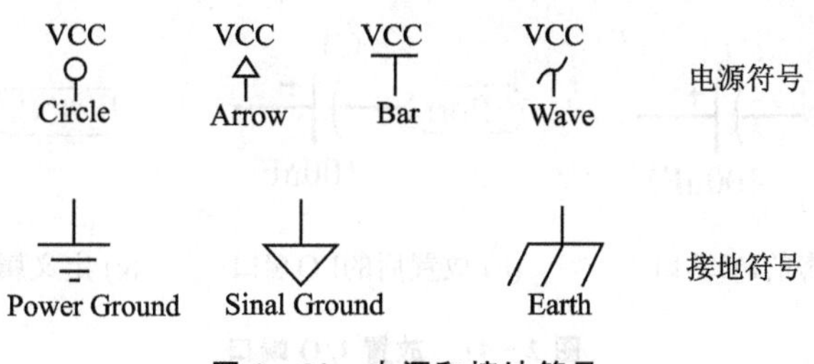

图 2-39 电源和接地符号

设置完成单击"确定"按钮，将光标移动到适当的位置后单击放置电源符号。

注意：由于在放置电源端口时，初始出现的是电源符号，若要改为接地符号，除了要修改符号图形外，还必须将网络名 NET 改为 GND，否则在印制电路板布线时会出错。

在实际设计时，也可单击配线工具栏的 按钮，放置电源符号，单击配线工具栏的 按钮，放置接地符号。如图 2－40 所示为放置电源和接地符号的电路。

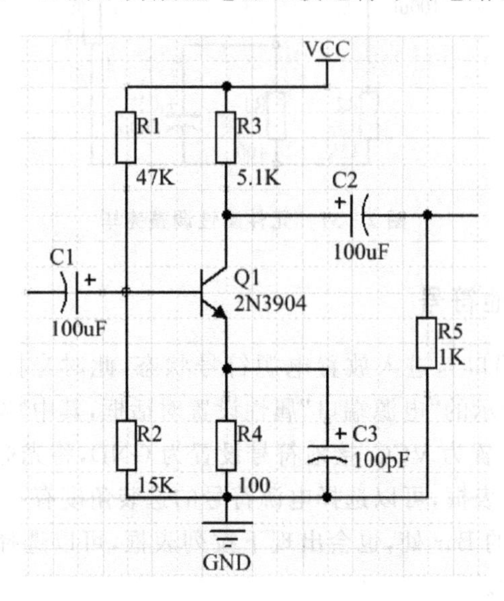

图 2－40　放置电源和接地符号的电路

2.2.9　放置电路的 I/O 端口

端口通常表示电路的输入或输出，因此也称为输入/输出端口，或称 I/O 端口。端口通过导线与元件引脚相连。具有相同名称的 I/O 端口在电气上是相连的。

选择"放置"→"端口"，或单击配线工具栏的 按钮，进入放置电路 I/O 端口状态，光标上带着一个悬浮的 I/O 端口，将光标移动到所需的地方，单击，确定 I/O 端口的起点，拖动光标可以改变 I/O 端口的长度，调整到合适的大小后，再单击，即可放置一个 I/O 端口，如图 2－41 所示。右击退出放置状态。

双击 I/O 端口，弹出图 2－42 所示的"端口属性"对话框，设置端口属性。

放置 I/O 端口的电路如图 2－1 所示。此时单管放大电路全部编辑完成。

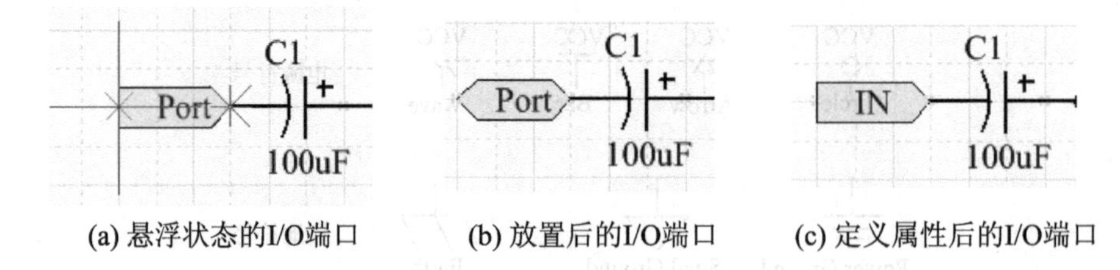

(a) 悬浮状态的I/O端口　(b) 放置后的I/O端口　(c) 定义属性后的I/O端口

图 2－41　放置 I/O 端口

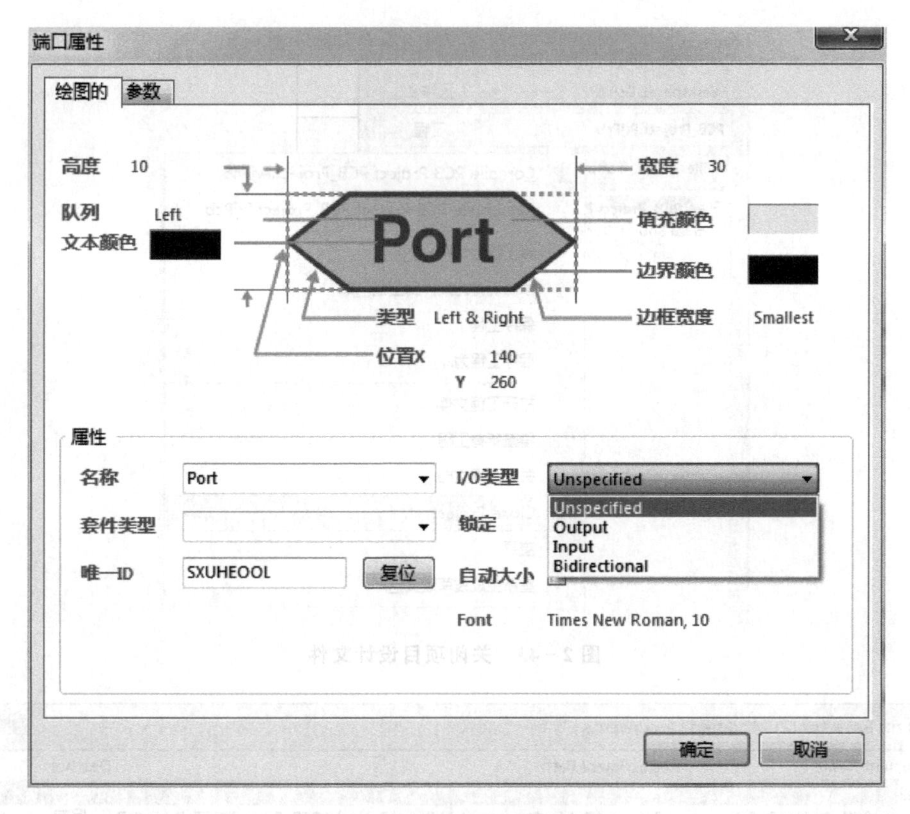

图 2-42　I/O"端口属性"设置

2.2.10　文件的存盘与退出

1. 文件的保存

选择"文件"→"保存"，或单击主工具栏上的图标，可自动按原文件名保存，同时覆盖原先的文件。

在保存时如果不希望覆盖原文件，可以采用另存的方式。选择"文件"→"另存为"，在弹出的对话框中输入新的存盘文件名后单击"保存"按钮即可。

2. 文件的退出

若要退出当前原理图编辑状态，可选择"文件"→"关闭"；若文件已修改但未保存，则系统会提示是否保存。

若要关闭项目文件，则可右击项目文件名，在弹出的菜单中选择 Close Project，关闭项目文件，如图 2-43 所示。若项目中的文件未保存过，则系统会弹出确认选择保存文件对话框，如图 2-44 所示，可以设置是否保存文件，设置完成单击 OK 按钮完成操作，系统退回原理图设计主窗口。

若要退出 AD17，则可选择"文件"→"退出"；若文件未保存，则系统会弹出图 2-44 所示的对话框提示选择要保存的文件。

本章通过绘制单管放大电路，介绍了 AD17 中原理图的设计过程，包括图纸的设置、放置元件、原理图布线、放置网络标号、放置电源符号、调整线路及文件保存等。

图 2-43　关闭项目设计文件

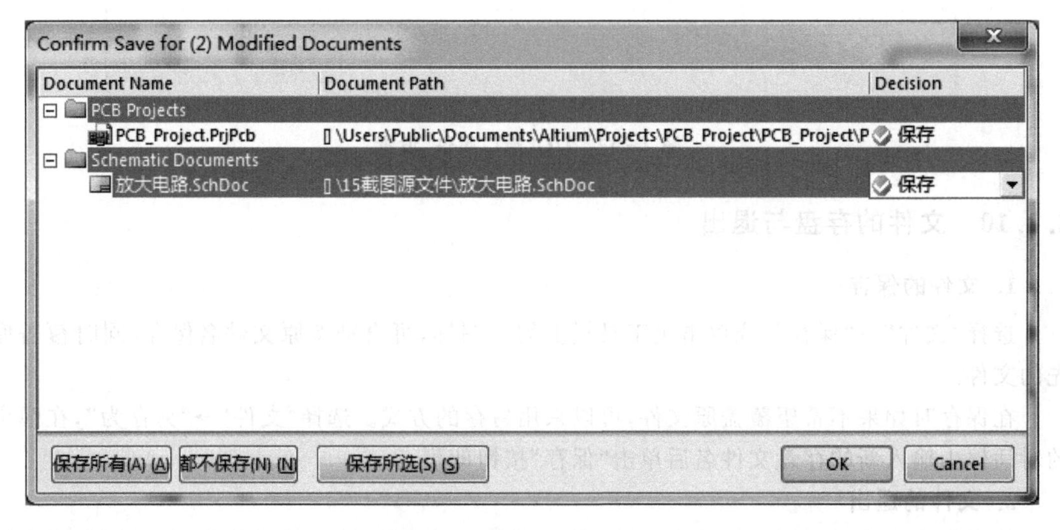

图 2-44　选择保存设计文件

习　题

1. 在进行线路连接时应注意哪些问题？
2. 如何查找元件？
3. 如何实现全局修改和局部修改？
4. 绘制原理图，如图 2-45 所示。

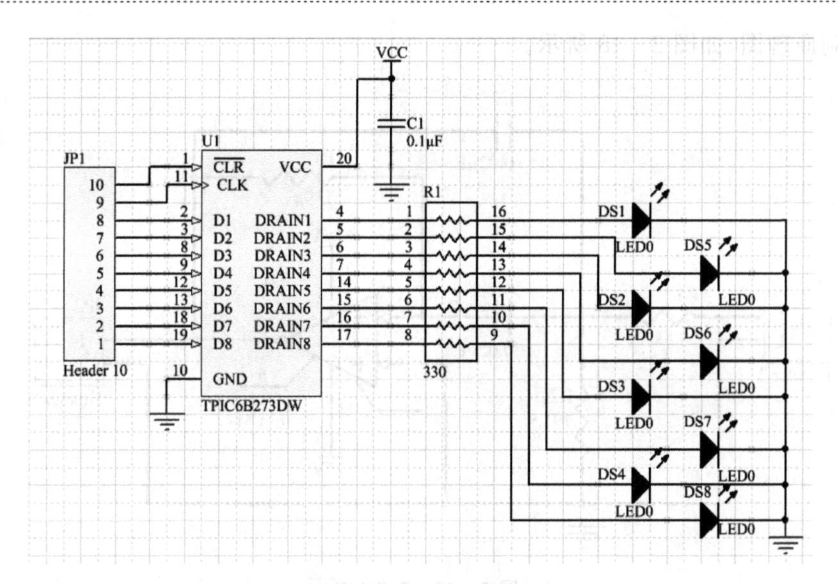

图 2-45　4.SchDoc

5. 绘制原理图，如图 2-46 所示。

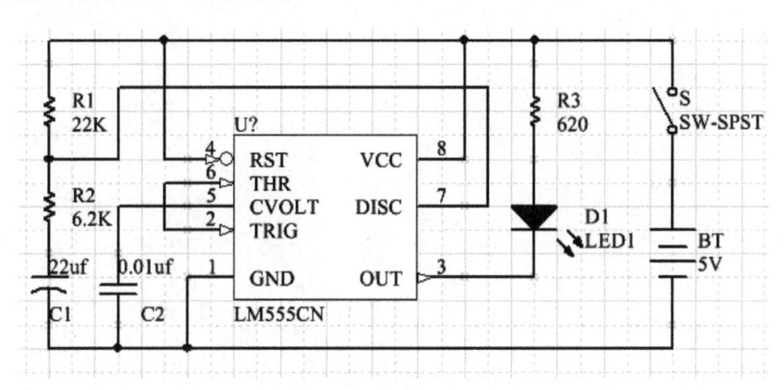

图 2-46　5.SchDoc

6. 绘制原理图，如图 2-47 所示。

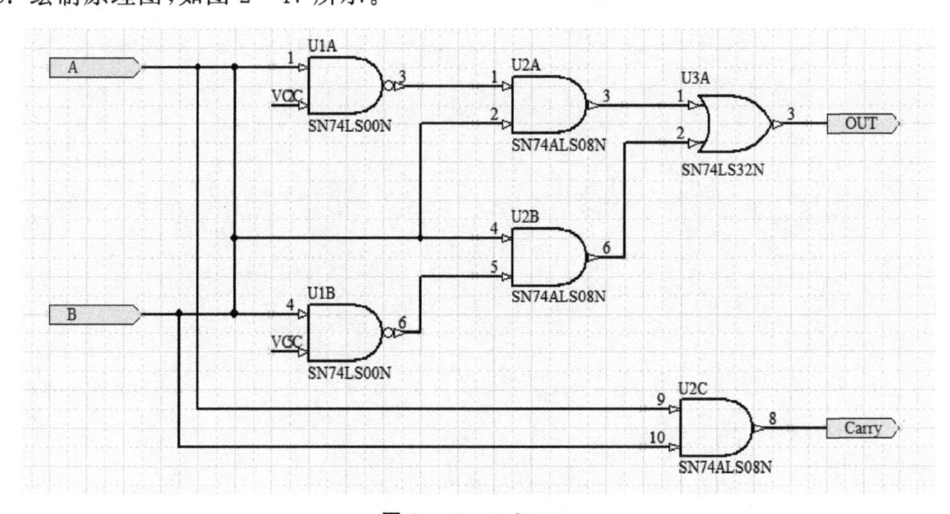

图 2-47　6.SchDoc

7. 绘制原理图,如图 2-48 所示。

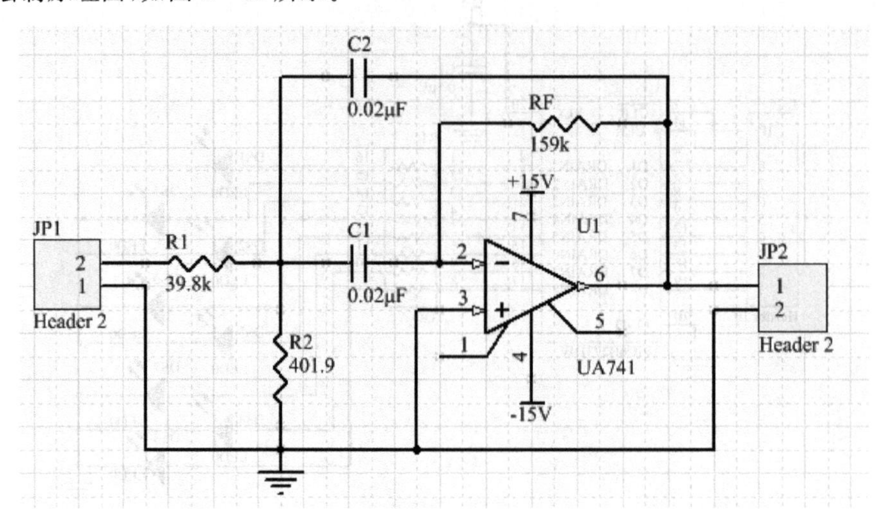

图 2-48　7. SchDoc

第3章　绘制总线形式接口电路及说明文字

本章导读

本章通过绘制接口电路，使读者学会使用总线、总线分支和网络标号。总线、总线分支及网络标号的使用减少了图中的导线，简化了原理图，使原理图更清晰直观。另外，本章还介绍了绘制说明性信息的实用工具，由实用工具绘制的图形均不具有电气特性，读者使用时应注意区分。

3.1　绘制总线形式接口电路

所谓总线，就是代表数条并行导线的一条线。总线通常用于元件的数据总线或地址总线，其本身没有实质的电气连接意义，电气连接的关系要靠网络标号来定义。利用总线和网络标号进行元器件之间的电气连接不仅可以减少图中的导线，简化原理图，而且还可以使原理图更清晰直观。

在绘制原理图时，尤其是集成电路之间的连接，电路连线很多，显得很复杂，为了解决这个问题，可以使用总线来连接原理图。

使用总线代替一组导线，需要与总线分支和网络标号相配合，总线本身没有实质的电气连接意义，必须由总线接出的各个单一入口导线上的网络标号来完成电气意义上的连接。具有相同网络标号的导线在电气上是连接的，这样做既可以节省原理图的空间，又便于读图。下面以图 3-1 所示的接口电路为例介绍设计方法。

① 建立文件。在主窗口下，选择“文件”→“创建”→“项目”→“PCB 项目”，建立“接口电路”项目文件；选择“文件”→“创建”→“原理图”，创建“接口电路”原理图文件并保存。

② 设置元件库。本例中，集成块 DM74LS373N 位于 NSC Logic Latch. IntLib 库中，集成块 SN7404N 位于 TL Logic Gate 1. IntLib 库中，16 引脚接插件 Header16 位于 Miscellaneous Connectors. IntLib 库中，根据前述的方法将上述三个元件库设置为当前库。

③ 放置元件。选择“放置”→“元件”，在电路上放置元件 DM74LS373N 两个，SN7404N 的非门一个，16 引脚接插件 Header16 两个。

④ 元件属性设置与布局。双击元件，设置元件的标号，两个 Header16 的标号分别为 U1、U2，在“图形”区勾选方向为“被镜向的”，使元件水平翻转；两个 DM74LS373N 的标号分别为 U3、U4，将 U3 设置为“被镜向的”；非门 SN7404N 的标号为 U5，选择第一套功能单元。选择“编辑”→“移动”，根据图 3-1 进行元件布局，将元件移动到合适的位置。

⑤ 选择“文件”→“保存”，保存当前文件，此后使用总线和网络标号进行线路连接。

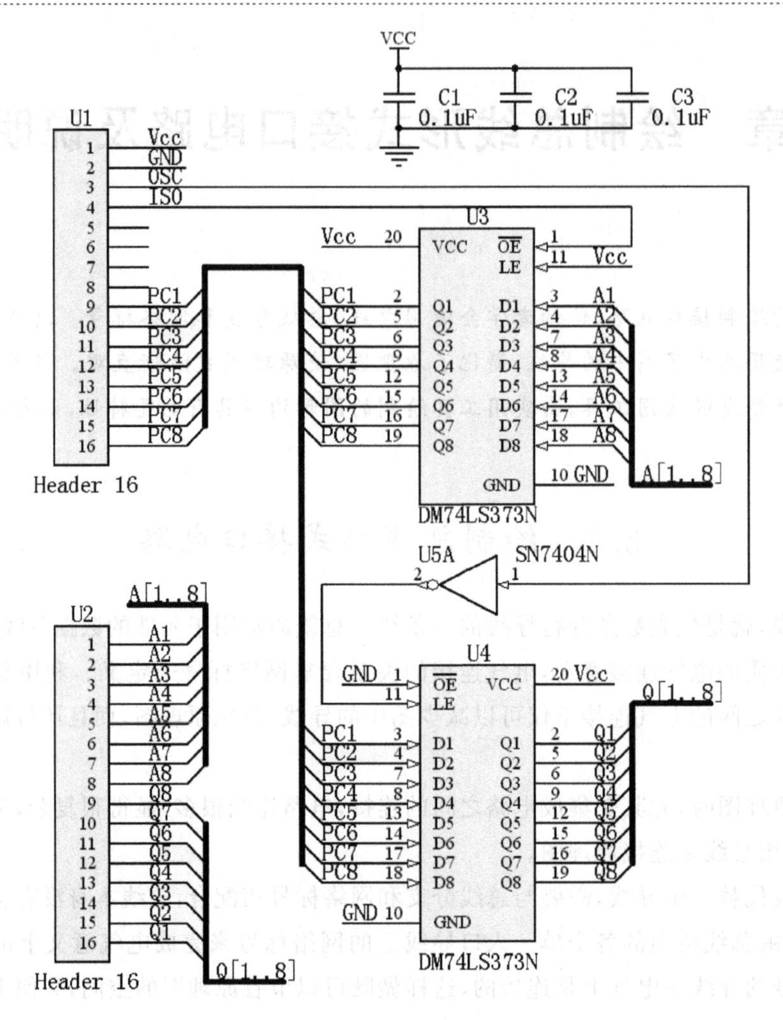

图 3-1 接口电路

3.1.1 放置总线及总线分支

1. 放置总线

在绘制原理图时，可以使用配线工具栏上的按钮进行。一般通过 按钮先画出元件引脚的引出线，然后再绘制总线。

选择“放置”→“总线”，或单击工具栏上的 按钮，进入放置总线状态，将光标移至合适的位置，单击，定义总线起点；将光标移至另一位置，单击，定义总线的下一点，如图 3-2 所示。连线完毕，双击突出放置状态。

在画线状态下，按 Tab 键，弹出总线属性对话框，可以修改线宽和颜色。

2. 放置总线入口

元件引脚与总线的连接通过总线入口实现，总线入口是 45°或 135°倾斜的短线段。选择“放置”→“总线入口”，进入放置总线分支的状态，此时光标上带着悬浮的总线入口线，将光标移至总线和引脚引出线之间，按空格键变换倾斜角度，单击放置总线入口线，右击退出放置状态，如图3-3所示。

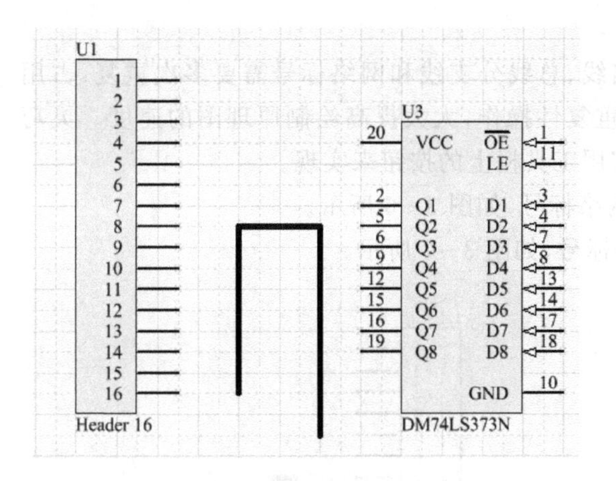

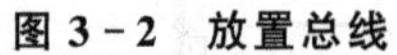
图3-2 放置总线

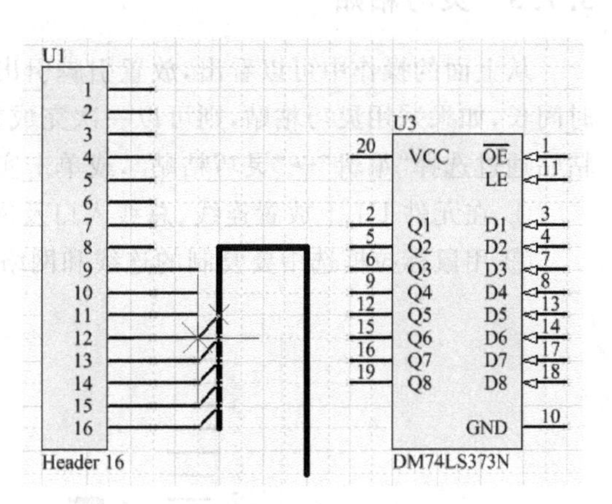

图3-3 放置总线入口

3.1.2 放置网络标号

由于总线不是实际连线，因此实际使用时必须通过网络标号实现电气连接。在复杂的电路图中，通常使用网络标号来简化电路，具有相同网络标号的图件之间在电气上相通。

放置网络标号可以通过选择“放置”→“网络标签”，或单击 Net1 按钮实现，系统进入放置网络标号状态，此时光标上附着一个默认的网络标号 Netlabel1，按 Tab 键(或者在放置网络标号后直接双击网络标号)，系统弹出图3-4所示的“网络标签”对话框。通过该对话框可以修改网络标号名、标号方向等，图中将网络标号改为 PC1，将网络标号移动至需要放置的对象上方，当网络标号和对象相连处的光标出现红色的“×”时，表明与该导线建立电气连接，单击即可放下网络标号，将光标移至其他位置可继续放置，如图3-5所示，右击退出放置状态。

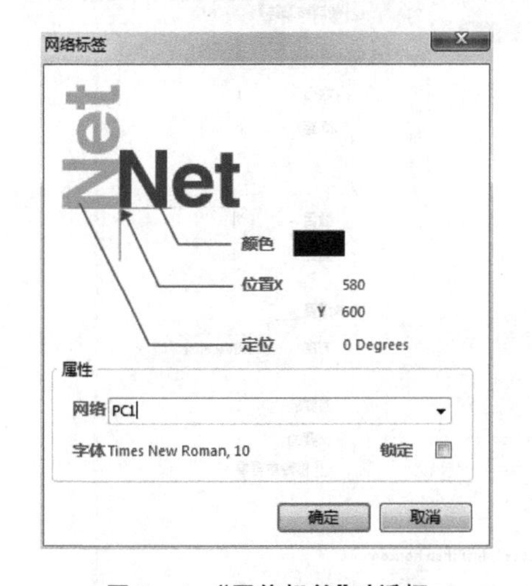

图3-4 “网络标签”对话框

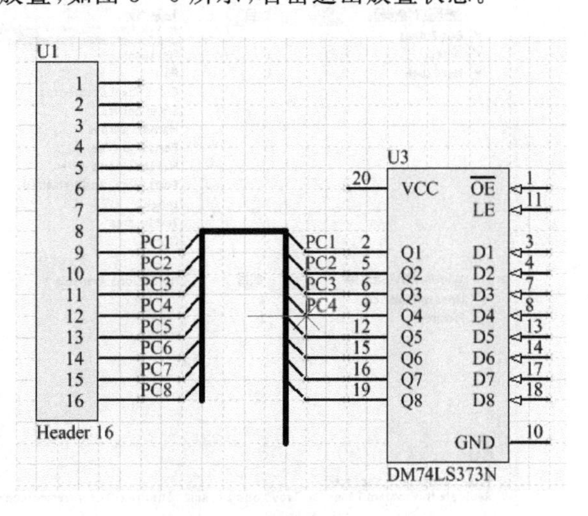

图3-5 放置网络标号

在图3-5中，U3的2引脚及U1的9引脚，均标上了网络标号PC1，在电气上它们是相连的。

注意：网络标号和文本字符串是不同的，前者具有电气连接功能，后者只是说明文字。

3.1.3 灵巧粘贴

从上面的操作中可以看出，放置引脚引出线、总线分支线和网络标号需要多次重复，占用时间长，如果采用灵巧粘贴，则可以一次完成重复性操作，大大提高绘制原理图的速度。灵巧粘贴通过选择“编辑”→“灵巧粘贴”，或单击实用工具栏上的按钮来实现。

① 在元件 U1 上放置连线、总线入口及网络标号，如图 3－6 所示。

② 用鼠标拉框选中要复制的连线和网络标号，如图 3－7 所示。

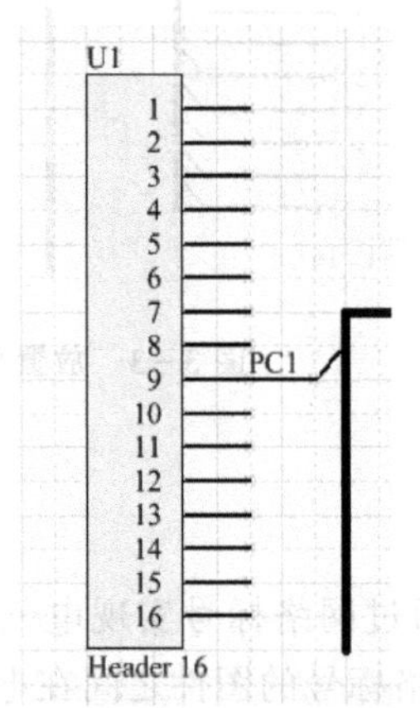

图 3－6 连线并放置网络标号

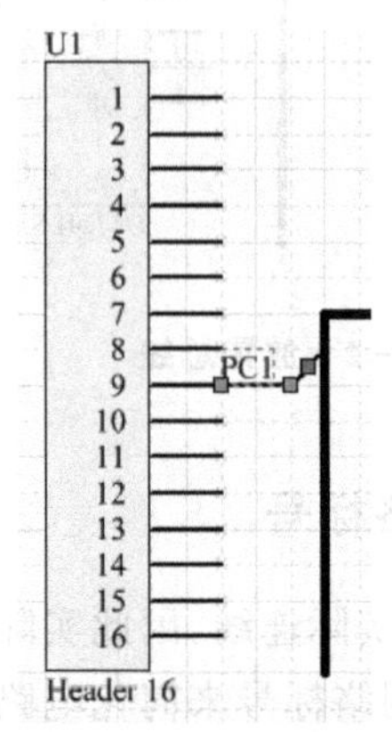

图 3－7 选中要复制的对象

③ 选择“编辑”→“复制”，复制要粘贴的内容。

选择“编辑”→“灵巧粘贴”，弹出如图 3－8 所示的“智能粘贴”对话框，根据要求设置对话框，如下：

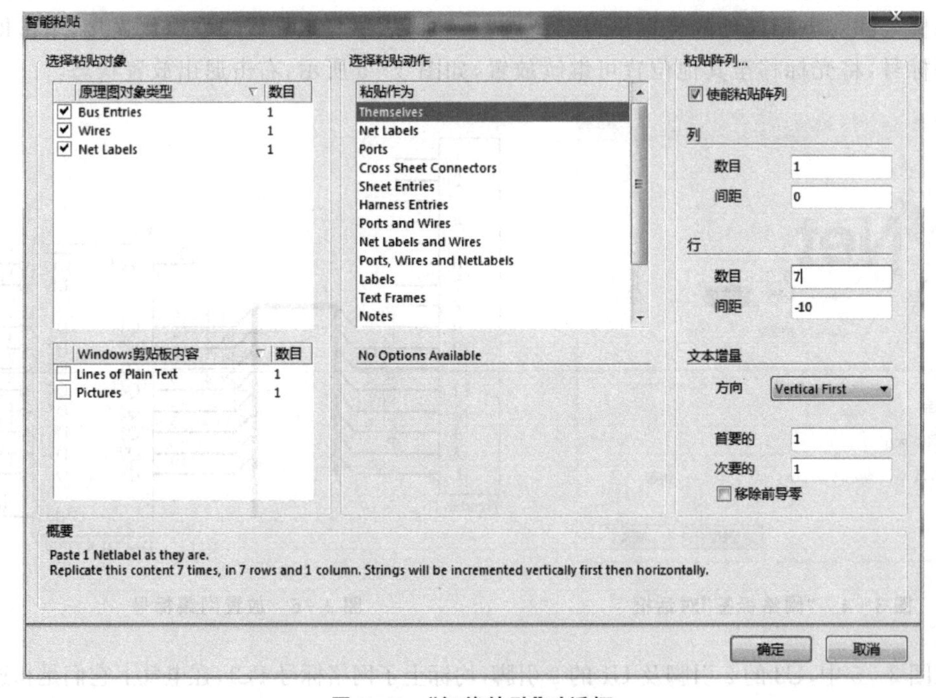

图 3－8 “智能粘贴”对话框

首先勾选“使能粘贴阵列”复选框。

“列”中的“数目”指的是列数，这里设置为“1”；“间距”指的是两列之间的距离，这里设置为“0”。

“行”中的“数目”指的是行数，本例中要再放置 7 次，故此处设置为“7”；“间距”指的是两行之间的距离，此处由于从上而下放置，一个栅格距离出现一个图件，因此设置为“－10”。

“文本增量”设置文字中数字的跃变量，正值表示递增，负值表示递减。“方向”选择 Vertical First（垂直），此处只有一个增量，所以“首要的”和“次要的”均设置为“1”，即网络标号依次递增 1，即为 PC2、PC3、PC4 等。

④ 设置好以上参数后，单击“确定”按钮。

⑤ 将光标移至需要粘贴的起点，单击完成粘贴，粘贴后的电路如图 3 - 9 所示。用相同的方法绘制其他电路。

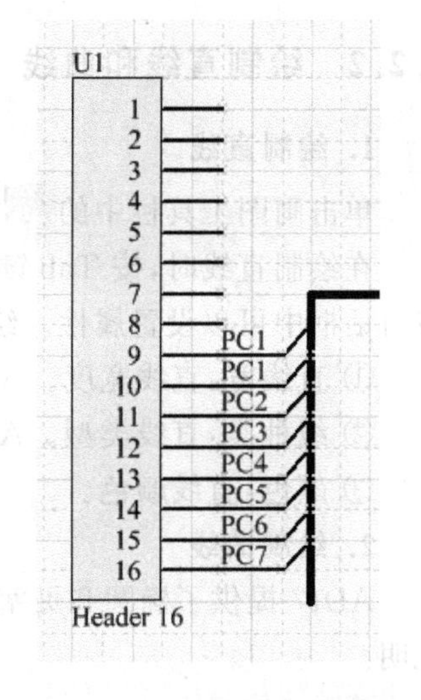

图 3 - 9　灵巧粘贴后的电路

⑥ “VCC”“GND”“A[1..8]”均是网络标号，最后完成的电路图如图 3 - 1 所示。

3.2　绘制说明性信息

在原理图绘制中，除了要放置上述的各种具有电气特性的元件、导线、端口等外，有时还需要放置一些波形示意图，而这些图形均不具有电气特性，要使用实用工具栏中的相关按钮或选择“放置”→“绘图工具”下的相关命令完成。它们属于非电气制图，可以放置圆弧、椭圆弧、椭圆、饼图、直线、矩形、圆边矩形、多边形、贝塞尔曲线及插入图形等。

3.2.1　绘图工具介绍

原理图的注释大部分是通过画图工具栏执行的，该工具栏如图 3 - 10 所示。

画图工具栏按钮功能如表 3 - 1 所列。

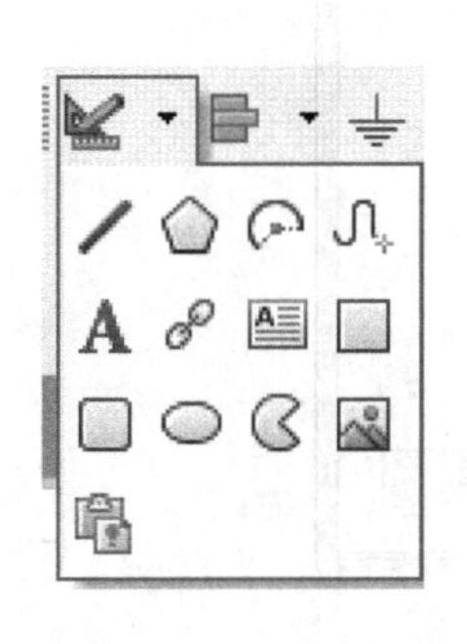

图 3 - 10　画图工具栏

表 3 - 1　画图工具栏按钮功能

按　钮	功　能	按　钮	功　能	按　钮	功　能
	直线		多边形		椭圆弧线
	贝塞尔曲线		放置说明文字		超链接
	放置文本框		矩形		圆角矩形
	椭圆		饼图		放置图片
	灵巧粘贴				

3.2.2 绘制直线和曲线

1. 绘制直线

单击画图工具栏中的按钮，即可开始绘制直线。

在绘制直线时，按 Tab 键，或者双击已经绘制好的直线，将弹出直线属性编辑对话框，在该对话框中可以设置属性。绘制过程与导线相似，不过多介绍，其各项意义如下：

① 直线宽：直线宽度。AD17 提供 Smallest、Small、Medium 和 Large 四种线宽。

② 线种类：直线类型。AD17 提供 Solid、Dashed 和 Dotted 三种线型。

③ 颜色：直线颜色。

2. 绘制曲线

AD17 提供了椭圆和贝塞尔两种曲线的绘制按钮。下面以绘制椭圆曲线的过程为例进行说明。

① 单击画图工具栏中的按钮，光标将变成十字架形状并附加着椭圆曲线显示在工作窗口中。

② 按 Tab 键，弹出如图 3-11 所示的“椭圆弧”对话框，在该对话框中设置曲线的属性。该对话框中各项的意义如下。

- “线宽”：曲线宽度。此项设置保持不变。
- “X 半径”：曲线 X 方向上的半径。此项设置为“50”。
- “Y 半径”：曲线 Y 方向上的半径。此项设置为“50”。
- “开始角度”：曲线起始角度，与坐标轴右半轴的夹角。此项设置为“0”。
- “结束角度”：曲线终止角度，与坐标轴右半轴方向的水平夹角。此项设置为“180”。
- “颜色”：曲线颜色。此项设置保持不变。
- “位置”：曲线位置。

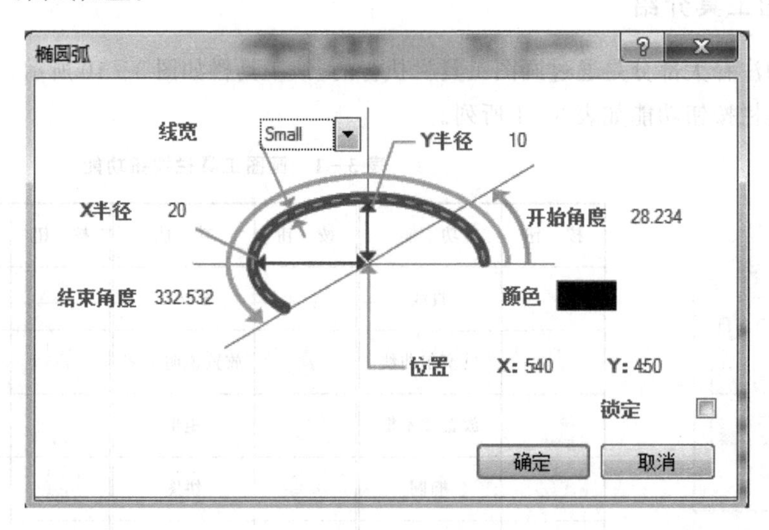

图 3-11 “椭圆弧”对话框

注意：绘制曲线时，在图纸中单击会有一个起始点。起始点不同，起始角度就会不同，半径也不同，因此可以在图 3-11 所示对话框中调整数据以取得要求的参数。

③ 移动鼠标到合适位置后，在不移动鼠标的情况下连续单击 5 次，此时放置了一个50 mil 半径的半圆。

④ 此时重复步骤②、③可以继续绘制其他曲线。

⑤ 右击或按 Esc 键，退出曲线绘制状态。

经过步骤①～⑤之后，放置好的曲线如图 3－12 所示。绘制贝赛尔曲线和绘制直线类似，实际上，贝塞尔曲线是一种表现力非常丰富的曲线，利用它可以大体描绘出各种特殊曲线，如余弦曲线等。

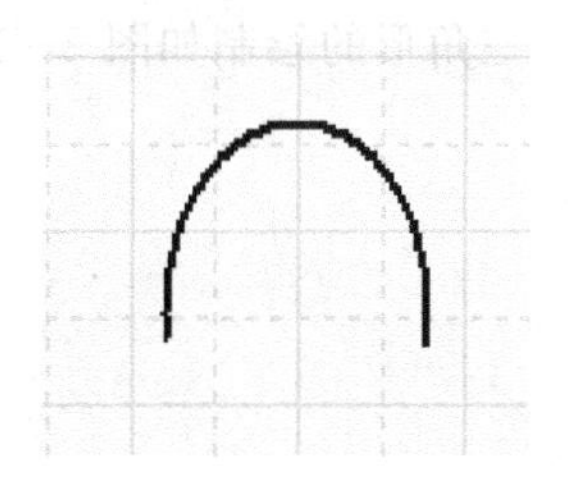

图 3－12　放置好的曲线

总而言之，在原理图中绘制各种直线、曲线的步骤比较类似，绘制出来的线条只是一种图形，没有任何的电气特性，只有注释作用。

3.2.3　绘制不规则多边形

单击画图工具栏中的⬠按钮，即可开始绘制不规则多边形。绘制多边形的步骤如下：

① 单击画图工具栏中的⬠按钮，光标变成十字形状显示在工作窗口中。

② 移动光标到合适的位置，单击，确定多边形的一个顶点。移动鼠标，确定多边形的其他顶点。

③ 在确定所有顶点后，右击，将完成一个多边形的绘制。

④ 重复步骤②、③，可以绘制其他多边形。

⑤ 在步骤④后，再次右击或者按 Esc 键，将退出绘制多边形的状态。

注意：*在绘制多边形时，单击次序也是顶点的序号，它确定了多边形的状态。*

双击绘制好的三角形，即可进入"多边形"属性编辑对话框，如图 3－13 所示。其中，各项的意义如下。

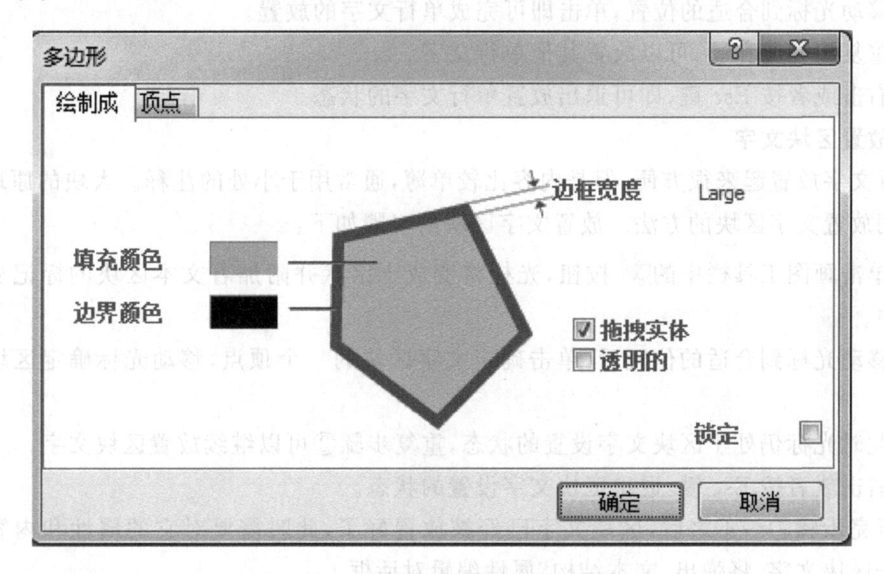

图 3－13　"多边形"属性编辑对话框

➢ "填充颜色"：多边形的填充颜色。

➤ “边界颜色”：多边形的边框颜色。

➤ “边框宽度”：多边形的边框宽度，默认是 Large，可更改为 Small。

➤ “拖拽实体”：选中该复选框后，多边形将以“填充颜色”设置的颜色填充。

➤ “透明的”：该项保持默认。

三角形的绘制如图 3－14 所示。

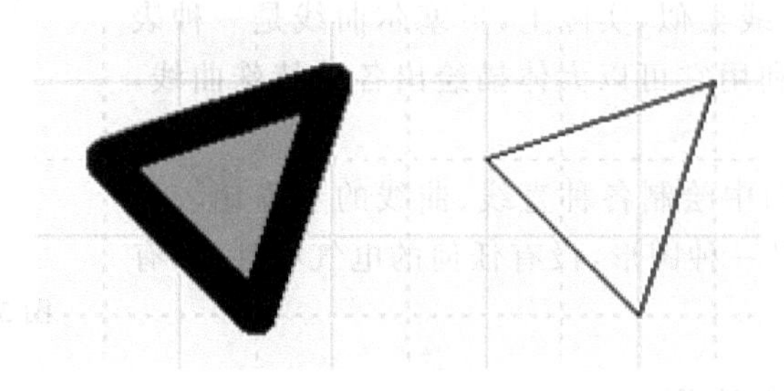

图 3－14　三角形的绘制

3.2.4　放置单行文字和区块文字

在原理图中重要的注释方式就是文字说明，AD17 提供了单行文字和区块两种注释方式。

1. 放置单行文字

放置单行文字的具体步骤如下：

① 单击画图工具栏中的A按钮，光标变成十字形状并附加着单行注释的标记显示在工作窗口中。

② 按 Tab 键，将弹出单行文字属性对话框，在该对话框中可以设置被放置文字的内容和属性。

③ 移动光标到合适的位置，单击即可完成单行文字的放置。

④ 重复步骤②和③，可以放置其他单行文字。

⑤ 右击或者按 Esc 键，即可退出放置单行文字的状态。

2. 放置区块文字

单行文字放置起来很方便，但是内容比较单薄，通常用于小处的注释。大块的原理图注释通常采用放置文字区块的方法。放置文字区块的步骤如下：

① 单击画图工具栏中的按钮，光标将变成十字状并附加着文本区块的标记显示在工作窗口中。

② 移动光标到合适的位置后，单击确定文字区块的一个顶点，移动光标确定区块的位置和大小。

③ 此时光标仍处于区块文字设置的状态，重复步骤②可以继续放置区块文字。

④ 右击或者按 Esc 键，退出区块文字设置的状态。

执行完步骤①～④之后，区块文字已经被放置好了，此时需要对它的属性和内容进行设置。双击区块文字，将弹出“文本结构”属性编辑对话框。

3. “文本结构”属性编辑对话框

“文本结构”属性编辑对话框中各选项的意义如下：

➢ “边框宽度”：区块文字的边框宽度。

➢ “文本颜色”：区块文字中文字的颜色。

➢ “队列”：区块文字中文字对齐的方法，有左对齐、居中和右对齐三种对齐方式。

➢ “位置”：区块文字对角顶点的位置。

➢ “显示边界”：该选项决定是否显示区块文字的边框。

➢ “拖拽实体”：该选项决定是否填充区块文字。

➢ “填充颜色”：区块文字的填充颜色。

➢ “文本”：区块文字的内容。

➢ “字体”：区块文字的字体。单击其后的按钮，即可更改区块文字的字体。

完成区块文字属性设置后，单击“确定”按钮，将完成区块文字的放置。

3.2.5 放置规则图形

在 AD17 中可以方便地放置矩形、圆角矩形、椭圆和扇形四种规则图形，它们的操作类似。下面将以绘制一个半径为 50 mil、圆心角为 145°的扇形为例，说明放置规则图形的方法。

① 单击画图工具中的按钮，光标将变成十字形状并附加着扇形标记显示在工作窗口中。

② 按 Tab 键，将弹出“Pie 图表”属性编辑对话框，在该对话框中可以设置扇形的属性。一般情况下保持默认值。

③ 单击“确定”按钮后移动光标到合适位置，在保持光标不移动的情况下单击 4 次将完成一个扇形的放置。

④ 重复步骤②、③，可以放置其他扇形。

⑤ 右击或者按 Esc 键，退出扇形放置的状态。

其他的规则形状放置和扇形放置类似，这里就不再赘述了。

3.2.6 放置图片

有时为了让原理图更加美观，需要在原理图上粘贴一些图片，如公司标志等。这些可以通过放置图片的按钮来实现，放置图片步骤如下：

① 单击画图工具栏中的按钮，光标将变成十字形状并附加着扇形标记显示在工作窗口中。

② 按 Tab 键，将弹出“绘图”属性编辑对话框，在该对话框中可以设置图片的属性和内容。

③ 完成图片属性和内容设置后，单击“确定”按钮，移动光标到合适的位置，单击确定图片框的一个顶点，光标移到图片框的对角顶点，再移动光标调整图片合适的大小，单击确定图片框的位置和大小。

④ 此时会再次弹出“打开”对话框确定粘贴的图片，选择图片后单击“打开”按钮，此时图片将显示在光标刚才确定的位置上，完成图片的粘贴操作。

3.2.7 灵巧粘贴

放置元件可以采用灵巧粘贴，在原理图注释时也提供灵巧粘贴。在完成对某个对象的复制或者剪切后，选择“编辑”→“灵巧粘贴”，或者单击画图工具栏中的空白处，即可开始灵巧粘贴的操作，具体的操作步骤和元件灵巧粘贴类似，这里就不再赘述了。

3.2.8 图件的层次转换

在绘制原理图时可能会显示图件重叠的情况，上层的图件将覆盖住下层的图件，出现重叠部分，这时可能需要对图件的层次进行设置。图件层次设置的操作可在“编辑”→“移动”的下一级菜单中找到。

习　题

1. 新建项目文件，将文档另存为“接口电路. PrjPcb”。

2. 新建一张电路图，将文档另存为“接口电路. Schdoc”。

3. 使用网络符号时应注意哪些问题？

4. 总线和一般连线有何区别？使用中应注意哪些问题？

5. 绘制接口电路图，设置图纸大小，选择为 A4，绘制如图 3－15 所示的电路，其中元件标号、标称值及网络标号均采用小四号宋体，完成后将文件存盘。

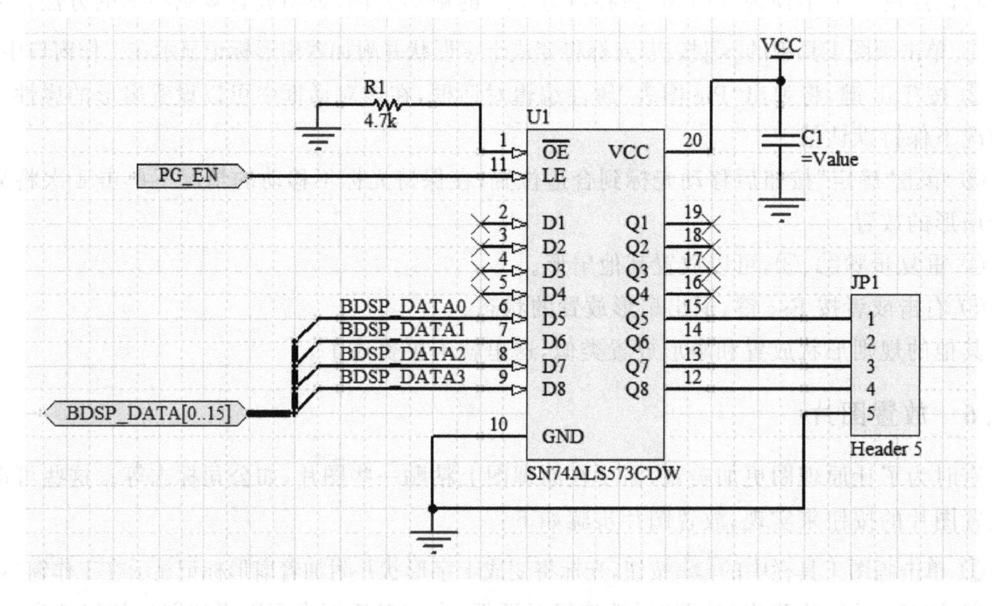

图 3－15　习题 5 的电路

第 4 章　层次原理图设计

本章导读

前面介绍了单张原理图的绘制方法，本章将介绍高级电路原理图即层次化原理图的设计方法及技巧，主要是自顶向下的层次原理图和自底向上的层次原理图的设计方法。

4.1　层次原理图设计的基本概念

复杂的电路一般都由多个模块构成，其原理图也可能是由多张原理图构成的，需要分绘在多张图纸上，当项目期限很紧张的时候，甚至需要一个团队共同协作才能在有限的时间内完成该电路原理图的设计。如顶层设计者通过对整个项目任务进行分析，得出所需设计电路的功能，在必要的时候可以将整个电路系统划分为多个子系统，每个子系统下面又可划分为若干功能模块，每个功能模块还可再细分为若干个基本模块。当基本模块设计完成且定义好模块之间的连接关系后，即可完成整个设计。

上述设计过程为层次原理图的设计方法，即一种模块化的设计方法，适用于较复杂的原理图。

4.1.1　概　述

层次式电路中的各个功能模块表示为方块符号，每个方块符号都是一张下层原理图的等价表示，是上层电路图和下层电路图联系的纽带。所以在上层电路图中可以看到许多方块符号，很容易看懂整个工程的全局结构。如果想进一步了解细节，可以进入每个方块符号查看，直到最下层的基本电路为止。

如图 4－1 所示为某电路的顶层电路，图中的两个方块符号对应下一层的两张电路原理图，分别如图 4－2 和图 4－3 所示。

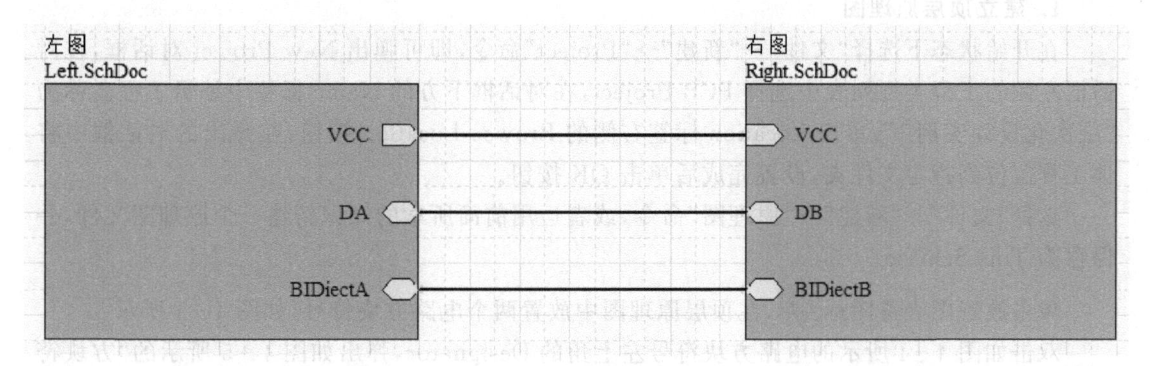

图 4－1　顶层电路

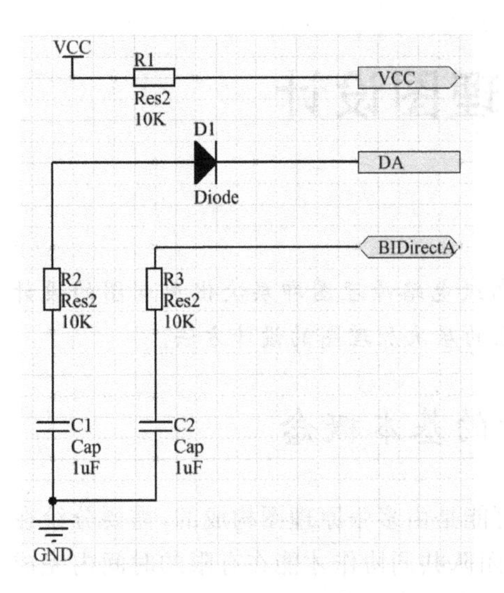

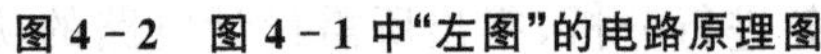

图 4-2　图 4-1 中"左图"的电路原理图

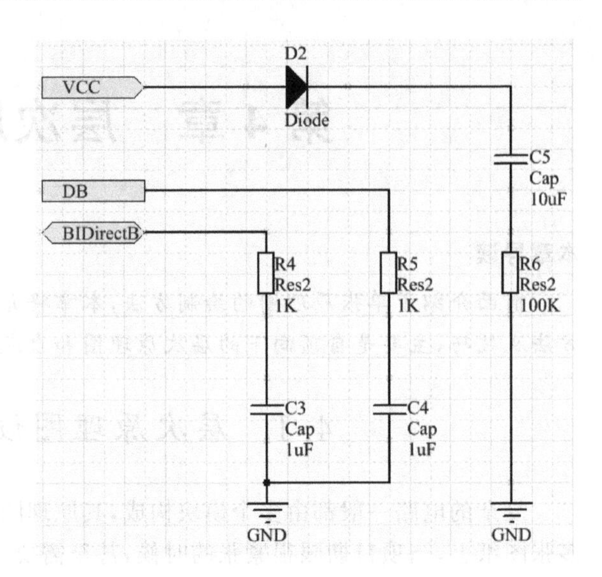

图 4-3　图 4-1 中"右图"的电路原理图

4.1.2　设　计

在对层次原理图进行设计时，可以采用自顶向下的设计方法，即先进行顶层设计，划分模块并确定每个电路模块的具体功能，而后根据各个电路模块的具体功能绘制相应的电路原理图。

当然也可以采用自底向上的设计方法，即先绘制底层原理图，并将其生成底层电路模块，然后利用该电路模块绘制上一级电路原理图，以此类推，直至完成整个电路的设计。

4.2　层次电路图的设计

4.2.1　自顶向下的层次原理图设计

1. 建立顶层原理图

在开始状态下选择"文件"→"新建"→"Project"命令，即可弹出 New Project 对话框，在对话框左侧的工程类型列表中选择 PCB Project，在对话框下方的 Name 标签中编辑工程名称为"层次化设计实例 1"，单击 Location 标签右侧的 Browse Location 按钮，在弹出的对话框中将该工程定位到指定文件夹，设置完成后单击 OK 按钮。

选择"文件"→"新建"→"原理图"命令，或者运用前面所学的知识新建一个原理图文件，并保存为 Top. SchDoc。

单击放置图表符图标，在顶层原理图中放置两个电路方块符号，如图 4-4 所示。

双击如图 4-4 所示的电路方块符号左上角的 Designator，弹出如图 4-5 所示的"方块符号指示者"对话框，在此对话框中可以对指示器属性进行修改；双击如图 4-4 所示的电路方块符号左上角的 File Name，弹出如图 4-6 所示的"方块符号文件名"对话框，在此对话框中可以对文件名进行修改。用上述方法将两个电路方块符号的指示器属性分别改为"左图"和"右

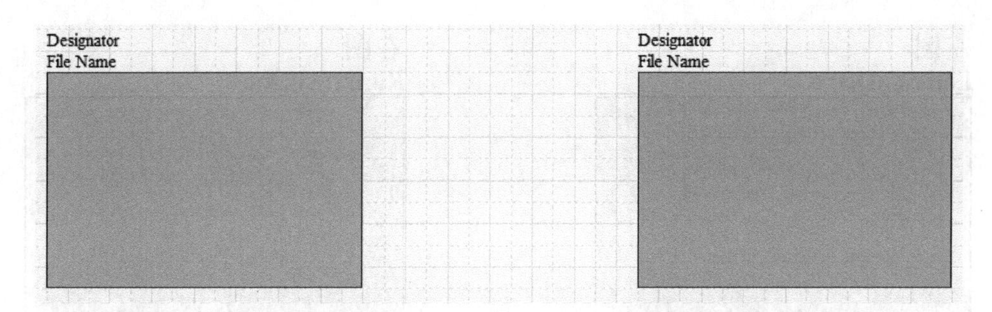

图 4-4　放置完两个电路方块符号的顶层原理图

图"，"文件名称"属性分别改为 Left. SchDoc 和 Right. SchDoc，如图 4-7 所示。

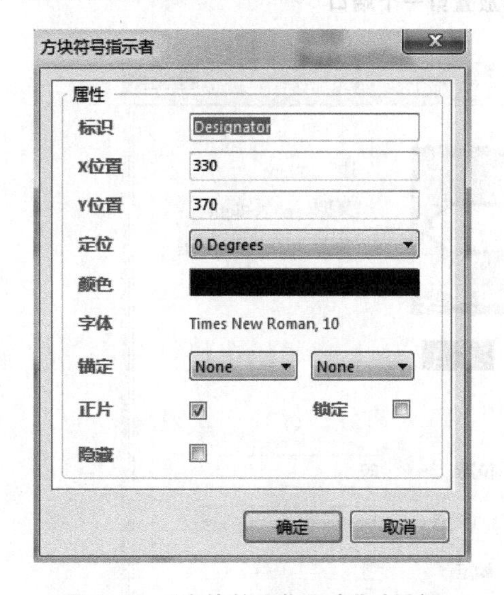

图 4-5　"方块符号指示者"对话框

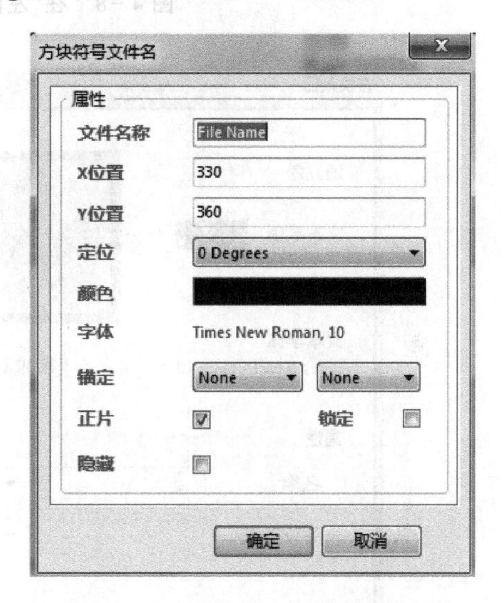

图 4-6　"方块符号文件名"对话框

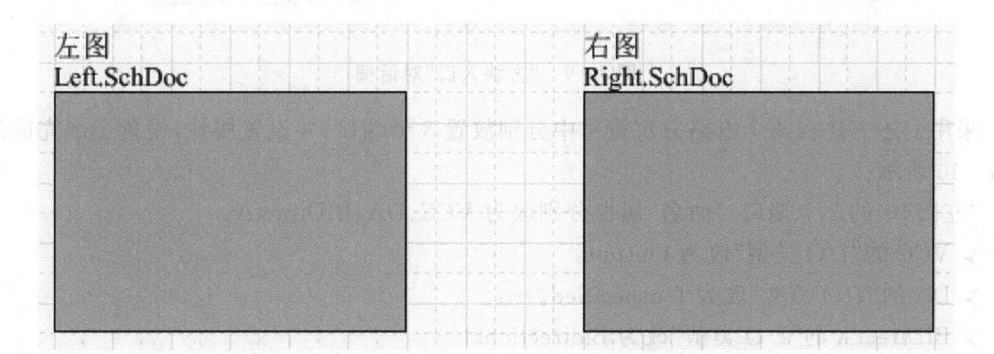

图 4-7　修改完成的电路方块符号属性的顶层电路图

单击放置图纸入口图标，移动鼠标至需要放置端口的位置，当出现如图 4-8 所示的端口时，左击即可放置一个端口。

成功放置端口后，用鼠标指向某一个端口并双击，可以弹出如图 4-9 所示的"方块入口"对话框，在此对话框中可以更改名称、位置、线束类型、I/O 类型等属性信息。

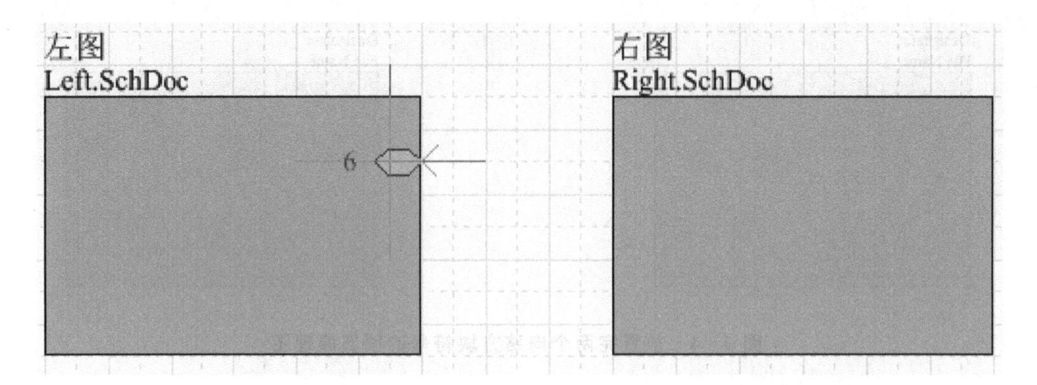

图 4-8 在"左图"中放置第一个端口

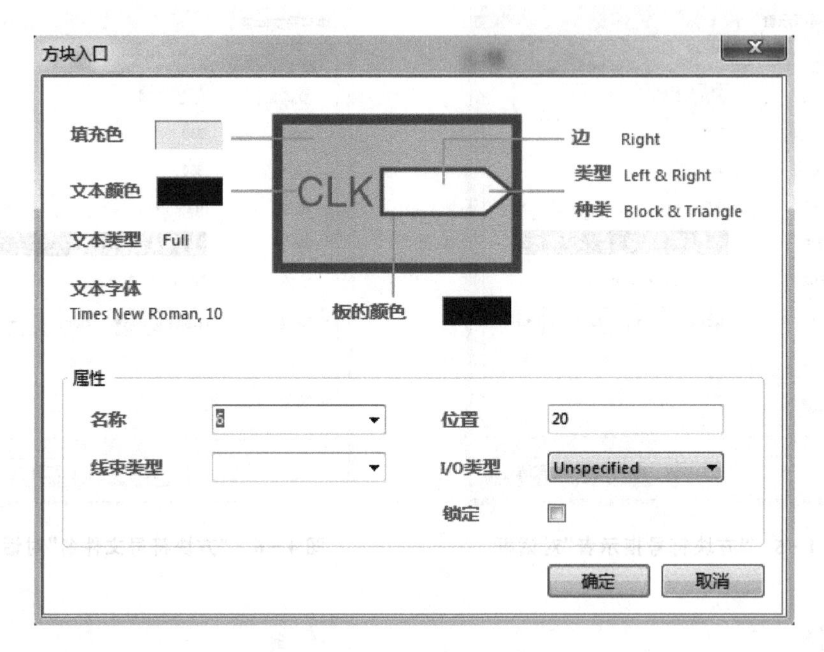

图 4-9 "方块入口"对话框

采用上述方法在两个电路方块符号中分别放置 3 个端口，并设置属性，设置全部完成后如图 4-10 所示。

"左图"中的 3 个端口，"命名"属性分别改为 VCC、DA、BIDirectA。

- VCC 的"I/O 类型"改为 Output。
- DA 的"I/O 类型"改为 Unspecified。
- BIDirectA 的"I/O 类型"改为 Bidirectional。

"右图"中的 3 个端口，"命名"属性分别改为 VCC、DB、BIDirectB。

- VCC 的"I/O 类型"改为 Input。
- DB 的"I/O 类型"改为 Unspecified。
- BIDirectB 的"I/O 类型"改为 Bidirectional。

单击放置线图标，移动鼠标至需要进行连线的端口处，当出现如图 4-11 所示的连线光标时左击，然后移动鼠标在想要连接的端口处单击，即可完成一条导线的连接，如图 4-12

所示。用上述方法完成如图 4－13 所示的 3 条导线的连接。

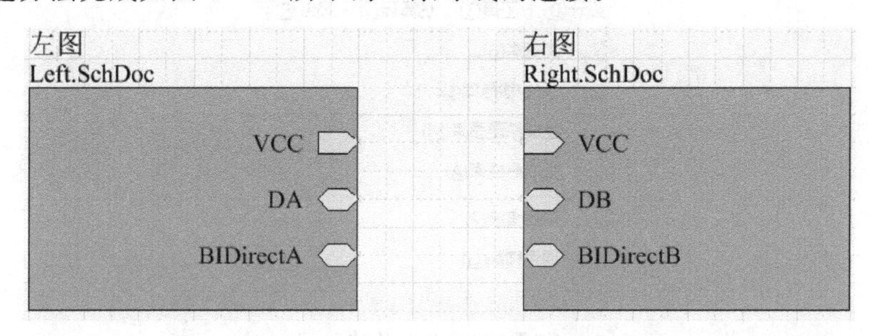

图 4－10 设置端口

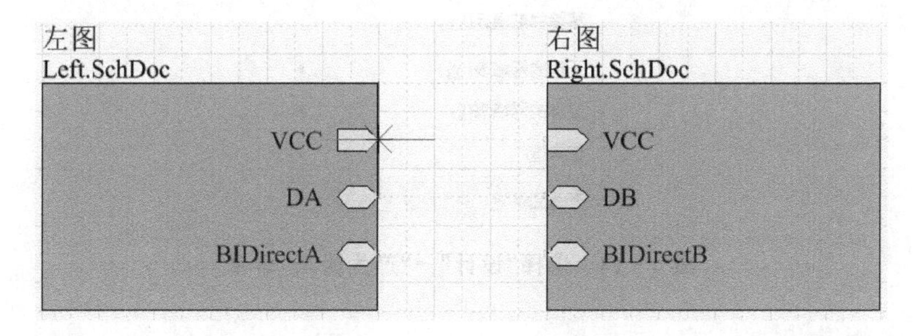

图 4－11 单击连线第一点

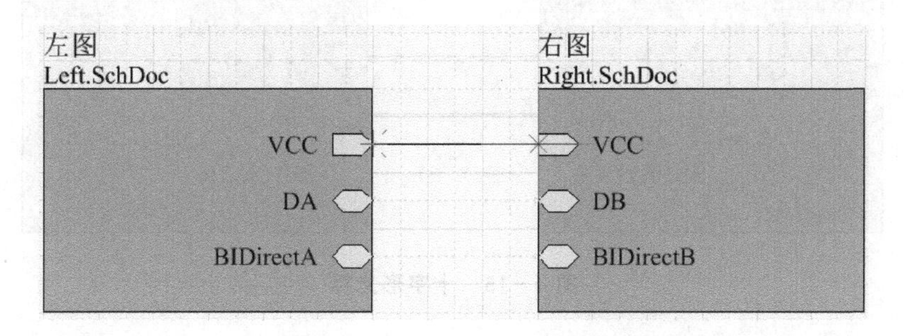

图 4－12 完成一条导线的连接

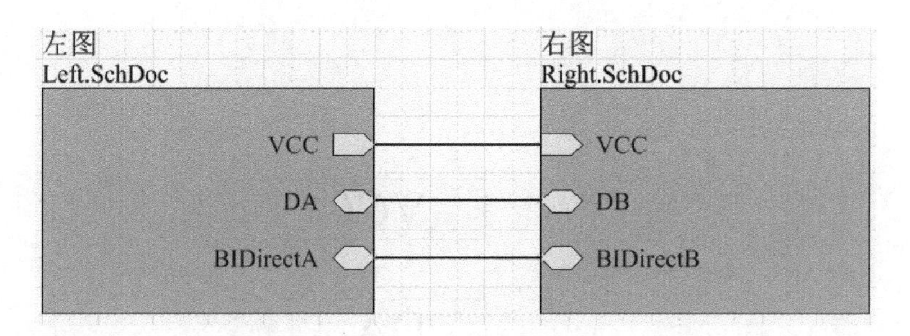

图 4－13 导线连接

2. 建立底层原理图

如图 4－14 所示，选择“设计”→“产生图纸”命令，此时光标变为十字形，如图 4－15 所示。将光标置于电路方框图的“左图”上单击，系统会自动生成“左图”的底层原理图 Left. SchDoc 并弹出，如图 4－16 所示。同样在“右图”上单击可生成“右图”的底层原理图 Right. SchDoc。

图 4-14　选择“设计”→“产生图纸”命令

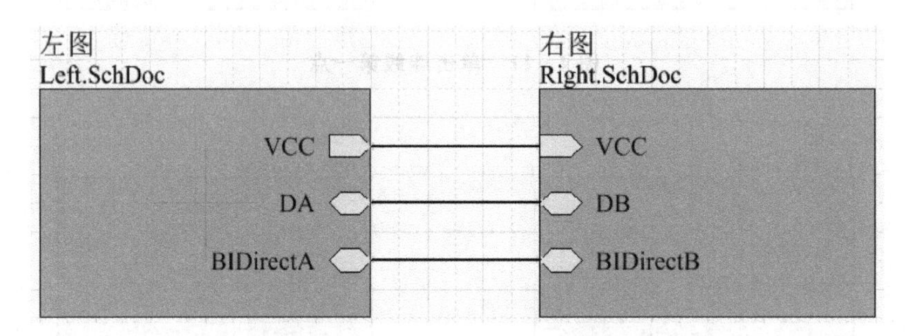

图 4-15　十字形光标

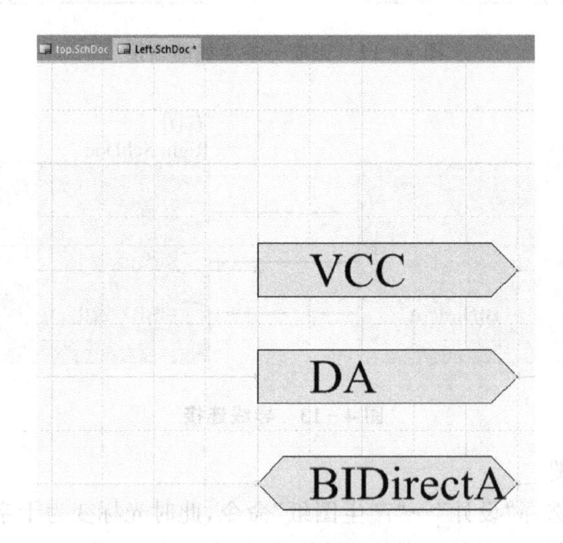

图 4-16　生成“左图”的底层原理图并弹出

底层原理图生成以后，在顶层原理图的电路方块符号中建立的端口会在底层原理图中自动生成为端口，其属性与在顶层原理图中的设置相同。例如，“左图”中的端口 VCC，在顶层原理图中的属性如图 4－17 所示，在底层原理图中的属性如图 4－18 所示，其 I/O 类型均为 Output。

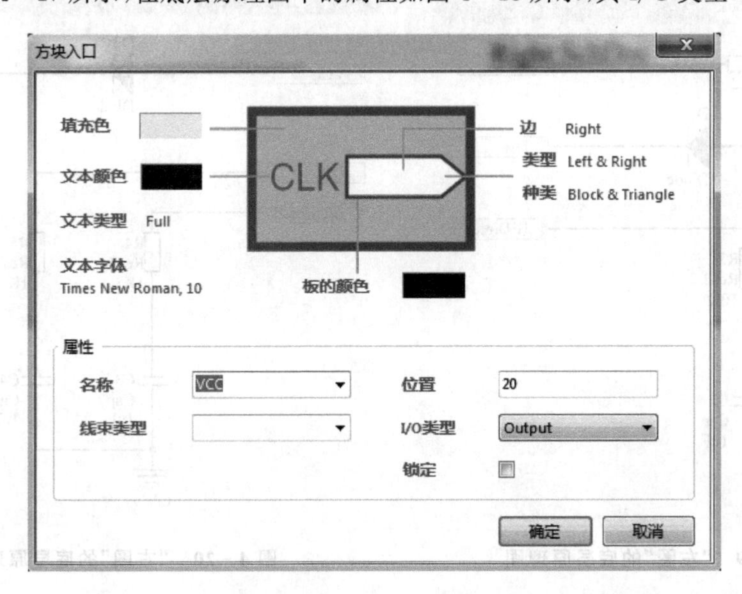

图 4－17　顶层原理图中“左图”方块符号中 VCC 的属性

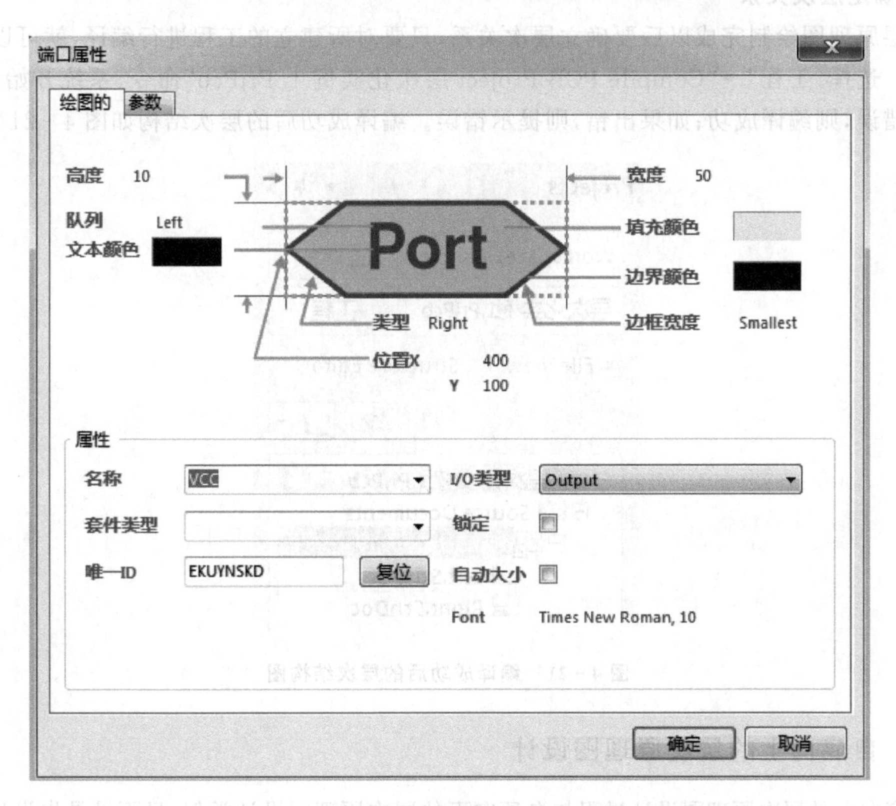

图 4－18　“左图”底层原理图中 VCC 的属性

生成底层原理图以后，就可以在底层原理图中绘制相应的电路图了。本例中“左图”和“右图”的底层原理图分别如图 4-19 和图 4-20 所示。

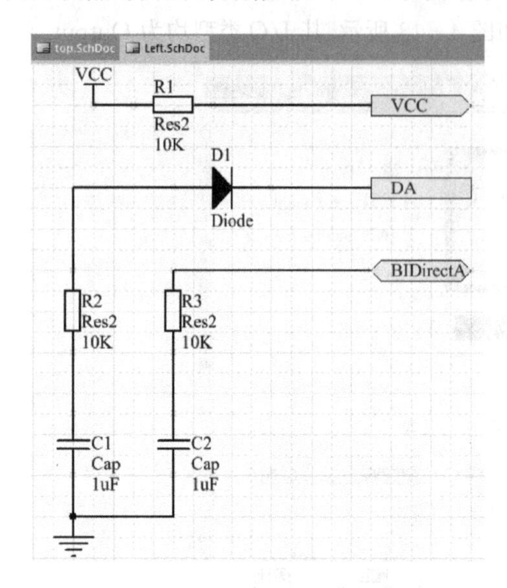

图 4-19 “左图”的底层原理图

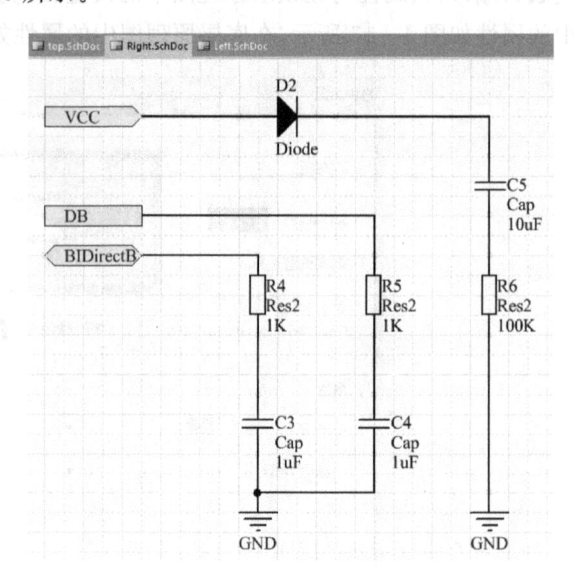

图 4-20 “右图”的底层原理图

3. 确定层次关系

底层原理图绘制完成以后要确立层次关系，只要对所建立的工程进行编译，就可以确立层次关系。选择“工程”→“Compile PCB Project 层次化实例 1. PrjPcb”命令，系统开始编译，如果没有错误，则编译成功；如果出错，则提示错误。编译成功后的层次结构如图 4-21 所示。

图 4-21 编译成功后的层次结构图

4.2.2 自底向上的层次原理图设计

自底向上的层次原理图设计过程与自顶向下的层次原理图设计类似，只不过是先设计底层原理图再生成顶层原理图。本小节仍以 4.2.1 小节的例子说明自底向上的层次原理图设计过程。

1. 建立底层原理图

参考4.2.1小节中的步骤新建一个PCB工程,并保存为“层次化实例2.PrjPcb”。

选择“文件”→“新建”→“原理图”命令,或者运用前面所学的知识新建3个原理图文件,并分别保存为“顶层.SchDoc”“左图.SchDoc”“右图.SchDoc”。

在“左图.SchDoc”原理图下,选择“放置”→“端口”命令,或者运用前面所学的知识在原理图上放置3个端口VCC、DA和BIDirectA,如图4-22所示,端口属性如下:

- VCC的“I/O类型”改为Output。
- DA的“I/O类型”改为Unspecified。
- BIDirectA的“I/O类型”改为Bidirectional。

绘制原理图,如图4-23所示。

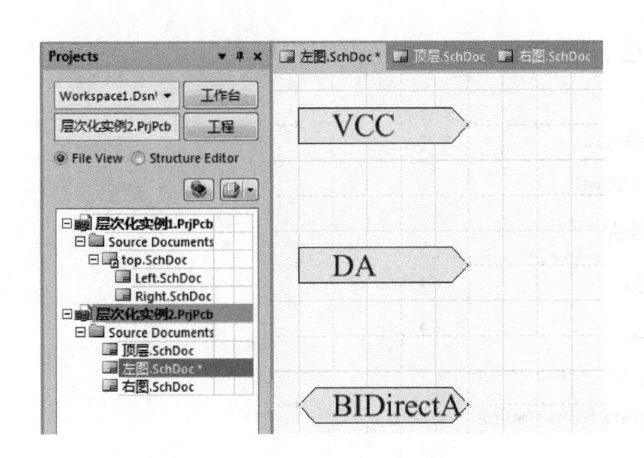

图4-22 在“左图.SchDoc”中放置3个端口

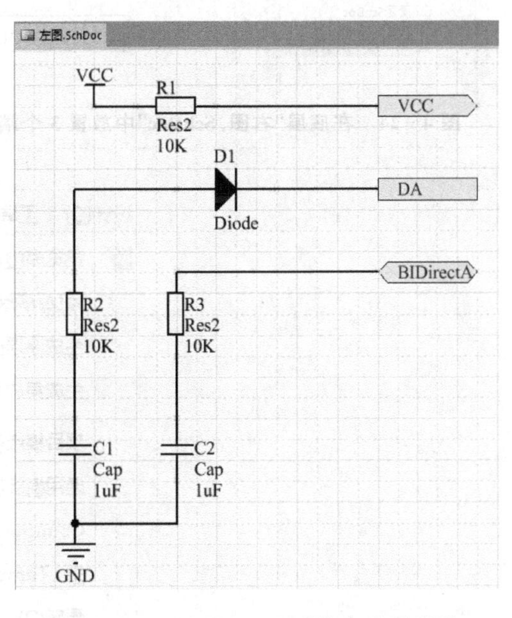

图4-23 “左图.SchDoc”的电路原理图

用同样的方法在“右图.SchDoc”中放置3个端口VCC、DB和BIDirectB,如图4-24所示,并更改属性如下:

- VCC的“I/O类型”改为Input。
- DB的“I/O类型”改为Unspecified。
- BIDirectB的“I/O类型”改为Bidirectional。

绘制原理图,如图4-25所示。

2. 生成顶层原理图

将“顶层.SchDoc”置为当前文件,如图4-26所示。选择“设计”→“HDL文件或图纸生成图表符V(Y)”命令,弹出如图4-27所示的对话框,选中“左图.SchDoc”,单击OK按钮,此时光标变为十字形并带有电路方块符号。在“右图.SchDoc”中合适的位置单击,放置此电路方块符号,如图4-28所示,重复执行上述动作,将“右图.SchDoc”的电路方块符号也放置在“顶层.SchDoc”中,如图4-28所示。

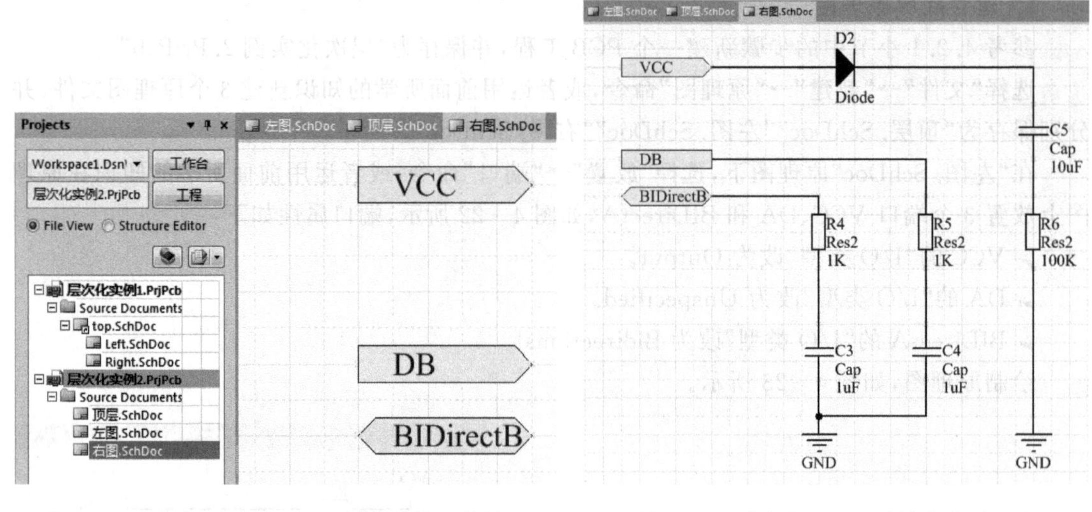

图 4-24　在底层“右图.SchDoc”中放置3个端口

图 4-25　“右图.SchDoc”的电路原理图

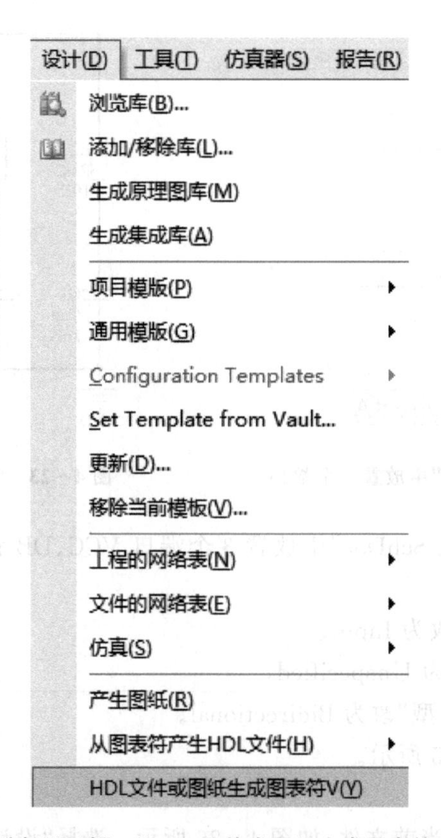

图 4-26　选择“设计”→“HDL 文件或图纸生成图表符 V(Y)”命令

在图 4-28 中，自动插入的电路方框图中端口的位置不方便连线，此时可以根据需要用鼠标将端口拖拽到合适的位置，然后进行导线的连接，连线后的效果如图 4-29 所示。

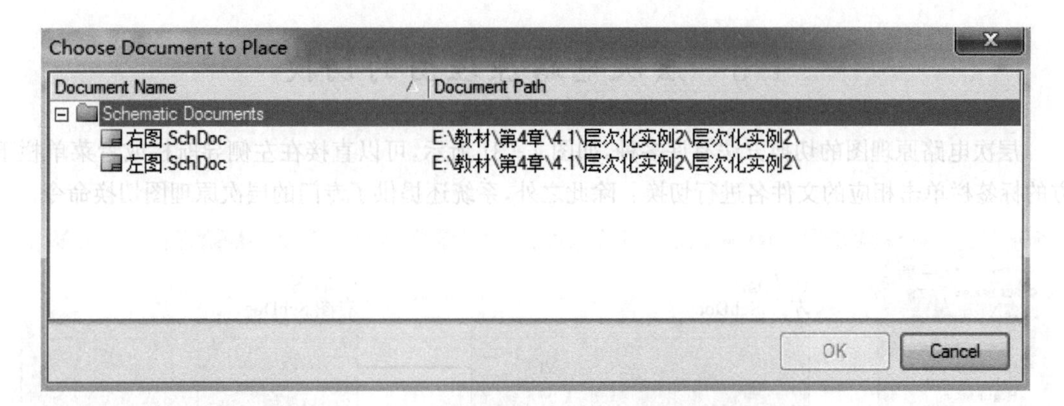

图 4-27　“Choose Document to Place”对话框

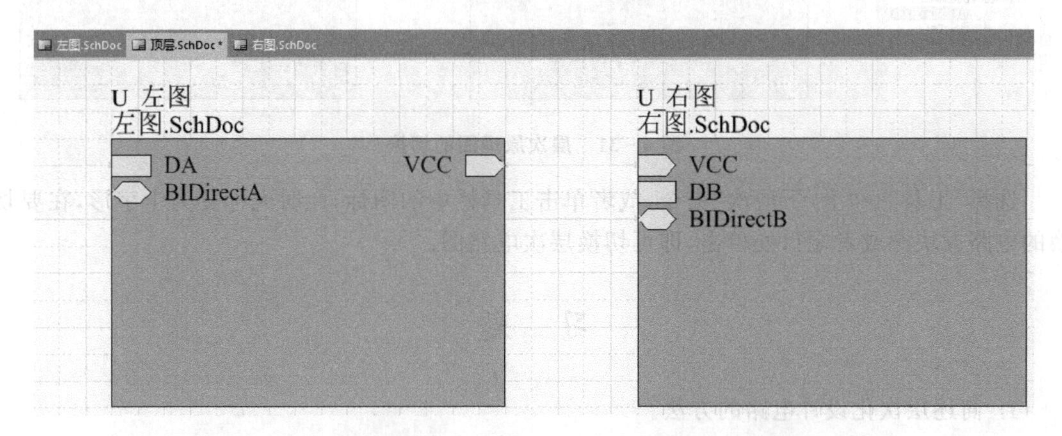

图 4-28　在顶层原理图中放置两个底层原理图的电路方块符号

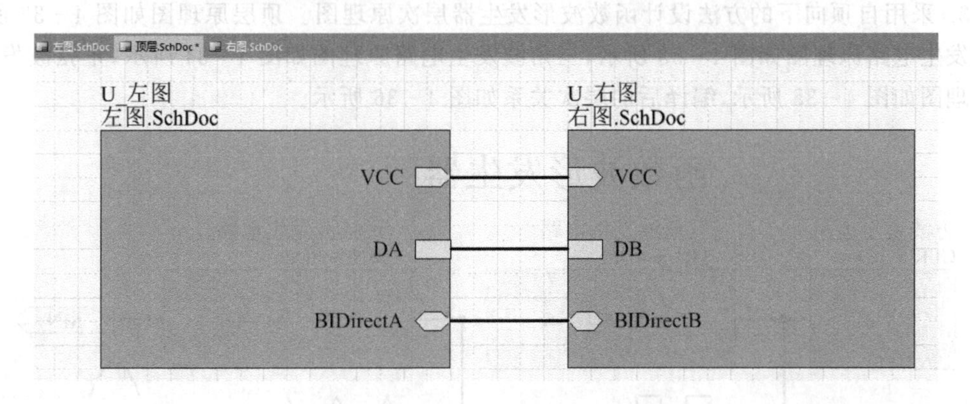

图 4-29　调整端口位置并连接导线

3. 确定层次关系

以上操作完成以后，底层原理图和顶层原理图的层次关系并未确定。选择“工程”→“Compile PCB Project 层次化实例 2. PrjPcb”命令，系统进行编译，如果无错误则编译成功并自动确定层次关系，如图 4-30 所示。

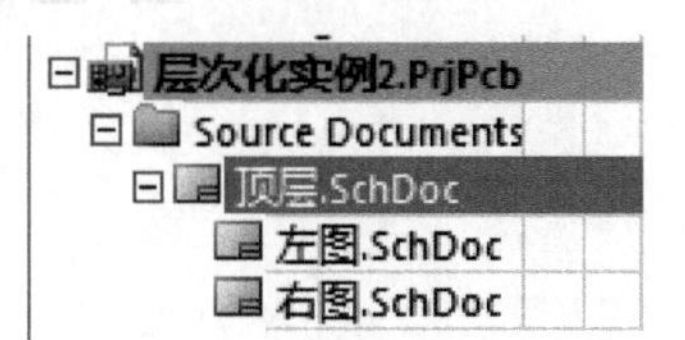

图 4-30　确定层次关系

4.3 层次电路原理图的切换

层次电路原理图的切换方法有许多种，如图 4-31 所示，可以直接在左侧导航栏或者菜单栏下方的标签栏单击相应的文件名进行切换。除此之外，系统还提供了专门的层次原理图切换命令。

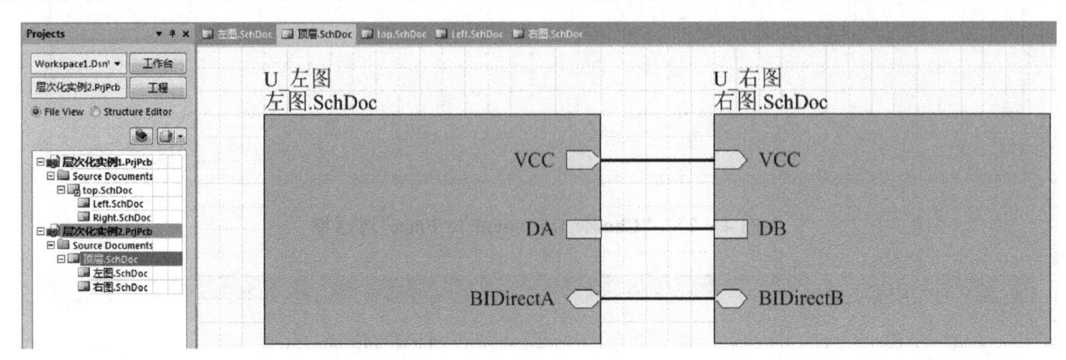

图 4-31 层次原理图的切换

选择“工具”→“上/下层次”命令，或者单击工具栏中的图标，此时光标变为十字形，在要切换的电路方块图或者端口处单击，即可切换层次电路图。

习 题

1. 简述层次化设计电路的方法。

2. 说说层次化设计电路的优点。

3. 采用自顶向下的方法设计函数波形发生器层次原理图。顶层原理图如图 4-32 所示，方波发生电路原理图如图 4-33 所示，三角波发生电路原理图如图 4-34 所示，正弦波发生电路原理图如图 4-35 所示，编译后的层次关系如图 4-36 所示。

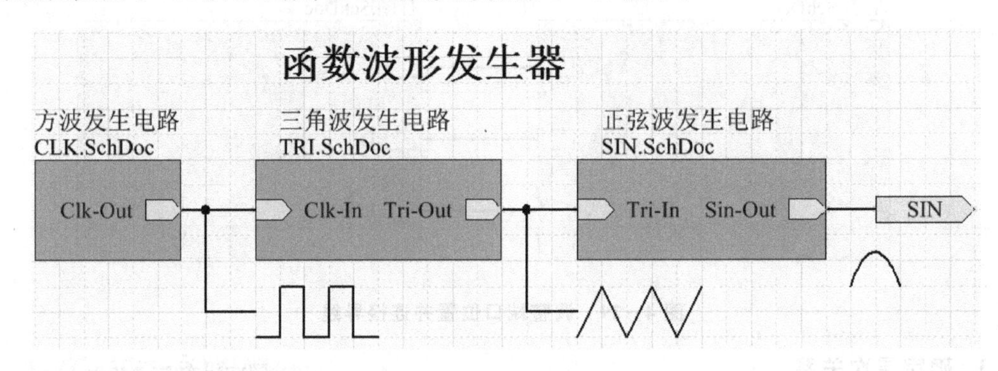

图 4-32 顶层原理图

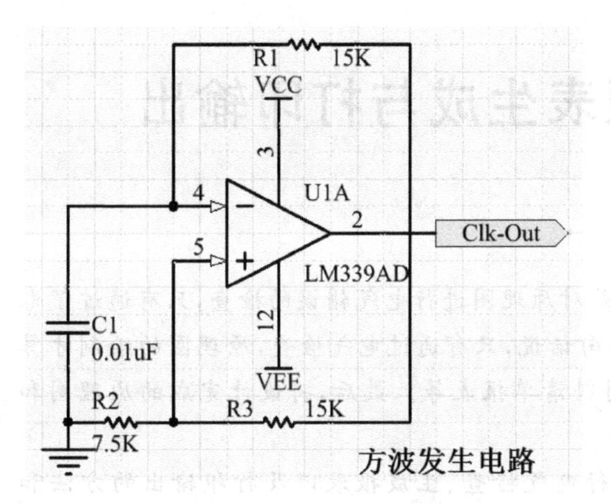

图 4－33　方波发生电路原理图

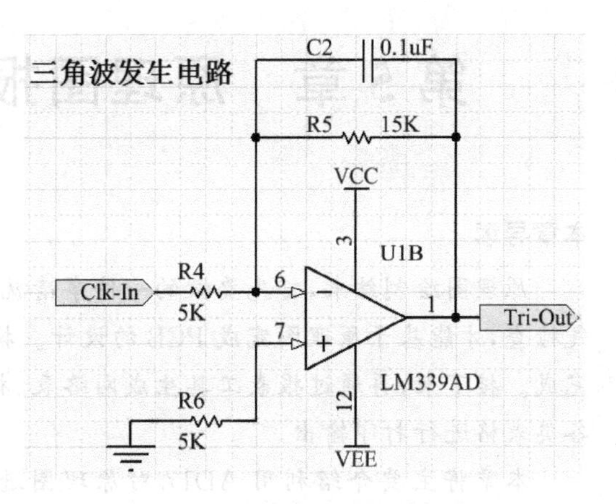

图 4－34　三角波发生电路原理图

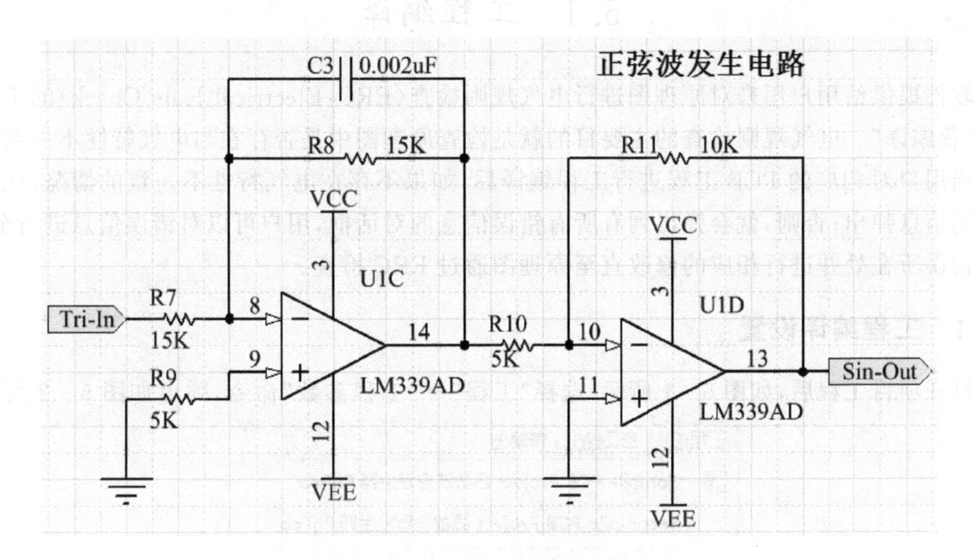

图 4－35　正弦波发生电路原理图

图 4－36　编译结束后原理图的层次关系

第5章　原理图报表生成与打印输出

本章导读

原理图绘制结束，首先要做的一件事情就是对原理图进行电气错误的检查，只有通过了电气检查，才能基于原理图完成PCB的设计。换句话说，只有通过电气检查，原理图的绘制才算完成。接下来，再通过报表工具生成网络表、材料清单报表等。最后，将设计完成的原理图和各类表格进行打印输出。

本章将主要介绍利用AD17对原理图进行电气检查、生成报表以及打印输出的方法和技巧。

5.1　工程编译

软件提供给用户用来对原理图进行电气规则检查(ERC:Electrical Rule Check)的工具就是“工程编译”。电气规则检查的主要目的就是检查原理图中是否存在与电气特性不一致的情况。当用户对相应的PCB工程进行工程编译后，如果不存在电气特性不一致的情况，就不会有任何信息弹出；否则，就会弹出列有所有错误信息的对话框，用户可以对错误信息进行分析，找到错误所在处并进行相应的修改直至原理图通过ERC检查。

5.1.1　工程编译设置

打开项目工程后，如图5-1所示，选择“工程”→“工程参数”命令，弹出如图5-2所示的

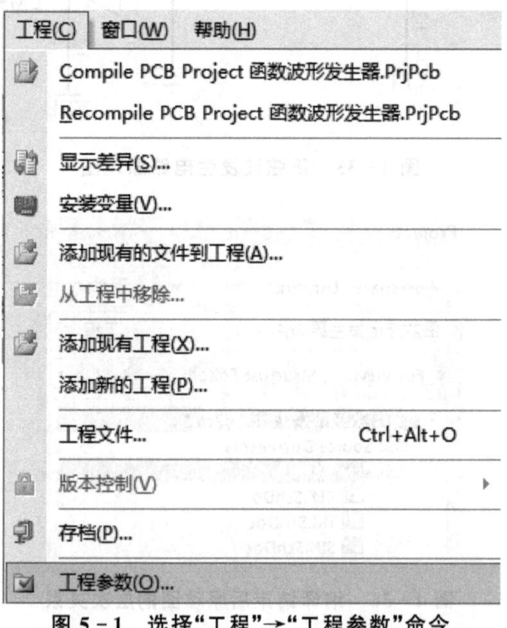

图5-1　选择“工程”→“工程参数”命令

"Options for PCB Project 函数波形发生器. PrjPcb"对话框。该对话框有 Error Reporting、Connection Matrix、Class Generation、Comparator、ECO Generation、Options 等选项卡。下面就对其中几个常用选项卡的设置进行介绍。

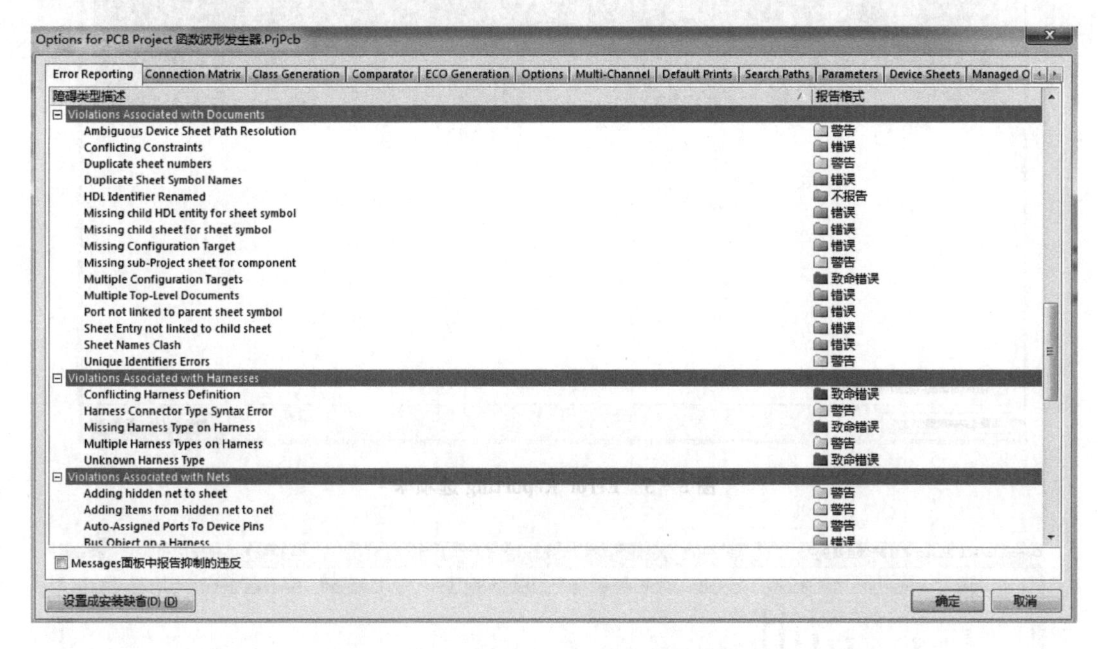

图 5 - 2 "Options for PCB Project 函数波形发生器. PrjPcb"对话框

1. Error Reporting(错误报告)选项卡

Error Reporting 选项卡主要用于设置电路原理图电气规则的测试,主要涉及以下 9 个方面:Violations Associated with Buses(总线错误检查报告)、Violations Associated with Code Symbols(代码符号错误检查报告)、Violations Associated with Components(组件错误检查报告)、Violations Associated with Configuration Constraints(配置约束错误检查报告)、Violations Associated with Documents(归档错误检查报告)、Violations Associated with Harnesses(线束错误检查报告)、Violations Associated with Nets(网络错误检查报告)、Violations Associated with Others(其他错误检查报告)、Violations Associated with Parameters(参数错误检查报告),如图 5 - 3 所示。每一种错误都设置有相应的报告类型,用户也可以通过单击"Report Mode"按钮,更改报告的排列顺序。一般情况下,用户无须对错误报告类型进行修改,直接采用系统的默认设置即可。

2. Connection Matrix(连接矩阵)选项卡

在"Options for PCB Project 函数波形发生器. PrjPcb"对话框中,切换到 Connection Matrix 选项卡,如图 5 - 4 所示。

该选项卡用于检测各种引脚和端口的连接是否已构成了致命错误、错误、警告等级别的电气冲突。当横坐标代表的引脚和纵坐标代表的引脚相连接时,通过观察其交叉点的颜色,用户可以了解发生该连接时系统将提供的报告模式。在 Connection Matrix 选项卡中分别用红色、橙色、黄色和绿色来表示致命错误、错误、警告和无报表等信息。

当用户需要修改报告模式时,只需要在对应矩阵的交叉点上单击即可。每单击一下,将切

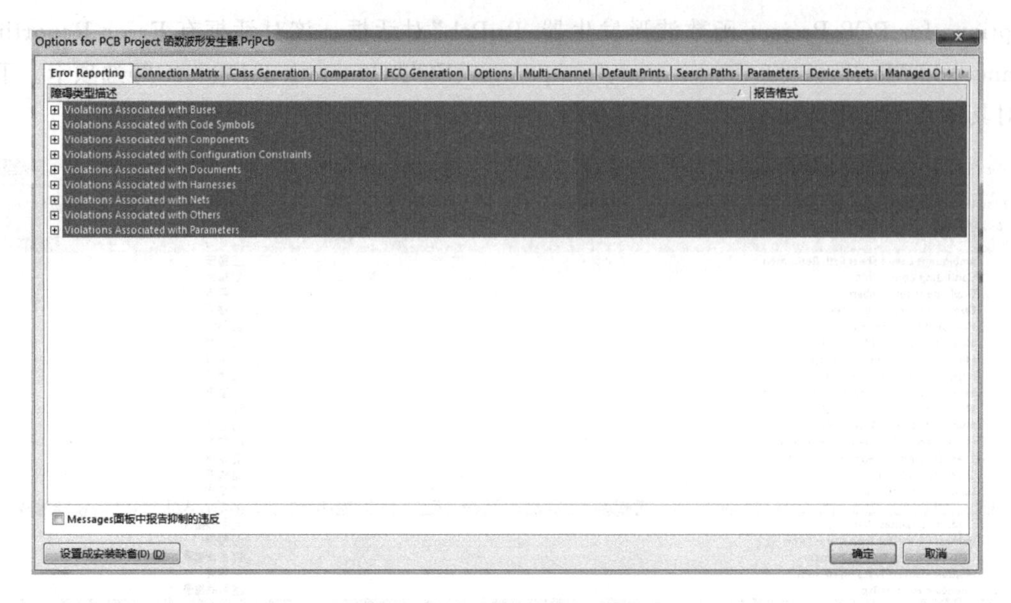

图 5-3 Error Reporting 选项卡

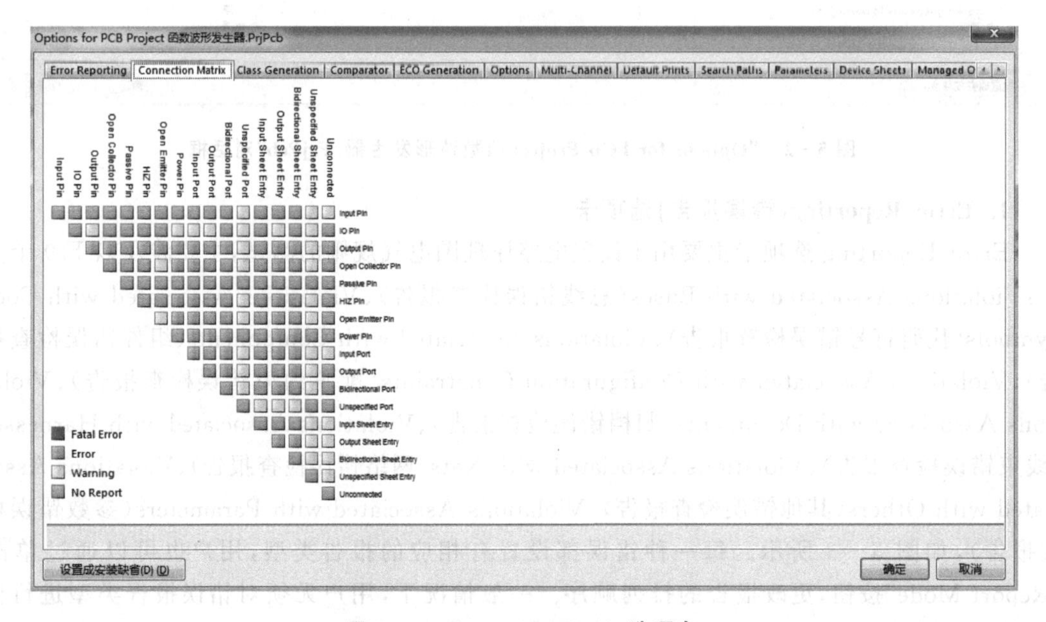

图 5-4 Connection Matrix 选项卡

换一次报告模式，切换的顺序为无报表→警告→错误→致命错误→无报表。如果单击“设置成安装缺省”按钮，则可以恢复到系统默认设置。

3. Class Generation(类型设置)选项卡

在“Options for PCB Project 函数波形发生器. PrjPcb”对话框中，切换到 Class Generation 选项卡，如图 5-5 所示。用户可以在该选项卡中选择设置相应的网络类型，一般可使用系统的默认设置。

4. Comparator(比较器)选项卡

在“Options for PCB Project 函数波形发生器. PrjPcb”对话框中，切换到 Comparator 选项

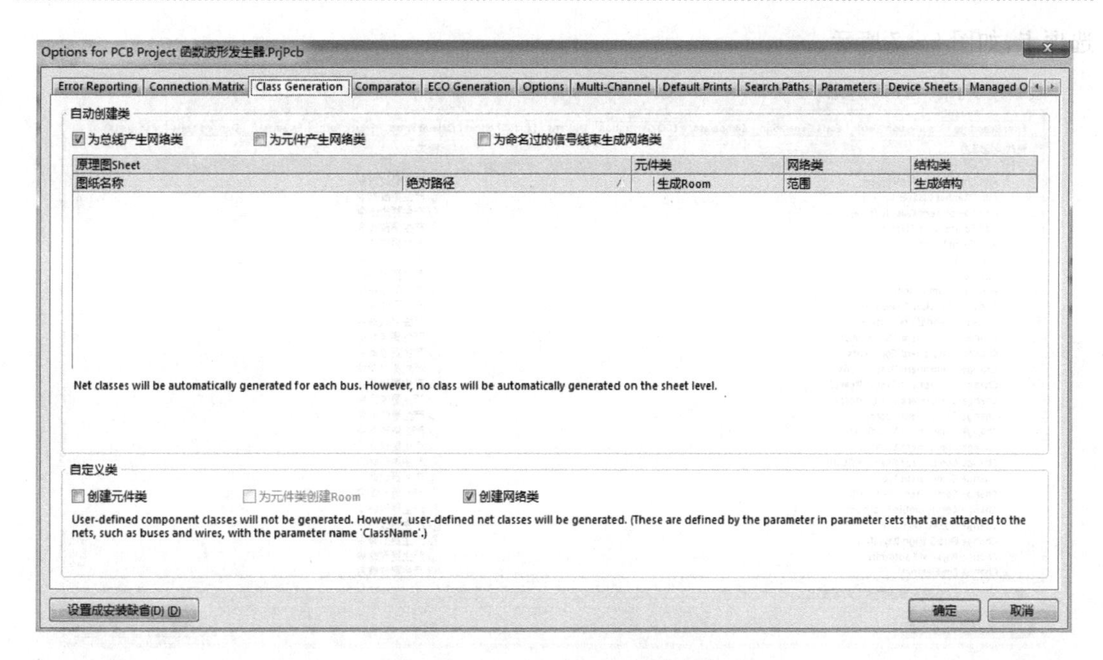

图 5-5　Class Generation 选项卡

卡，如图 5-6 所示。

该选项卡用于比较文档之间的差异是被报告还是被忽略，用户可以在对应选项的"模式"栏中选择"忽略不同"或"找到不同"进行设置。单击"设置成安装缺省"按钮，可以恢复到系统默认设置。

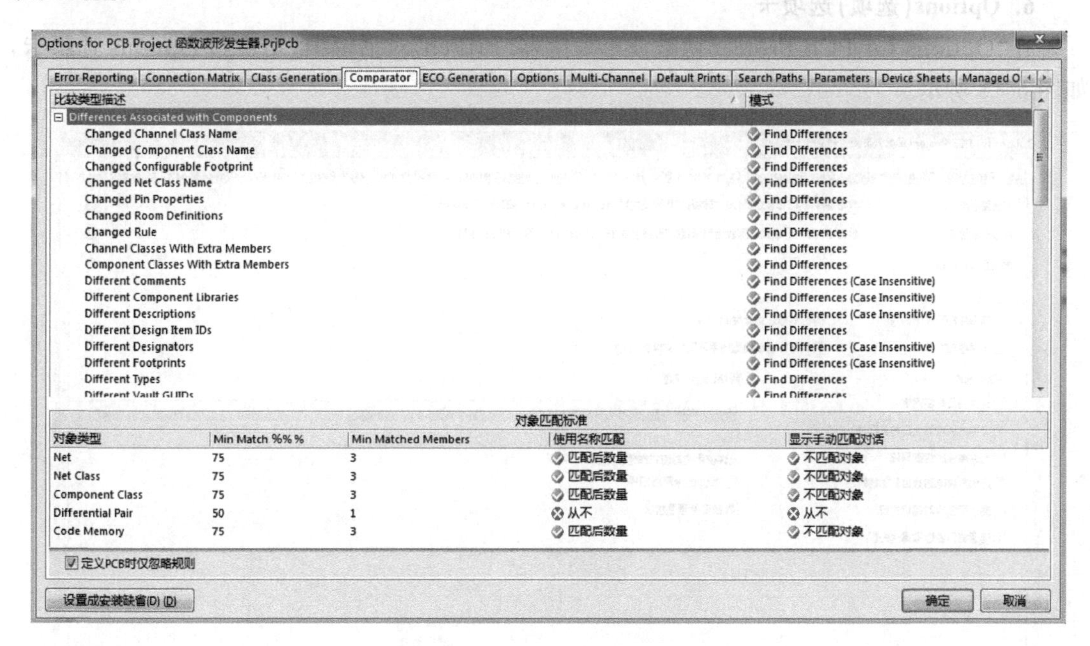

图 5-6　Comparator 选项卡

5. ECO Generation(电气更改命令)选项卡

在"Options for PCB Project 函数波形发生器. PrjPcb"对话框中，切换到 ECO Generation

选项卡，如图 5-7 所示。

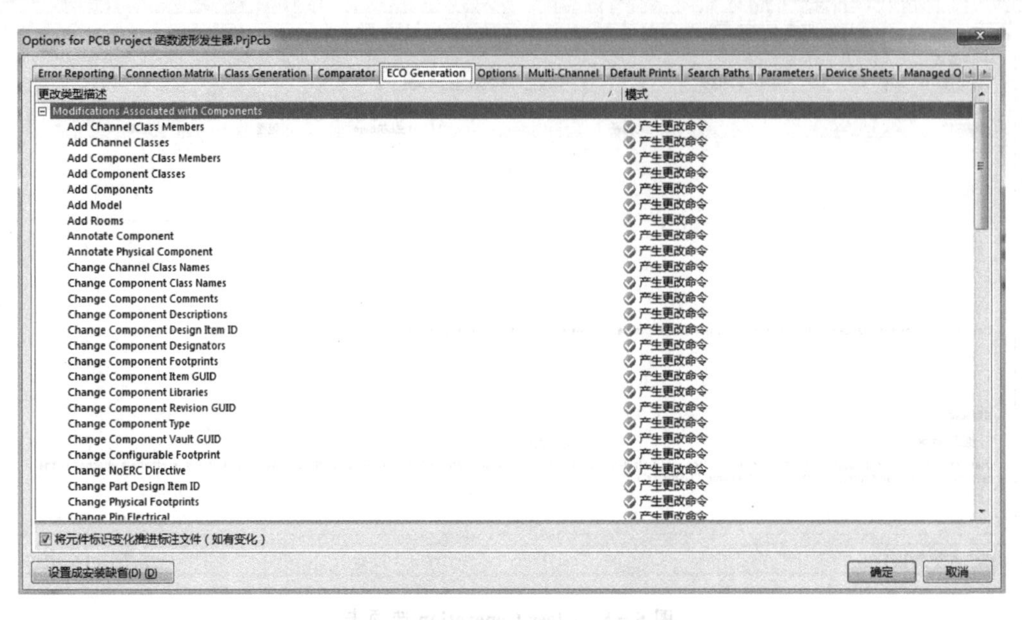

图 5-7　ECO Generation 选项卡

在比较器中可以找到原理图的缺陷，并根据需要来设置是忽略还是找到。接着选择“电气更改”命令即可执行或是忽略相应的更改，在 ECO Generation（电气更改命令）选项卡中，也可以根据需要设置忽略或是执行。单击“设置成安装缺省”按钮，可以恢复到系统默认设置。

6. Options（选项）选项卡

在“Options for PCB Project 函数波形发生器. PrjPcb”对话框中，切换到 Options 选项卡，如图 5-8 所示。

图 5-8　Options 选项卡

该选项卡主要用于设置电路原理图的输出选项设置，主要涉及“输出路径”“输出选项”“网络表选项”“网络标识范围”“允许使用这些模式作管脚交换”5 个方面。

① 输出路径：用于设置编译后各种报表的输出路径，默认的输出路径是系统在当前工程文件所在的文件夹。

② 输出选项：由“编译后打开输出”“时间标志文件夹”“工程存档文件”“为每种输出类型使用不同的文件夹”4 个复选框设置输出。

③ 网络表选项：共有“允许端口命名网络”“允许方块电路入口命名网络”“允许单独的管脚网络”“附加方块电路数码到本地网络”“高水平名称取得优先权”“电源端口名称取得优先权”6 个复选框。其中，“允许端口命名网络”表示允许用系统所产生的网络名来代替与输入/输出端口相关联的网络名。如果所设计的工程只是简单的原理图文件，不包含层次关系，则可以选择此复选框。“允许方块电路入口命名网络”表示允许用系统所产生的网络名来代替与子图入口相关联的网络名。该复选框为系统默认设置。

④ 网络标识范围：用于网络标识的识别范围，有 Automatic(Based on project contents)、Flat(Only ports global)、Hierarchical(Sheet entry <—> port connections，power ports global)、Strict Hierarchical(Sheet entry <—> port connections，power ports global)和 Global(Netlabels and ports global)4 个选项。

5.1.2　执行编译

“Options for PCB Project 函数波形发生器. PrjPcb”对话框设置完毕后，接下来就可以进行工程编译了。AD17 为用户提供了两种编译方式：一种是对原理图的编译，另一种是对项目工程的编译。如图 5－9 所示选择“工程”→Compile Document 命令，可以对原理图进行编译；如图 5－10 所示选择“工程”→Compile PCB Project 命令，可以对整个项目工程进行编译。

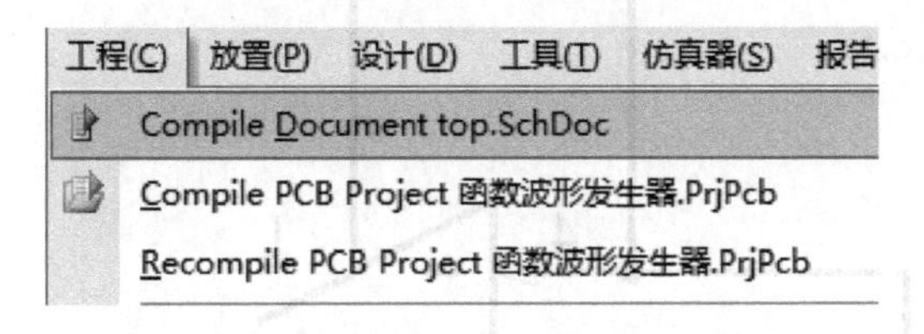

图 5－9　选择“工程”→Compile Document 命令

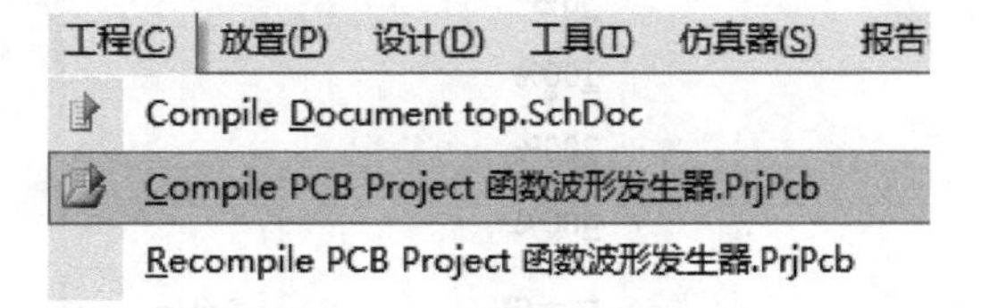

图 5－10　选择“工程”→Compile PCB Project 命令

这里对整个工程进行编译，编译结束后，会弹出 Messages 对话框，用户可以基于该对话框观察工程中存在的错误或警告，如图 5－11 所示。如果没有弹出 Messages 对话框，则如图 5－12 所示，用户可以选择“察看”→Workspace Panels→System→Messages 命令来查看。如果没有警告或错误，则此时信息管理器是空的。

当编译后发现原理图存在警告或错误时，用户在 Messages 对话框中可以了解这些警告或错误的等级、错误文档、错误来源、错误位置、产生时间、产生日期、序号等信息。如图 5－13 所示，单击选中 Messages 对话框下方 Details 列表中的某一错误并双击，系统将自动弹出出错的原理图，并将错误位置高亮显示，如图 5－14 所示。因此，Messages 对话框可以帮助用户迅速确定错误位置，提高设计效率。用户可以编辑改正所有的错误，直至编译后 Messages 对话框不再弹出为止。

Messages

Class	Document	Source	Message	Time	Date	N..
[Err...	CLK.SchDoc	Comp...	Duplicate Component Designators R2 at 37...	15:32:07	2016/6/3	1
[Err...	CLK.SchDoc	Comp...	Duplicate Component Designators R2 at 43...	15:32:07	2016/6/3	2
[W...	TRI.SchDoc	Comp...	Net GND has no driving source (Pin C1-1,Pi...	15:32:07	2016/6/3	3
[W...	CLK.SchDoc	Comp...	Net NetC1_2 has no driving source (Pin C1-2...	15:32:07	2016/6/3	4
[W...	TRI.SchDoc	Comp...	Net NetC2_1 has no driving source (Pin C2-1...	15:32:07	2016/6/3	5
[W...	SIN.SchDoc	Comp...	Net NetC3_1 has no driving source (Pin C3-1...	15:32:07	2016/6/3	6
[W...	CLK.SchDoc	Comp...	Net NetR2_1 has no driving source (Pin R2-1...	15:32:07	2016/6/3	7
[W...	TRI.SchDoc	Comp...	Net NetR6_2 has no driving source (Pin R6-2...	15:32:07	2016/6/3	8
[W...	SIN.SchDoc	Comp...	Net NetR9_2 has no driving source (Pin R9-2...	15:32:07	2016/6/3	9
[W...	SIN.SchDoc	Comp...	Net NetR10_2 has no driving source (Pin R1...	15:32:07	2016/6/3	10
[W...	top.SchDoc	Comp...	Nets Wire CLK-IN has multiple names (Sheet...	15:32:07	2016/6/3	11

Details

Duplicate Component Designators R2 at 370,190 and 430,190

R2

R2

图 5－11 Messages 对话框

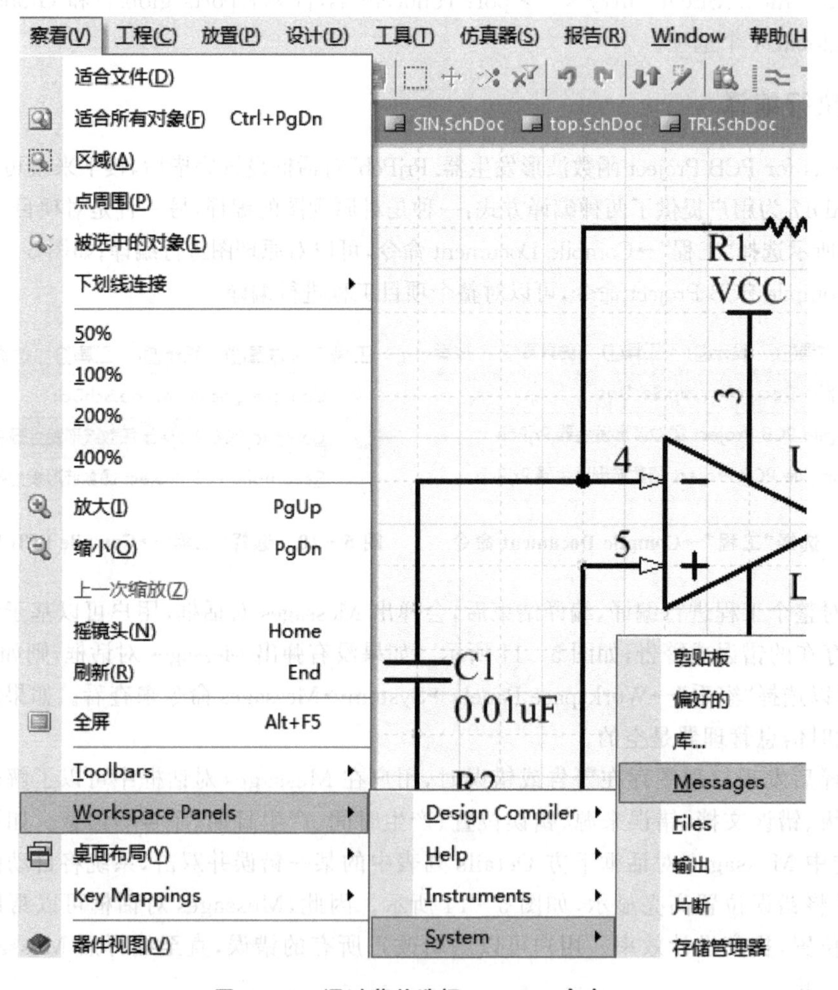

图 5－12 通过菜单选择 Messages 命令

Messages

Class	Document	Source	Message	Time	Date	N..
[Err...	CLK.SchDoc	Comp...	Duplicate Component Designators R2 at 37...	15:40:46	2016/6/3	1
[Err...	CLK.SchDoc	Comp...	Duplicate Component Designators R2 at 43...	15:40:46	2016/6/3	2
[W...	TRI.SchDoc	Comp...	Net GND has no driving source (Pin C1-1,Pi...	15:40:46	2016/6/3	3
[W...	CLK.SchDoc	Comp...	Net NetC1_2 has no driving source (Pin C1-2...	15:40:46	2016/6/3	4
[W...	TRI.SchDoc	Comp...	Net NetC2_1 has no driving source (Pin C2-1...	15:40:46	2016/6/3	5
[W...	SIN.SchDoc	Comp...	Net NetC3_1 has no driving source (Pin C3-1...	15:40:46	2016/6/3	6
[W...	CLK.SchDoc	Comp...	Net NetR2_1 has no driving source (Pin R2-1...	15:40:46	2016/6/3	7
[W...	TRI.SchDoc	Comp...	Net NetR6_2 has no driving source (Pin R6-2...	15:40:46	2016/6/3	8
[W...	SIN.SchDoc	Comp...	Net NetR9_2 has no driving source (Pin R9-2...	15:40:46	2016/6/3	9
[W...	SIN.SchDoc	Comp...	Net NetR10_2 has no driving source (Pin R1...	15:40:46	2016/6/3	10
[W...	top.SchDoc	Comp...	Nets Wire CLK-IN has multiple names (Sheet...	15:40:46	2016/6/3	11

Details

Duplicate Component Designators R2 at 370,190 and 430,190

R2

R2

图 5-13　单击选中某一错误选项

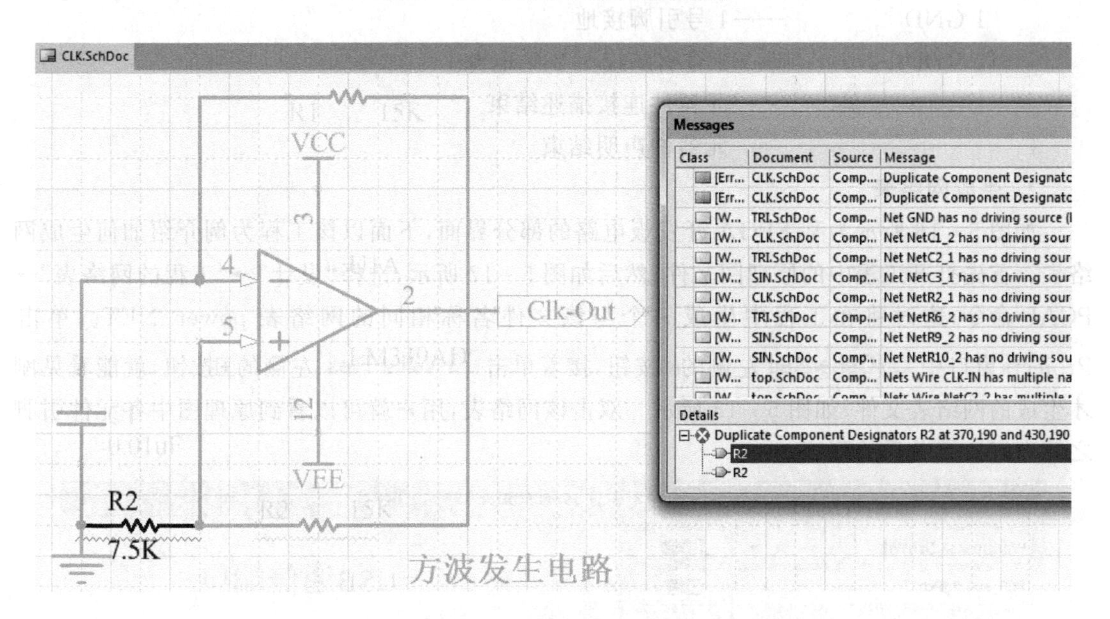

图 5-14　错误位置高亮显示

5.2　生成报表

AD17 提供了很多报表，主要有网络表、材料清单报表、原理图文件层次结构表等，可以用于存档、校对以及 PCB 设计。下面就对这些报表的生成及使用分别进行介绍。

5.2.1 网络表

网络表是用于表示原理图中各元件引脚之间电气连接关系的列表。网络表可以为PCB制板提供元件信息和线路连接信息，同时也为仿真提供必要的信息。利用网络表的比较功能，可以将PCB生成的网络表与由原理图生成的网络表进行比较，从而发现原理图与PCB之间是否存在不一致之处，以校验制作是否正确。

1. Altium Designer 17 网络表的格式

网络表通常为ASCII文本文件，文件后缀为.NET。网络表中的内容包括元器件描述和元器件网络连接描述两部分。其主要描述元器件的序号、封装形式和引脚连接等属性。原理图中使用的所有元器件都必须在网络表中进行声明，声明以“{”开始，以“}”结束，对其属性的描述包含在中间。例如，网络表对原理图中电容C5的声明格式如图5-15所示。

```
{I 0805.PRT C5
 {CN
 1 GND
 2 VDD1.2
 }
}
```

图5-15 电容C5在网络表中的声明

图5-15中，各行语句意义如下：

{ I 0805.PRT C5	——元器件声明开始，封装型号为0805，元器件序号为C5
{CN	——元器件连接描述开始
1 GND	——1号引脚接地
2 VDD1.2	——2号引脚接1.2 V电源
}	——元器件连接描述结束
}	——元器件声明结束

2. 生成网络表

如图5-16所示为某FPGA开发板电路的部分界面，下面以该工程为例介绍如何生成网络表。首先打开工程中的原理图文件，然后如图5-17所示，选择“设计”→“工程的网络表”→PCAD命令，这时将在工程中生成一个与该文件名称相同的网络表power.NET。单击Projects窗口中 Generated 左侧的⊞按钮，接着单击 Netlist Files 左侧的⊞按钮，就能看见刚才生成的网络表文件，如图5-18所示。双击该网络表，用户就可以看到原理图中各元件引脚之间电气连接关系的列表。

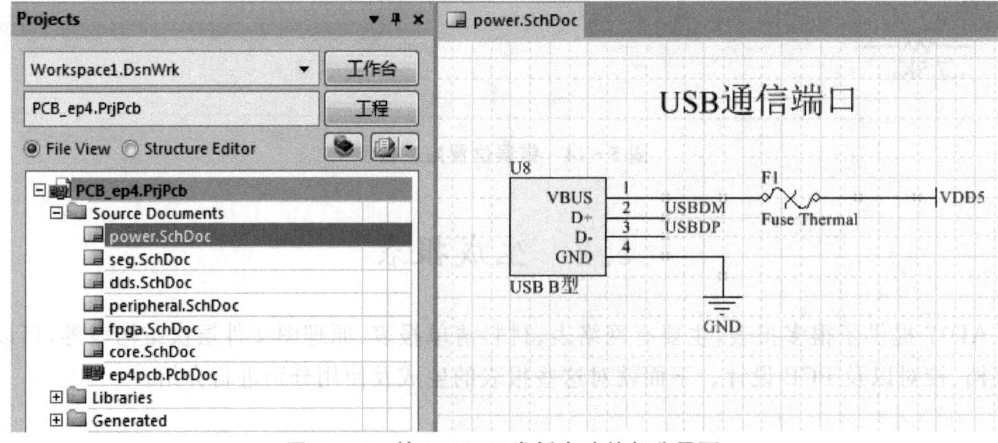

图5-16 某FPGA开发板电路的部分界面

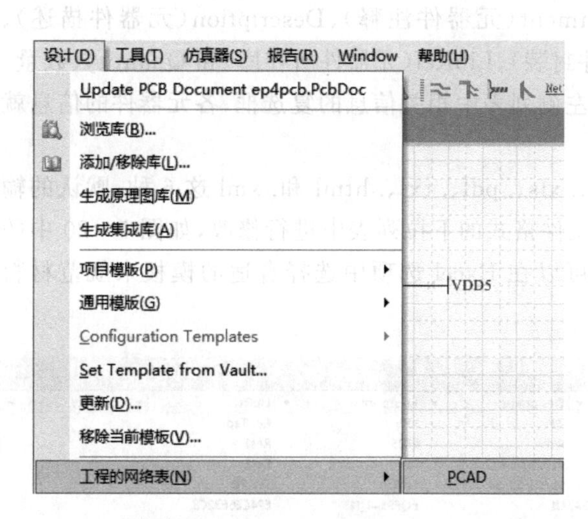

图 5-17　选择“设计”→“工程的网络表”→PCAD 命令

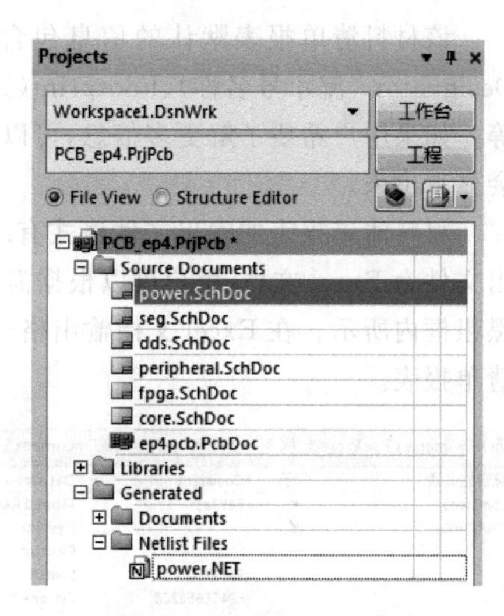

图 5-18　生成的网络表文件

5.2.2　材料清单报表

材料清单报表主要包括原理图或工程文件中所有元器件的名称、序号、封装形式等信息。下面以图 5-16 所示的 FPGA 开发板电路为例，介绍材料清单报表的生成过程。首先打开工程文件，然后选择“报告”→Bill of Materials 命令，生成一个包含原理图中所有元器件信息的材料清单报表，如图 5-19 所示。

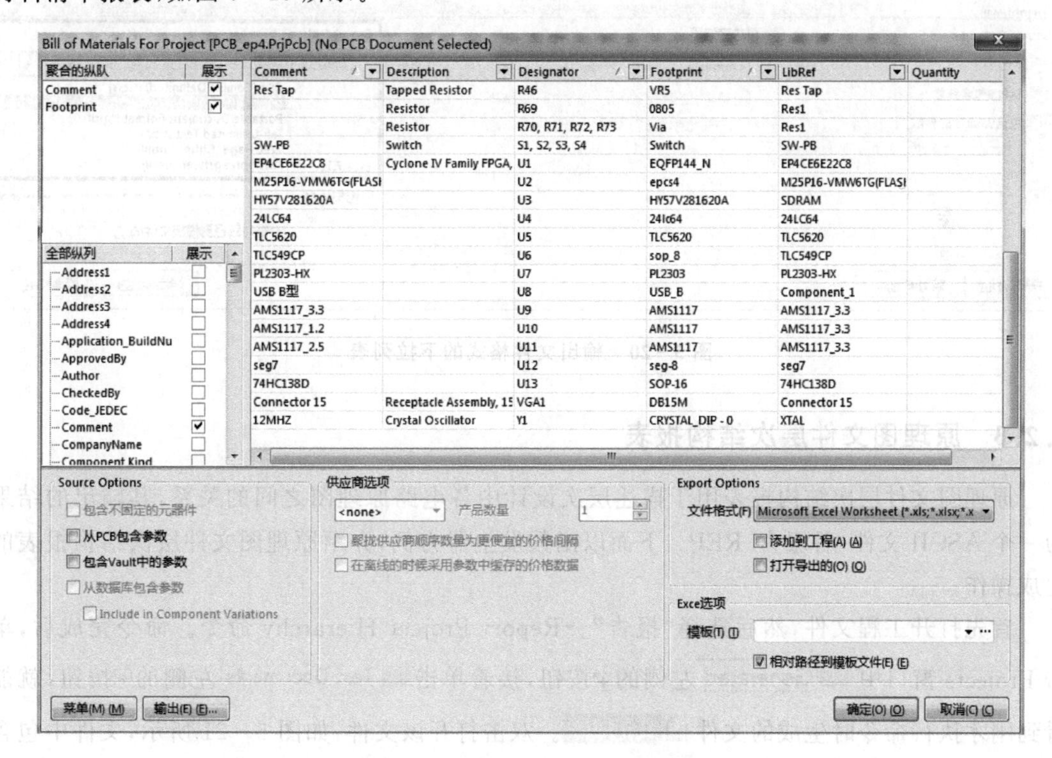

Comment	Description	Designator	Footprint	LibRef	Quantity
Res Tap	Tapped Resistor	R46	VR5	Res Tap	
	Resistor	R69	0805	Res1	
	Resistor	R70, R71, R72, R73	Via	Res1	
SW-PB	Switch	S1, S2, S3, S4	Switch	SW-PB	
EP4CE6E22C8	Cyclone IV Family FPGA,	U1	EQFP144_N	EP4CE6E22C8	
M25P16-VMW6TG(FLASI		U2	epcs4	M25P16-VMW6TG(FLASI	
HY57V281620A		U3	HY57V281620A	SDRAM	
24LC64		U4	24lc64	24LC64	
TLC5620		U5	TLC5620	TLC5620	
TLC549CP		U6	sop_8	TLC549CP	
PL2303-HX		U7	PL2303	PL2303-HX	
USB B型		U8	USB_B	Component_1	
AMS1117_3.3		U9	AMS1117	AMS1117_3.3	
AMS1117_1.2		U10	AMS1117	AMS1117_3.3	
AMS1117_2.5		U11	AMS1117	AMS1117_3.3	
seg7		U12	seg-8	seg7	
74HC138D		U13	SOP-16	74HC138D	
Connector 15	Receptacle Assembly, 15	VGA1	DB15M	Connector 15	
12MHZ	Crystal Oscillator	Y1	CRYSTAL_DIP - 0	XTAL	

图 5-19　Bill of Materials 对话框

该材料清单报表默认的信息包含 Comment(元器件注释)、Description(元器件描述)、Designator (流水号名称)、Footprint(元器件封装)、LibRef(元器件所在库)和 Quantity(数量)等。如果用户希望了解更多信息,可以选中左侧列表中相关信息的复选框,各元器件的信息就会显示出来。

材料清单报表的输出文件格式有.CSV、.xls、.pdf、.txt、.html 和.xml 这 6 种,默认的输出文件为 Excel 文档,用户可以根据需要在文件格式的下拉列表中进行修改,如图 5-20 中的黑粗框内所示。在 Excel 文档输出格式下,可以在 Excel 选项中选择合适的模板来规范材料清单报表。

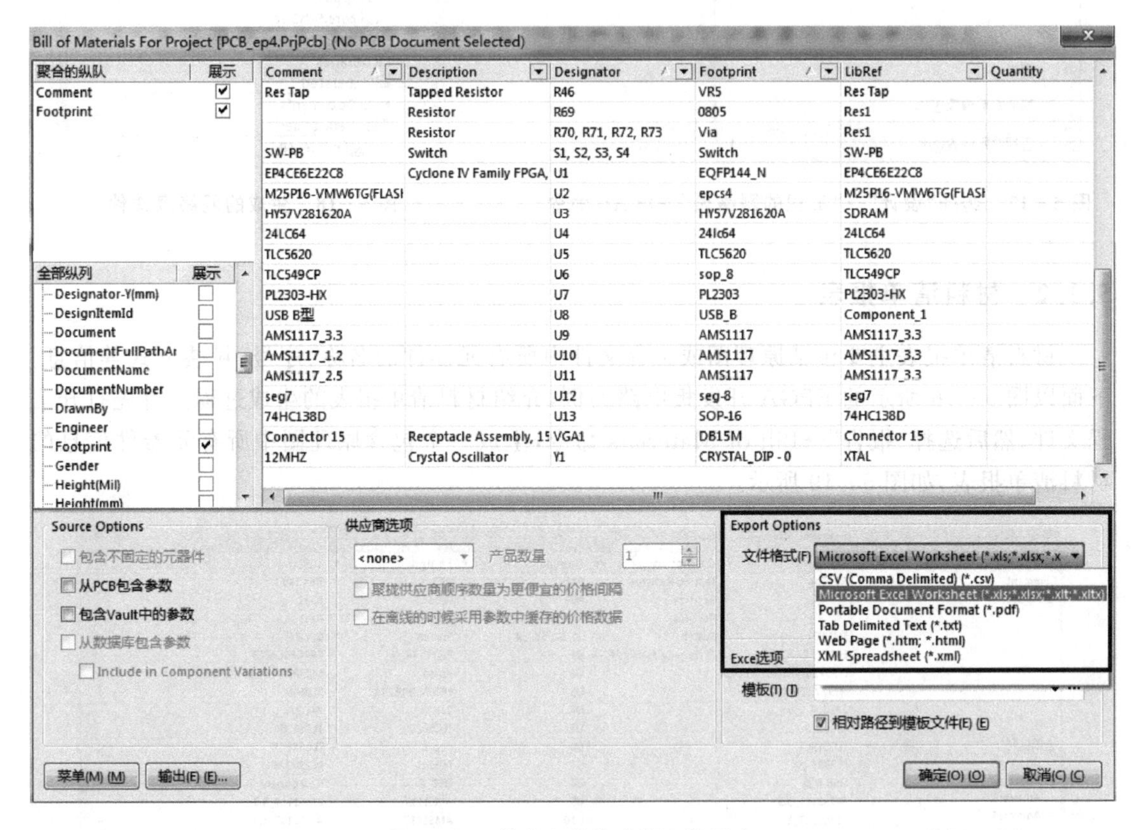

图 5-20　输出文件格式的下拉列表

5.2.3　原理图文件层次结构报表

原理图文件层次结构报表用于描述层次设计中各电路原理图之间的关系,其输出的结果为一个 ASCII 文件,后缀为.REP。下面以函数发生器为例,介绍原理图文件层次结构报表的生成操作。

首先打开工程文件,然后选择"报告"→Report Project Hierarchy 命令。命令完成后,单击 Projects 窗口中 Generated 左侧的⊞按钮,接着单击 Text Documents 左侧的⊞按钮,就能看到刚才执行命令时生成的文件 top.REP。双击打开该文件,如图 5-21 所示,文件中包含了各原理图之间的层次关系、报表的生成时间等信息。

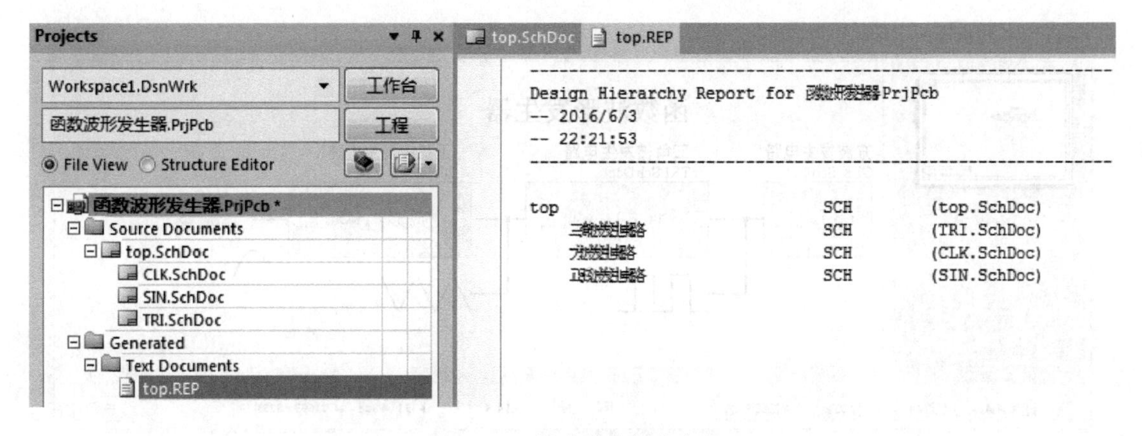

图 5 - 21　层次结构报表内容

5.3　原理图的打印输出

完成原理图的绘制后，用户可以通过打印机或绘图仪将原理图输出，以便其他技术人员参考、校对及存档。下面将介绍在打印时需要进行的一些基本设置。

5.3.1　页面设置

在菜单栏中选择“文件”→“页面设计”命令，弹出 Text Print Properties 对话框，如图 5 - 22 所示。在该对话框中，用户可以选择打印纸的尺寸、Offset、缩放比例和颜色设置等参数。

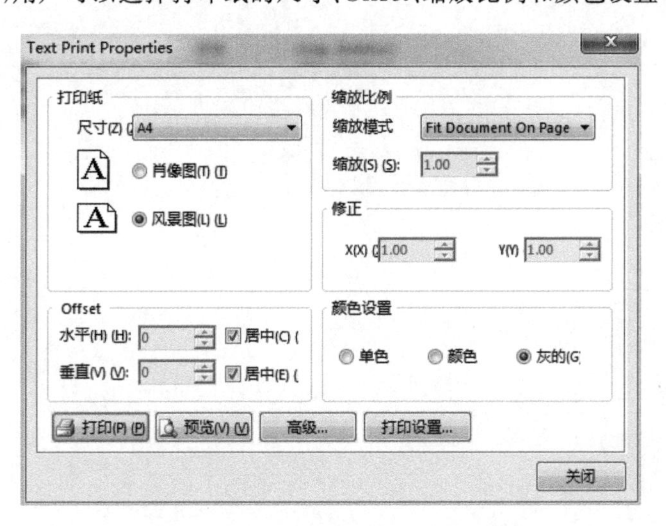

图 5 - 22　Text Print Properties 对话框

5.3.2　打印预览和打印输出

在菜单栏中选择“文件”→“打印预览”命令，弹出 Preview Schematic Prints of [top.SchDoc]对话框，如图 5 - 23 所示。如果预览没有错误，就可以直接单击“打印”按钮，将原理图打印输出。

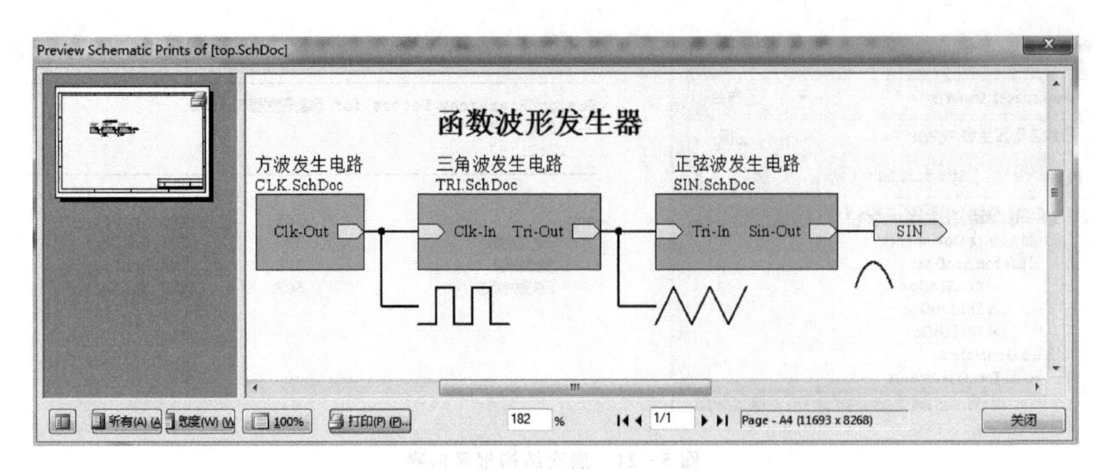

图 5-23 Preview Schematic Prints of [top.SchDoc]对话框

习 题

1. 试着生成第 4 章习题 3 中电路的网络表和元件清单。

2. 打印第 4 章习题 3 中的电路图和元件清单。(打印前将练习电路中的元件标号和元件标注的字号进行适当设置。)

第 6 章　绘制原理图元件

本章导读

本章将向读者详细介绍元件符号的各种获取途径、元件符号的绘制工具及绘制方法，并简述简单元件及分部分绘制的复杂元件的绘制方法，读者通过学习，利用绘制工具可以方便地建立自己需要的元件符号。

6.1　使用元件库元件

6.1.1　Altium Designer 17 元件库

同其他版本一样，AD17 对元件的管理也是通过库（文件）来实现的，各种元件必须在库文件中制作。元件可分为原理图元件（用于原理图绘制的元件符号）、元件封装符号（用于 PCB 设计的封装符号）和用于 PCB 预览的 3D 符号（模型），以及用于仿真、信号完整性分析的模型等。其中，元件符号对应的库文件是 *. SchLib，封装符号对应的库文件是 *. PcbLib，3D 符号对应的常见库文件有 *. STEP（或 *. STP）。其中还有一种特殊的库，其扩展名是 IntLib，叫作集成库。集成库包含元件符号库文件、封装符号库文件等。这样使用集成库中的元件符号时，本身就关联了封装、3D 模型（有些封装不带 3D 模型）等，为设计出专业的 PCB 提供了极大的方便。

AD17 安装成功后，根据安装时的设置路径，在 AD17 文件夹中，Library 文件夹中已经安装了系统自带的库文件。系统自带的 Library 文件夹中的部分库文件，包括了众多知名公司（Altera、Lattice、Xilinx 等公司）的元件库文件夹、Simulation 仿真元件库文件夹及两个常用的集成库文件 Miscellaneous Devices. IntLib 分立元件、Miscellaneous Connectors. IntLib 插座。自带的库文件还是有限的，用户可以通过官网下载或者使用早期版本的库文件来填充。

6.1.2　使用早期版本的库文件

用户可以从官网下载最新的库文件，也可以使用早期版本的库文件。最简单的使用方法就是把库文件复制到 AD17 文件夹下，当然也可以复制到自己设定的路径下。可以使用查找元件的方法来指定路径查找，也可以采用加载元件库的方式添加所需的元件库（以上两种方法在 2.2.2 小节中已经做过介绍）。

6.1.3　提取其他图纸的库文件

其实绘制好的原理图中的元件符号也可以提取出来，这样可以节约绘制元件的时间，更快地完成设计。如何从已有的电路原理图文件中提取并使用库文件，其具体方法如下。

从原理图文件生成元件符号库文件。打开某个绘制好的原理图文件，如“DAC0830. SchDoc”（见图 6－1），选择“设计”→“生成原理图库”，如图 6－2 所示，此时弹出如图 6－3 所示的生成库提示对话框，单击 OK 按钮即可生成“DAC0830. SchLib”文件。如图 6－4 所示为生成元件库，这就是我们需要的元件符号库文件，保存后退出，用加载元件库的方法加载“DAC0830. SchLib”库文件，即可用于绘图。

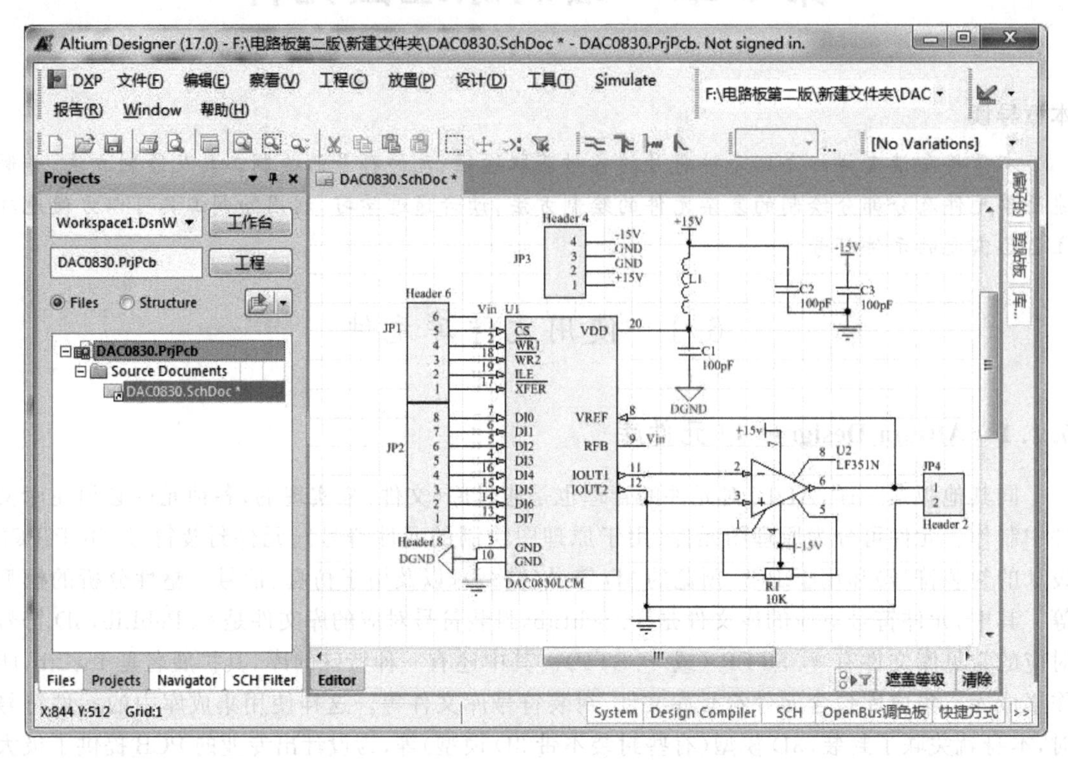

图 6－1　DAC0830. SchDoc

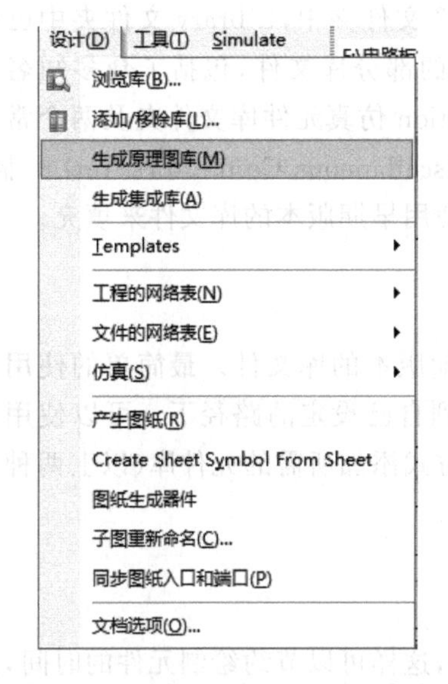

图 6－2　选择“生成原理图库”命令

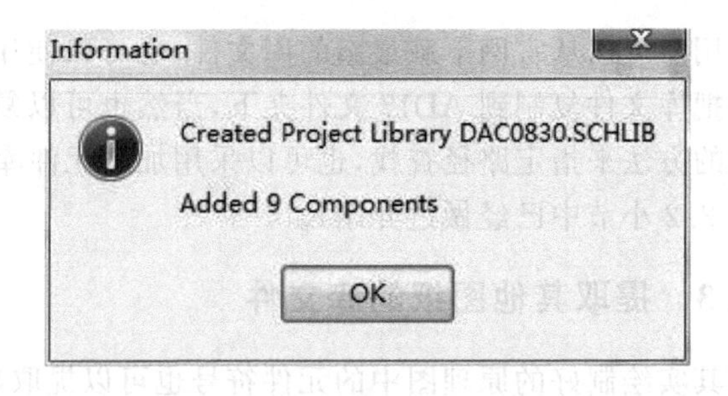

图 6－3　生成库提示对话框

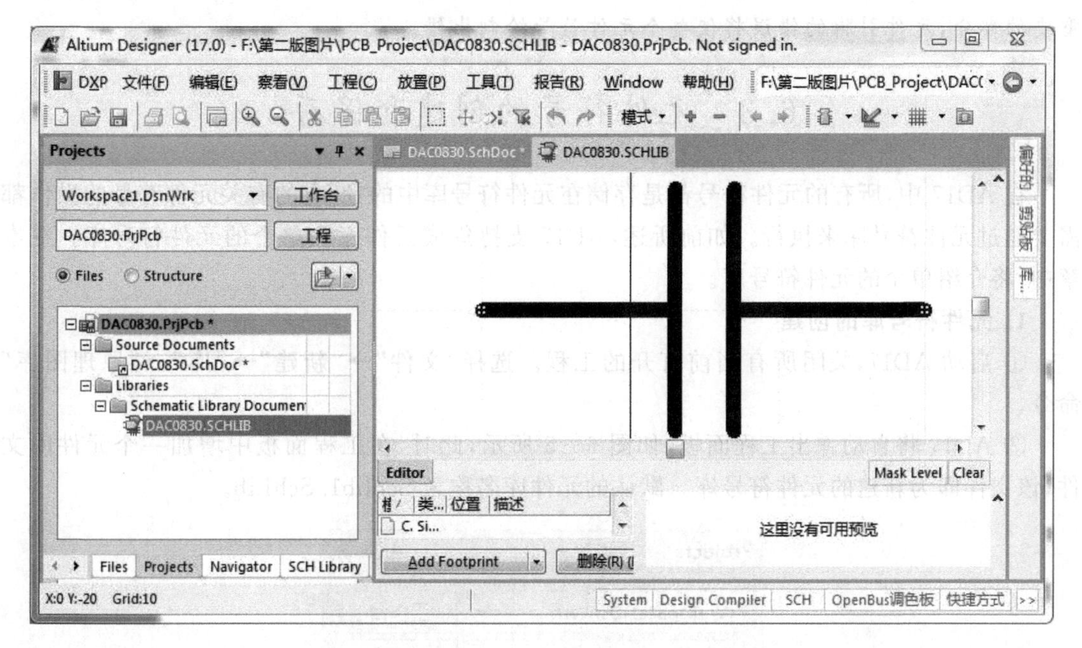

图 6-4　生成元件库

6.2　元件符号概述

元件符号是元件在原理图上的表现，在第 2 章和第 3 章绘制的原理图中摆放的就是元件符号。元件符号主要由元件边框和引脚组成，其中引脚表示实际元件的引脚。引脚可以建立电气连接，是元件中最重要的组成部分。

注意：元件符号中的引脚与元件封装中的焊盘和元件引脚是一一对应的关系。

AD17 自带一些常用的元件符号，如电阻器、电容器、连接器等。但是，在设计中很有可能需要的元件符号并不在 AD17 自带的元件库中，从而需要设计者自行设计。AD17 提供了强大的元件符号绘制工具，能够帮助设计者轻松地实现这一目的。AD17 对元件符号采用元件符号库来管理，能够轻松地在其他工程中引用，从而方便了大型电子工程的设计。

建立一个新的元件符号需要遵从以下流程。

① 新建/打开一个元件符号库，设置元件库中图纸的参数。

② 查找芯片的数据手册(Datasheet)，找出其中的元件框图说明部分，根据各个引脚的说明统计元件引脚数目和名称。

③ 新建元件符号。

④ 为元件符号绘制合适的边框。

⑤ 给元件符号添加引脚，并编辑引脚属性。

⑥ 为元件符号添加说明。

⑦ 编辑整个元件属性。

⑧ 保存整个元件库，做好备份工作。

注意：需要指出的是，元件引脚包含着元件符号的电器特性部分，在整个绘制流程中是最重要的部分，元件引脚的错误将使整个元件符号绘制出错。

6.3 元件符号的创建和保存

在AD17中，所有的元件符号都是存储在元件符号库中的，所有的有关元件符号的操作都需要通过元件符号库来执行。如前所述，AD17支持集成元件库和单个的元件符号库。在本章中，将介绍单个的元件符号库。

1. 元件符号库的创建

① 启动AD17，关闭所有当前打开的工程。选择“文件”→“新建”→“库”→“原理图库”命令。

② AD17将自动弹出工程面板，如图6-5所示，此时，在工程面板中增加一个元件库文件，该文件即为新建的元件符号库。默认的元件库名称为Schlib1.SchLib。

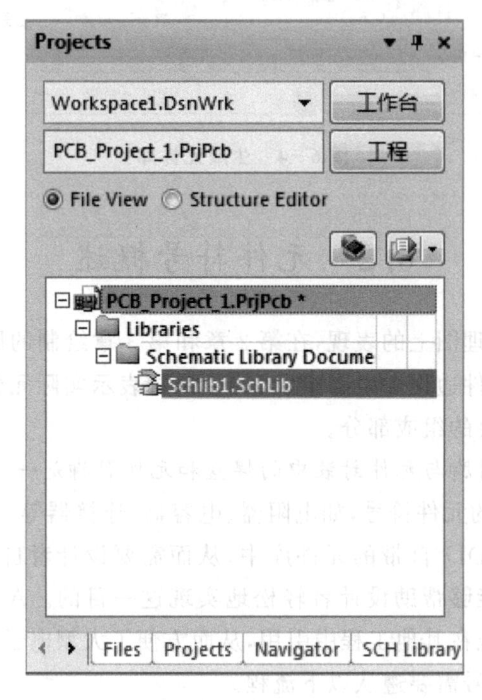

图6-5 工程面板

2. 元件符号库的保存

① 选择“文件”→“保存”命令，弹出文件保存对话框。在该对话框中输入元件库的名称，即可同时完成对元件符号库的重命名和保存操作。在这里，元件符号库可以重命名，也可以保持默认值。单击“保存”按钮后，元件符号库被保存在自己定义的“Altium Designer”文件夹中。

② 打开“我的电脑”，在刚才的“Altium Designer”文件夹中可以找到新建的元件符号库，在以后的设计工程中，可以很方便地引用。

6.4　元件设计界面

在完成元件符号库的建立之后，即可进入新建元件符号的界面，该界面如图 6-6 所示。该界面由上面的主菜单、工具栏，左边的工作面板和右边的工作窗口组成。

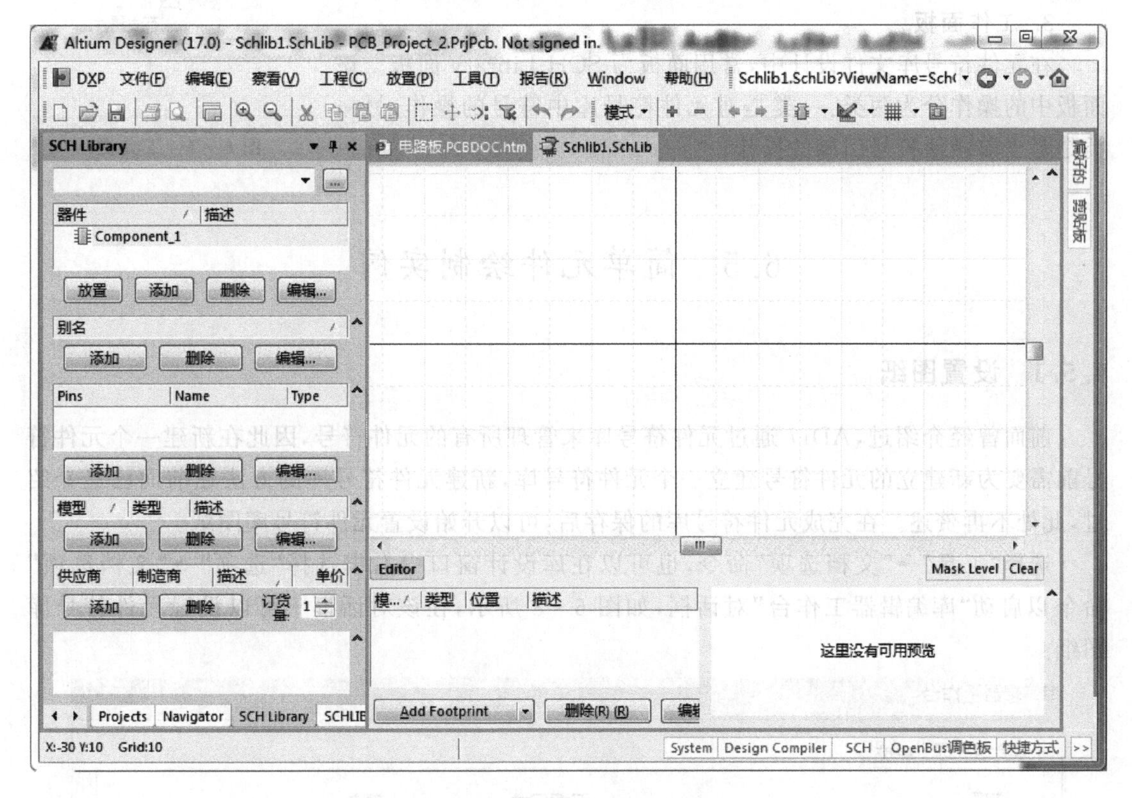

图 6-6　新建元件符号的界面

1. 主菜单

绘制元件符号的界面包括四部分，分别是主菜单、工具栏，左边的工作面板和右边的工作窗口。在窗口的主菜单中，可以找到所有绘制新元件符号所需要的操作，这些操作分为以下几种。

①“文件”：主要用于各种文件操作，包括新建、打开、保存等功能。

②“编辑”：用于完成各种编辑操作，包括撤销/取消撤销、选取/取消选取、复制、粘贴、剪切等功能。

③“查看”：用于视图操作，包括工作窗口的放大/缩小、打开/关闭工具栏和显示格点等功能。

④“工程”：对于工程的操作。

⑤“放置”：用于放置元件符号的组成部分。

⑥“工具”：为设计者提供各种工具，包括新建/重命名元件符号、选择元件等功能。

⑦“报告”：产生元件符号检错报表，提供测量功能。

⑧“窗口”：改变窗口的显示方式，切换窗口。

⑨“帮助”：帮助菜单。

2. 工具栏

工具栏包括两栏：标准工具和画图画线，如图 6-7 所示。放置在图标上会显示该图标对应的功能。工具栏中所有的功能在主菜单中均可找到。

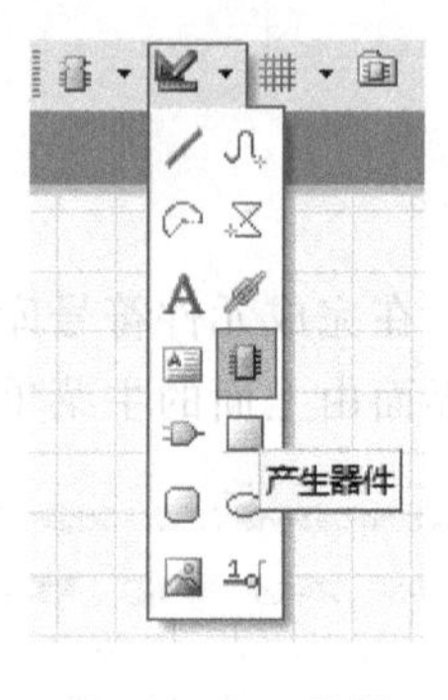

图 6-7 工具栏

3. 工作面板

在元件符号库文件设计中，常用面板为 SCH Library 面板。该面板中的操作分为两类：一类是对元件符号库中符号的操作；另一类是对当前激活符号引脚的操作。

6.5 简单元件绘制实例

6.5.1 设置图纸

前面曾经介绍过，AD17 通过元件符号库来管理所有的元件符号，因此在新建一个元件符号前需要为新建立的元件符号建立一个元件符号库，新建元件符号库的方法在前面已经介绍过，此处不再赘述。在完成元件符号库的保存后，可以开始设置元件符号库图纸。

选择“工具”→“文档选项”命令，也可以在库设计窗口中右击选择“选项”→“文档选项”命令以启动“库编辑器工作台”对话框，如图 6-8 所示，在该对话框中可以设置元件符号库图纸。

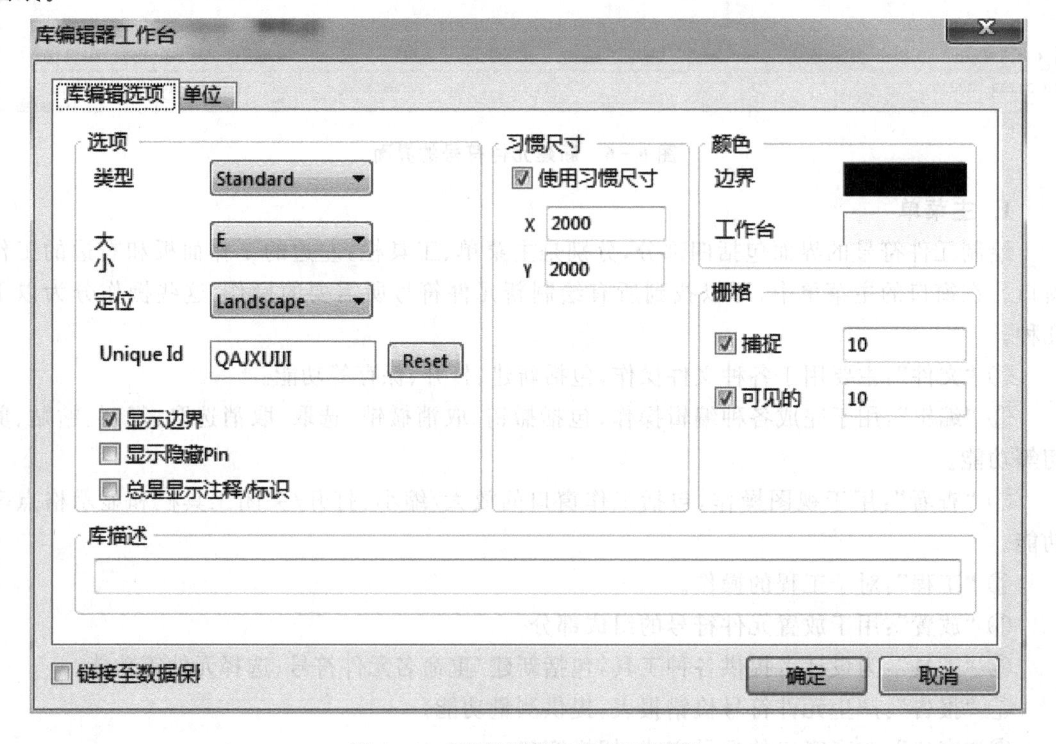

图 6-8 “库编辑器工作台”对话框

“库编辑器工作台”对话框有如下 5 个选项组的内容。

① “选项”：设置图纸的基本属性。

➢ “显示边界”：提示是否显示库设计区域的那个十字形的边界。

➢ “显示隐藏 Pin”：显示元件隐藏的引脚。如果选中，则绘制的元件引脚即使是隐藏属性，也会显示出来；如果不选，则隐藏属性的引脚将不会显示出来。

② “习惯尺寸”：自定义图纸。

③ “颜色”：设置图纸中的颜色属性。

④ “栅格”：设置图纸格点。

⑤ “库描述”：对元件库的描述。

1. “选项”

“选项”设置图纸中的基本属性，该选项组中各项属性和原理图图纸中设置的属性类似，这些属性如下：

① “类型”：图纸类型。AD17 提供 Standard 型和 ANSI 型图纸。

② “大小”：图纸尺寸。AD17 提供各种米制、英制等标准图纸尺寸。

③ “定位”：图纸放置方向。AD17 提供水平和垂直两种图纸方向。

2. “习惯尺寸”

元件符号库中也可以采用自定义图纸。在该栏中的文本框中可以输入自定义图纸的大小。

3. “颜色”

“颜色”设置图中的颜色属性，该选项组中各项属性如下：

① “边界”：图纸边框颜色。

② “工作台”：图纸颜色。

4. “栅格”

“栅格”设置图纸格点，该选项组是设置元件符号库图纸中最重要的一个选项组，其中各项属性如下：

① “捕捉”：锁定格点间距，此项设置将影响鼠标移动，在鼠标的移动过程中将以设置值为基本单位。

② “可见的”：可视格点，此项设置在图纸上显示格点间距。我们一般将“捕捉”“可见的”两个值都设置为 1。

5. “库描述”

“库描述”：描述元件库，在该栏可以输入对元件库的描述。

6.5.2　新建/打开一个元件符号

上面介绍了原理图元件库图纸的设置，接下来介绍如何新建/打开一个元件符号。

1. 新建元件符号

在完成新元件库的建立及保存后，系统将自动新建一个元件符号，默认名称为“Component_1”，切换到工作面板将看到“Component_1”名称。

此外，也可以采用以下方法新建元件符号。选择“工具”→“新器件”命令，弹出如图 6－9 所示的对话框。在该对话框中输入元件的名称，单击“确定”按钮即可完成新建一个元件符号的操作，且该元件将以刚输入的名称显示在元件符号库浏览器中。

2. 重命名元件符号

为了方便元件符号的管理，命名需要具有一定的实际意义，最通常的情况就是直接采用元件或芯片的名称作为元件符号的名称。

在面板中选择一个元件后，再选择主菜单中的“工具”→“重新命名器件”命令，弹出元件名称对话框。在该对话框中输入新的元件符号名称，单击“确定”按钮，即可完成对元件符号的重命名。

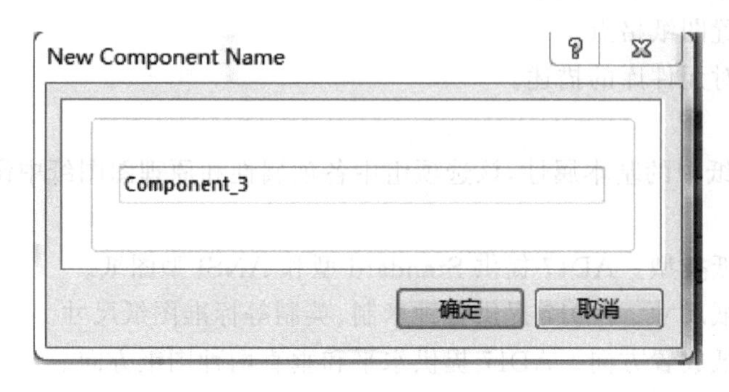

图 6-9 新建一个元件符号

3. 打开已经存在的元件符号

打开已经存在的元件符号需要以下几个步骤：

① 如果想要打开的元件符号所在的库没有被打开，则需要先加载该元件符号库。

② 在工作面板中的元件符号库浏览器中寻找想要打开的元件符号，并选中该元件符号。

③ 双击该元件符号，元件符号被打开并进入对该元件符号的编辑状态，此时可以编辑元件符号。

6.5.3 示例元件的信息

准备绘制的元件是单片机电路的元件，这个元件的绘制比较简单，通过元件的绘制，读者要掌握元件绘制的方法。示例元件型号为NEC8279，该元件共40个引脚，每个引脚的电气名称和引脚功能如图6-10所示。在该图中，有一些特殊的引脚，如输入/输出标识，这些在绘制时要引起注意。同时，要注意的是引脚40、引脚20是隐藏的，后面要介绍如何将其显示和隐藏。

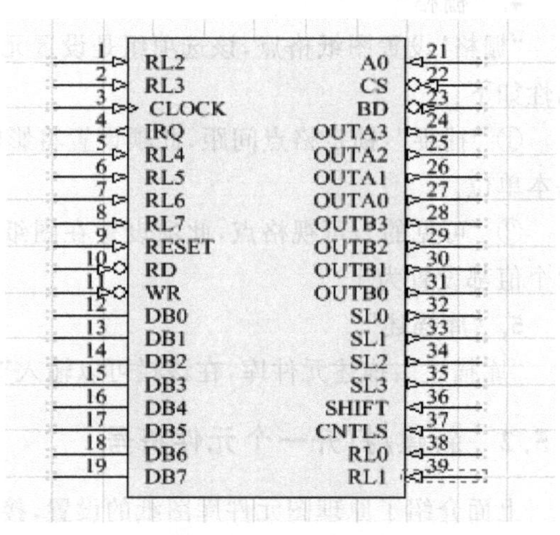

图 6-10 NEC8279

该集成电路是双列排列，左右各20个引脚，下面开始讲述元件的绘制步骤。

6.5.4 绘制边框

绘制边框包括绘制元件符号边框和编辑元件符号边框属性等内容。

1. 绘制元件符号边框

在放置元件引脚前,需要绘制一个元件符号的方框来连接起一个元件所有的引脚。在一般情况下,采用矩形或者圆角矩形作为元件符号的边框。绘制矩形边框与圆角矩形边框的操作方法相同,单片机元件是矩形边框。下面说明绘制元件符号边框的步骤,其操作步骤如下:

① 单击“画图”工具栏中的方形按钮,鼠标指针将变成十字形状并附着一个矩形方框显示在工作窗口中。

② 移动鼠标指针到合适的位置后单击,确定元件矩形边框的一个顶点,继续移动鼠标指针到合适的位置后单击,确定元件矩形边框的对角顶点。

③ 继续移动鼠标,在确定了矩形大小后,就完成了一个边框的绘制,如图6-11所示的矩形边框。

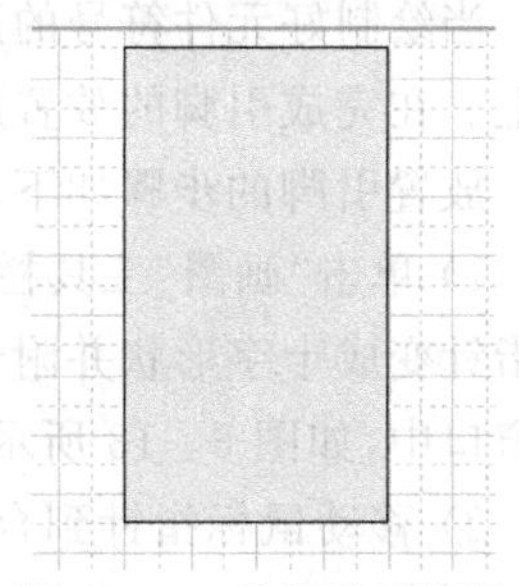

图6-11　边框绘制结果

④ 在矩形边框绘制完成后,需要编辑边框的属性。

2. 编辑元件符号边框属性

双击工作窗口中的元件符号边框即可进入该边框的属性编辑,如图6-12所示为元件符号边框属性编辑的对话框。

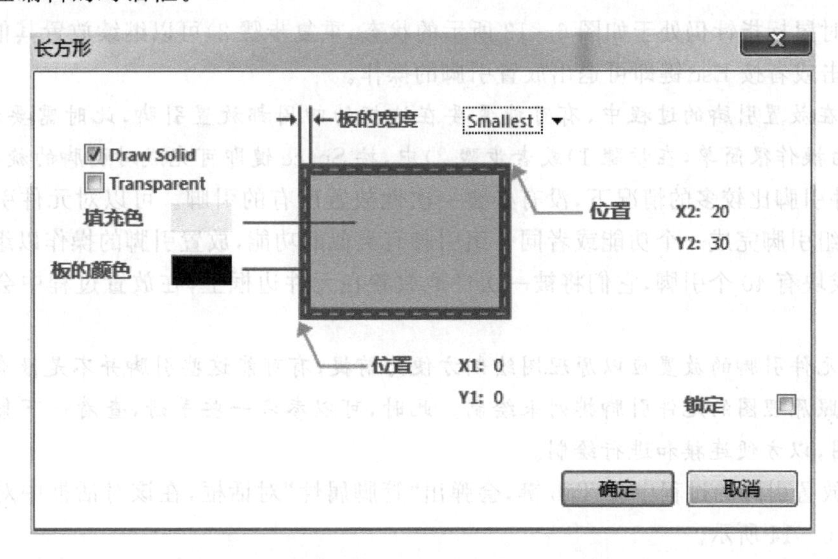

图6-12　边框属性对话框

该对话框中各项属性的意义如下:

- Draw Solid:是否以“填充色”项中限定的颜色填充元件符号边框;
- “填充色”:元件符号边框的填充颜色;
- “板的颜色”:元件符号边框颜色;
- “板的宽度”:元件符号边框线宽,AD17提供Smallest、Small、Medium和Large共4种线宽。

除了“位置”项之外,元件符号边框的各种属性通常情况下保持默认设置。“位置”选项确定了元件符号边框的位置和大小,是元件符号边框属性中最重要的部分,元件符号边框大小的选取应根据元件引脚的多少来决定,具体来说就是首先边框要能容纳下所有的引脚;其次就是边框不能太大,否则会影响原理图的美观性。

通过编辑“位置”选项中的坐标值可以修改元件符号边框的大小，但是更常用的还是直接在工作窗口中通过拖动鼠标执行。

6.5.5 放置引脚

当绘制好元件符号的边框后，就可以开始放置元件的引脚，引脚需要依附在元件符号的边框上。在完成引脚的放置后，还要对引脚属性进行编辑。

放置引脚的步骤如下：

1) 单击“画图”工具栏中的“放置引脚”按钮，鼠标指针变成十字形状并附着一个引脚符号显示在工作窗口中，如图 6-13 所示。

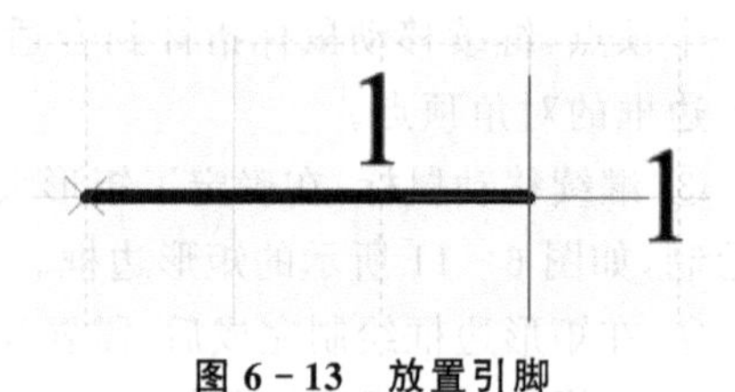

图 6-13 放置引脚

2) 移动鼠标指针到合适的位置单击，引脚将被放置下来。

注意：放置引脚的时候，会有红色的标记提示，这个红色的“×”就是引脚的电气特征，元件引脚有电气特征的一边一定要放在远离元件边框的外端。

3) 此时鼠标指针仍处于如图 6-13 所示的状态，重复步骤 2)可以继续放置其他引脚。

4) 右击或者按 Esc 键即可退出放置引脚的操作。

注意：在放置引脚的过程中，有可能需要在边框的四周都放置引脚，此时需要旋转引脚。旋转引脚的操作很简单，在步骤 1)或者步骤 2)中，按 Space 键即可完成对引脚的旋转。

在元件引脚比较多的情况下，没有必要一次性放置所有的引脚。可以对元件引脚进行分组，让同一组引脚完成一个功能或者同一组引脚有类似的功能，放置引脚的操作以组为单位进行。本集成块有 40 个引脚，它们将被一次性地放置在元件边框上，在放置过程中会进行属性的设置。

注意：元件引脚的放置应以原理图绘制方便为前提，有可能这些引脚并不是很有规律地排列，可以按照原理图的元件引脚排列来绘制。此时，可以参考一些手册，查看一下集成电路所接的电路图，以方便连接和进行绘制。

5) 在放置引脚的过程中按 Tab 键，会弹出“管脚属性”对话框，在该对话框中对引脚进行设置，如图 6-14 所示。

引脚基本属性设置的主要内容如下：

① “显示名字”：在这里输入的名称没有电气特性，只是说明引脚的作用。为了元件符号的美观性，输入的名称可以采用缩写。该项可以通过选中随后的“可见的”复选框来决定该项在符号中是否可见。

② “标识”：引脚标号，在这里输入的标号需要和元件引脚一一对应，并和随后绘制的封装中的焊盘标号一一对应，这样才不会出错。建议设计者在绘制元件时都采用数据手册中的信息。该项可以通过选中“可见的”复选框来决定该选项内容在符号中是否可见。

③ “电气类型”：引脚的电气类型主要有以下几项。

➢ Input：输入引脚，用于输入信号；

➢ I/O：输入/输出引脚，既有输入信号，又有输出信号；

➢ Output：输出引脚，用于输出信号；

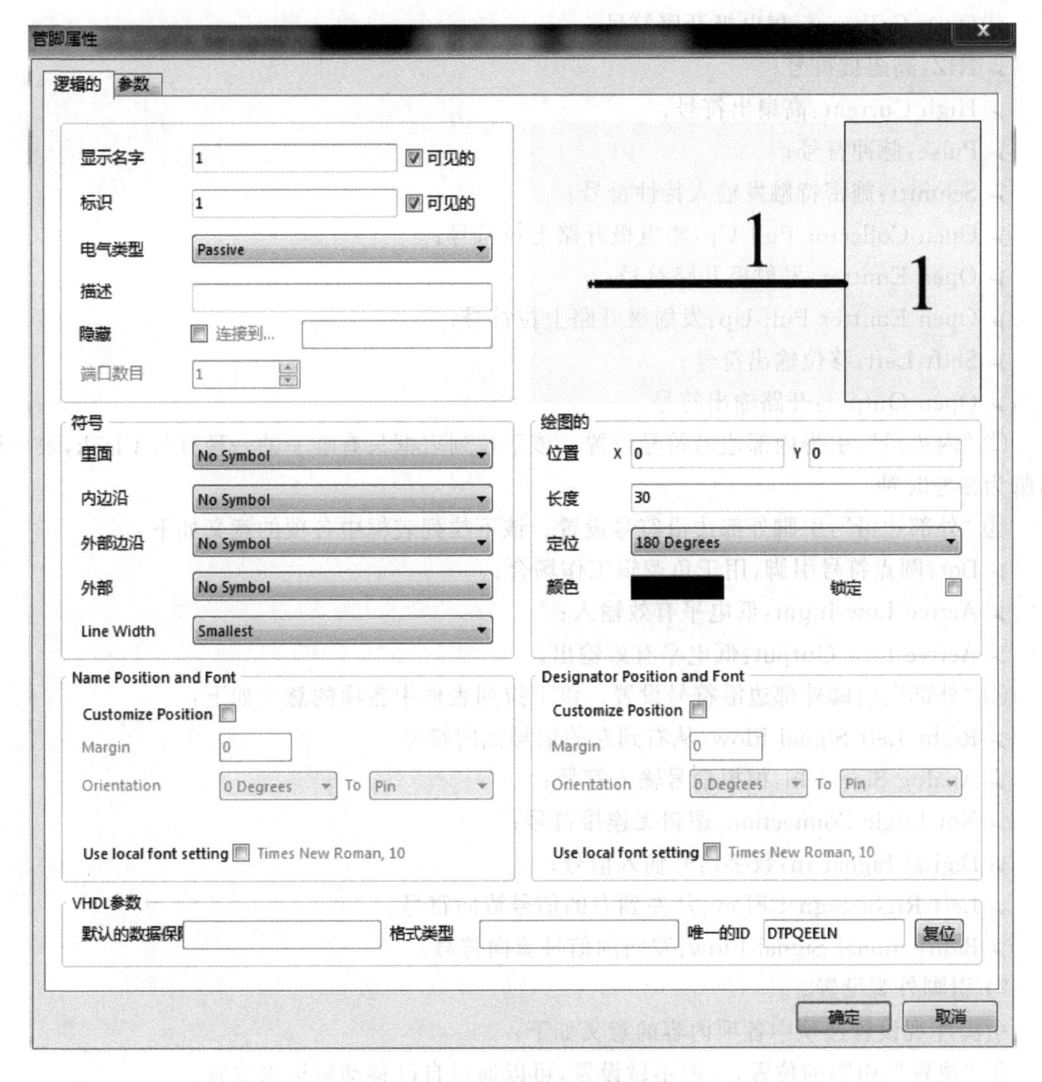

图 6－14　引脚基本属性设置

➢ Open Collector：集电极开路引脚；

➢ Passive：无源引脚；

➢ HIZ：高阻抗引脚；

➢ Open Emitter：发射极引脚；

➢ Power：电源引脚。

④ “描述”：引脚的描述文字，用于描述引脚功能。

⑤ “隐藏”：设置引脚是否显示出来。

6）引脚符号设置。

在“符号”选项组中包含有 4 项内容，它们的默认设置都是 No Symbol，表示引脚符号没有特殊设置。特殊设置的主要内容如下。

① “里面”：引脚内部符号设置。该下拉列表框中各项的意义如下：

➢ Postponed Output：暂缓性输出符号；

➢ Open Collector：集电极开路符号；
➢ HIZ：高阻抗符号；
➢ High Current：高扇出符号；
➢ Pulse：脉冲符号；
➢ Schmitt：施密特触发输入特性符号；
➢ Open Collector Pull Up：集电极开路上拉符号；
➢ Open Emitter：发射极开路符号；
➢ Open Emitter Pull Up：发射极开路上拉符号；
➢ Shift Left：移位输出符号；
➢ Open Output：开路输出符号。

② “内边沿”：引脚内部边沿符号设置。该下拉列表框只有唯一的一种符号 Clock，表示该引脚为参考时钟。

③ “外部边沿”：引脚外部边沿符号设置。该下拉列表框中各项的意义如下：

➢ Dot：圆点符号引脚，用于负逻辑工作场合；
➢ Active Low Input：低电平有效输入；
➢ Active Low Output：低电平有效输出。

④ “外部”：引脚外部边沿符号设置。该下拉列表框中各项的意义如下：

➢ Right Left Signal Flow：从右到左的信号流向符号；
➢ Analog Signal In：模拟信号输入符号；
➢ Not Logic Connection：逻辑无连接符号；
➢ Digital Signal In：数字信号输入信号；
➢ Left Right Signal Flow：从左到右的信号流向符号；
➢ Bidirectional Signal Flow：双向的信号流向符号。

7）引脚外观设置。

引脚外观设置选项中各项内容的意义如下：

① “位置”：引脚的位置，一般不做设置，可以通过自己移动鼠标来放置。

② “长度”：引脚的长度，此项可以设置引脚的长短，默认值是 30 mil，可以进行更改。

③ “定位”：引脚的旋转角度。

④ “颜色”：引脚的颜色。

⑤ “锁定”：设置引脚是否锁定。

8）对 EC8279 元件的各引脚进行设置。

根据上面的介绍，NEC8279 引脚的设置如下：

① 第 3 引脚的放置结果如图 6－15 所示，要注意选择的电气类型为 Input，内边沿为 Clock。

② 按照上面介绍的方法放置第 4 引脚。第 4 引脚的电气类型选择 Output。

③ 按照相同的方法放置余下的所有引脚。要注意的是，对于引脚小圆圈的放置，要选择“外部边沿”为 Dot，电气类型要根据元件的实际情况选择 Input 和 Output，此处以放置第 22 引脚为例说明，如图 6－16 所示。

④ 同理，放置其他引脚，在放置第 40 引脚 VCC 时，“电气类型”的下拉列表框要选择

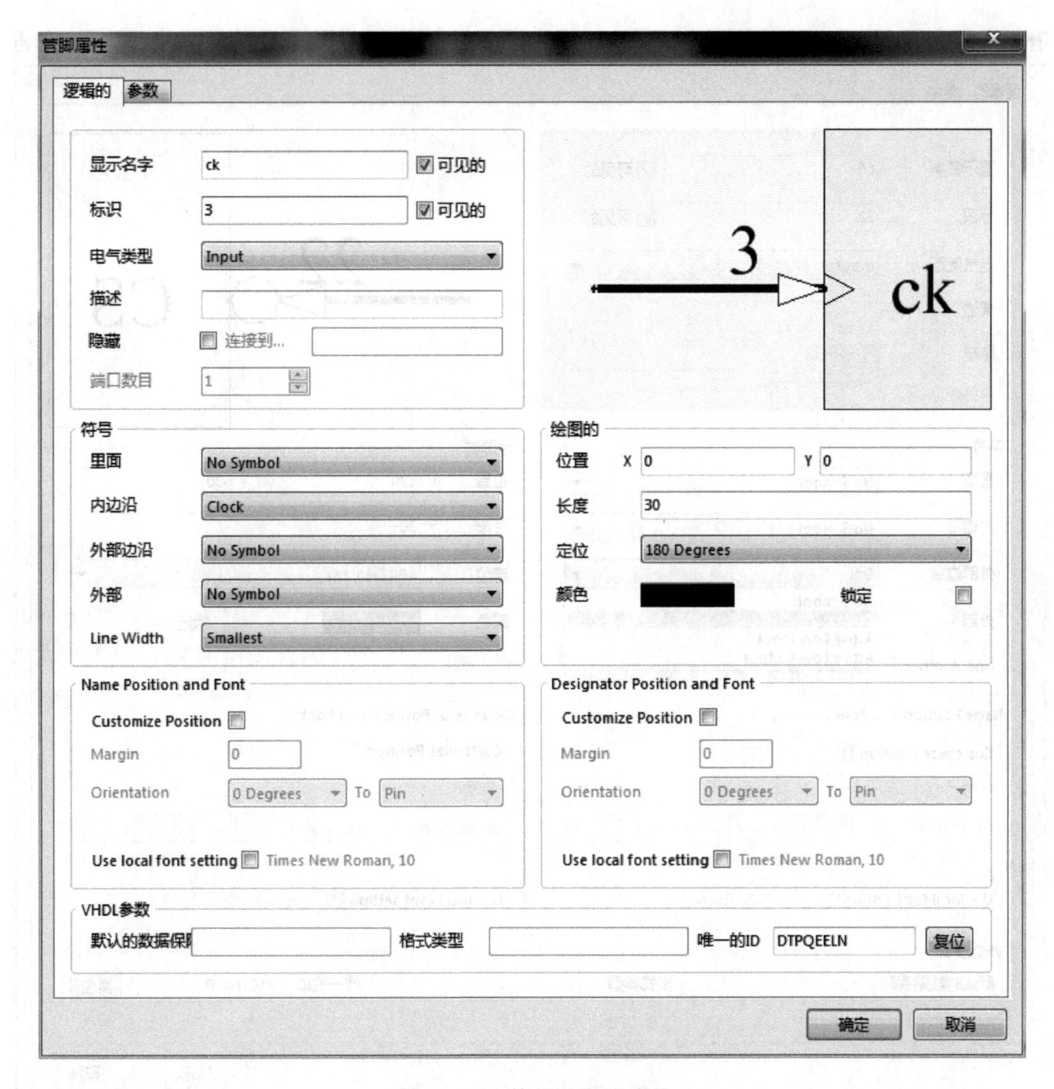

图 6-15　第 3 引脚的放置

Power，同时选择隐藏引脚。

⑤ 当放置第 20 引脚的 GND 时，电气类型也要选择 Power。同样，选择隐藏引脚。

⑥ 元件放置完成后，此时的元件如图 6-10 所示。

注意：此时从图 6-10 中，就没有找到引脚 VCC 和 GND，如果读者认为该图本来就没有这些引脚，而直接将这个元件放置到原理图中，然后转化成 PCB，就会发现元件少了连接线。因此，在绘制时，对于别人提供的工程文件，如果要查看元件库的元件，需要显示隐藏的引脚，看一下哪些引脚还需要自己绘制。

⑦ 可以选择主菜单中的“查看”→“显示隐藏引脚”命令，则整个元件的引脚就会显示出来，此时整个元件效果如图 6-17 所示。

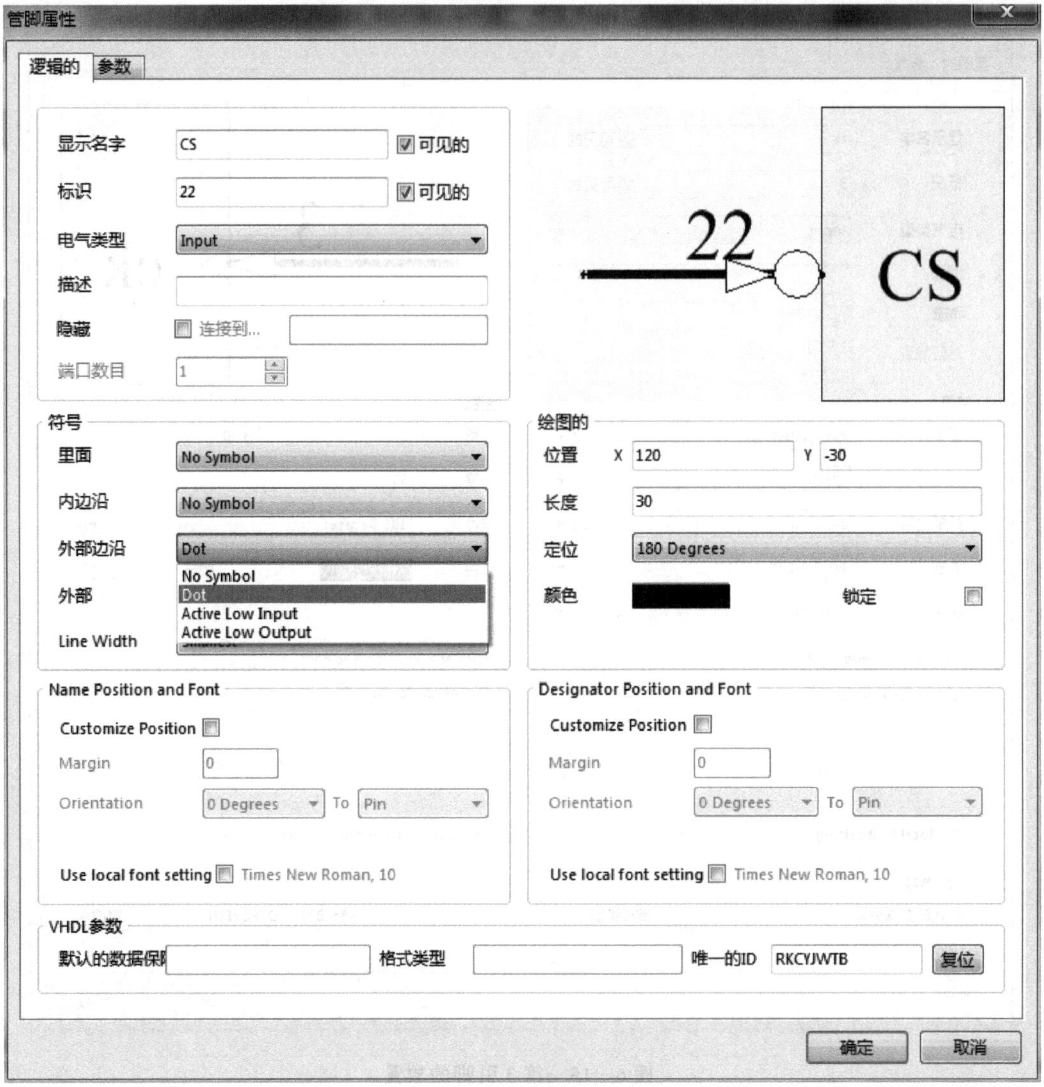

图 6-16　第 22 引脚的设置

6.5.6　原理图中元件的更新

在电子设计中可能会出现这种情况：绘制好元件符号并将它放置在原理图上之后，可能对元件符号进行了修改，这时就需要更新元件符号。设计者可以逐一更新，但是如果元件数目较多，则很烦琐。

AD17 提供了良好的原理图和元件符号之间的通信，在工作面板的元件符号列表中选择需要更新的元件符号，在原理图库编辑环境中，选择“工具”→“更新原理图”命令，即可更新当前已打开的原理图上所有该类的元件。

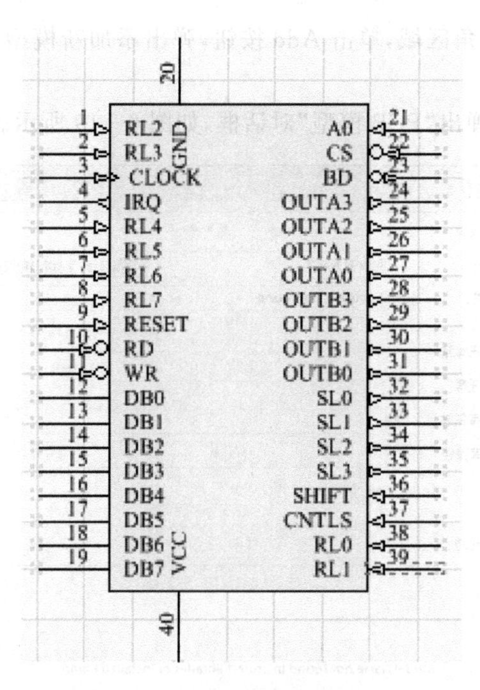

图6-17　显示隐藏引脚的元件

6.5.7　为元件符号添加Footprint模型

添加Footprint模型的目的是为了以后的PCB同步设计，添加步骤如下：

① 在原理图元件库编辑环境中，选择主菜单中的"工具"→"器件属性"命令，弹出一个对话框，如图6-18所示。

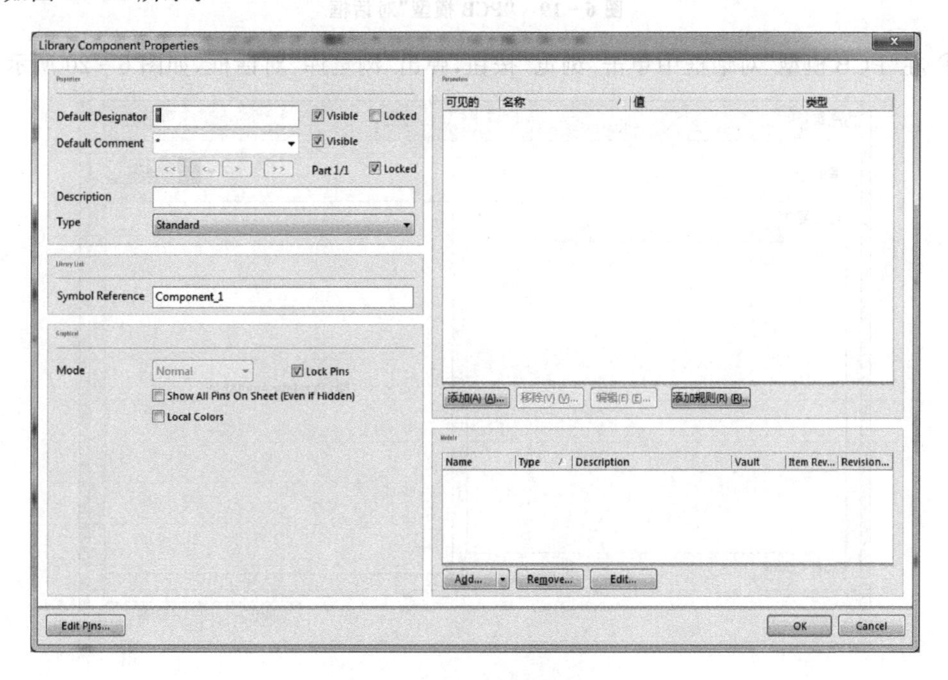

图6-18　器件属性对话框

② 在图 6－18 的右下角区域，单击 Add 按钮，弹出添加新模型对话框。在该对话框选择 Footprint 模型。

③ 单击“确定”按钮，弹出“PCB 模型”对话框，如图 6－19 所示。

图 6－19 “PCB 模型”对话框

④ 在“PCB 模型”对话框中单击“浏览”按钮，弹出“浏览库”对话框，如图 6－20 所示。

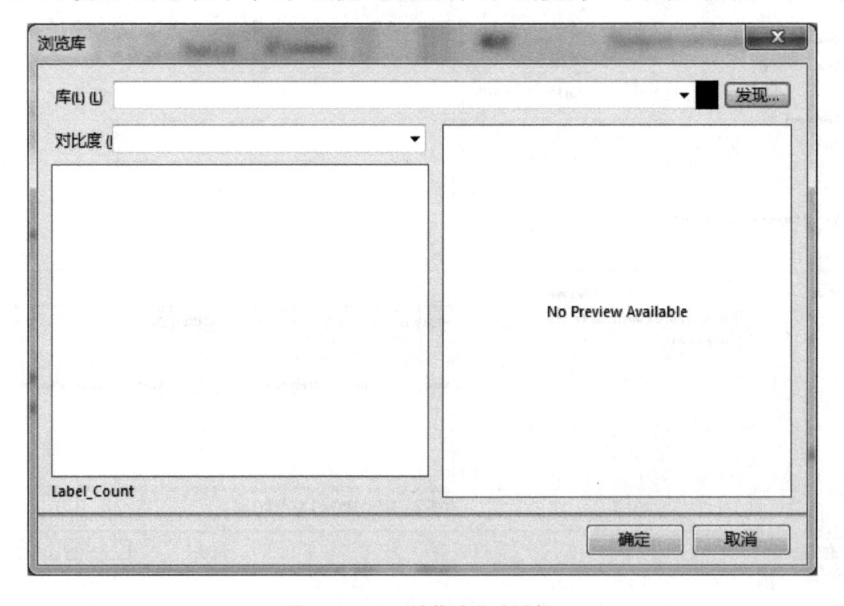

图 6－20 “浏览库”对话框

⑤ 单击“发现”按钮，弹出“搜索库”对话框，如图6-21所示。

⑥ 选择“库文件路径”单选按钮，单击“路径”旁的按钮，找到封装库文件，并使其显示在文本框中。

⑦ 在图6-21的“运算符”下拉列表中选择 contains(包含的意思)，在后面的“值”中输入“DIP40”，然后单击“查找”按钮，开始搜索。

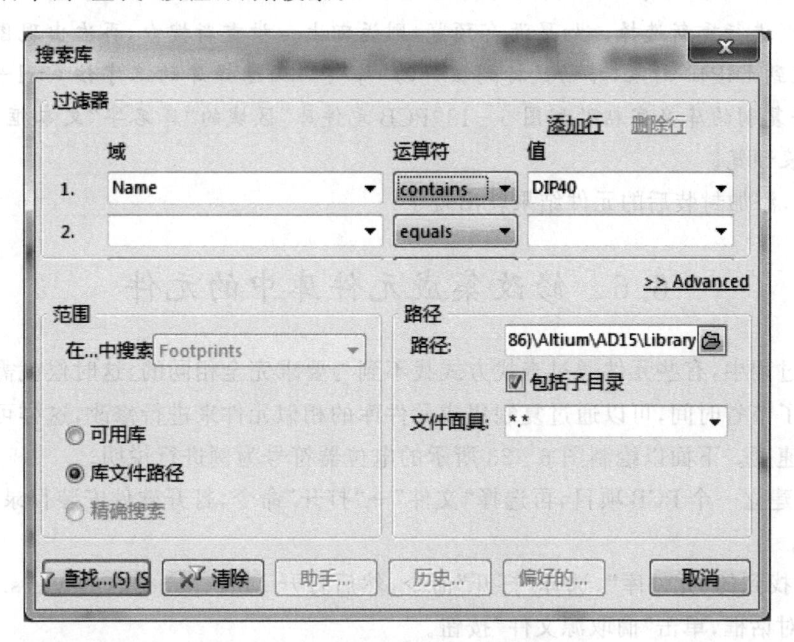

图6-21 “搜索库”对话框

⑧ 在“浏览库”中显示搜索结果，如图6-22所示为搜索结果。

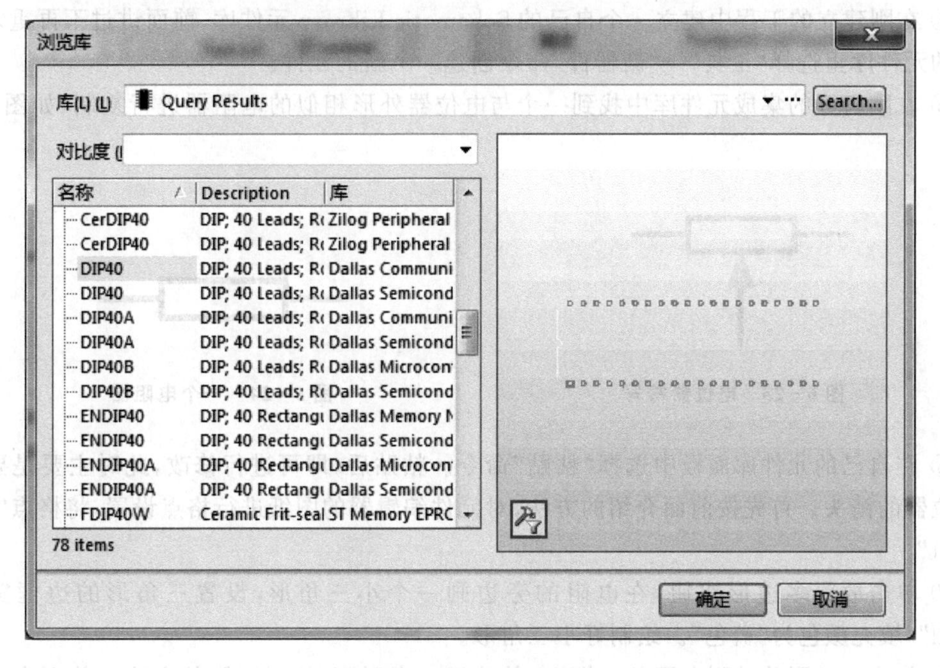

图6-22 搜索结果

⑨ 选择 DIP40 封装名称，单击“确定”按钮，提示“是否安装库”，单击“是”按钮安装该库。

⑩ 如果封装添加成功，则会在“PCB 模型”对话框中的“选择封装”区域出现已经选择的封装；如果没有出现，则需要按下面的方法来解决这个问题。

注意：如果图 6－19 的“名称”文本框中有“DIP40”，而在“选择封装”区域部分是空白的，则说明 DIP40 这个封装没有安装成功，需要通过下面的方法重新进行安装。可以回到图 6－22 所示的对话框进行重新选择。如果没有预览，则返回上一步重新搜索，再次出现图 6－22 所示的对话框，找到 DIP40 封装，移动鼠标到该行的“库”列中，选择库的名字按 Ctrl＋C 键进行复制。然后，将复制的库名字粘贴到图 6－19“PCB 元件库”区域的“库名字”文本框中，就会出现 DIP40 的封装预览。

⑪ 最后，添加封装后的元件结果就出现了。

6.6 修改集成元件库中的元件

在绘图过程中，有些元件通过查找方式找不到与要求完全相同的，这时候就需要自己绘制了。一般为了节省时间，可以通过复制集成元件库的相似元件来进行修改，这样可以大大提高绘制元件的速度。下面以绘制图 6－23 所示的电位器符号为例进行说明。

① 首先建立一个 PCB 项目，再选择“文件”→“打开”命令，打开软件安装目录下的 Library 元件库文件。

② 右击找到的“元件库”，选择“打开”命令，然后打开 Miscellaneous Devices. IntLib，会弹出一个提示对话框，单击“摘取源文件”按钮。

③ 此时在工程面板显示的元件库上双击，然后单击工程面板最下面部分的 SCH Library 按钮切换到元件库面板。

④ 在刚建立的工程中建立一个自己的 Schematic Library 元件库，前面讲过不再重复。在新建的元件库里选择“工具”→“新器件”命令创建一个新的元件。

⑤ 在刚打开的集成元件库中找到一个与电位器外形相似的电阻器进行复制，如图 6－24 所示。

图 6－23 电位器符号　　　　图 6－24 一个电阻器

⑥ 在自己的元件库面板中选择“粘贴”命令。粘贴后，即可进行修改，此时主要是要画一个电位器的箭头。首先按前面介绍的方法，对元件编辑器的图纸进行格点设置，将格点“10”更改为“1”。

⑦ 单击放置多边形按钮，在电阻的旁边画一个小三角形，设置三角形的边框宽度为“Small”，填充颜色为“蓝色”。绘制好小三角形。

⑧ 将小三角形移动到电阻的边框上，并放置一个引脚，放置引脚的方法与前面介绍的放

置集成电路的引脚方法一样。然后设置引脚的属性。编辑后的元件如图 6-23 所示,保存即可。

6.7 多功能多单元元件的绘制

随着芯片集成技术的迅速发展,芯片能够完成的功能越来越多,芯片上的引脚数目也越来越多,因此显示了一组引脚隶属于一个功能模块的情况。此外,有些芯片中可能集成了若干个功能相同的模块。在这种情况下,如果将所有的引脚都绘制在一个元件符号上,元件符号将过于复杂,从而导致原理图上的连线混乱,且原理图会显得过于庞杂,难以管理。针对这种情况,AD17 提供了元件分部分(Part)绘制的方法来绘制复杂的元件。

6.7.1 分部分绘制元件符号

分部分绘制元件符号中的操作和普通元件符号的绘制大体相同,流程也类似,只是在分部分绘制元件符号中需要对元件进行分解,逐个部分地绘制符号,这些符号彼此独立,但都从属于一个元件,分部分绘制元件符号的步骤如下:

① 新建一个元件符号,并命名保存。

② 对芯片的引脚进行分组。

③ 绘制元件符号的一个部分。

④ 在元件符号中新建"新部件",重复步骤③,绘制元件中的另一部分(可以采用复制的方式)。

⑤ 重复步骤④到所有的部分绘制完成,此时元件符号绘制完成。

⑥ 注释元件符号,设置元件符号的属性。

下面将以 SN74LS00(内部图如图 2-27 所示)为例讲述具体分部分绘制元件符号中的操作。

6.7.2 绘制多单元元件 SN74LS00

元件 SN74LS00 由 4 个相同的与非门组成,可以先绘制出其中的一个与非门,其他部分通过复制和适当的设置即可完成元件设计。步骤如下:

1. 新建元件

打开"Schlib1. SchLib"元件符号库,选择"工具"→"新器件"命令,新建一个元件符号并将它命名为"SN74LS00",单击"确定"按钮保存元件符号。

2. 绘制第一部分

在完成元件符号的新建之后,可以在工作窗口中绘制元件的第一部分。元件中第一部分的绘制和整个元件的绘制方法相同,都是绘制一个外框并添加上引脚,然后对元件符号进行注解。绘制步骤如下:

① 单击"画图"工具栏中的"直线"按钮,进入绘制边框线段的状态。

② 绘制一段圆弧,方法与第 3 章圆弧相同,不再介绍。

③ 组合一个封闭的图形。设置线段的属性,如线宽、线的颜色等。封闭图形如图 6-25 所示。

注意:当绘制图形时默认线的粗细选择是 Large,可以更改为 Small。在绘制圆弧时,可以按 Tab 键进行属性设置，在这里线宽为 Small，颜色默认为“蓝色”。可以修改，也可以保持默认设置。

④ 放置引脚，在元件的第一部分包含 5 个引脚，5 个引脚的属性设置如下：

➢ 引脚 1：名称为 1，标号为 1，电气类型为 Input。各个引脚属性设置的“Pin 特性”对话框与前面 NEC8279 的引脚属性设置一样，这里不再给出。

➢ 引脚 2：名称为 2，标号为 2 电器类型为 Input。

➢ 引脚 3：名称为 3，标号为 3，外部边沿为 Dot，电气类型为 Output。

➢ 引脚 7：名称为 VCC，电气类型为 Power，属性为隐藏。

➢ 引脚 14：名称为 GND，电气类型为 Power，属性为隐藏。

注意：引脚 7 和引脚 14 这两个引脚是隐藏的，就放置在图中的任意一个位置，设置好隐藏属性，设置方法与前面 NEC8279 中引脚 40 和引脚 20 的属性设置方法一样。

绘制完成的元件符号如图 6－26 所示。

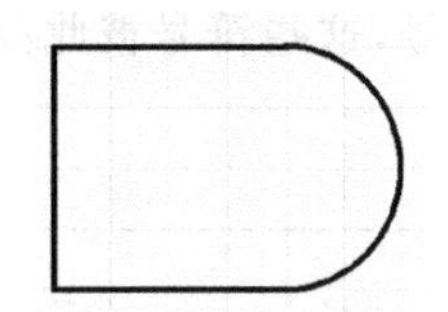

图 6－25　封闭的图形

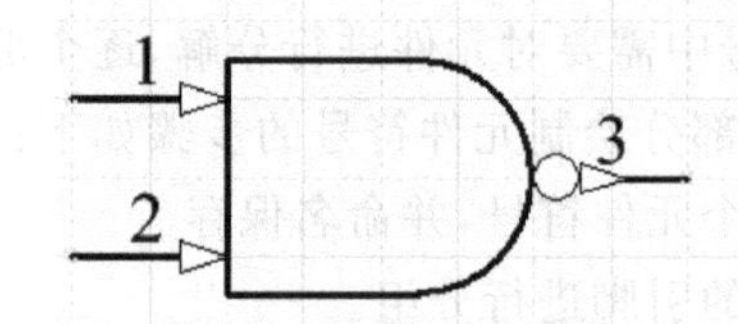

图 6－26　绘制完成的元件符号

6.7.3　新建/删除一个部分

在完成了元件第一部分的绘制后，选择“工具”→“新部件”命令，即可新建一个部分的操作，该部分在元件符号库浏览器中能够显示出来。

此时的工作窗口空白，在其中可以绘制新元件符号部分。如果设计者对于元件部分的划分或者绘制不满意，则可以直接删除该部分。具体操作是在元件符号库浏览器元件的对应部分，选择“工具”→“移除部件”命令，即可删除一个部分。

元件 SN74LS00 共由 4 个部分组成，因此还需要新建 3 个部分。新建的 3 个部分符号非常相似，只有引脚名称和符号上的区别。按照相同的方法对第二部分、第三部分、第四部分进行绘制。

注意：这 4 个部分中的每个部分都是要有 VCC 和 GND 这两个引脚，即引脚 7，名称为 VCC，电气类型为 Power；引脚 14，名称为 GND，电气类型为 Power。如果每个单元重复绘制很麻烦，可以通过设置这两个引脚的“端口数目”来解决。在元件中新建多个单元之后，在元件引脚属性框中的“端口数目”自然变亮（与图 6－15 比较）。如图 6－27 所示，这时候可以把引脚 14 和引脚 7 的“端口数目”设置成“0”，再把这两个引脚隐藏起来。这样在 4 个单元里都会出现这两个引脚，不用每个单元都重复绘制。

6.7.4　设置元件符号的属性

当完成各个部分的绘制后，选择“工具”→“器件属性”命令，会弹出如图 6－18 所示的器件属性对话框，可以设置元件符号的属性。在这里，对元件 SN74LS00 属性设置如下：

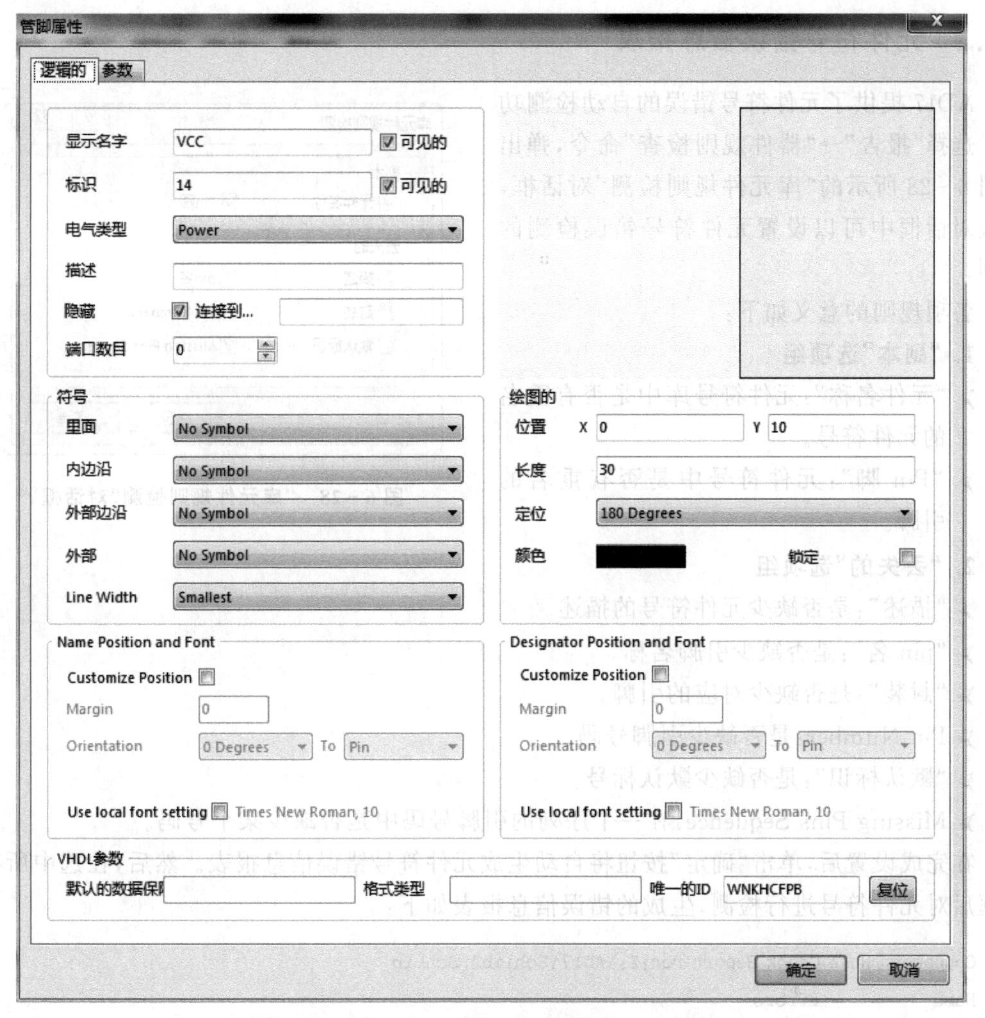

图6-27　多单元元件电源和接地引脚的设置

① Default Designator：该项设置为U。

② Default Comment：该项应该设置为元件符号的名称为“SN74LS00”。

同样可以按照前面NEC8279添加封装的方式增加它的封装，步骤就不再赘述了。

6.8　元件的检错和报表

在“报告”菜单中提供了元件符号和元件符号库的一系列报表，通过报表可以了解某个元件符号的信息，对元件符号进行自动检查，也可以了解整个元件库的信息。

6.8.1　元件符号信息报表

打开SCH Library面板后，选择元件符号库元件列表中的一个元件，选择“报告”→“器件”命令，将自动生成该元件的信息报表。

在报表中给出的信息包括元件由几个部分组成，每个部分包含的引脚以及引脚的各种属性。报表中特别给出了元件符号中的隐藏引脚以及具有IEEE说明符号的引脚等信息。

6.8.2 元件符号错误信息报表

AD17 提供了元件符号错误的自动检测功能。选择“报告”→“器件规则检查”命令，弹出如图 6-28 所示的“库元件规则检测”对话框，在该对话框中可以设置元件符号错误检测的规则。

图 6-28 “库元件规则检测”对话框

各项规则的意义如下：

1. “副本”选项组

- “元件名称”：元件符号库中是否有重名的元件符号。
- “Pin 脚”：元件符号中是否有重名的引脚。

2. “丢失的”选项组

- “描述”：是否缺少元件符号的描述。
- “pin 名”：是否缺少引脚名称。
- “封装”：是否缺少对应的引脚。
- Pin Number：是否缺少引脚号码。
- “默认标识”：是否缺少默认标号。
- Missing Pins Sequence：在一个序列的引脚号码中是否缺少某个号码。

在完成设置后，单击“确定”按钮将自动生成元件符号错误信息报表。然后，在选中所有复选框后对元件符号进行检测，生成的错误信息报表如下：

```
Component Rule Check Report for:F:\AD17\Schlib2.SchLib
Name            Errors
NEC8279         (no footprint)(no description)
74LS00          (no footprint)(no description)
```

从信息报表中可以看出有两个元件没有描述，没有封装。因此，通过这项检查，设计者可以打开元件库中的元件符号并将没有完成的元件绘制完成。

6.8.3 元件符号库信息报表

选择“报告”→“库列表”命令，将生成元件符号库信息列表。这里对 Schlib1. Schlib 元件符号库进行分析，得出以下报表。

```
Csv text has been written to file:schlib1.csv
Library component count:2
Name               description
74LS00
NEC8279
```

在报表中，列出了所有的元件符号名称和对它们的描述。

6.9　元件的管理

在工作面板中，可以对元件符号库中的符号进行管理，并提供库和当前设计的原理图之间的通信。

6.9.1　元件符号库中符号的管理

1. 新建元件符号

在元件符号库中，单击 Add 按钮可以新增元件符号。

2. 删除元件符号

在元件符号库中选择某个元件或者元件符号的某个部分后，单击 Delete 键即可删除选择的元件符号或部分。需要注意的是，删除元件符号没有提示，并且该操作不能恢复。

3. 编辑元件符号属性

在元件符号库中选择某个元件或者符号的某个部分后，单击 Edit 按钮即可编辑该元件符号的属性。

4. 编辑元件符号的引脚

在元件符号库中选择某个元件或者元件符号的某个部分后，在面板中将显示该元件符号的引脚。在引脚列表中，双击引脚即可弹出引脚属性编辑对话框，也可以单击“编辑”按钮，进入元件引脚属性编辑对话框。

6.9.2　元件符号库与当前原理图

在面板的元件符号列表中选中一个元件，单击 Place 按钮后，系统将跳转到当前原理图中，光标上将附着选中的元件符号。例如，单击 SN74LS00 的某个部分，在单击 Place 按钮后，自动切换到原理图中，此时可以在原理图上放置该元件符号，具体的放置操作和前面章节讲述的相同。

习　题

1. 简述元件符号库的创建方法。
2. 元件符号库的创建主菜单和工具栏有哪些？
3. 如何设计一个简单的元件符号？写出操作步骤并上机练习。
4. 如何设计一个复杂的元件符号？上机练习。
5. 完成芯片 74LS160 元件符号的创建。同时，要求给它们增加封装模型。其中，引脚 16 为 VCC，隐藏，电气类型为 Power；引脚 8 为 GND，隐藏，电气类型为 Power，如图 6－29 所示。

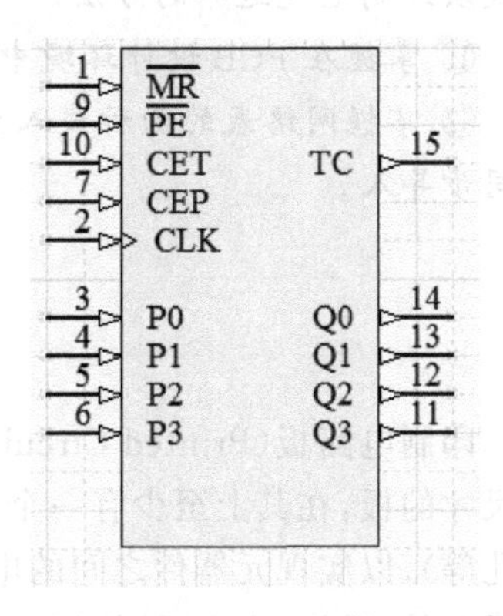

图 6－29　74LS160 元件符号

第7章　印制电路板设计基础知识

本章导读

本章主要为后面的PCB设计工作做些准备，介绍一些有关印制电路板的基础知识，并熟悉AD17的PCB设计环境；详细介绍电路板的规划方法、元件封装和网络表的载入方法等知识，这些都是设计电路板的基础知识，也是在对电路板进行布线前需要完成的工作。本章的知识点如下：

① 熟悉印制电路板的概念和种类，了解单面板、双面板和多层板之间的区别和各自的特点。

② 了解AD17为印制电路板提供了哪些工作层面，这些工作层面的用途是什么。

③ 了解元件封装、焊盘、过孔、铜箔导线、飞线和敷铜这些PCB术语的含义，清楚用软件设计PCB图的一般流程。

④ 掌握三种创建PCB文件的方法，其中利用PCB板向导创建PCB文件是比较常用的一种方法，它在生成文件的同时可以设置电路板的各项参数。

⑤ 熟悉PCB的设计环境，了解各个工具栏和工作区的意义和功能。

⑥ 掌握为PCB文件设置环境参数（如尺寸单位、网络参数、图纸参数等）的方法，了解设置系统参数的方法。

⑦ 熟练掌握放大、缩小和移动PCB图的各种方法，以及选择、取消和删除对象的各种方法。

⑧ 能够根据电路板的类型（单面板、双面板和多层板）设置电路板的板层结构。电路板的板层需要在图层堆栈管理器中进行设置。

⑨ 能够根据实际设计需要随时打开或关闭一些工作层面、自定义工作层面的颜色和设置PCB设计环境的系统颜色。

⑩ 深刻理解物理边界和电气边界的意义及作用，熟练掌握各种物理边界的方法和在禁止布线层绘制电气边界的方法。

⑪ 掌握在PCB设计环境中加载元件封装库（.IntLib或.PcbLib）的方法。

⑫ 掌握网络表的两种载入方法，包括在原理图设计环境中同步更新和在PCB设计环境中同步导入。

7.1　印制电路板

印制电路板（Printed Circuit Board，PCB）是指以绝缘基板为基础材料加工而成的具有一定尺寸的板，在其上至少有一个导电图形及所有设计好的孔（如元器件孔、机械安装孔及金属化孔等），以实现元器件之间的电气互连。PCB被广泛应用于各种电子产品及硬件系统中，如电子玩具、手机、家电、计算机、工业控制系统等。学习PCB设计首先需要了解一些PCB的基本概念，如PCB的功能、PCB的分类、PCB的一些基本组件等。

7.1.1　印制电路板概述

1. PCB 的构成

印制电路板如图 7-1 所示，一块完整的印制电路板应包含以下几个部分：

① 绝缘基板：一般由酚醛纸基、环氧纸基或环氧玻璃布制成。

② 铜箔面：为电路板的主体，它由裸露的焊盘和被绿油覆盖的铜箔电路所组成，焊盘用于焊接电子元器件。

③ 阻焊油墨层：用于保护铜箔电路，由耐高温的阻焊剂制成。

④ 字符油墨层：用于标注元件的编号和符号，便于印制电路板加工时的电路识别。

⑤ 孔：用于基板加工、元件安装、产品装配以及不同层面的铜箔电路之间的连接。

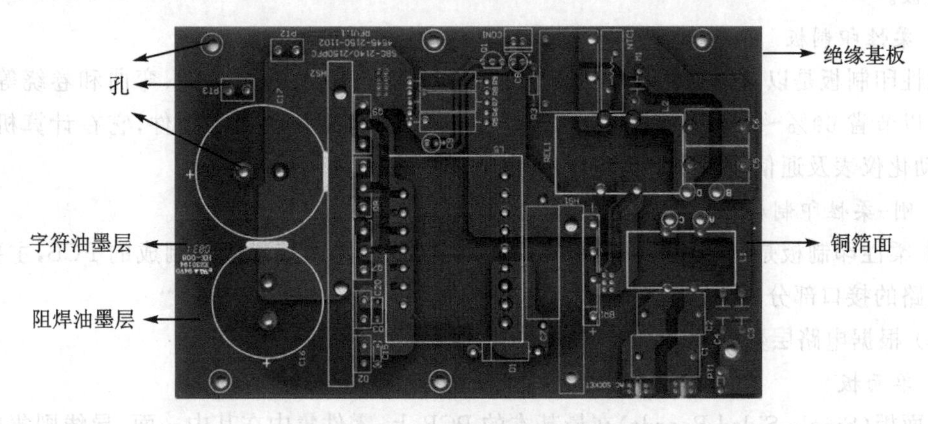

图 7-1　一块完整的印制电路板

2. PCB 的功能

本节根据印制电路板的结构特点，将 PCB 的功能总结如下：

① 提供机械支撑：印制电路板为集成电路等各种电子元器件固定、装配提供了机械支撑，如图 7-2 所示。

② 提供电路的电气连接：印制电路板实现了集成电路等各种电子元器件之间的布线和电气连接，如图 7-3 所示。

③ 提供元器件标注：用标记符号将板上所安装的各个元器件标注出来，便于插装、检查及调试等，如图 7-4 所示。

图 7-2　提供机械支撑

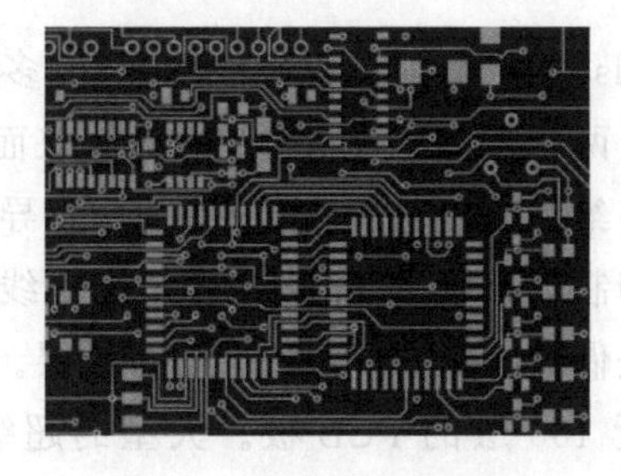

图 7-3　实现电气连接

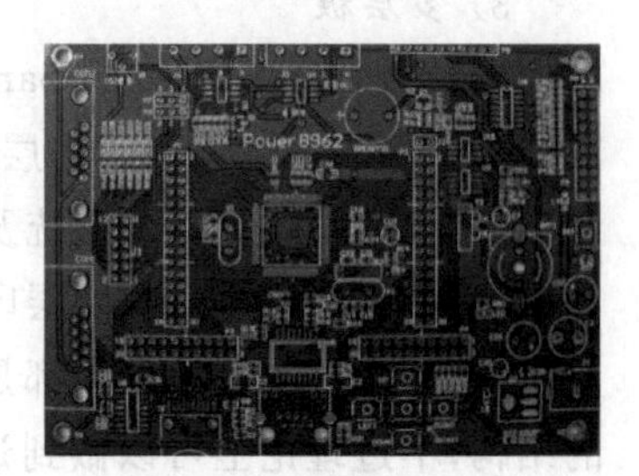

图 7-4　提供识别字符

3. PCB 的分类

(1) 根据基板材料划分

1) 刚性印制板

刚性印制板是指以刚性材料制成的 PCB,常见的 PCB 一般都是刚性的,如计算机中的板卡、家电中的印制板等。常见的刚性 PCB 如下:

① 纸基板:价格低,性能较差,一般用于低频电路和要求不高的场合。

② 玻璃布板:价格较高,性能较好,常用于高频电路和高档家电产品中。

③ 合成纤维板:价格较高,性能较好,常用于高频电路和高档家电产品中。

当频率高于数百兆时,必须使用介电常数和介质损耗更小的材料,如聚四氟乙烯和高频陶瓷作基板。

2) 柔性印制板

柔性印制板是以软性绝缘材料为基材的 PCB。由于它具有可折叠、弯曲和卷绕等特点,因此可以节省 60%~90%的空间,为电子产品小型化、薄型化创造了条件,它在计算机、打印机、自动化仪表及通信设备中得到广泛应用。

3) 刚-柔性印制板

刚-柔性印制板是指利用柔性基材,并在不同区域与刚性基材结合制成的 PCB,主要用于印制电路的接口部分。

(2) 根据电路层数划分

1) 单面板

单面板(Single-Sided Boards)在最基本的 PCB 上,零件集中在其中一面,导线则集中在另一面上。因为导线只出现在其中一面,所以这种 PCB 称为单面板。因为单面板在设计线路上有许多严格的限制(因为只有一面,布线间不能交叉而必须绕开有独自路径要求的地方),所以只有早期的电路才使用这类的板子。

2) 双面板

双面板(Double-Sided Boards)这种电路板的两面都有布线,不过要用两面的导线,而且必须要在两面间有适当的电路连接才行。这种电路间的"桥梁"称为导孔(via)。导孔是在 PCB 上充满或涂上金属的小洞,它可以与两面的导线相连接。因为双面板的面积比单面板大一倍,而且因为布线可以互相交错(可以绕到另一面),更适合用在比单面板更复杂的电路上。

3) 多层板

多层板(Multi-Layer Boards)为了增加可以布线的面积,多层板用上了更多单面或双面的布线板。用一块双面板作内层、两块单面板作外层,或两块双面板作内层、两块单面板作外层的印制线路板,通过定位系统及绝缘黏结材料交替在一起,且导电图形按设计要求进行互连的印制线路板就成为四层、六层印制电路板了,也称为多层印制线路板。板子的层数代表了有几层独立的布线层,通常层数都是偶数,并且包含最外侧的两层。大部分的主机板都是 4~8 层的结构,不过理论上可以做到近 100 层的 PCB 板。大型的超级计算机大多使用多层的主机板,不过因为这类计算机已经可以用许多普通计算机的集群代替,超多层板已经渐渐不被使用。由于 PCB 中的各层都紧密地结合,一般不太容易看出实际数目,不过如果仔细观察主机板,还是可以看出来的。

7.1.2　PCB 基本组件

1. 板　层

板层分为敷铜层和非敷铜层，平常所说的几层板是指敷铜层的层面数。一般在敷铜层上放置焊盘、线条等完成电气连接；在非敷铜层上放置元器件描述字符或注释字符等；还有一些层面用来放置一些特殊的图形来完成一些特殊的作用或指导生产。

对于一个批量生产的电路板而言，通常在电路板上铺设一层阻焊剂，阻焊剂一般是绿色或棕色，除了要焊接的地方外，其他地方根据电路设计软件所产生的阻焊图来覆盖一层阻焊剂，这样可以快速焊接，并防止焊锡溢出引起短路；而对于要焊接的地方，通常是焊盘，要涂上助焊剂。

2. 焊　盘

焊盘用于固定元器件引脚或用于引出连线、测试线等，它有圆形、方形等多种形状。焊盘的参数有焊盘编号、x 方向尺寸、y 方向尺寸、钻孔孔径尺寸等。

焊盘可分为插针式及表面贴片式两大类，其中插针式焊盘必须钻孔，而表面贴片式焊盘无须钻孔。

3. 元器件封装

元器件封装是指实际元器件焊接到电路板时所指示的外观和焊盘位置。不同的元器件可以使用同一个元器件封装，同种元器件也可以有不同的封装形式。

在电路板设计时要分清楚原理图和印制电路板中的元器件，电路原理图中的元器件指的是单元电路功能模块，是电路图符号；PCB 设计中的元器件指的是电路功能模块的物理尺寸，是元器件的封装。

4. 金属化孔

金属化孔也称过孔，在双面板和多层板中，为连通各层之间的印制导线，通常在各层需要连通的导线交汇处钻上一个公共孔，即过孔，在工艺上，过孔的孔壁圆柱面上用化学沉积的方法镀上一层金属，用以连通中间各层需要连通的铜箔，而过孔的上下两面做成圆形焊盘形状，过孔的参数主要有孔的外径和钻孔尺寸。

5. 铜箔导线

铜箔导线是指有宽度、有位置方向(起点和终点)、有形状(直线或弧线)的线条。在敷铜面上的线条一般用来完成电气连接，称为印制导线或铜膜导线；在非敷铜面上的导线一般用作元器件描述或其他特殊用途。

6. 网络和网络表

从一个元器件的某个引脚到其他引脚或其他元器件引脚的电气连接关系称为网络。每一个网络均有唯一的网络名称，有的网络名是人为添加的，有的是系统自动生成的，系统自动生成的网络名由该网络内两个连接点的引脚名称构成。

网络表用于描述电路中元器件的特征和电气连接关系，一般可以从原理图中获取，它是原理图设计和 PCB 设计之间的纽带。

7. 飞　线

飞线是指电路进行自动布线时供观察使用的类似橡皮筋的网络连线，网络飞线不是实际连线。通过网络表调入元器件并进行布局后，就可以看到该布局下的网络飞线的交叉状况，不断调整元器件的位置，使网络飞线的交叉最少，提高自动布线的布通率。

7.1.3 印制电路板工作层面

AD17的PCB设计系统为用户提供了多个工作层面，可以使设计人员在不同的工作层面进行不同的操作。这些工作层面归结起来可分为6类，即信号层、内平面(内部电源/接地层)、机械层、掩模层、丝印层及其他层。下面分别介绍这些工作层面的功能及设置方法。

1. 信号层

信号层的功能是用来放置与信号有关的对象，如导线、元器件等。系统共为用户提供了32个信号层，包括Top Layer、Bottom Layer、Signal Layer 1～Signal Layer 30其中：

Top Layer：顶层，元器件面信号层，可以用来放置元器件和布置信号线。

Bottom Layer：底层，焊接面信号层，可以用来放置元器件和布置信号线。

Signal Layer 1～Signal Layer 30：中间布线层，主要用来布置信号线。

2. 内平面

内平面其功能主要是用来布置电源线和地线。系统为用户提供的内平面数最多为16个。

3. 机械层

机械层主要用于放置电路板的边框、标注尺寸、制造说明或者其他设计需要的机械说明。系统为用户提供最多16个机械层。如图7-5所示为机械层选项。要特殊说明的是：制作PCB板时，一般只需要一个机械层。只有当"使能"复选框被选中时，该机械层在PCB图中才可用；如果选择"单层模式"复选框，则可设置当前机械层为单层模式；如果选择"连接到方块"复选框，则可将机械层连接到方块电路，但只能允许一层连接到方块电路。

机械层(M)	颜色	展示	使能	单层模式	连接到方块
Mechanical 1		☑	☑	☐	☐
Mechanical 2		☑	☐	☐	☐
Mechanical 3		☑	☐	☐	☐
Mechanical 4		☑	☐	☐	☐
Mechanical 5		☑	☐	☐	☐
Mechanical 6		☑	☐	☐	☐
Mechanical 7		☑	☐	☐	☐
Mechanical 8		☑	☐	☐	☐
Mechanical 9		☑	☐	☐	☐
Mechanical 10		☑	☐	☐	☐
Mechanical 11		☑	☐	☐	☐

☐ 仅展示激活的机械层

所有的打开有的关闭用的打开

图7-5 机械层选项

4. 掩模层

掩模层又称为屏蔽层，主要用来防止PCB板中不应该镀锡的地方镀锡。系统为用户提供了个4层，分别是Top Paste(顶层锡膏层)、Bottom Paste(底层锡膏层)、Top Solder(顶层阻焊层)和Bottom Solder(底层阻焊层)。其中Top Paste和Bottom Paste用于将表面贴片元件粘贴在 PCB 板上，当无表面贴片元件时不需要使用该层；Top Solder 和 Bottom Solder 用于防止焊锡镀在不应该焊接的地方。

5. 丝印层

丝印层主要用来绘制元器件的外形轮廓、字符串标注等图形说明和文字说明，目的是使 PCB 图纸具有可读性。系统为用户提供了 2 个丝印层，分别是 Top Overlay（顶层丝印层）和 Bottom Overlay（底层丝印层）。

6. 其他层

其余层主要用来提供一些具有特殊作用的工作层面。系统为用户提供了 4 种特殊的工作层面，分别是 Drill Guide（钻孔导引层）、Keep-Out Layer（禁止布线层）、Drill Drawing（钻孔图层）和 Multi-Layer（多层）。

Drill Guide：用来绘制钻孔导引层。

Keep-Out Layer：用于设置有效放置元器件和布线的区域，该区域外不允许布线。

Drill Drawing：用来绘制钻孔图层。

Multi-Layer：设置是否显示复合层。如果"展示"复选框未被选中，则过孔无法被显示出来。

7.1.4 PCB 设计流程

电路系统设计的最终目的是为了设计出电子产品，而电子产品的物理结构是通过印制电路板来实现的，因此印制电路板的设计是整个电路系统设计中最为关键和重要的一步。同样，在进行印制电路板设计之前，先来介绍一下印制电路板设计的一般流程。

一般来讲，印制电路板设计的一般流程如图 7－6 所示。

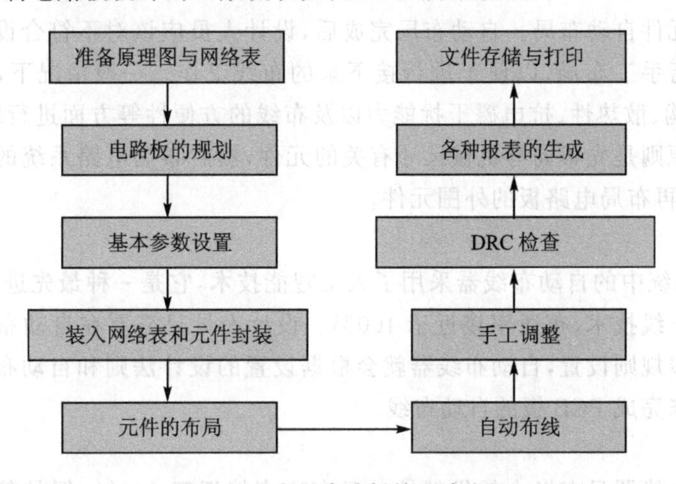

图 7－6　印制电路板的设计流程

1. 准备原理图与网络表

原理图和网络表的设计与生成是电路板设计的前期工作，但有时候，对于简单的电路板也可以不用绘制原理图，而直接进行 PCB 的设计。

2. 电路板的规划

电路板的规划设置是指在进行具体的 PCB 设计之前，设计人员根据电路系统的规模和复杂程度等来确定电路板的结构、尺寸、安装位置、安装方式、接口形式等参数。这是极其重要的工作，只有决定了这些，才能确定电路板的具体框架，方便后续设计工作的顺利进行。

3. 基本参数设置

在印制电路板的设计过程中,基本参数设置主要包括工作层面的设置和环境参数的设置。通常,一块印制电路板是由一系列层状结构构成的,不同的印制电路板具有不同的工作层面。因此,进行 PCB 设计基本设置的第一步就是根据电路设计的需要来选择和设置相应的工作层面。

环境参数的设置是印制电路板设计中非常重要的一步,它主要包括度量单位的选择、栅格的大小、光标捕捉区域的大小以及设计规则等方面的设置。一般来讲,设计人员可以在大多数参数选取系统默认值的基础上来设置一些个性化参数满足个人的设计习惯,个性化的环境参数设置可以大大提高印制电路板的设计效率。

4. 装入网络表和元件封装

网络表是由电路原理图生成的,它是 PCB 板自动布线的灵魂,也是电路原理图设计系统与印制电路板设计系统之间的接口。只有将原理图生成的网络表装入到 PCB 设计系统中,设计人员才可以进行印制电路板的自动布线操作。元件封装就是指实际的电子元件或者集成电路的外观尺寸,它与原理图编辑器中的元件原理图符号是一一对应的,它是使元件引脚和印制电路板上的焊盘保持一致的重要保证。

可见,装入网络表和元件封装是 PCB 板设计过程中非常重要的一环。这里需要注意的是,在装入网络表和元件封装之前,设计人员必须要先装载元件库,否则在装入网络表和元件封装的过程中将会产生错误。

5. 元件的布局

设计人员在正确装入原理图生成的网络报表后,PCB 设计系统会自动装入元件封装并会根据设计规则对元件自动布局。自动布局完成后,设计人员应该对不符合设计要求或者不尽如人意的地方进行手工布局,以便于进行接下来的布线工作。一般情况下,元件布局应该从 PCB 板的机械结构、散热性、抗电磁干扰能力以及布线的方便性等方面进行综合考虑和评估。元件布局的基本原则是先布局与机械尺寸有关的元件,然后布局电路系统的核心元件和规模较大的元件,最后再布局电路板的外围元件。

6. 自动布线

AD17 设计系统中的自动布线器采用了人工智能技术,它是一种最先进的无网格、基于形状的对角线自动布线技术,布通率接近于 100%。设计人员只需要在自动布线之前进行简单的布线参数和布线规则设置,自动布线器就会根据设置的设计法则和自动布线规则选取最佳的自动布线策略来完成 PCB 板的自动布线。

7. 手工调整

虽然说自动布线器具有极大的优越性并且布通率接近于 100%,但是其在某些情况下还是难以满足 PCB 设计的要求。这时,设计人员就需要采取手工调整的方法来对自动布线后的某些元件和布线走向等方面进行调整,从而优化 PCB 的设计效果。

8. DRC 检查

完成 PCB 板的自动布线后,设计人员还需要对 PCB 板的正确性进行检查。如果采用人工的方法来进行检查,那么检查的效率将会很低,因此 AD17 设计系统提供了专门的检查工具。这个专门的检查工具主要用来对 PCB 板进行设计规则检查,如果 PCB 板中有不符合设计规则的地方,那么这个检查工具就能够快速地检查出来,从而使设计人员能够快速修改

PCB 设计中出现的问题。

9. 各种报表生成

利用 AD17 设计系统提供的报表工具可以方便地生成各种包含有 PCB 设计信息的报表文件，这些报表文件为设计人员和其他资源共享者提供了有关 PCB 设计过程和设计内容的详细资料。

10. 文件存储与打印

PCB 板设计完成后，设计人员需要对 PCB 设计过程中产生的各种文件和报表进行存储和输出打印，以便对设计项目进行存档。实际上，这个过程就是一个对设计的各种文件进行输出的过程，也是一个设置打印参数和打印输出的过程。此外，设计人员还应该将 PCB 板图导出，用来送交给制造商来制作所需要的印制电路板。

对于上面介绍的 PCB 设计流程，读者应该熟练掌握。只有掌握了 PCB 设计的一般流程，设计人员才能够在 PCB 设计过程中做到心中有数、有的放矢。

7.1.5　创建 PCB 文件的方法

要设计 PCB 图，首先必须在项目中创建一个新的 PCB 文件，其方法主要有以下两种：

1. 自行创建 PCB 文件

在主页面中，选择"文件"→"新建"→PCB 命令，新建一个 PCB 文件。需要说明的是，这样创建的 PCB 文件，其各项参数均采用了系统的默认值。因此在具体设计时，还需要设计者进行全面的设置。

2. 利用向导创建 PCB

利用向导创建 PCB 是比较常用的一种创建方法，即在 PCB 板向导的指引下依次设置电路板的各项参数（如外形、尺寸、板层等），最后生成 PCB 文件。

【Step 01】选择 Files→"从模板新建文件"→PCB Board Wizard 命令，启动 PCB 电路板设计向导。

【Step 02】单击"下一步"按钮，要求对 PCB 板进行度量单位设置。系统提供了两种度量单位，一种是 Imperial（英制单位），在印刷板中常用的是 in（英寸）和 mil（千分之一英寸），其转换关系是 1 in＝1 000 mil；另一种单位是 Metric（公制单位），常用的有 cm（厘米）和 mm（毫米）。两种度量单位的转换关系为 1 in＝25.4 mm。系统默认使用的是英制度量单位。

【Step 03】单击"下一步"按钮，出现如图 7－7 所示的界面，要求对设计的 PCB 板的尺寸类型进行指定。AD17 提供了多种工业制板的规格，用户可以根据自己的需要进行选择。在这里选择 Custom 项，进入自定义 PCB 板的尺寸类型模式。

【Step 04】单击"下一步"按钮，进入下一个界面，设置电路板的形状和布线信号层数，如图 7－8 所示。

如图 7－8 所示的对话框，在"外形形状"区域中，有三个选项可供选择："矩形（R）""圆形（C）""定制的（M）"，这里将其设置为矩形板。常用设置如下：

"板尺寸"：矩形板的板尺寸是指板的长度和宽度，输入 3 000 mil 和 2 000 mil，即 3 in×2 in。

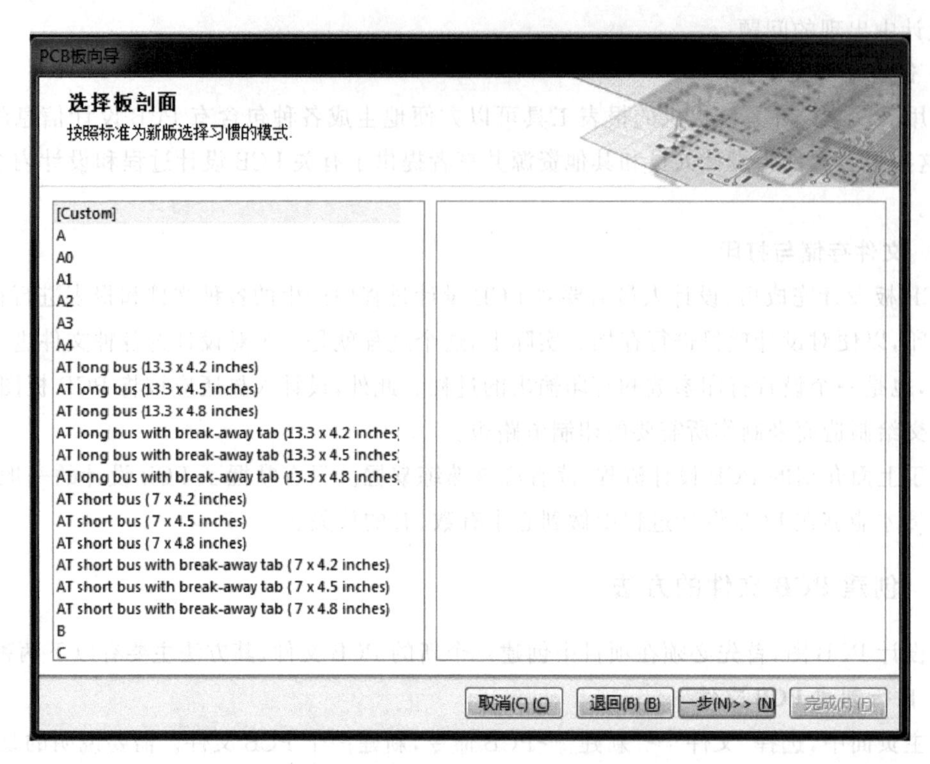

图 7-7 指定 PCB 板尺寸类型

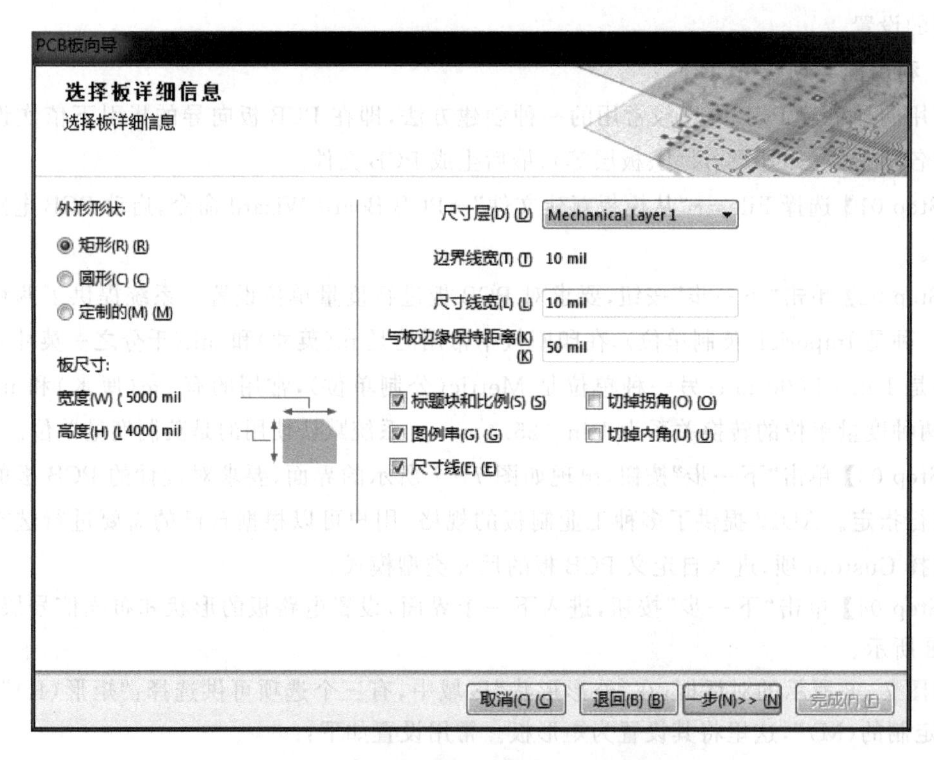

图 7-8 设置电路板形状和布线信号层数

“尺寸层”：用来选择所需要的机械加工层。设计双面板只需要使用默认选项即可，这里默认选择 Mechanical Layer 1。

“边界线宽”：用来定义板边界线的宽度，这里选择默认值 10 mil。

“尺寸线宽”：用来定义板尺寸线的宽度，这里选择默认值 10 mil。

“与板边缘保持距离”：用于确定电路板设计时，从机械板的边缘到可布线之间的距离，默认值为 50 mil。

“切掉拐角”复选项：选择是否要在印制电路板的拐角进行裁剪。本例中不需要。如果需要，则单击“下一步”按钮，弹出如图 7－9 所示的界面，要求对拐角裁剪的大小进行尺寸设置。

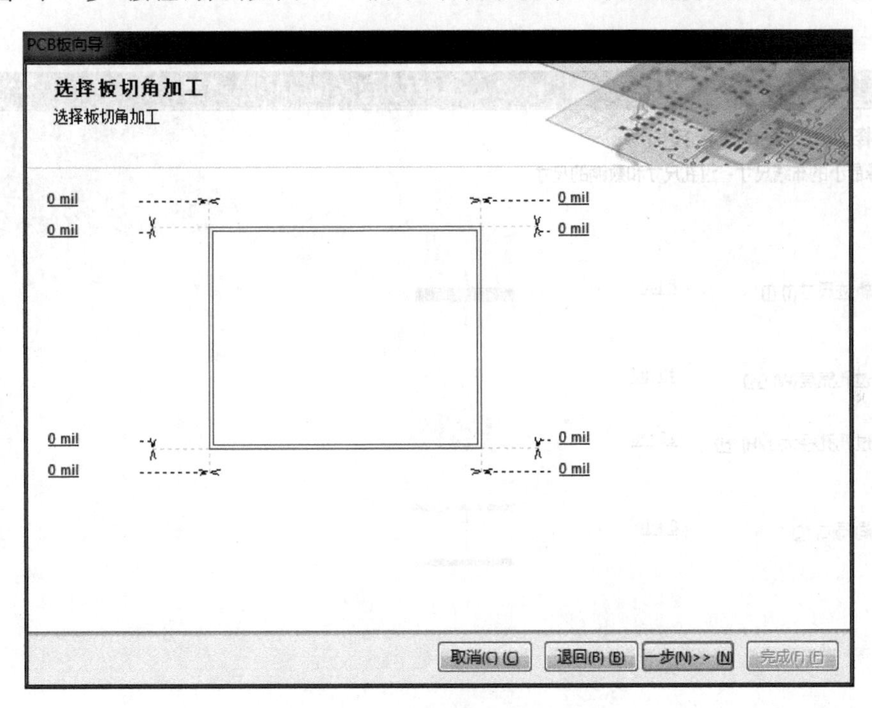

图 7－9　拐角裁剪尺寸设置

“切掉内角”复选项：用于确定是否进行印制板内部的裁剪。本例中不需要内部裁剪。如果需要，则可选中该选项后，单击“下一步”按钮，在相应位置输入距离值进行内部裁剪。

【Step 05】单击“下一步”按钮，进入下一个界面，对数字层或者电源层的数目进行设置。本例设计为双面板，故信号层数为 2，电源层数为 0，不设置电源层。

【Step 06】单击“下一步”按钮，进入下一个界面，设置所使用的过孔类型，这里有两种过孔可供选择：一类是仅通过的过孔，另一类是仅盲孔和埋孔。本例中使用仅通过的过孔。

【Step 07】单击“下一步”按钮，进入下一个界面，设置要使用的元件和布线类型。在“板主要部分”区域中，有两个选项可供选择：一种是表面装配元件，另一种是通孔元件。

如果选择使用表面装配元件选项，则会出现“你要放置元件到板两边？”的提示信息，询问是否在 PCB 的两面都放置表面装配元件。

本例中使用的是通孔元件，在此可对相邻的两过孔之间布线时所经过的导线数目进行设定。这里选择“一个轨迹”单选项，即相邻焊盘之间允许经过的导线为 1 条。

【Step 08】单击“下一步”按钮，进入下一个界面，在这里可以设置导线和过孔的属性，如

图 7-10 所示。图中所示的导线和过孔属性设置对话框中的选项设置及功能如下：

“最小轨迹尺寸”：设置导线的最小宽度，单位为 mil。

“最小过孔宽度”：设置焊盘的最小直径值。

“最小过孔孔径大小”：设置焊盘的最小孔径。

“最小间隔”：设置相邻导线之间的最小安全距离。

这些参数可以根据实际需要进行设定，用鼠标单击相应的位置即可进行参数修改。这里均采用默认值。

【Step 09】单击“下一步”按钮，出现 PCB 设置完成对话框。单击“完成”按钮，将启动 PCB 编辑器。

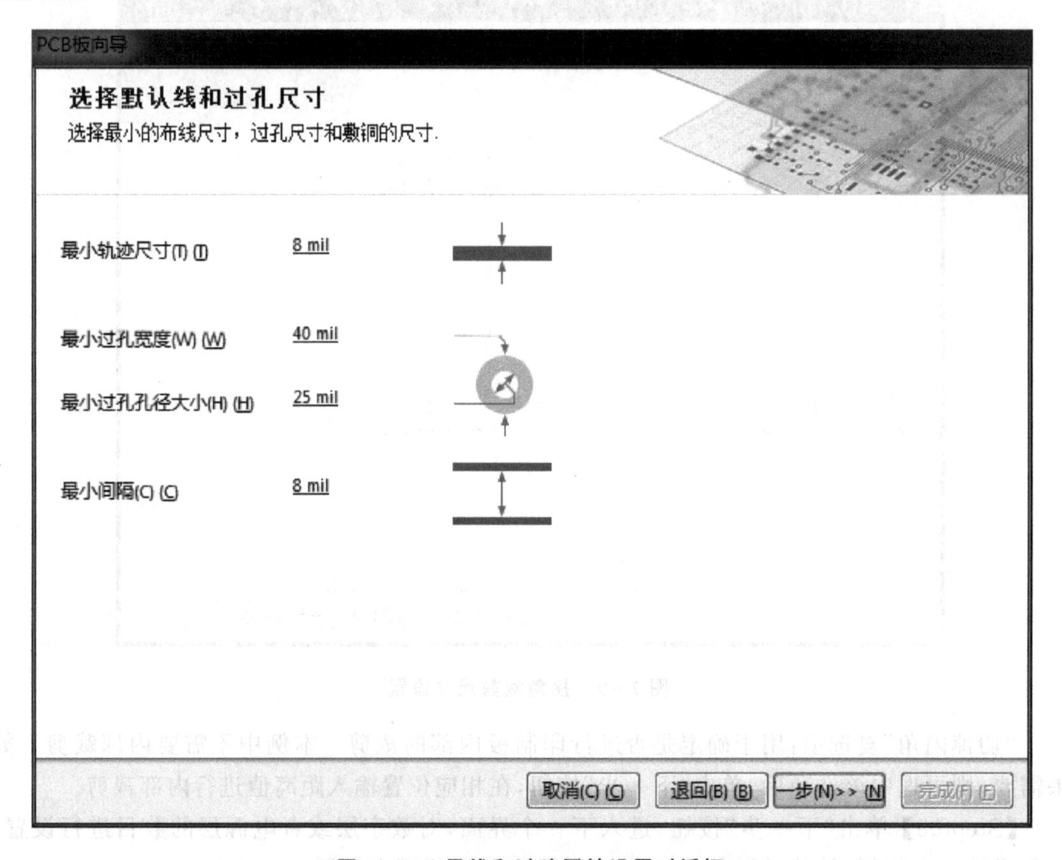

图 7-10 导线和过孔属性设置对话框

至此完成了使用 PCB 向导新建 PCB 板的设计。新建的 PCB 文件将被默认命名为 PCB1. PcbDoc，编辑区中会出现设置好的空白 PCB 纸。在文件工作面板中右击，在弹出的菜单中选择 Save As 选项，将其保存为 CLOCK. PcbDoc，并将其加入到 CLOCK. PrjPcb 项目中。

7.2 Altium Designer PCB 编辑器

在创建一个新的 PCB 文件，或打开一个现有的 PCB 文件后，就启动了 AD17 设计系统的 PCB 编辑器，进入其编辑环境，如图 7-11 所示。

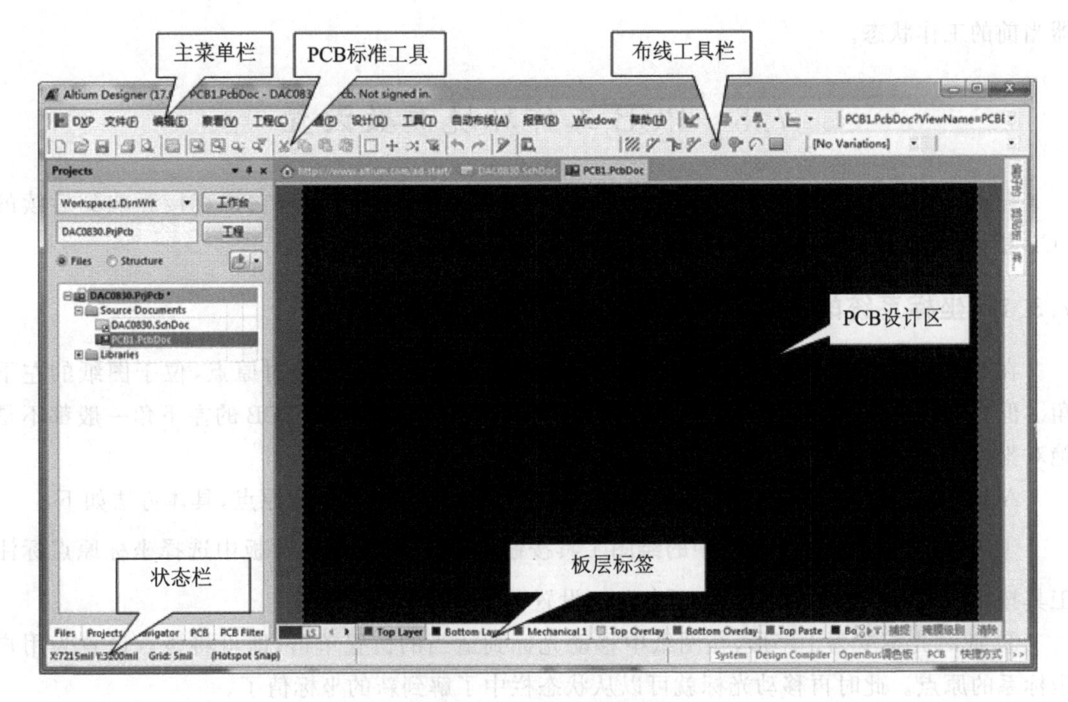

图 7－11　PCB 编辑环境

1. 主菜单栏

菜单栏显示了供读者选用的菜单操作。在 PCB 设计过程中，通过使用菜单中的菜单命令，可以完成各项操作。

2. PCB 标准工具栏

该工具栏提供了一些基本操作命令，如打印、放缩、快速定位、浏览元器件等。其与原理图编辑环境中的标准工具栏基本相同。

3. 布线工具栏

该工具栏提供了 PCB 设计中常用图元放置命令，如焊盘、过孔、文本编辑等。还包括了几种布线的方式，如交互式布线连接、交互式差分对连接、使用灵巧布线交互布线连接。

4. 过滤器工具栏

使用该工具栏，根据网络、元器件标号等过滤参数，可以使符合设置的图元在编辑窗口内高亮显示，明暗的对比度和亮度则通过窗口右下方的“屏蔽层”按钮进行调节。

5. 导航工具栏

该工具栏用于指示当前页面的位置，借助所提供的左、右按钮可以实现 AD17 系统中所打开的窗口之间的相互切换。

6. PCB 编辑窗口

编辑窗口即进行 PCB 设计的工作平台，用于进行元器件的布局、布线的有关操作，PCB 的设计主要在这里完成。

7. 板层标签

用于切换 PCB 工作的层面，所选中的板层的颜色将显示在最前端。

8. 状态栏

用于显示光标指向的坐标值、所指向元器件的网络位置、所在板层和有关参数，以及编辑器当前的工作状态。

7.3 PCB 工作环境参数设置

设置 PCB 板的环境参数是电路板设计过程中非常重要的一步，它将直接影响到后续的 PCB 板设计。

7.3.1 坐标系统的设置

在 PCB 编辑器中，系统提供了一套坐标系，其坐标原点称为绝对原点，位于图纸的左下角。但在编辑 PCB 时，通常根据需要在方便的地方设计 PCB，所以 PCB 的左下角一般都不是绝对坐标原点。

AD17 提供了设置原点的工具，用户可以利用它设定自己的坐标原点，具体方法如下：

① 单击“应用程序”工具栏中的绘图工具按钮，在弹出的选项板中选择坐标原点标注工具按钮，或者选择“编辑”→“原点”→“设置”命令。

② 此时光标变为十字形，在图纸中移动光标到适当的位置单击，即可将该点设置为用户坐标系的原点。此时再移动光标就可以从状态栏中了解到新的坐标值了。

③ 如果需要恢复原来的坐标系，只需要选择“编辑”→“原点”→“复位”命令即可。

7.3.2 PCB 板选项的设置

选择“设计”→“板参数选项”命令，系统将会弹出 PCB 板的“板选项”对话框，如图 7-12 所示。从图中可以看出，“板选项”对话框主要包括以下几项设置。

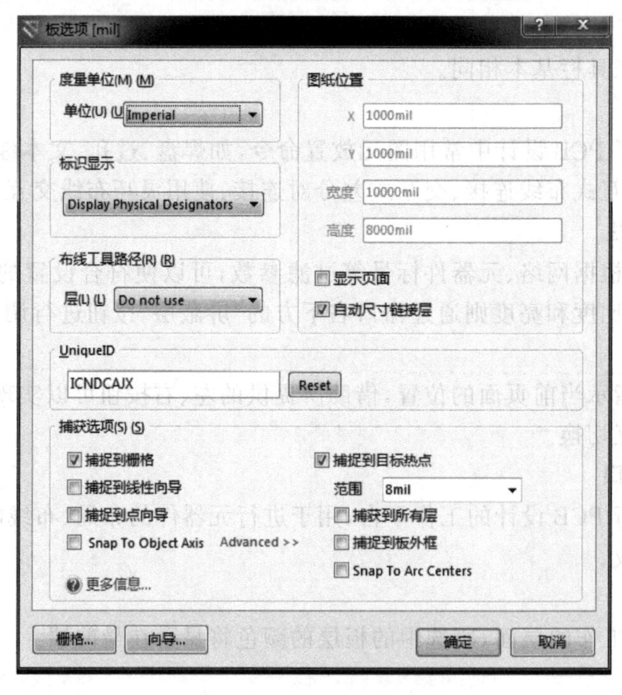

图 7-12 “板选项”对话框

“度量单位”：用来设置PCB板中的度量单位。单击“单位”选项右侧的▾按钮可以选择Metric(公制单位)或者Imperial(英制单位)。

“捕获选项”：用于设置光标在空闲和命令状态下，每次在X和Y方向上移动的最小距离，如5 mil、20 mil、50 mil等。

7.3.3　系统参数的优先设定

系统环境参数的设置是PCB设计过程中非常重要的一步，读者可以根据个人的设计习惯，合理地设置环境参数，这样将会大大提高设计的效率。

选择DXP→“参数选择”命令，将会打开PCB编辑器的“参数选择”对话框。在该对话框左侧列表中单击PCB Editor，即可展开15个标签项供设计者进行设置，如下：

General：用于设置PCB设计中的各类操作模式，如在线DRC、智能元件Snap、移除复制品、单击清除选项等。

Display：用于设置PCB编辑窗口内的显示模式，如对象的高亮选项、测试点显示、草稿临界值设置等。

Board Insight Display：用于设置PCB文件在编辑窗口内的显示方式，包括焊盘和过孔的显示选项、导线上网络名称的显示、工作层模式选项。

Board Insight Modes：用于Board Insight系统的显示模式设置。

Board Insight Color Overrides：用于Board Insight系统的图形模式设置。

Board Insight Lens：用于Board Insight系统放大镜功能的模式设置。

DRC Violations Display：用于设置DRC违规的显示图标设置。

Interactive Routing：用于交互式布线操作的有关模式设置，包括交互式布线冲突解决方案、智能连接布线冲突解决方案、交互式布线选项等设置。

True Type Fonts：用于选择设置PCB设计中所用的True Type字体。

Mouse Wheel Configuration：用于对鼠标滚轮的功能进行设置以便实现对编辑窗口的快速移动及板层切换等。

Defaults：用于设置各种类型图元的系统默认值，在该项设置中可以对PCB图中的各项图元的值进行设置，也可以将设置后的图元值恢复到系统默认状态。

PCB Legacy 3D：用于设置PCB设计中的3D效果图参数，包括高亮色彩、打印质量及PCB 3D文档设置等。

Reports：用于对PCB有关文档的批量输出进行设置。

Layer Colors：用于设置PCB各板层的颜色。

Models：用于设置模式搜查路径等。

这里重点介绍General设置界面中各选项的含义。

General设置界面如图7-13所示，该设置界面主要包含三大块的内容，分别是“编辑选项”区域、“其它”区域和“自动扫描选项”区域。

1. “编辑选项”区域

“在线DRC”：选中该复选框，所有违反PCB设计规则的地方都将被标记出来。

Snap To Center：选中该复选框，光标捕获点将自动移到对象的中心。

“Room热点捕捉”：选中该复选框，当选中元件时光标将自动移到离单击处最近的焊盘上。

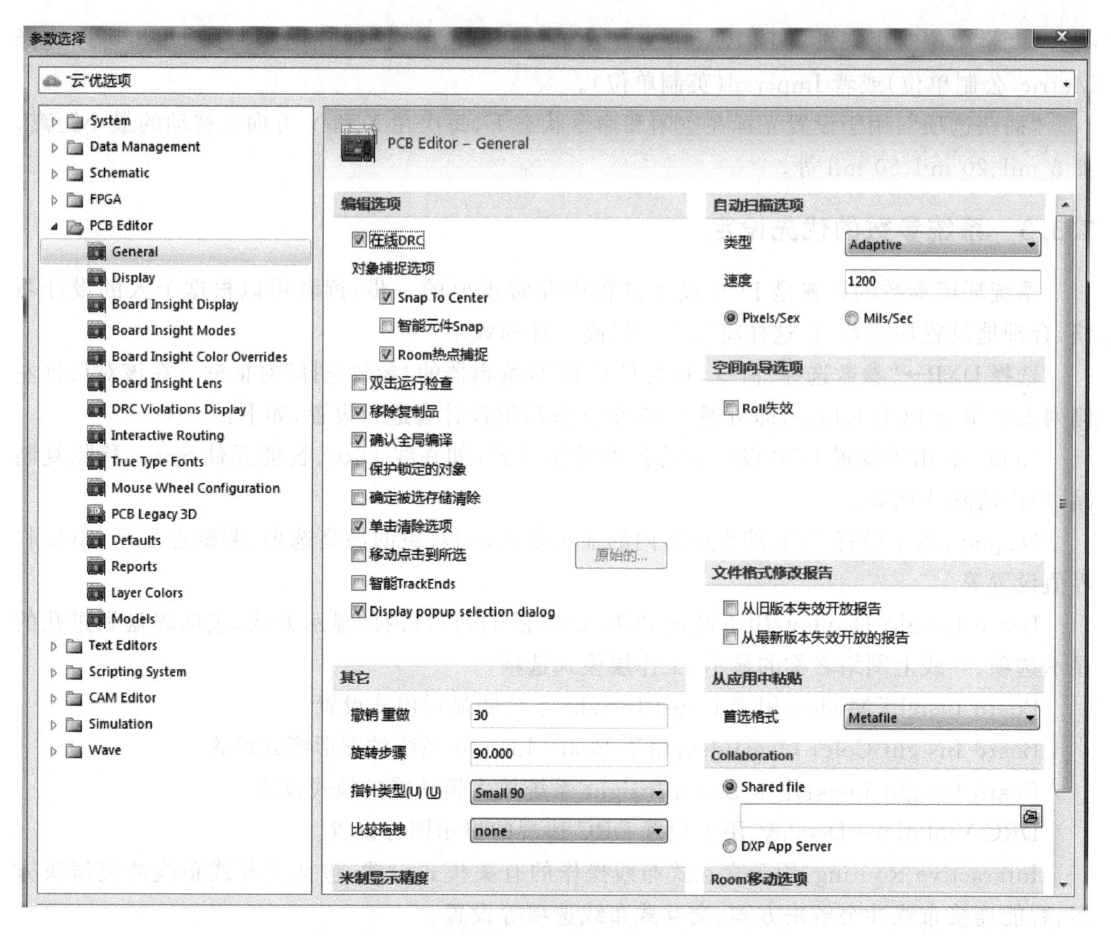

图 7－13 “参数选择”对话框(General 设置界面)

“双击运行检查”:选中该复选框,在一个对象上双击将弹出该对象的 PCB Inspector 对话框,如图 7－14 所示,而不是打开该对象的属性编辑对话框。

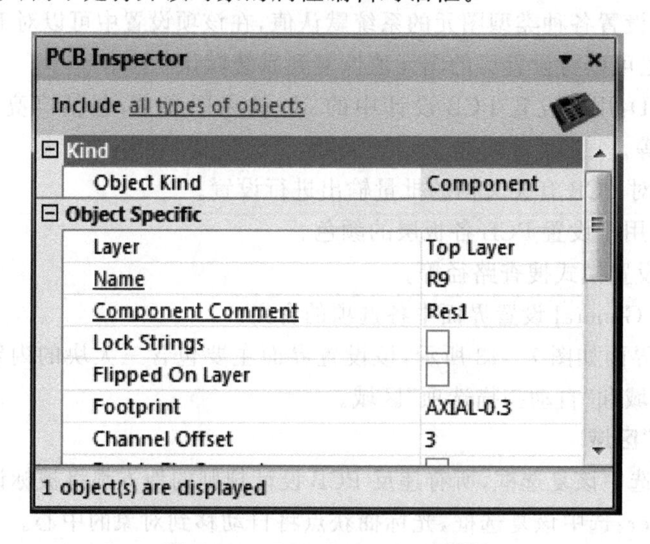

图 7－14 PCB Inspector 对话框

“移除复制品”：选中该复选框，当数据进行输出时将同时产生一个通道，这个通道将检测通过的数据并将重复的数据删除。

“确认全局编译”：选中该复选框，在读者进行全局编辑的时候系统将弹出一个对话框，提示当前的操作将影响到对象的数量。

“保护锁定的对象”：选中该复选框，当读者对被锁定的对象进行操作时系统将弹出一个对话框来询问是否继续进行该操作。

“确定被选存储清除”：选中该复选框，当读者删除某一个记忆时系统将弹出一个警告对话框。

“单击清除选项”：通常情况下该复选框保持被选中状态。当单击选中一个对象，然后去选择另一个对象时，上一次选中的对象退出被选中状态。

“移动点击到所选”：选中该复选框，需要在按 Shift 键的同时单击所要选择的对象才能选中该对象。

2. “其它”区域

“撤销重做”文本编辑框，该文本编辑框主要用于设置撤销/重做操作的次数，即可以回退多少步操作。

“旋转步骤”文本编辑框，在放置元器件时，单击空格键可以改变元件的放置角度，该文本编辑框就是用于设置每次单击空格键时，元器件所旋转的角度。

“指针类型”下拉列表框，可选择工作窗口鼠标的类型。

“比较拖拽”下拉列表框，该选项用于设置在进行元件拖动时是否同时拖动与元器件相连接的布线。

3. “自动扫描选项”区域

“类型”下拉列表框，在此项中可以选择视图自动缩放的类型。

“速度”文本编辑框，当在“类型”下拉列表框中选中了 Adaptive 时，该文本编辑框被激活，用于进行视图缩放步长的设置。

7.4　规划 PCB

7.4.1　设置板层结构

PCB 板层在 Layer Stack Manager 对话框中设置。在主菜单中选择“设计”→“层叠管理”命令，系统会弹出如图 7 - 15 所示的 Layer Stack Manager 对话框。

Layer Stack Manager 对话框中的按钮功能如下：

① Presets：单击该按钮，即可在弹出的下拉列表中选择适合的板层结构。

② Add Layer：单击该按钮，在弹出的下拉列表中选择 Add Layer 选项即可添加信号层；在弹出的下拉列表中选择 Add Internal Plane 选项即可添加内平面。

③ Delete Layer：选中需要删除的层，单击该按钮即可将其删除。

④ Move Up：该按钮用于上移所选中的层。

⑤ Move Down：该按钮用于下移所选中的层。

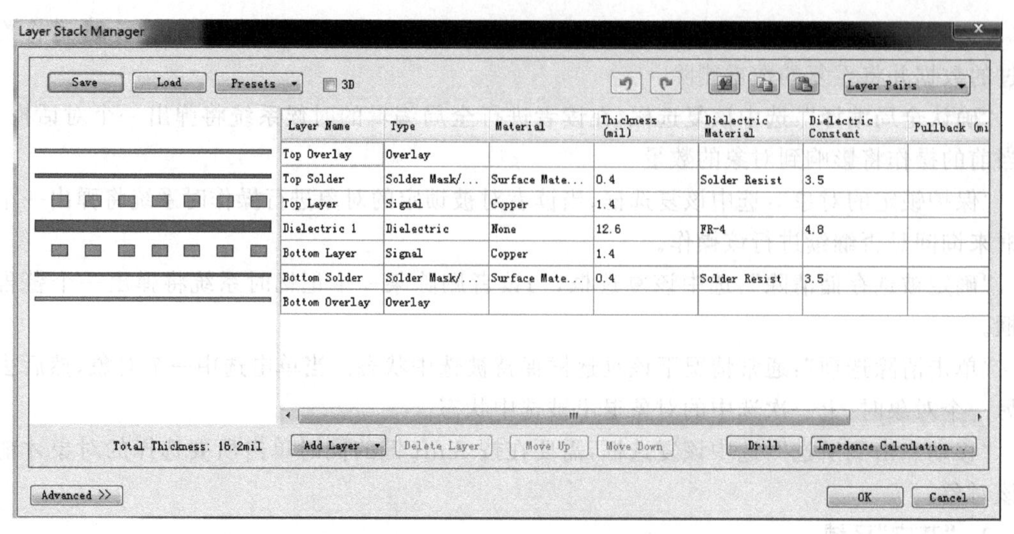

图 7-15 Layer Stack Manager 对话框

7.4.2 设置板层颜色

为了区别各 PCB 板层，AD17 使用不同的颜色绘制不同的 PCB 层，用户可根据喜好调整各层对象的显示颜色，具体步骤如下。

① 在主菜单中选择“设计”→“板层颜色”命令，即可打开如图 7-16 所示的“视图配置”对话框。

图 7-16 “视图配置”对话框

“视图配置”对话框中有 7 个列表设置工作区中显示的层及其颜色。在每个区域中有一个“展示”复选框，勾选该复选框后，工作区下方将显示该层的标签。

单击对应层“颜色”下的色彩条，打开“选择颜色”对话框，在该对话框中设置所选择的电路板层的颜色。

在“系统颜色”区域中可设置包括可见栅格（Visible Grid）、焊盘孔（Pad Holes）、过孔（Via Holes）和 PCB 工作区等系统对象的颜色及其显示属性。

② 设置完毕后单击“确定”按钮，完成 PCB 板层的设置。

7.4.3　规划 PCB 边界

设置好 PCB 的板层以后，就可以定义 PCB 的边界了。PCB 的边界一般包括物理边界和电气边界，物理边界代表印制电路板的实际大小，电气边界代表印制电路板的布线范围，它们都是封闭的区域。

1. 定义物理边界

物理边界决定了电路板的物理外形和尺寸。印制电路板一般为规则形状，多为矩形，也可以是圆形等任意形状。

(1) 重新定义板子外形

AD17 主要提供了两种定义板子外形的方法，一种是在“板子形状规划”状态下根据需要绘制板子外形，另外一种是先绘制满足要求的板子外形，然后按照选择对象定义板子外形。下面分别介绍这两种方法。

1) 在“板子形状规划”状态下绘制板子外形

① 有别于之前的版本，AD17 在重新定义板子外形之前，必须按一下数字键“1”，或者选择“察看”→Board Planning Mode 命令，将 PCB 界面切换到“板子形状规划”状态，设置完成。

② 选择“设计”→“重新定义板子形状”命令，进入到对板子重新定义外形界面，用十字光标绘制出满足设计要求的板子外形。

右击退出“重新定义板子外形”状态，重新定义后的板子外形，如图 7－17 所示。

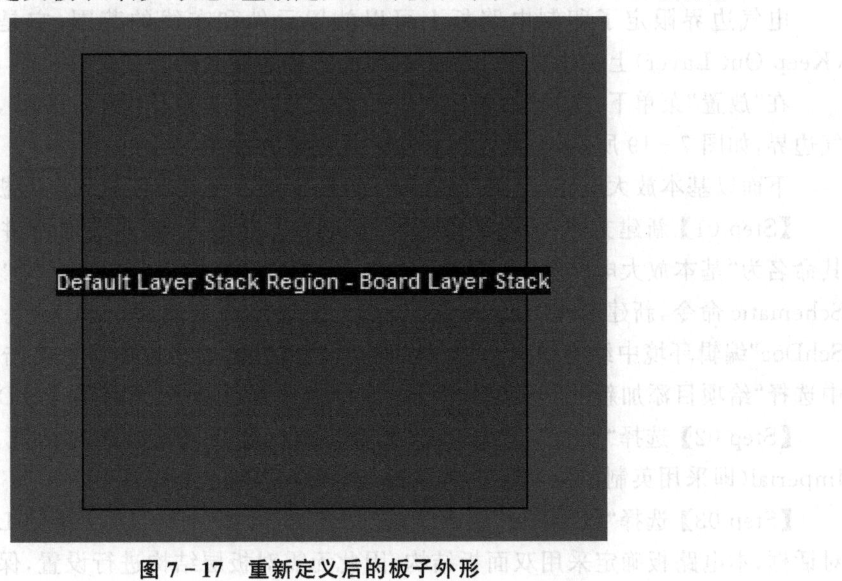

图 7－17　重新定义后的板子外形

2）按照选择对象定义板子外形

在机械层或其他层利用线条或圆弧定义一个内嵌的边界，以新建对象为参考重新定义板形。

① 首先激活 Mechanical 1 工作层，并选择“放置”→“圆环”命令，此时光标呈十字形状，左击，并拖动，随着鼠标的拖动，一个圆环就会呈现出来。右击，退出绘制圆环状态。

② 选择“设计”→“板子形状”→“按照选择对象定义”命令，执行完该条命令后，电路板变成圆形。

（2）边框线的设置

选择“设计”→“板子外形”→“根据板子外形生成线条”命令，系统将会弹出如图 7－18 所示的“从板外形而来的线/弧原始数据”对话框，在该对话框中可以设置线宽以及边框线所在的层。设置完成后单击“确定”按钮，完成板子边框线的设置。

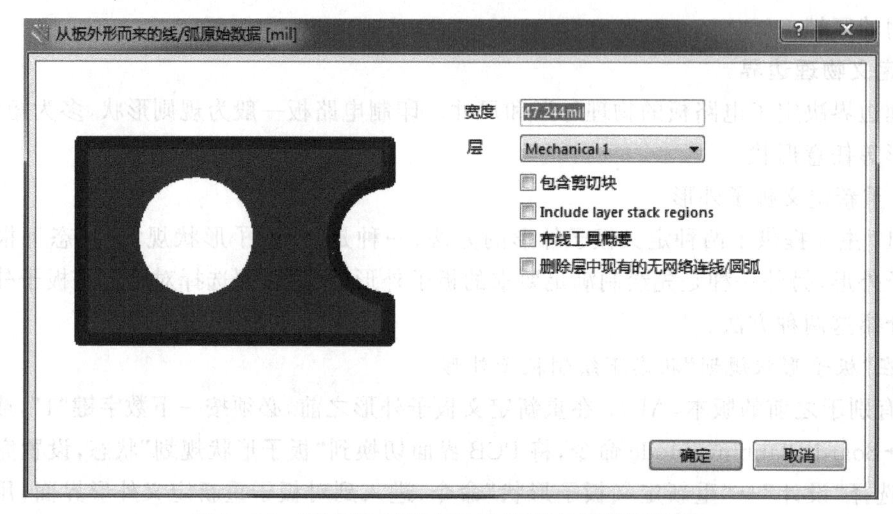

图 7－18 “从板外形而来的线/弧原始数据”对话框

2. 定义电气边界

电气边界限定了印制电路板上可以放置元件和布线的范围，它是通过在禁止布线层(Keep-Out Layer)上利用直线工具绘制封闭图形来定义的。

在“放置”菜单下，选择“禁止布线”→“圆弧”命令，光标呈现十字形状，绘制出 PCB 板的电气边界，如图 7－19 所示，至此，PCB 板的规划就完成了。

下面以基本放大电路(见图 2－1)为例，具体介绍一下如何规划电路板。

【Step 01】新建文件夹，将其命名为“基本放大电路”。参照前面所讲的步骤新建工程，将其命名为“基本放大电路”。在该项目上右击，从弹出的快捷菜单中选择“给项目添加新的”→Schematic 命令，新建原理图文件，将其保存为“基本放大电路. SchDoc”。在“基本放大电路. SchDoc”编辑环境中绘制如图 2－1 所示的电路原理图。在该项目上右击，从弹出的快捷菜单中选择“给项目添加新的”→PCB 命令。保存文件为“基本放大电路. PcbDoc”。

【Step 02】选择“设计”→“板参数选项”命令，打开“板选项”对话框，将测量单位设置为 Imperial(即采用英制单位 mil)。然后单击“确定”按钮。

【Step 03】选择“设计”→“层叠管理”命令，打开如图 7－15 所示的 Layer Stack Manager 对话框，本电路板确定采用双面板结构，因此无需对板层结构进行设置，保持系统默认即可。

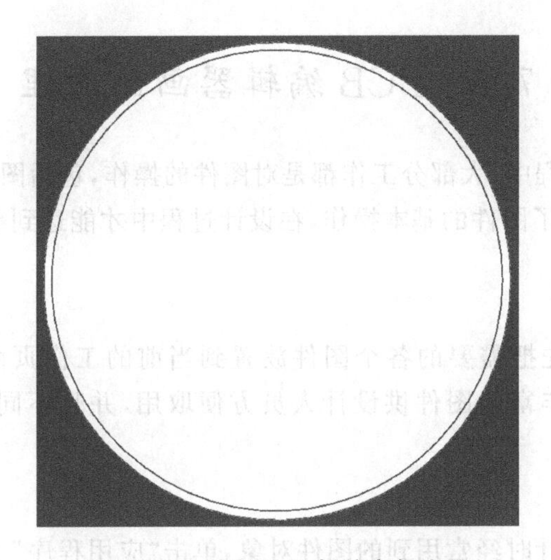

图7-19 绘制PCB板的电气边界

【Step 04】选择"察看"→Board Planning Mode命令，将PCB界面切换到"规划板子形状"的状态。在此状态下，选择"设计"→"重定义板形状"命令，然后依次在(1 000,1 000)、(3 900,1 000)、(3 900,2 900)、(1 000,2 900)和(1 000,1 000)处单击。设置完成右击，重新定义电路板的物理边界。

【Step 05】选择"编辑"→"原点"→"设置"命令，将原点移至(1 000,1 000)处。

【Step 06】按一下数字键"2"，返回到PCB的二维编辑界面。选择"设计"→"板子形状"→"根据板子外形生成线条"命令，系统会弹出"从板外形而来的线/弧原始数据"对话框。在该对话框中设置生成线的宽度为10 mil，所在层为"Mechanical 1"。设置完成后单击"确定"按钮。

【Step 07】单击工作区下方的Keep-out Layer标签，将当前工作层面切换为禁止布线层。

【Step 08】选择"放置"→"走线"命令，然后分别以点(50,50)、(2 850,50)、(2 850,1 850)、(50,1 850)和(50,50)为顶点，绘制一个矩形电气边界，绘制后的电路板如图7-20所示。由此就完成了对"基本放大电路"电路板的规划。

图7-20 绘制电气边界

7.5 PCB 编辑器画面管理

在 PCB 板的设计过程中，大部分工作都是对图件的操作，包括图件的放置、选择、删除、移动等，因此只有熟练掌握了图件的基本操作，在设计过程中才能达到事半功倍的效果。

7.5.1 放置图件对象

设计 PCB 板，就要先把需要的各个图件放置到当前的工作页面上。AD17 设计系统的 PCB 编辑器提供了大量丰富的图件供设计人员方便取用，并且不同的图件有不同的放置方法，下面分别加以介绍。

1. 放置圆弧和圆

圆弧和圆是 PCB 设计时经常用到的图件对象，单击“应用程序”工具栏中的按钮进行绘制，绘制方法同第 3 章中的弧和圆，这里不再重复。

当绘制好圆弧后，如果需要对其进行编辑，可选中圆弧，然后右击，在弹出的快捷菜单中选择“特性”命令。或者用鼠标双击圆弧，系统将会弹出如图 7－21 所示的 Arc 对话框。也可在绘制圆弧状态下，按 Tab 键，先编辑好对象，再绘制圆弧。

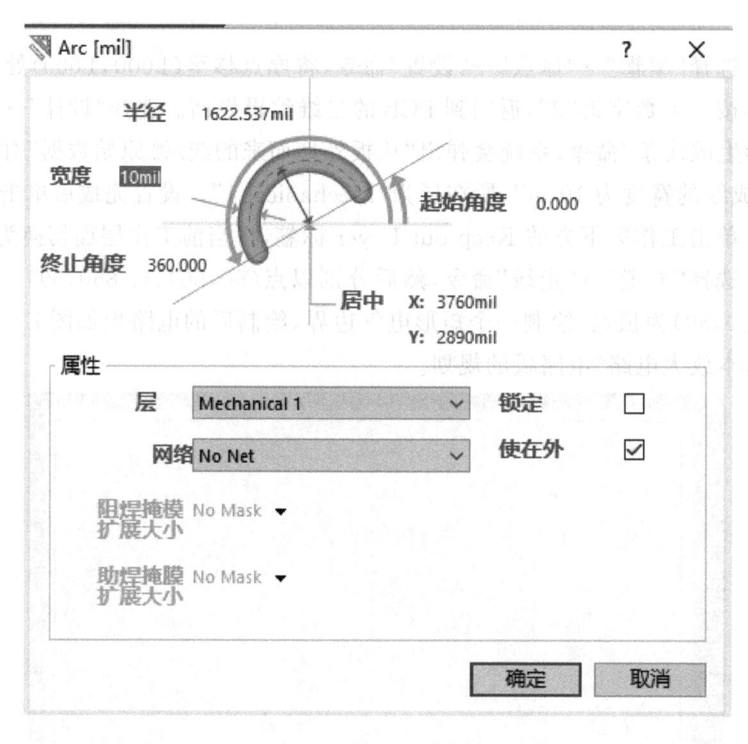

图 7－21　Arc 对话框

具体的参数设置如下：

其中“半径”“宽度”“起始角度”“终止角度”“居中 X”“居中 Y”与第 3 章相同。

“层”：单击“层”选项右侧的按钮，在弹出的下拉列表中可以设置圆弧所在的层面。

“网络”:该下拉列表中的选项用来设置圆弧的网络层。单击右侧的按钮,在弹出的下拉列表中可以设置圆弧所连接的网络(PCB 图纸中必须有网络存在)。

“锁定”:其作用是设置是否锁定圆弧所在的具体位置。选择该复选框后,圆弧将处于锁定状态,如果对其进行选取、移动和删除等操作,系统将会给出一个确认对话框,用来提醒用户是否继续进行该操作。

“使在外”:选择该复选框后,无论其属性如何设置,此圆弧均处于屏蔽状态。

设置好 Arc 对话框中的各个选项之后,单击“确定”按钮返回工作窗口,完成设置圆弧属性的操作,单击“取消”按钮可以取消上述的属性设置。

2. 放置直线

直线(Line)在功能上完全不同于元器件之间的导线(Wire),导线具有电气意义,用来表现元器件之间的物理连通,而直线不具有任何电气意义。

选择“放置”→“走线”命令,或单击“应用程序”工具栏里的按钮,在弹出的下拉列表中单击图标,方法与绘制原理图中的导线相同。在直线放置的过程中按 Tab 键,将会弹出属性对话框。在该属性设置对话框中只包括“线宽”“当前层”两项,设置方法简单不做介绍。

3. 放置字符串

在 PCB 图编辑中有时候与原理图编辑一样,需要在图纸中放置一些文字标注,即常常需要在板上放置字符串(AD17 也支持使用 True Type 字形放置中文字符串),进行辅助说明。字符串是不具有任何电气特性的图件,对电路的电气连接关系没有任何影响,只是起提醒设计者的作用。

选择“放置”→“字符串”命令,或单击“布线”工具栏中的 **A** 按钮,光标会附上一个字符串(首次放置默认为 String),在图纸的合适位置单击就可以完成放置。

双击字符串,或者选中字符串后右击,在弹出的快捷菜单中选择“特性”命令,还可以在命令状态下按 Tab 键,都会弹出字符串属性对话框。在对话框中,参照图 7－22,将“字体”选项选择为 TrueType 字体,就可以输入并在 PCB 中放置中文字符,如图 7－23 所示。

除了 TrueType(TT)字体外,还有笔画和条形码两种字体结构,在不同的字体下,其对应的属性选项也有所区别。

(1) 字体结构的通用属性参考第 3 章,以下介绍几项不同属性。

“层”:单击右侧的按钮,可以在弹出的下拉列表中选择文字所在层面。

“反向的”:即挖空形式,如图 7－24 所示。

“反向边界”:该项为隐藏项,只有当“反向的”被选中时才显现。

(2) 选择“条形码”字体

选择“条形码”字体,需要设置下列选项。

Text Height:设置文本高度。

“类型”:有“代码 39”和“代码 128”两种码可以选择。

“实施方式”:有“最小单条宽度”和“完整条形码宽度”两种方式可以选择。

“全部宽度”:设置条形码宽度。当实施方式选择为“完整条形码宽度”时,该项被激活;否则,该项为灰显状态,不可进行设置。

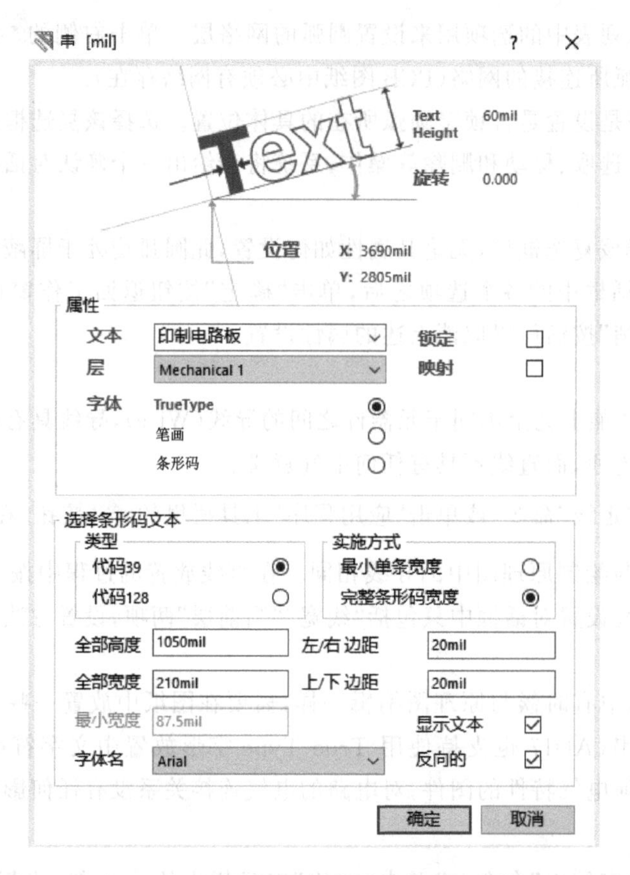

图 7-22　字符串属性对话框(条形码字体)

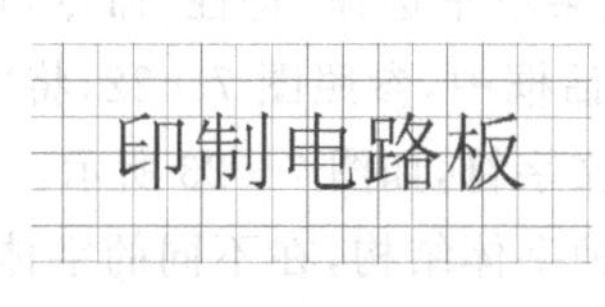

图 7-23　放置的中文字符

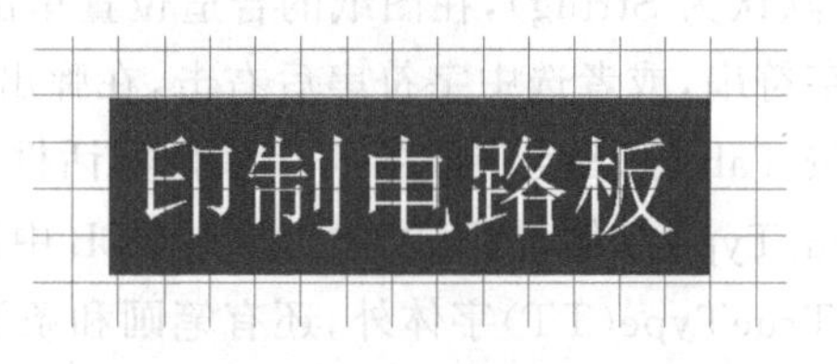

图 7-24　中文字符设置为反向

“全部高度”:设置条形码高度。

“最小宽度”:设置条形码的最小宽度。当实施方式选择为“最小单条宽度”时,该项被激活;否则,该项为灰显状态,不可进行设置。

“字体名”:设置条形码文本的字体名称,同 TrueType 字体。

“显示文本”:选中该复选框,条形码文本显示;否则不显示。

“反向的”:即挖空形式,同 TrueType 字体。

“左/右边距”:设置反向矩形的左/右边距。只有当“反向的”复选框被选中后,该项才被激活;否则,该项为灰显状态,不可进行设置。

“上/下边距”:设置反向矩形的上/下边距。只有当“反向的”复选框被选中后,该项才被激活;否则,该项为灰显状态,不可进行设置。

4. 放置坐标

在电路板上放置坐标，就是将当前光标所处位置的坐标放置在该工作平面上。它同字符串一样不具有任何电气特性，只是提醒用户当前光标所在位置与坐标原点之间的距离。

选择"放置"→"坐标"命令，或单击"应用程序"工具栏中的按钮，在弹出的下拉列表中单击，光标会附上一个坐标值，在图纸的合适位置单击就可以完成放置，如图 7－25 所示。可以用同样的方法放置其他坐标位置，最后右击结束。

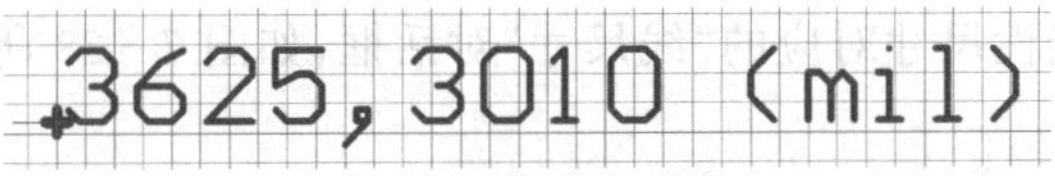

3625,3010 (mil)

图 7－25　放置坐标

双击坐标，或者选中坐标后右击，在弹出的快捷菜单中选择"特性"命令，还可以在命令状态下按 Tab 键，都会弹出"调整"对话框。在该对话框中可以对位置坐标的有关属性，包括字体的宽度、高度、线宽、尺寸、字体、所处工作层面等进行选择和设定。

5. 放置尺寸

在设计印制电路板时，有时需要标注某些尺寸的大小，以方便印制电路板的制造。AD17 提供了多种尺寸标注功能，可根据需要选择不同的工具进行标注。

选择"放置"→"尺寸"命令，将弹出"尺寸"子菜单，在子菜单中包含尺寸操作所需的所有尺寸工具，如图 7－26 所示。也可单击"应用程序"工具栏中的按钮，在弹出的下拉列表中选择对应的按钮进行尺寸标注。

图 7－26　"尺寸"子菜单

选择好尺寸类型后，移动光标到尺寸的起点，单击即可确定标注尺寸的起始位置。移动鼠标，中间显示的尺寸随着光标的移动而变化，到合适的位置单击加以确认，即可完成标注。如图 7－27 所示为使用"线性的"工具标注电路板尺寸。

用户如需要对尺寸标注进行编辑，可以在放置尺寸标注后，双击尺寸标注，或者选中尺寸

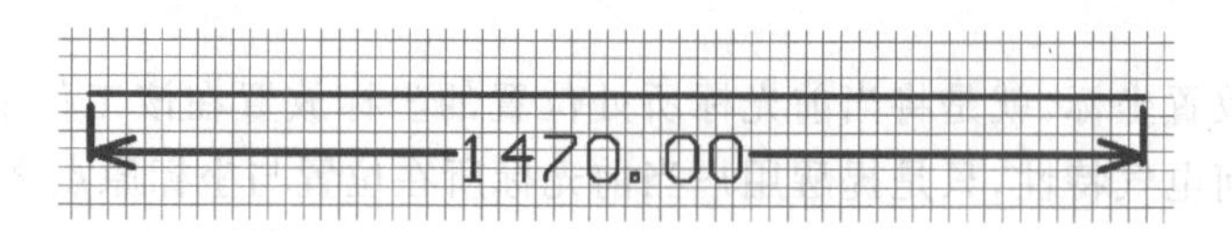

图 7-27 放置线性尺寸标注

标注后右击，在弹出的快捷菜单中选择“特性”命令，还可以在命令状态下按 Tab 键，都会弹出对应的尺寸标注属性对话框。在该对话框中可以设置标注尺寸的形状、位置和字体参数。仍以线性尺寸为例，标注线性尺寸对应的“线尺寸”对话框，如图 7-28 所示。

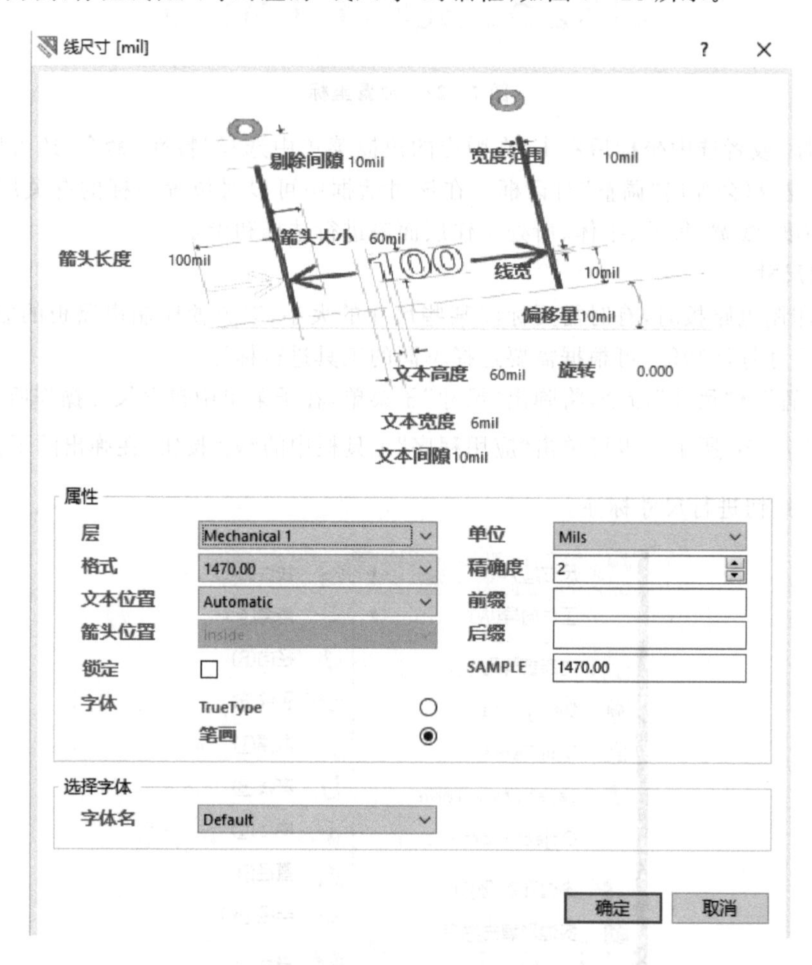

图 7-28 “线尺寸”对话框

注意：*在放置标注之前，有必要通过层切换标签将当前层切换到机械板层，即* Mechanical (Mechanical 1～4)。

6. 放置焊盘

焊盘是 PCB 中必不可少的元素，主要用于定位和安装元件，直插式元件焊盘有焊孔，而表贴式元件焊盘没有焊孔。一般在加载元器件时，元器件的封装上将包含焊盘，也可以用本节介绍的手动方式在需要的地方放置焊盘。

选择“放置”→“焊盘”命令，或单击“布线”工具栏中的 按钮，光标会附上一个焊盘，在图纸的合适位置单击就可以完成放置，如图 7－29 所示。

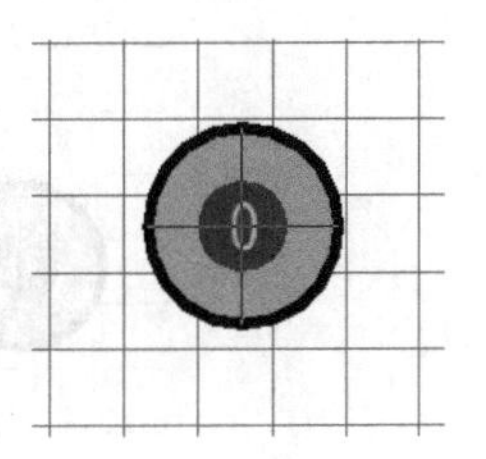

图 7－29　放置焊盘

双击焊盘，或者选中焊盘后右击，在弹出的快捷菜单中选择“特性”命令，还可以在命令状态下按 Tab 键，都会弹出“焊盘”属性对话框，如图 7－30 所示。在该对话框中可以设置焊盘的位置、孔洞信息、尺寸外形等属性，具体介绍如下。

“X/Y”：设置焊盘的 X 轴和 Y 轴坐标。

“旋转”：设置焊盘的旋转角度，对于圆形焊盘没有意义。

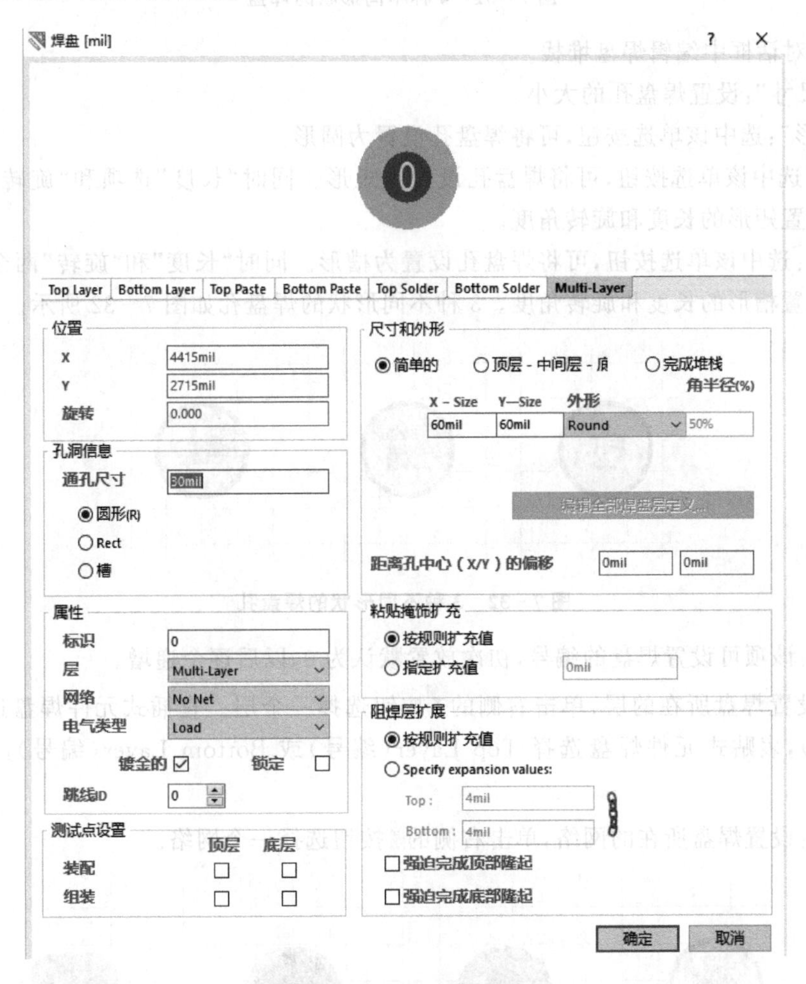

图 7－30　“焊盘”属性对话框

“简单的”：当选中该单选按钮时，可在 X-Size 和 Y-Size 文本框中设定焊盘 X 轴和 Y 轴的尺寸，在“外形”下拉列表框中选择焊盘的外形类型。单击右侧的 按钮，在下拉列表框中有 Round（圆形的）、Rectangular（矩形的）、Octagonal（八边形的）、Rounded Rectangle（圆角矩形的）4 种形状可供选择，如图 7－31 所示。

“顶层-中间层-底层”：当选中该单选按钮时，焊盘在顶层、中间层和底层的大小和形状可分别设置。每个区域里都具有相同的 3 个设置项，与“简单的”选项的尺寸和外形设置相同。

“完成堆栈”：选中该单选按钮，下方的“编辑全部焊盘层定义”按钮被激活，单击该按钮，可

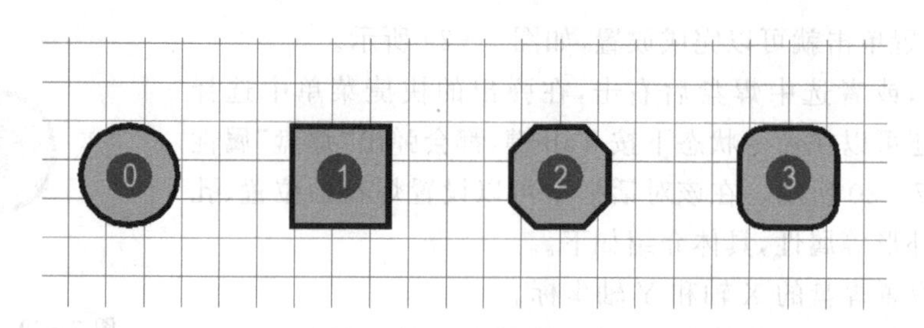

图 7-31　4 种不同形状的焊盘

以在弹出的对话框中编辑焊盘堆栈。

“通孔尺寸”:设置焊盘孔的大小。

➢ “圆形”:选中该单选按钮,可将焊盘孔设置为圆形。

➢ Rec:选中该单选按钮,可将焊盘孔设置为矩形。同时“长度”选项和“旋转”选项显现,可设置矩形的长度和旋转角度。

➢ “槽”:选中该单选按钮,可将焊盘孔设置为槽形。同时“长度”和“旋转”两个选项显示,可设置槽形的长度和旋转角度。3 种不同形状的焊盘孔如图 7-32 所示。

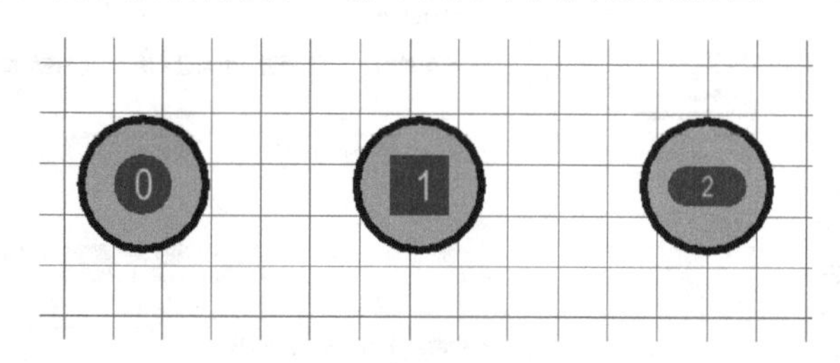

图 7-32　3 种不同形状的焊盘孔

“标识”:该项可设置焊盘的编号,初次放置默认为 0,以后逐个递增。

“层”:设置焊盘所在的层,单击右侧的按钮选择一个层。直插式元件焊盘选择 Multi-Layer(编号),表贴式元件焊盘选择 Top Layer(编号)或 Bottom Layer(编号),如图 7-33 所示。

“网络”:设置焊盘所在的网络,单击右侧的按钮选择一个网络。

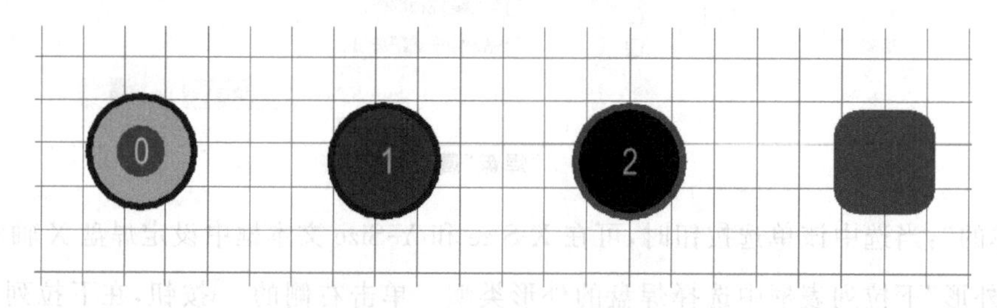

图 7-33　不同层的焊盘

“电气类型”:设置焊盘的电气类型,单击右侧的按钮选择。有 3 种电气类型可供选择:Load(负载)、Terminator(终端)和 Source(源头)。

“测试点设置”:选择“顶层”或“底层”复选框后,可分别设置该焊盘的顶层或底层为测试点。

7. 放置过孔

过孔的形状与焊盘很相似，但作用却不同，过孔用来连接不在同一层但属于同一网络的导线。

选择"放置"→"过孔"命令，或单击"布线"工具栏中的 按钮，光标会附上一个过孔，在图纸的合适位置单击即完成放置。移动光标到新的位置，单击可连续放置其他过孔，如图 7－34 所示。

双击过孔，或者选中过孔后右击，在弹出的快捷菜单中选择"特性"命令，还可以在命令状态下按 Tab 键，都会弹出过孔属性对话框。在该对话框中可以修改过孔的大小、孔径和所属网络等属性，具体方法与焊盘类似。

8. 放置元器件

PCB 上的元器件是指元件封装，一般从原理图导入到 PCB 时，所有的元器件都会加入进来，不需要另外放置。但有时也需要额外的元件封装，这就需要进行专门放置。元器件的来源可以从组件库、封装库或仿真库中直接调用，也可以根据设计需要制作元器件然后调用到当前环境中。

选择"放置"→"器件"命令，或单击"布线"工具栏中的 按钮，会弹出"放置元件"对话框，如图 7－35 所示。在该对话框的"放置类型"分组框中可选择放置元器件的类型，有"封装"和"元件"两种类型供选择。

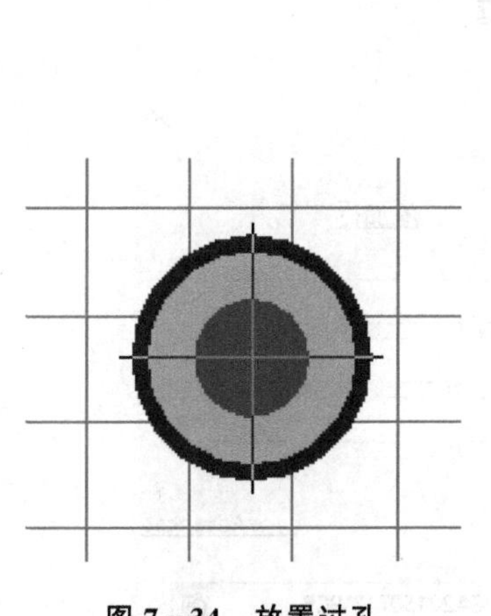

图 7－34　放置过孔

图 7－35　"放置元件"对话框

(1) 放置封装元器件

选择"封装"单选按钮，系统将以封装类型指定元器件，对应"元件详情"分组框中 Lib Ref 选项将处于灰显状态，此时可在"封装"文本框中输入元器件的封装名称，或者单击该框右侧的 按钮，将弹出"浏览库"对话框，如图 7－36 所示。

如果当前库中没有所需的元器件封装，可单击"库"右边的下三角按钮，在下拉列表框中选择对应的列表项，查找该元器件。此外，如果并不知道该元器件所在库的名称，可单击"发现"按钮，将弹出"搜索库"对话框，如图 7－37 所示。在该对话框中指定封装名称，指定元器件封装所在库的路径，设置完成后单击“查找”按钮，搜索所需元器件。

在“浏览库”对话框左下侧的列表框中选择封装元器件，然后单击“确定”按钮，系统将返回“放置元件”对话框。此时在对话框的“封装”文本框中将显示该封装元器件，单击“确定”按钮，光标上将附上一个用于放置的元器件，按空格键可按逆时针 90°旋转元器件，在适当位置单击，元器件即放置在当前环境中。

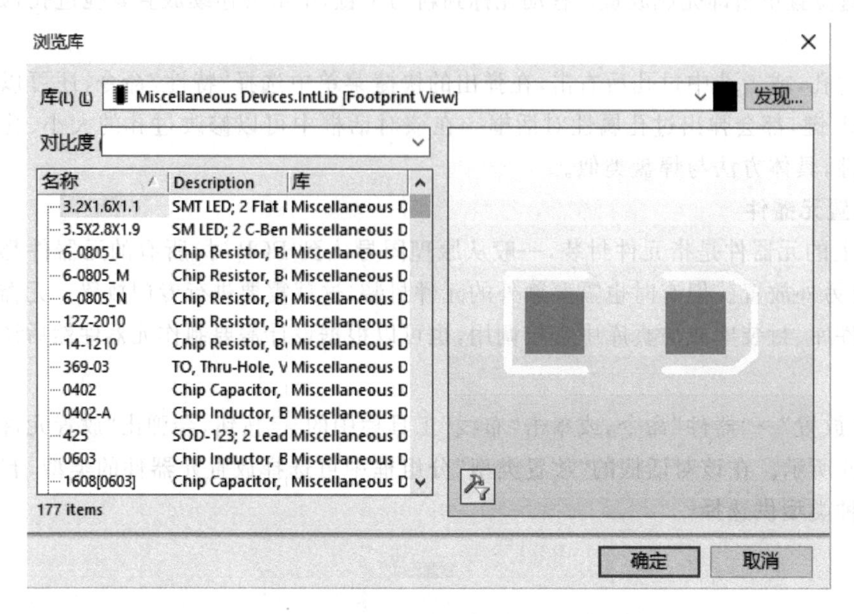

图 7-36　“浏览库”对话框

图 7-37　“搜索库”对话框

(2) 放置元器件

选择“元件”单选按钮，系统将以组件类型指定元器件，对应“元件详情”分组框中 Lib Ref 选项将处于激活状态，此时可在右侧编辑框中输入元器件的封装名称，或者单击该编辑框右侧的按钮，将弹出“浏览库”对话框，如图 7－38 所示。

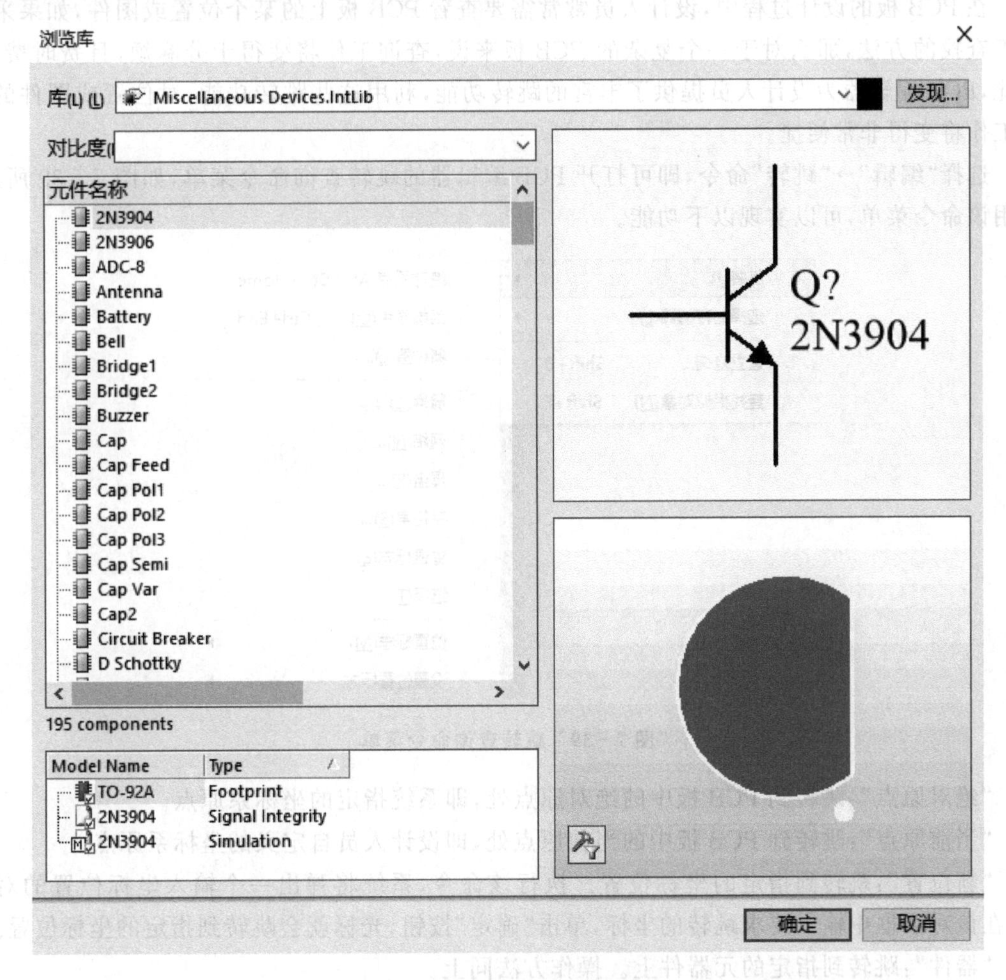

图 7－38 “浏览库”对话框

在“浏览库”对话框右侧上方显示所需元器件在原理图中的符号显示效果，下方显示该器件在 PCB 图中的符号显示效果。此外，在该对话框中同样可以选择其他库元器件和搜索库元器件，方法同上。

在“浏览库”对话框中选择组件后单击“确定”按钮，系统将返回“放置元件”对话框。此时在对话框的 Lib Ref 编辑框中将显示该组件，单击“确定”按钮，光标上将附上一个用于放置的元器件，按空格键可按逆时针 90°旋转元器件，在适当位置单击，元器件即放置在当前环境中。

7.5.2 图件的选择与撤销选择

图件放置好以后，设计人员经常要对图件进行排列、移动、旋转等编辑操作。在对图件进行这些编辑操作之前，首先要选择图件。编辑完成后，要撤销选择。AD17 设计系统中的 PCB

编辑器为设计人员提供了多种选择和撤销选择功能，和原理图编辑器一样，图件的选择和撤销选择操作既可以用菜单命令进行，也可以用鼠标进行，这里不再介绍。

7.5.3 图件的跳转查询

在 PCB 板的设计过程中，设计人员常常需要查看 PCB 板上的某个位置或图件，如果采用手工查找的方法，那么对于一个复杂的 PCB 板来说，查询工作将变得十分麻烦，且费时费力。因此，PCB 编辑器为设计人员提供了丰富的跳转功能，利用这些跳转功能，对位置或图件的查询工作将变得非常便捷。

选择“编辑”→“跳转”命令，即可打开 PCB 编辑器的跳转查询命令菜单，如图 7－39 所示。利用该命令菜单，可以实现以下功能。

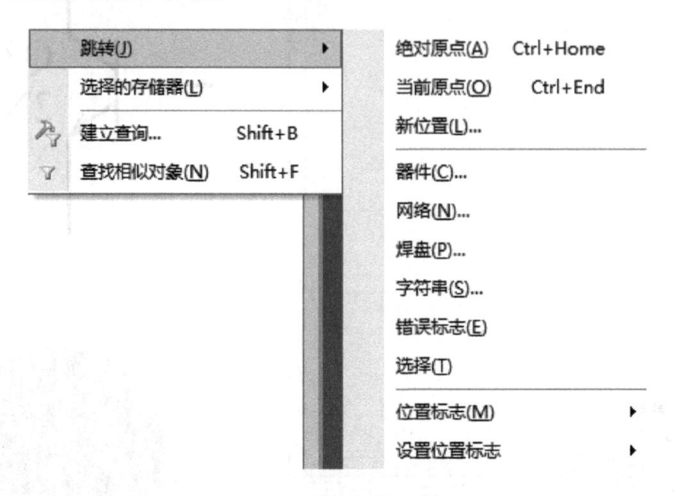

图 7－39 跳转查询命令菜单

“绝对原点”：跳转到 PCB 板中的绝对原点处，即系统指定的坐标系原点。

“当前原点”：跳转到 PCB 板中的当前原点处，即设计人员自定义的坐标系原点。

“新位置”：跳转到指定的坐标位置。执行该命令，系统将弹出一个输入坐标位置的对话框，在该对话框中输入要求跳转的坐标，单击“确定”按钮，光标就会跳转到指定的坐标位置。

“器件”：跳转到指定的元器件上。操作方法同上。

“网络”：跳转到指定的网络上。操作方法同上。

“焊盘”：跳转到指定的焊盘上。操作方法同上。

“字符串”：跳转到指定的字符串上。操作方法同上。

“错误标志”：跳转到 PCB 板的错误标志处。这个错误标志是由 PCB 编辑器中的 DRC 检查产生的。

“选择”：跳转到 PCB 板处于选中状态的图件上。当有多个图件被选中时，每执行一次该命令，会依次跳转到选中的图件上。

“位置标志”：跳转到 PCB 板的位置标志处。这个位置标志是由设计人员利用“设置位置标志”命令设置的。

“设置位置标志”：用来设置位置标志，最多可以设置 10 个位置标志，编号分别为 1～10。如果将两个位置设置为相同的位置编号，那么第一次设置的位置标志将被取消。

7.5.4　特殊粘贴

在PCB板的设计过程中，设计人员常常要放置多个相同属性的图件，如果采用人工的方法，不但效率低，排列稍有误差也会影响美观，因此PCB编辑器为设计者提供了特殊粘贴功能。

首先选中并复制要粘贴的图件，然后选择"编辑"→"特殊粘贴"命令，即可弹出"选择性粘贴"对话框，如图7-40所示。在该对话框中有两种粘贴方式可供选择。

"粘贴"：在该对话框中设置好粘贴属性后，单击"粘贴"按钮，光标上就会附上复制的图件，移动鼠标到适当位置单击，即将所复制的图件粘贴在PCB板上。该功能如果不设置粘贴属性，则与执行"编辑"→"粘贴"命令功能相同。

"粘贴阵列"：在该对话框中设置好粘贴属性后，单击"粘贴阵列"按钮，系统会弹出"设置粘贴阵列"对话框，如图7-41所示。在该对话框中可以设置两种阵列类型：线性的和圆形。下面分别演示这两种类型的阵列粘贴方法。

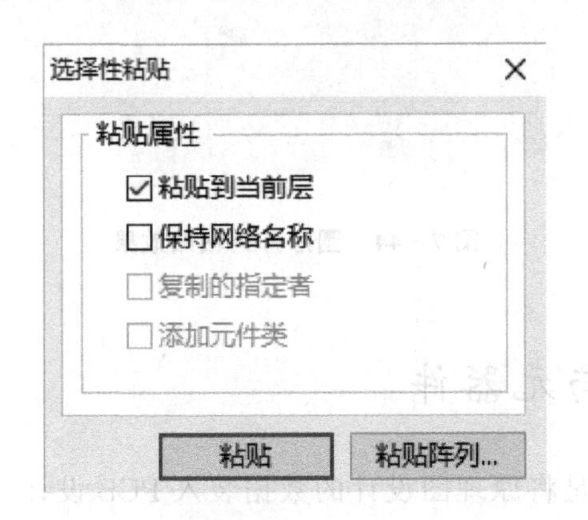

图7-40　"选择性粘贴"对话框

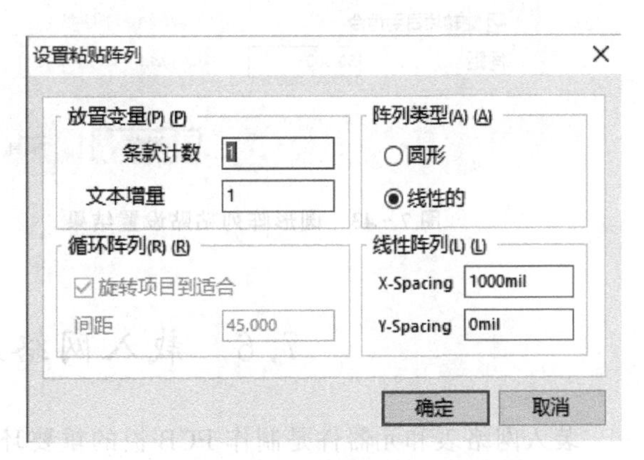

图7-41　"设置粘贴阵列"对话框

1. 线性阵列粘贴

线性阵列粘贴的具体操作步骤与第3章中的"灵巧粘贴"相似，不再介绍。

2. 圆形阵列粘贴

圆形阵列粘贴的具体操作步骤如下：

【Step 01】首先选中并复制要粘贴的图件（以LED为例），如图7-42所示。

【Step 02】选择"编辑"→"特殊粘贴"→"粘贴阵列"命令，弹出如图7-43所示的对话框，在"放置变量"分组框中输入要粘贴的LED阵列的数目和LED序号的增量，在"阵列类型"分组框中选择"圆形"单选按钮，在"循环阵列"分组框中输入两个LED之间的角度间隔。"线性阵列"分组框为灰显，不可设置。设置结果如图7-43所示。

图7-42　选中并复制LED1

设置完成，单击"确定"按钮，光标会附上一个十字形，在被复制的 LED 的圆心单击确定环形的中心，然后移动鼠标到合适的位置单击确定环形的半径，操作完成即可放置 4 个环形排列、角度间隔为 30°、序号依次增加的 LED 阵列，如图 7－44 所示。

在进行 PCB 板设计之前，读者应该熟练掌握这些基础知识，尤其是常用图件的操作方法，对图件的放置、编辑、选择、移动、删除等操作都是后面进行 PCB 板设计的重要应用，只有熟练掌握了操作技巧，在 PCB 板的设计过程中才能达到事半功倍的效果。

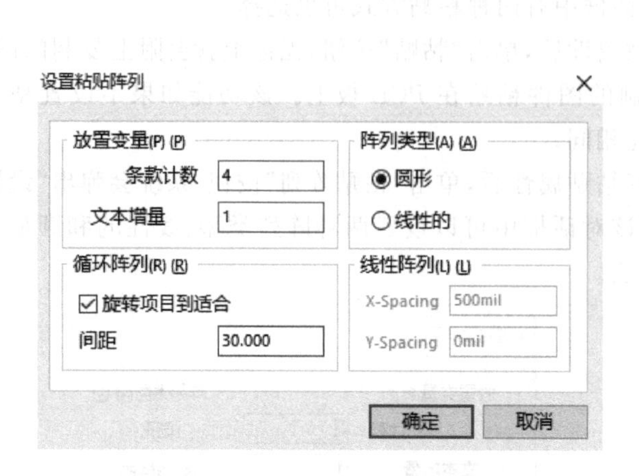

图 7－43　圆形阵列粘贴设置结果

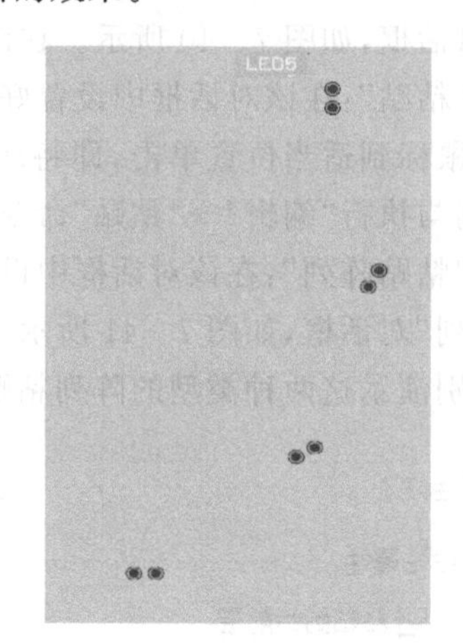

图 7－44　圆形阵列粘贴效果

7.6　载入网络表与元器件

装入网络表和元器件是制作 PCB 板的重要环节，是将原理图设计的数据装入 PCB 设计系统的过程。

在装入网络表与元器件之前，设计人员应该先编译设计项目，根据编译信息来检查原理图是否存在错误。如果有错误应该及时修改，否则装入网络表和元器件时将会产生错误，导致装载失败。AD17 系统为读者提供了两种装入网络与元器件的方法：

① 在原理图编辑环境中选择“设计”→Update PCB Document 命令。

② 在 PCB 编辑环境中选择“设计”→Import Changes from PCB Project 命令。

这两种方法的本质相同，都是通过启动“工程更改顺序”对话框来完成。

下面就以“基本放大电路”为例，说明载入网络表和元件封装的方法。

【Step 01】打开前面建立的“基本放大电路”文件夹，双击打开工程文件“基本放大电路.PrjPcb”。

【Step 02】在项目面板中双击原理图文件“基本放大电路.SchDoc”，将其打开，然后在原理图设计环境中选择“设计”→“Update PCB Document 基本放大电路.PcbDoc”命令，打开“工程更改顺序”对话框，如图 7－45 所示。

【Step 03】在“工程更改顺序”对话框中，单击“生效更改”按钮，系统将自动检测各项更新是否正确有效，并在“状态”栏的“检测”列中显示检查结果（✔表示正确，✖表示错误），如图 7－46 所示。

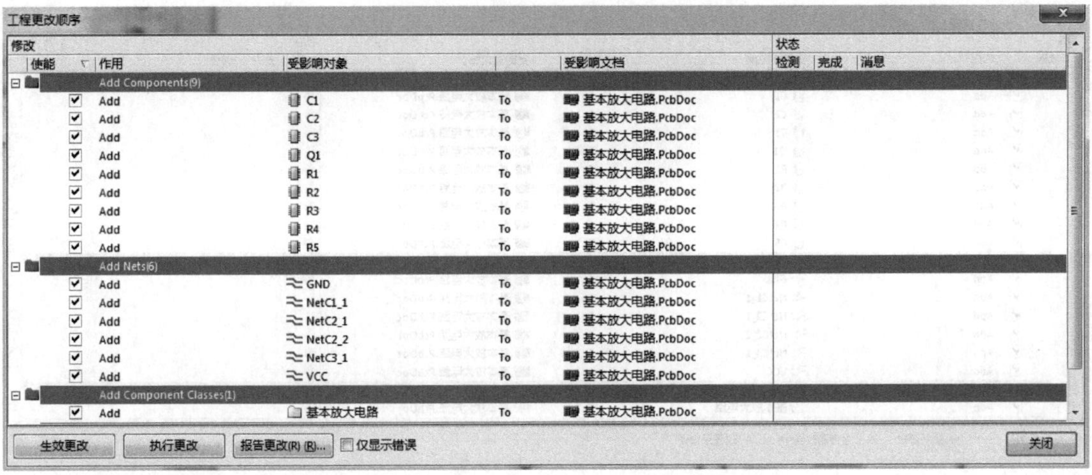

工程更改顺序

修改					状态		
使能	作用	受影响对象		受影响文档	检测	完成	消息
Add Components(9)							
☑	Add	C1	To	基本放大电路.PcbDoc			
☑	Add	C2	To	基本放大电路.PcbDoc			
☑	Add	C3	To	基本放大电路.PcbDoc			
☑	Add	Q1	To	基本放大电路.PcbDoc			
☑	Add	R1	To	基本放大电路.PcbDoc			
☑	Add	R2	To	基本放大电路.PcbDoc			
☑	Add	R3	To	基本放大电路.PcbDoc			
☑	Add	R4	To	基本放大电路.PcbDoc			
☑	Add	R5	To	基本放大电路.PcbDoc			
Add Nets(6)							
☑	Add	GND	To	基本放大电路.PcbDoc			
☑	Add	NetC1_1	To	基本放大电路.PcbDoc			
☑	Add	NetC2_1	To	基本放大电路.PcbDoc			
☑	Add	NetC2_2	To	基本放大电路.PcbDoc			
☑	Add	NetC3_1	To	基本放大电路.PcbDoc			
☑	Add	VCC	To	基本放大电路.PcbDoc			
Add Component Classes(1)							
☑	Add	基本放大电路	To	基本放大电路.PcbDoc			

生效更改　执行更改　报告更改(R) (R)...　仅显示错误　关闭

图 7－45　“工程更改顺序”对话框

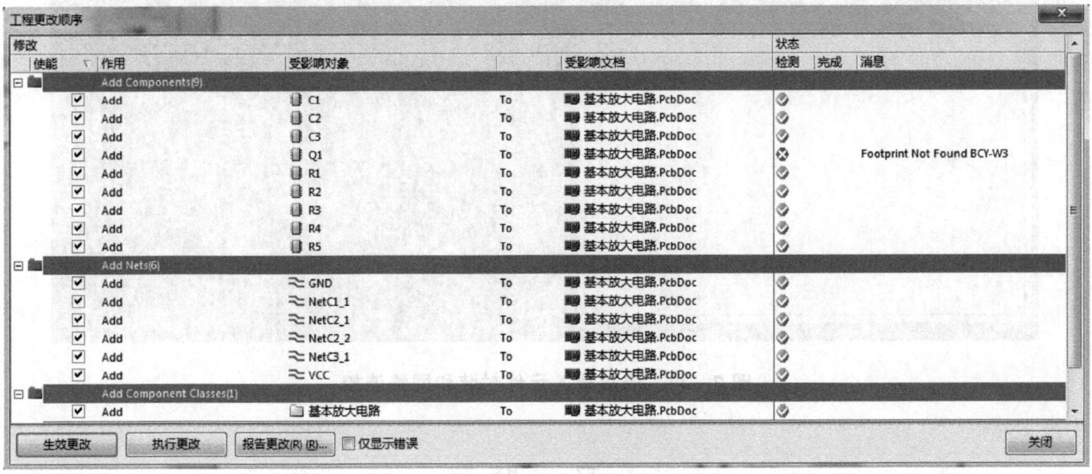

工程更改顺序

修改					状态		
使能	作用	受影响对象		受影响文档	检测	完成	消息
Add Components(9)							
☑	Add	C1	To	基本放大电路.PcbDoc	✓		
☑	Add	C2	To	基本放大电路.PcbDoc	✓		
☑	Add	C3	To	基本放大电路.PcbDoc	✓		
☑	Add	Q1	To	基本放大电路.PcbDoc	✗		Footprint Not Found BCY-W3
☑	Add	R1	To	基本放大电路.PcbDoc	✓		
☑	Add	R2	To	基本放大电路.PcbDoc	✓		
☑	Add	R3	To	基本放大电路.PcbDoc	✓		
☑	Add	R4	To	基本放大电路.PcbDoc	✓		
☑	Add	R5	To	基本放大电路.PcbDoc	✓		
Add Nets(6)							
☑	Add	GND	To	基本放大电路.PcbDoc	✓		
☑	Add	NetC1_1	To	基本放大电路.PcbDoc	✓		
☑	Add	NetC2_1	To	基本放大电路.PcbDoc	✓		
☑	Add	NetC2_2	To	基本放大电路.PcbDoc	✓		
☑	Add	NetC3_1	To	基本放大电路.PcbDoc	✓		
☑	Add	VCC	To	基本放大电路.PcbDoc	✓		
Add Component Classes(1)							
☑	Add	基本放大电路	To	基本放大电路.PcbDoc	✓		

生效更改　执行更改　报告更改(R) (R)...　仅显示错误　关闭

图 7－46　检查各项更新的正确性

【Step 04】检测后如有错误，要根据错误信息提示更改错误，直到检验全部正确为止。如图 7－46 所示，检查结果中有一项错误，根据错误提示“Footprint Not Found BCY－W3”，表示原理图中的 NPN 三极管的引脚封装没找到。在原理图中选中相应的元件并双击，系统打开三极管的属性对话框。添加三极管的封装，方法同第 2 章更换三极管封装，这里不再重复。

【Step 05】更换三极管封装后，再次选择“设计”→“Update PCB Document 基本放大电路. PcbDoc”命令，打开“工程更改顺序”对话框，单击“生效更改”按钮，系统自动检测各项更新全部正确，如图 7－47 所示。单击“执行更改”按钮，执行更新操作。

【Step 06】单击“关闭”按钮，系统会自动切换至 PCB 文件“基本放大电路. PcbDoc”的设计窗口，此时可以看到元件封装和网络连接已经成功加载到 PCB 设计环境中，如图 7－48 所示。上述步骤全部完成后保存工程及其全部文件。

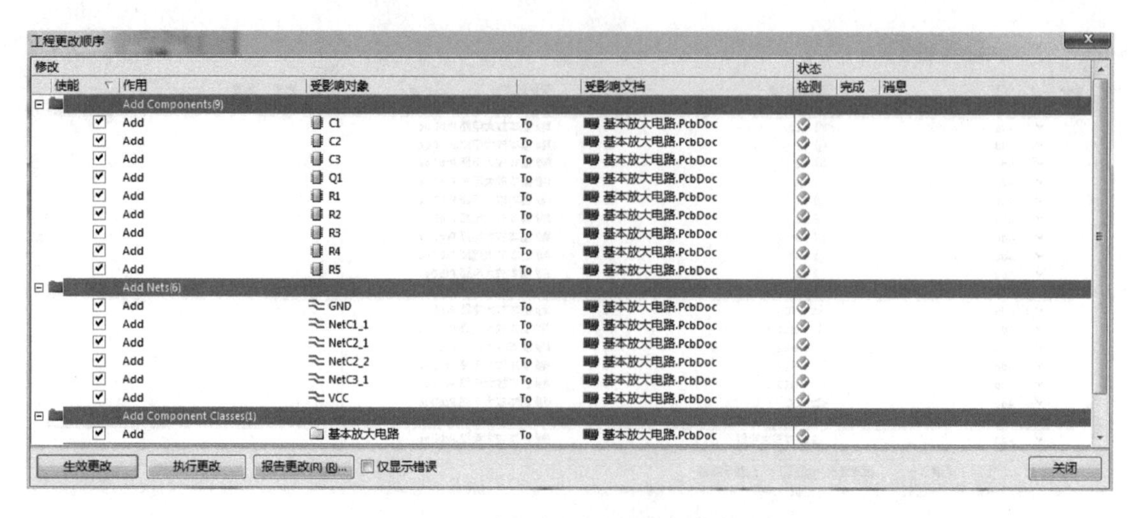

图 7-47　系统自动检测各项更新全部正确

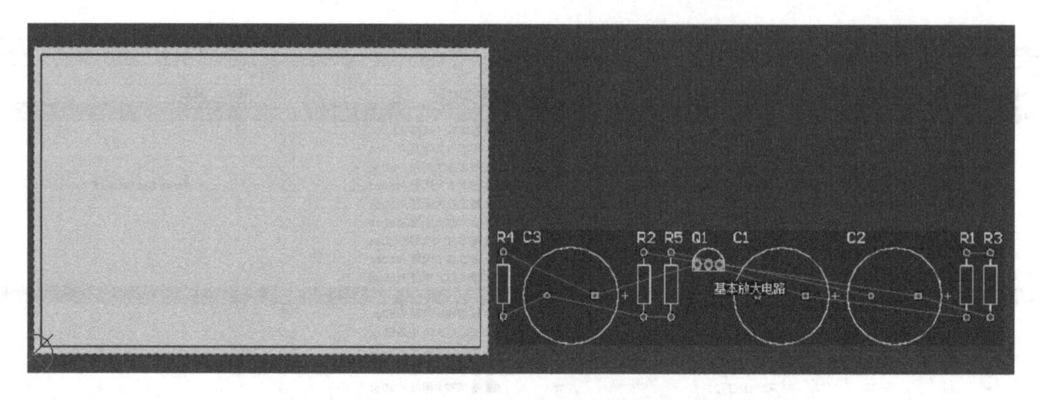

图 7-48　成功载入元件封装和网络连接

习　题

1. 问答题

(1) 什么是 PCB,按照布线层数可以分成哪几种?

(2) 怎样设置 PCB 的优先参数和工作环境?

(3) 什么是 PCB 的物理边界和电气边界? 怎样去规划?

(4) 怎样使用向导去创建 PCB?

(5) 怎样实现画面的移动、缩放和刷新?

(6) 怎样切换 PCB 的板层?

(7) 怎样移动、旋转元件? 能在同一板层翻转元件吗? 为什么?

(8) 怎样将原理图设计信息载入到 PCB 编辑器中?

2. 操作题

请参照图 7-49 所示的直流稳压电路原理图,将原理图设计信息导入到 PCB 中。

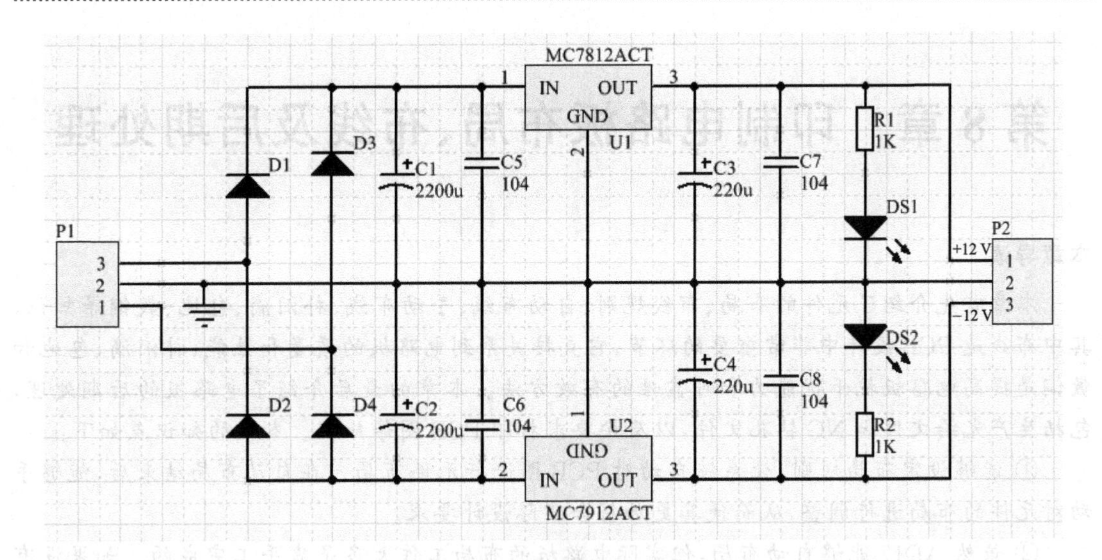

图 7－49　直流稳压电路原理图

要求：

① 创建一个 PCB 项目文件“直流稳压电路. PrjPCB”，为其添加一个 PCB 文件“直流稳压电路 PCB 图. PcbDoc”。

② 为其设置环境参数，此电路板为单面板，导线全部在底层，PCB 板尺寸为 100 mm×80 mm。

第 8 章　印制电路板布局、布线及后期处理

本章导读

本章首先介绍了元件的布局、布线规则、自动布线、手动布线、补泪滴、包地、敷铜等知识，其中布线是 PCB 设计中非常重要的环节，它直接关系到电路板的质量和性能；补泪滴、包地和敷铜是提高电路板抗干扰能力和可靠性的有效方法。本章的最后介绍了电路板的后期处理，包括生产光绘文件和 NC 钻孔文件，以及按要求打印 PCB 图等知识。本章的知识点如下：

① 能够设定布局规则，让系统自动对 PCB 图进行元件布局。在自动布局结束后，能够手动对元件的布局进行调整，从而使其更加符合实际设计要求。

② 虽然 AD17 能够自动布局，但实际电路板的布局工作大多是靠手工完成的。如果没有特殊要求，我们应尽可能地按照原理图中的元件分布进行布局。元件安排应该均匀、整齐、紧凑，原则是尽量减少和缩短各个元件之间的引线和连接，以降低成本。

③ 能够利用密度分布图和三维 PCB 板这两种工具对元件的布局结果进行分析，找出其中不合理的地方，并及时进行调整。

④ 自动布线之前，能够根据电路设计要求正确设置布线规则和选择合适的布线策略。

⑤ 能够根据需要对整个电路板或指定的区域、网络、元件等进行自动布线。

⑥ 自动布线结束后，能够将不合理的布线删除并以手动方式重新进行布线。

⑦ 正确理解补泪滴、包地和敷铜的作用和意义，并掌握它们的添加方法。

⑧ 了解电路板信息报表和网络状态报表的用途及生成方法。

⑨ 了解光绘文件和 NC 钻孔文件在电路板加工中的重要作用，能够按照制造要求为制板商提供电路板的光绘文件和钻孔文件。

⑩ 熟练掌握打印输出 PCB 图的方法，能够根据需要单独打印某些工作层。

8.1　印制电路板设计的基本原则

PCB 设计的好坏对电路板抗干扰能力影响很大，因此，在进行 PCB 设计时，必须遵循 PCB 设计的一般原则，并应符合抗干扰设计的要求。为了设计出性能优良的 PCB，应遵循以下的一般原则。

8.1.1　布局基本原则

首先，要考虑 PCB 尺寸的大小。若 PCB 尺寸过大，则印制电路线路长，阻抗增加，抗噪声能力下降，成本也增加；若 PCB 尺寸过小，则散热不好，且邻近线条之间易受干扰。

其次，在确定 PCB 尺寸后，再确定特殊元件的位置。

最后，根据电路的功能单元，对电路的全部元器件进行布局。

1. 在确定特殊元件的位置时要遵守的原则

① 尽可能缩短高频元器件之间的连线，设法减小它们的分布参数和相互间的电磁干扰。

易受干扰的元器件不能相互挨得太近，输入和输出元件应尽量远离。

② 某些元器件或导线之间可能有较高的电位差，应加大它们之间的距离，以免放电引起意外短路。带高电压的元器件应尽量布置在调试时手不易触及的地方。

③ 质量超过 15 g 的元器件应当用支架加以固定，然后焊接。那些又大又重、发热量多的元器件，不宜装在印制电路板上，而应装在整机的机箱底板上，并且应考虑散热问题；热敏元件应远离发热元件。

④ 对于电位器、可调电感线圈、可变电容器、微动开关等可调元件的布局应考虑整机的结构要求。若是机内调节，则应放在印制电路板上方便调节的地方；若是机外调节，则其位置要与调节旋钮在机箱面板上的位置相适应。

⑤ 应留出印制电路板定位孔及固定支架所占用的位置。

2. 对电路的全部元器件进行布局时要符合的要求

① 按照电路的流程安排各个功能电路单元的位置，使布局便于信号流通，并使信号尽可能保持一致的方向。

② 以每个功能电路的核心元件为中心，围绕它来进行布局。元器件应均匀、整齐、紧凑地排列在 PCB 上，尽量减少和缩短各元器件之间的引线和连接。

③ 在高频下工作的电路，要考虑元器件之间的分布参数。一般电路应尽可能使元器件平行排列。这样，不但美观，而且装焊容易，易于批量生产。

④ 位于电路板边缘的元器件，距电路板边缘一般不小于 2 mm。电路板的最佳形状为矩形。当电路板尺寸大于 200 mm×150 mm 时，应考虑电路板所能承受的机械强度。

8.1.2　布线基本原则

在 PCB 设计中，布线是设计 PCB 的重要步骤，布线有单面布线、双面布线和多层布线。为了避免输入端与输出端的边线相邻平行而产生反射干扰以及两相邻布线层互相平行产生寄生耦合等干扰影响线路的稳定性，甚至在干扰严重时造成电路板根本无法工作，因此应优化 PCB 布线工艺。

① 连线精简原则。连线要精简，尽可能短，尽量少拐弯，力求线条简单明了。

② 安全载流原则。铜线宽度应以自己所能承载的电流为基础进行设计，铜线的载流能力取决于线宽和线厚(铜箔厚度)。当铜箔厚度为 0.05 mm、宽度为 1～15 mm 时，通过 2 A 的电流，温度不会高于 3 ℃，因此导线宽度为 1.5 mm 可满足要求。对于集成电路，尤其是数字电路，通常选用宽度为 0.02～0.3 mm 的导线。当然，只要允许，还是尽可能用宽线，尤其是电源线和地线。

8.1.3　抗干扰原则

1. 电源线设计原则

根据印制电路电流的大小，要尽量加粗电源线宽度，减少环路电阻。同时使电源线、地线的走向和数据传递的方向一致，这样有助于增强抗噪声能力。

2. 地线设计原则

数字地与模拟地分开；接地线应尽量加粗，若接地线过细，则会因接地电位随电流的变化而变化使抗噪性能降低，如有可能，接地线线宽应在 2～3 mm。

3. 减少寄生耦合

铜膜导线的拐弯处应为圆角或斜角(因为高频时直角或尖角的拐角处会影响电气性能),双面板两面的导线应互相垂斜交或者弯曲走线,尽量避免平行走线等。

8.2 元件布局

装入网络表和元件封装后,读者需要将元件封装放入工作区,这就是对元件封装进行布局。在PCB设计中,布局是一个重要的环节。布局的好坏将直接影响布线的效果,因此可以认为,合理的布局是PCB设计成功的第一步。布局的方式有两种,即自动布局和手动布局。

8.2.1 自动布局

自动布局,是指设计人员布局前先设定好设计规则,系统自动在PCB上进行元器件的布局,这种方法效率高,布局结构比较优化,但缺乏一定的布局合理性,所以在自动布局完成后,需要进行一定的手工调整,以达到设计的要求。

1. 布局规则的设置

在PCB编辑环境中,选择"设计"→"规则"命令,即可打开"PCB规则及约束编辑器"对话框,如图8-1所示。

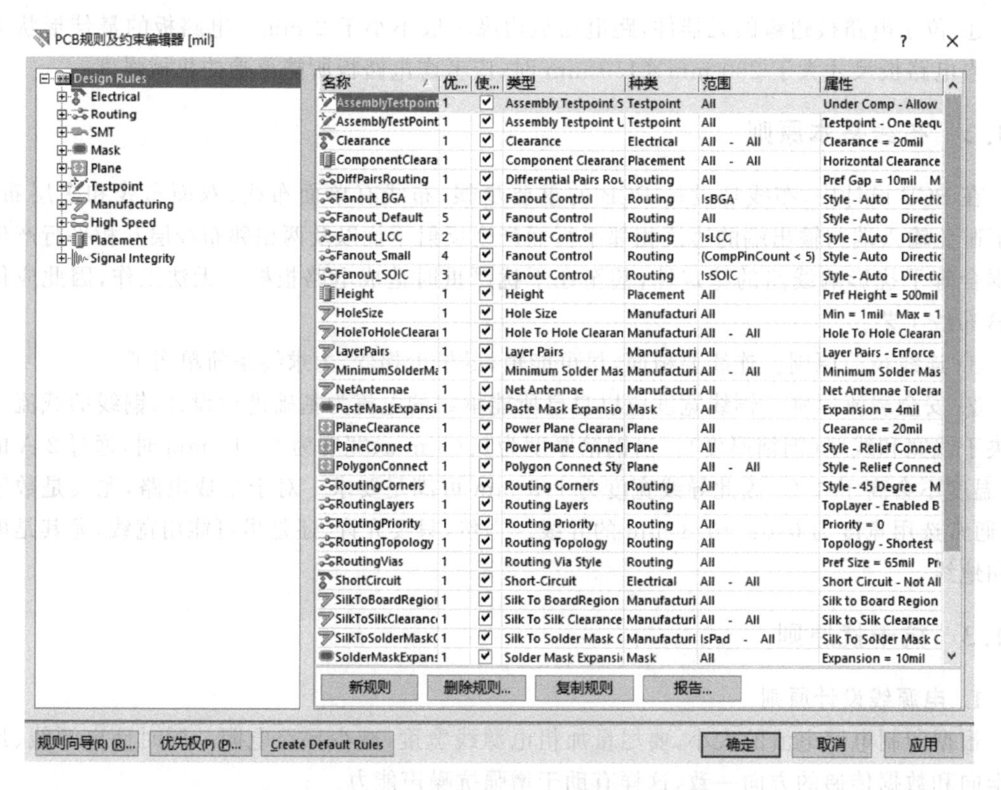

图8-1 "PCB规则及约束编辑器"对话框

由图8-1可以看到,在窗口的左列表框中,列出了系统所提供的10类设计规则,分别是Electrical(电气规则)、Routing(布线规则)、SMT(贴片式元器件规则)、Mask(屏蔽层规则)、

Plane(内层规则)、Testpoint(测试点规则)、Manufacturing(制板规则)、High Speed(高频电路规则)、Placement(布局规则)、Signal Integrity(信号分析规则)。

这里需要进行设置的规则是 Placement(布局规则)。单击布局规则前面的加号,可以看到布局规则包含了 5 项子规则:

① Room Definition 子规则主要用于设置 Room 空间的尺寸,以及它在 PCB 中所在的工作层面。

② Component Clearance 子规则用于设置自动布局时元器件封装之间的安全距离。

③ Component Orientations 子规则用于设置元器件封装在 PCB 上的放置方向。

④ Permitted Layers 子规则主要用于设置元器件封装所放置的工作层。

⑤ Nets to Ignore 子规则用于设置自动布局时可以忽略的一些网络,在一定程度上提高了自动布局的质量和效率。

⑥ Height 子规则用于设置元器件封装的高度范围。

2. 元器件的自动布局

首先对自动布局规则进行设置,在自动布局之前必须定义电气边界,定义电气边界的方法在第 7 章已经详细描述过,这里不再赘述。打开第 7 章建立的工程文件"基本放大电路.PrjPcb",双击"基本放大电路.PcbDoc",进入 PCB 编辑界面。选中其 Room 空间并删除。选择"工具"→"器件布局"→"自动布局"命令,即可进行自动布局。

"自动布局"对话框用于设置元器件自动布局的方式。系统给出了两种自动布局的方式,分别是"分组布局"和"统计式布局"。每种方式均使用不同的方法计算和优化位置,这两个方式的意义如下。

① "分组布局":这一布局基于元件的连通属性将元件分为不同的元件簇,并且将这些元件簇按照一定的几何位置布局。这种布局方式适合元件数目较少的 PCB 板。

② "统计式布局":这一布局基于统计方法放置元件,以便使连接长度最优化。在元件较多时,采用这种方法。

实践证明,无论是哪种方式,效果均不理想,自动布局唯一的好处是将元器件放入到布线框中,因此,自动布局一般不能满足实际的需求,读者还需考虑电路信号流向及特殊元件的布局要求,采用手动方式进行布局调整。

8.2.2　手动布局

手动布局是指通过手动调整元件的位置和方向,从而使元件的布局更加符合实际设计要求。手动布局就是在 PCB 板图区域内对元件进行移动、旋转和排列等操作。

1. 排列元件

为了使元件的布局更加整齐、美观,还可以利用 AD17 软件提供的一系列排列命令调整元件的位置,这些命令包括左对齐、右对齐、顶部对齐、底部对齐、水平居中对齐、垂直居中对齐、水平等距分布、垂直等距分布等,如图 8-2 所示。这些排列命令的功能和用法与前面介绍过的原理图元件的排列命令基本相同,这里不再详细介绍。

2. 调整元件标注和属性

在手动布局时,元件自身的标注(如标识符、注释等,如图 8-3 所示)会变得杂乱无章。为了不影响 PCB 图的易读性和整体的美观性,通常还需要对元件标注的位置和方向进行调整,调整方法与调整元件对象类似。

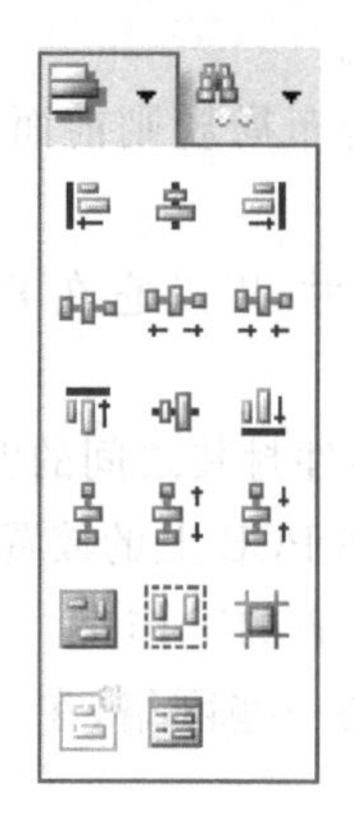
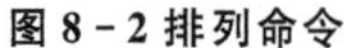

图 8-2 排列命令

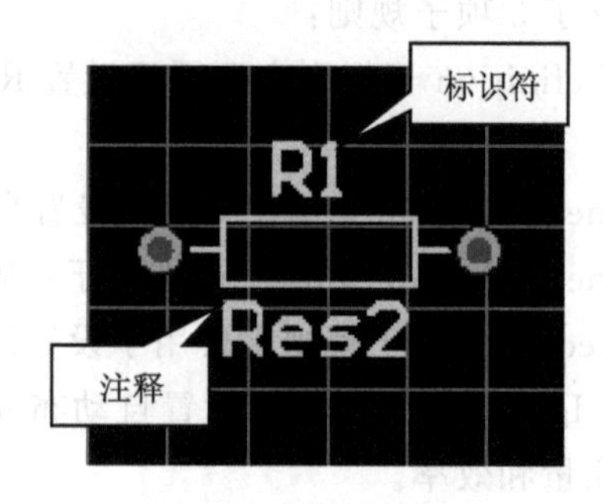

图 8-3 元件的标注

对于单面板而言，应将元件放置在 PCB 板的顶层(Top Layer)，只有在元件过密时，才把一些发热量较少且高度有限的元件(如贴片电阻、贴片电容、贴片集成电路元件等)放置在 PCB 板的底层(Bottom Layer)。

如果需要将元件放置到 PCB 板的底层(Bottom Layer)，可以双击元件，打开 PCB Inspector 对话框，在 Layer 右侧的下拉列表框中选择 Bottom Layer 选项，然后单击确认按钮，如图 8-4 所示。此外，单击元件并按住鼠标左键不放，然后在英文输入法状态下按 L 键，也可以将元件放置到底层。

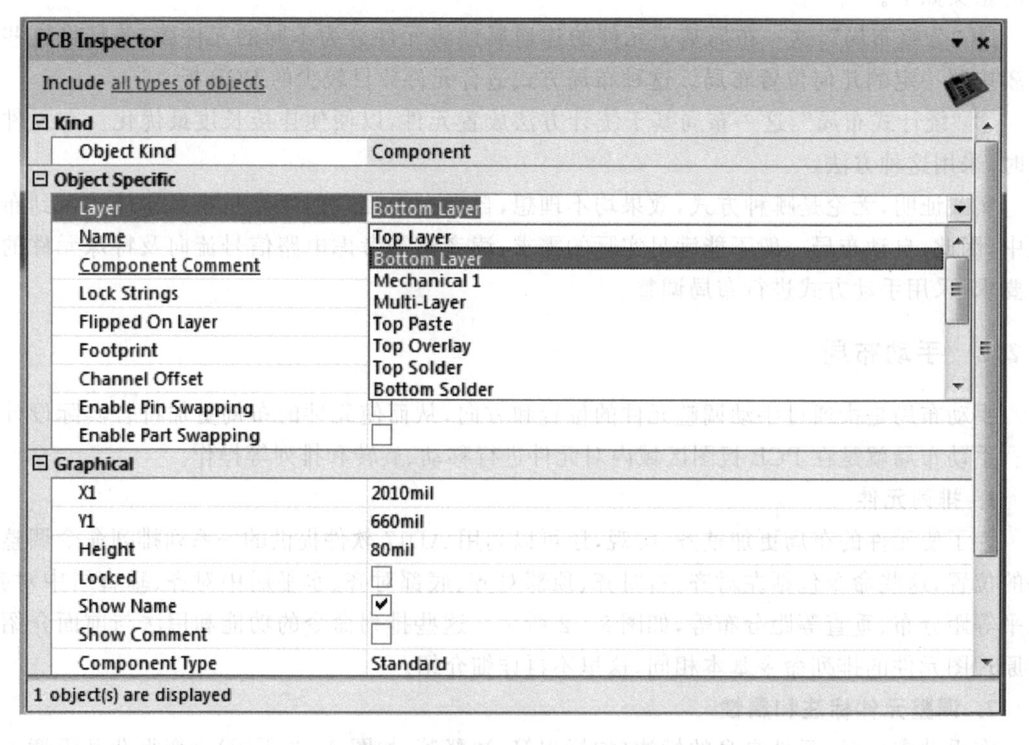

图 8-4 PCB Inspector 对话框

移动、旋转操作已在第7章详细讲解了，这里就不再赘述。

在对元件进行手动布局时，可以兼顾一些电路设计常识，如散热要求、电磁兼容问题、信号传输方向、装配要求、布线的方便性等，从而使元件布局更加合理，这是自动布局无法做到的。但与自动布局相比，手动布局的速度较慢，所花费的时间和精力也较多。总之，两者各有优缺点，在很多情况下需要两者结合才能达到较好的效果。

8.2.3　修改部分焊盘的连接关系

在原理图设计中，由于一些IC的电源脚和地脚被隐藏起来（例如一些集成门电路芯片、集成触发器芯片等），在绘制原理图时，这些被隐藏的电源脚和地脚都没有接线，它们的网络标号就是引脚的名称，TTL集成电路为VCC和GND，MOS集成电路为VDD和VSS。在实际使用中，这些元件一般都用+5 V电源。这样，将原理图设计信息载入PCB编辑器后，就会出现使用电压相同的多个电源网络，例如+5 V、VCC、VDD，或者GND、VSS等。在布线时，+5 V、VCC和VDD网络或者GND和VSS网络不会自动连接在一起，这就给PCB使用造成了麻烦，所以在PCB布线之前需要根据电路的实际情况，将+5 V、VCC和VDD合并为一个网络，将GND和VSS合并为一个网络。

合并电源或地网络的方法是：打开PCB编辑器中的PCB面板，在面板第一个窗口中选择Nets；在第二个窗口中选择All Nets。此时，将在第三个窗口显示PCB上的所有网络。自上而下，检查第三个窗口中有没有同时出现+5 V和VCC或VDD网络，如果有，则单击VCC或VDD网络，在工作区中，这些网络的焊盘将被高亮显示。逐一打开这些焊盘的属性对话框，在“属性”选项组的“网络”框中，将焊盘的网络名称更改为+5 V，即可将这些焊盘合并在+5 V网络。GND和VSS的合并方法相同。

8.3　PCB布线

在PCB设计中，布线是完成产品设计的重要步骤，可以说前面的准备工作都是为布线而做的。在整个PCB的设计过程中，布线的设计要求最高、技巧最多、工作量最大。PCB布线分为单面布线、双面布线及多层布线。PCB布线可使用系统提供的自动布线或手动布线两种方式。

虽然系统给设计者提供了一个操作方便、布通率很高的自动布线功能，但在实际设计中，仍然会有不合理的地方，需要设计者手动调整PCB上的布线，以获得最佳的设计效果。

印制电路板（PCB）设计的好坏对电路抗干扰能力影响很大，因此，在进行PCB设计时，必须遵守设计的基本原则，并应符合抗干扰设计的要求，使电路获得最佳的性能。

8.3.1　布线规则设置

布线规则也是通过图8-1所示的“PCB规则及约束编辑器”对话框来完成设置的。在对话框提供的规则中，与布线有关的主要是Electrical（电气规则）和Routing（布线规则）。

1. 电气规则（Electrical）

选择“设计”→“规则”命令，打开“PCB规则及约束编辑器”对话框，在该对话框左边的规则列表栏中，单击Electrical前面的加号，可以看到需要设置的电气子规则有4项，如图8-5

所示。

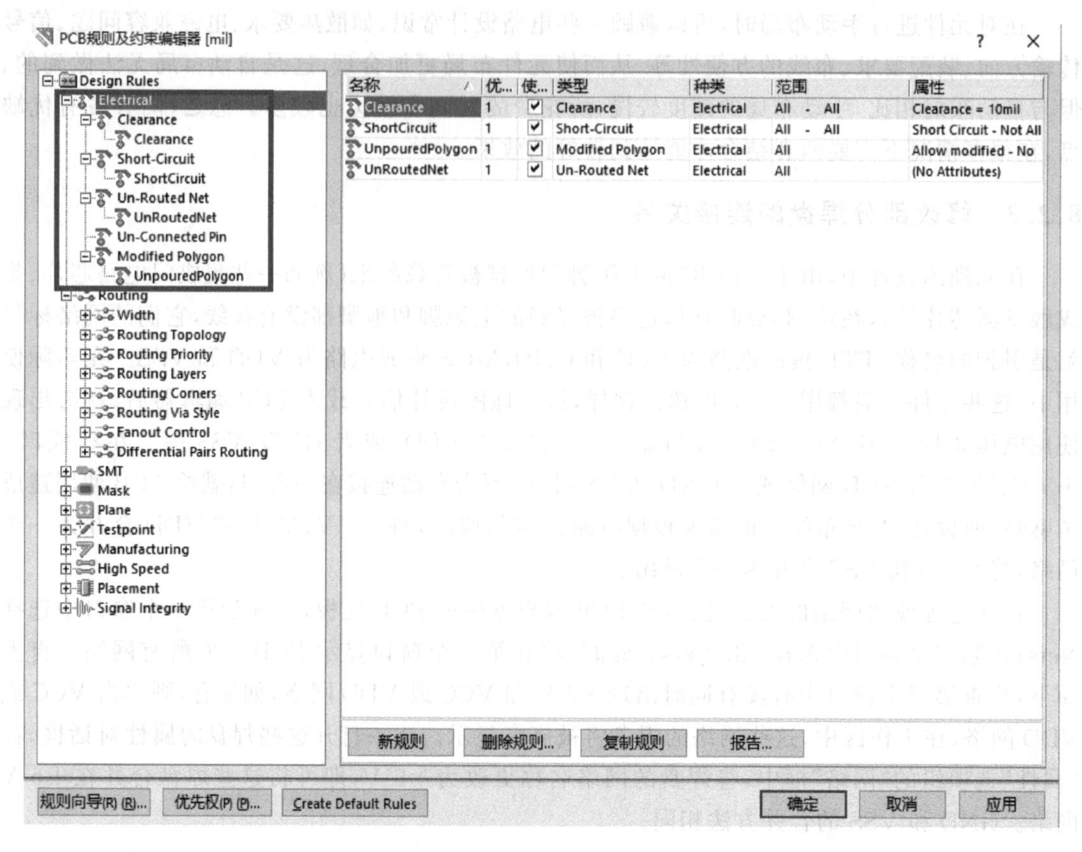

图 8-5　Electrical 规则

(1) Clearance 子规则

该项子规则主要用于设置 PCB 设计中导线、焊盘等导电对象之间的最小安全距离，避免彼此由于距离过近而产生电气干扰。单击 Clearance 子规则前面的加号，会展开一个 Clearance 子规则，单击该规则可在"PCB 规则及约束编辑器"对话框的右边打开如图 8-6 所示的窗口。

AD17 软件中 Clearance 子规则规定了板上不同网络的走线、焊盘、过孔等之间必须保持的距离。在单面板和双面板的设计中，首选值为 10～12 mil；四层及以上的 PCB 首选值为 7～8 mil；最大安全间距一般没有限制。

相邻导线间距必须能满足电气安全要求，而且为了便于操作和生产，间距应尽量宽些。最小间距至少要能适合承受的电压。这个电压一般包括工作电压、附加波动电压及其他原因引起的峰值电压。如果相关技术条件允许在线之间存在某种程度的金属残粒，则其间距会减小。因此设计者在考虑电压时应把这种因素考虑进去。在布线密度较低时，信号线的间距可适当加大，对高、低电压悬殊的信号导线应尽可能缩短长度并加大距离。

由图 8-6 可以看到，电气规则的设置窗口与布局规则的设置窗口一样，也是由上下两部分构成。上半部分是用来设置规则的适用对象范围，前面已做过详细讲解，这里就不再重复。下半部是用来设置规则的约束条件，该"约束"区域，主要用于设置该项规则适用的网络范围，由一个下拉菜单给出。

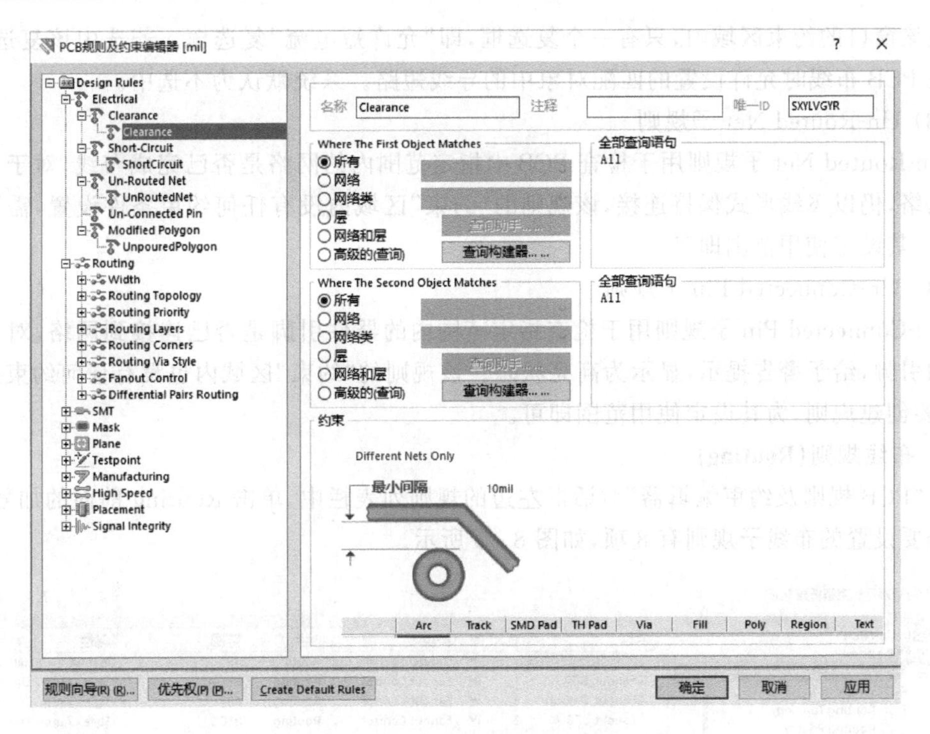

图 8－6　Clearance 子规则设置窗口

（2）Short-Circuit 子规则

Short-Circuit 子规则用于设置短路的导线是否允许出现在 PCB 上，其设置窗口如图 8－7 所示。

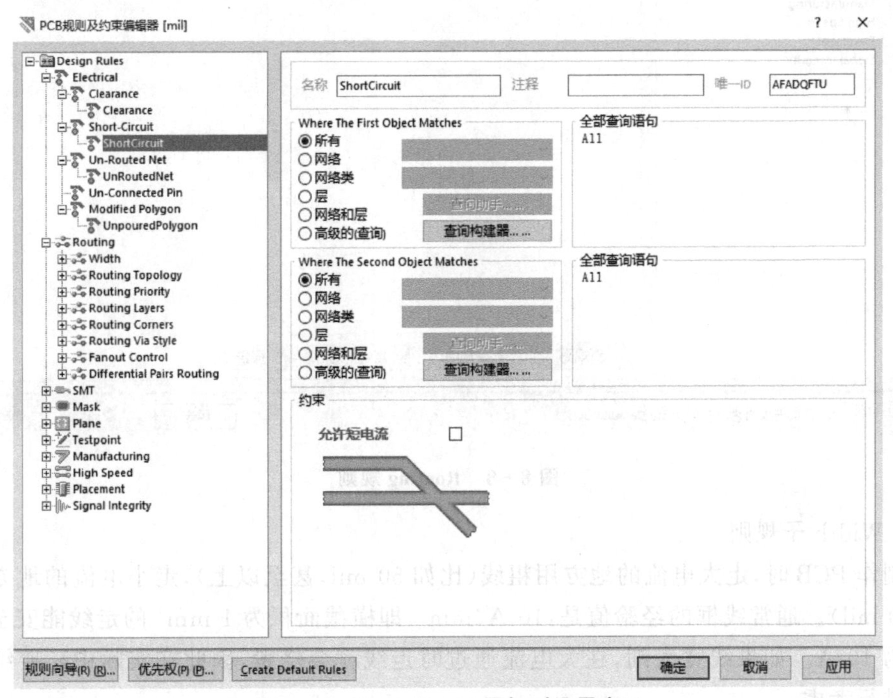

图 8－7　Short-Circuit 子规则设置窗口

在该窗口的约束区域内，只有一个复选框，即“允许短电流”复选框。若选中该复选框，则表示在 PCB 布线时允许设置的匹配对象中的导线短路。系统默认为不选中。

（3）Un-Routed Net 子规则

Un-Routed Net 子规则用于检查 PCB 中指定范围内的网络是否已完成布线，对于没有布线的网络，仍以飞线形式保持连接，该规则的“约束”区域内没有任何约束条件设置，需要创建规则，为其设定使用范围即可。

（4）Un-Connected Pin 子规则

Un-Connected Pin 子规则用于检查指定范围内的器件引脚是否已连接到网络，对于没有连接的引脚，给予警告提示，显示为高亮状态。该规则的“约束”区域内也没有任何约束条件设置，需要创建规则，为其设定使用范围即可。

2．布线规则(Routing)

在“PCB 规则及约束编辑器”对话框左边的规则列表栏中，单击 Routing 前面的加号，可以看到需要设置的布线子规则有 8 项，如图 8－8 所示。

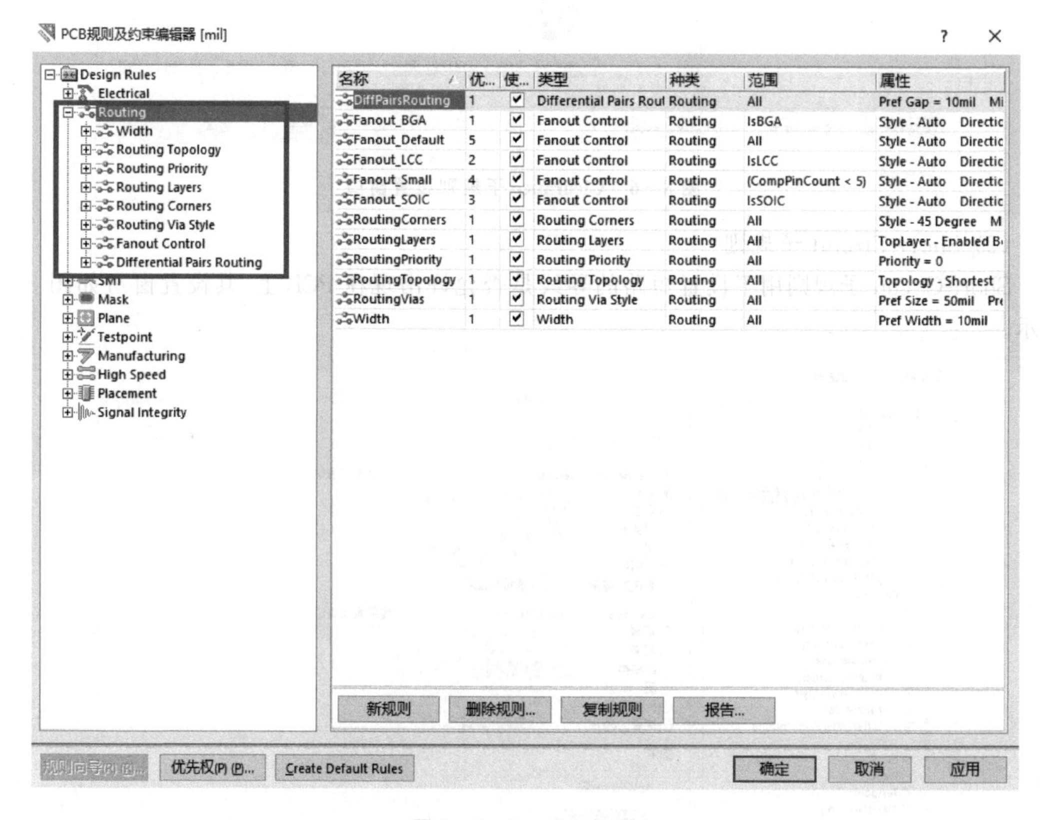

图 8－8　Routing 规则

（1）Width 子规则

在制作 PCB 时，走大电流的地方用粗线（比如 50 mil，甚至以上），走小电流的地方用细线（比如 10 mil）。通常线框的经验值是：10 A/mm^2，即横截面积为 1 mm^2 的走线能安全通过的电流值为 10 A。如果线宽太细，在大电流通过时走线就会烧毁，因此在实际中还要综合导线的长度进行考虑。

印制电路板导线的宽度应满足电气性能要求且又便于生产，最小宽度主要由导线与绝缘基板间的黏附强度和流过的电流值所决定，但最小不宜小于 8 mil，在高密度、高精度的印制线路中，导线宽度和间距一般可取 12 mil。导线宽度在大电流情况下还要考虑温升，单面板实验表明当铜箔厚度为 50 μm、导线宽度为 1～1.5 mm、通过电流为 2 A，温升很小时，一般选取宽度为 40～60 mil 的导线就可以满足设计要求而不致引起温升。印制导线的公共地线应尽可能地粗，通常选取 80～120 mil 的导线，这在带有微处理器的电路中尤为重要，因为地线过细，由于流过的电流的变化，地电位变动，微处理器定时信号的电压不稳定，会使噪声容限劣化。在 DIP 封装的 IC 引脚间走线，可采用“10 - 10”与“12 - 12”的原则，即当两引脚间通过两根线时，焊盘直径可设为 50 mil、线宽与线距均为 10 mil。当两引脚间只通过 1 根线时，焊盘直径可设为64 mil、线宽与线距均为 12 mil。

Width 子规则用于设置 PCB 布线时允许采用的导线宽度。单击 Width 子规则前面的加号，会展开一个 Width 子规则，单击该规则可在“PCB 规则及约束编辑器”对话框的右边打开相应的设置窗口。

在“约束”区域内可以设置导线宽度，有最大、最小和首选之分。其中最大宽度和最小宽度确定了导线的宽度范围，而首选尺寸则为导线放置时系统默认的导线宽度值。

在“约束”区域内还包含了两个复选框：“典型阻抗驱动宽度”和 Layers in layerstack only。

“典型阻抗驱动宽度”：选中该复选框后，表示将显示铜膜导线的特征阻抗值。读者可对最大、最小及优先阻抗进行设置。

Layers in layerstack only：选中该复选框后，表示当前的宽度规则仅适用于图层堆栈中所设置的工作层，系统默认为选中状态。

AD17 设计规则针对不同的目标对象，可以定义同类型的多重规则。例如，读者可定义一个适用于整个 PCB 的导线宽度约束条件，所有导线都是这个宽度。但由于电源线和地线通过的电流比较大，要比起其他信号线宽一些，所以要对电源线和地线重新定义一个导线宽度约束规则。

下面就以定义两种导线宽度规则为例，给出如何定义同类型的多重规则。

首先，定义第一个宽度规则，在打开的 Width 子规则设置窗口中，设置最大宽度值为 15 mil、最小宽度值为 12 mil、首选尺寸值为 15 mil，在规则名文本编辑框内输入 All，规则匹配对象为“全部对象”。设置完成后，如图 8 - 9 所示。

选中“PCB 规则及约束编辑器”对话框窗口左边规则列表中的 Width 规则，右击，选择“新规则”，在规则列表中会出现一个新的默认名为 Width 的导线宽度规则。单击该新建规则，打开设置窗口。

在“约束”区域内，将最大宽度值、最小宽度值、首选尺寸值都设置为 30 mil，在规则名文本编辑框内输入 GND，在 Where The First Object Matches 区域中选择“网络”单选按钮，并在右侧下拉列表中选择 GND。设置结果如图 8 - 10 所示。

同样的操作，将 VCC 网络层也添加进规则中，将最大宽度值、最小宽度值、首选尺寸值同样都设置为 30 mil。

单击规则设置窗口左下方的“优先权”按钮，进入“编辑规则优先权”对话框，在该对话框中可以设置各网络布线的优先权。

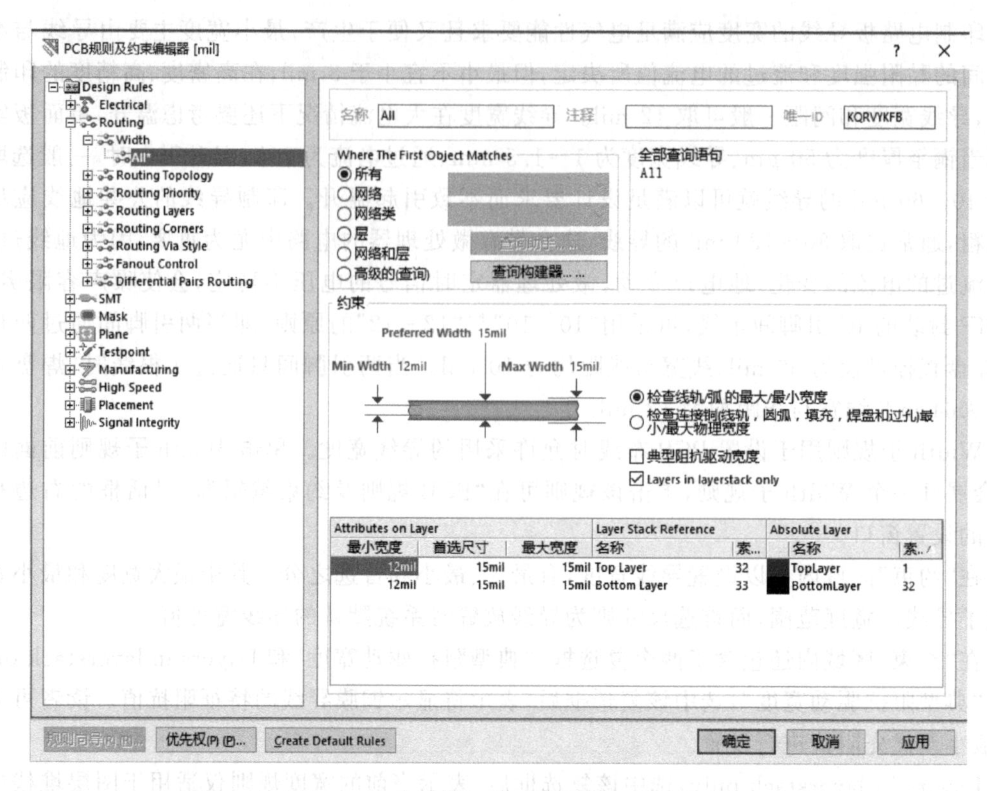

图 8-9　完成第一种导线宽度规则设置

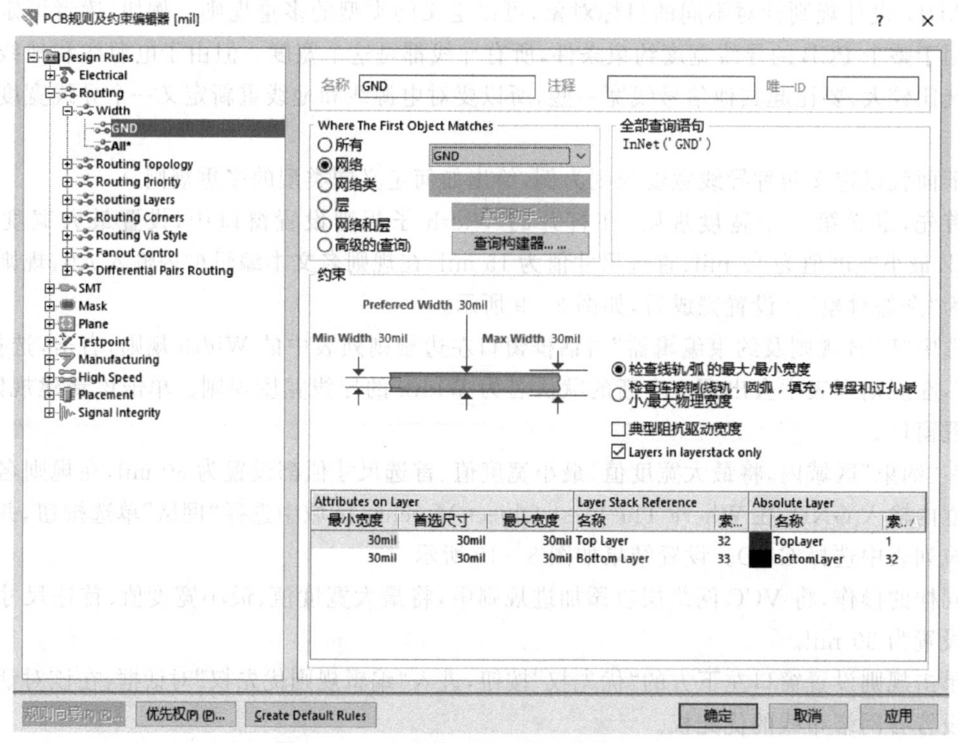

图 8-10　完成第二种导线宽度规则设置

如图 8－11 所示，在对话框中列出了所创建的三个导线宽度规则。其中 VCC 规则的优先级为 1，GND 规则的优先级为 2，All 优先级为 3。单击对话框下方的“减少优先权”按钮或“增加优先权”按钮，即可调整所列规则的优先级。在图 8－11 中，单击“减少优先权”按钮，可将 VCC 规则的优先级降为 2，而 GND 优先级提升为 1，如图 8－12 所示。

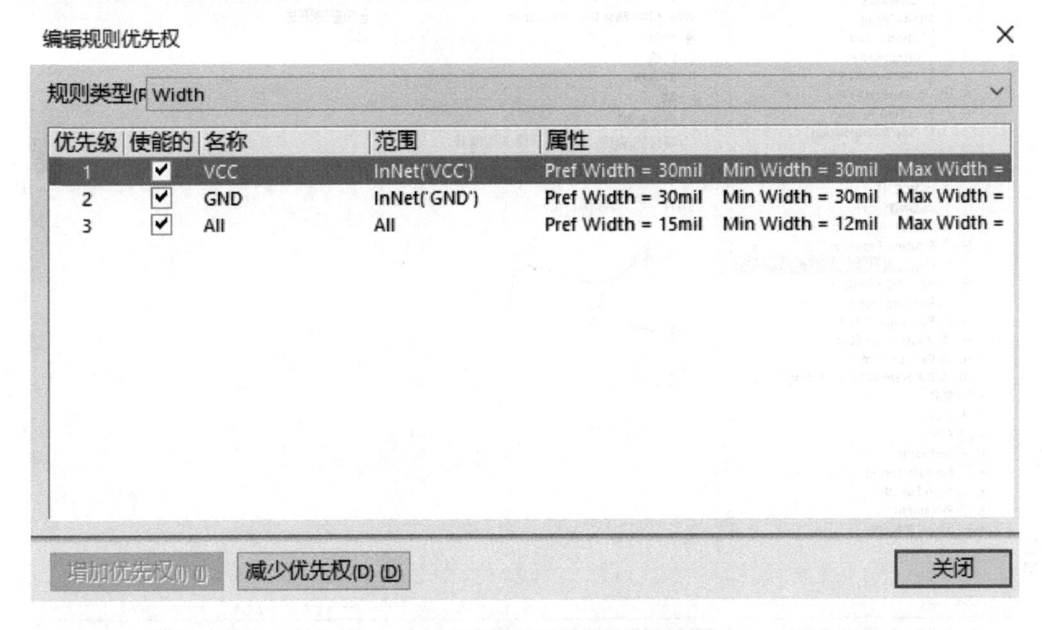

图 8－11　“编辑规则优先权”对话框

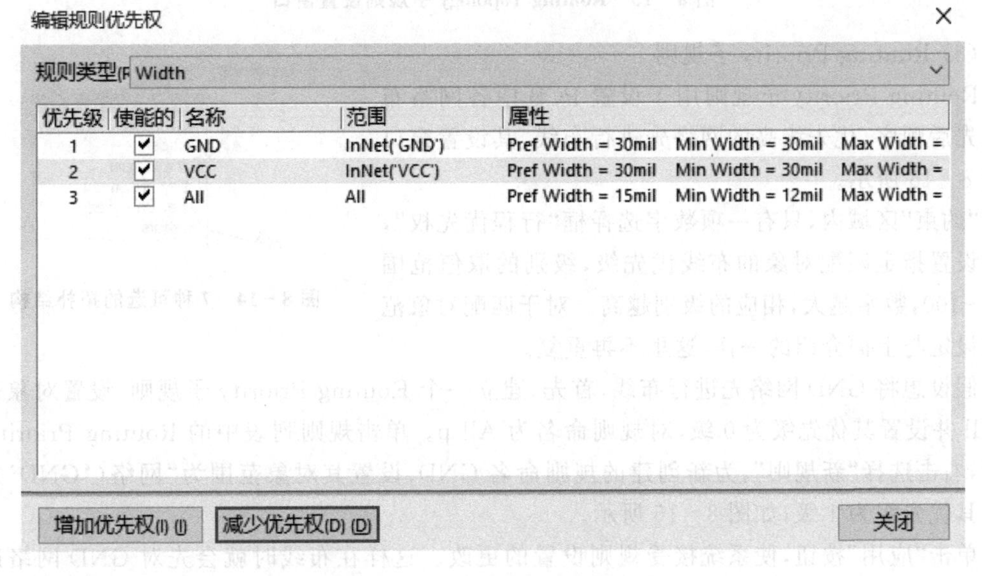

图 8－12　对规则优先级的操作

(2) Routing Topology 子规则

Routing Topology 子规则用于设置自动布线时同一网络内各节点间的布线方式，设置窗口如图 8－13 所示。在“约束”区域内，单击“拓扑”下拉按钮，读者即可选择相应的拓扑结构，

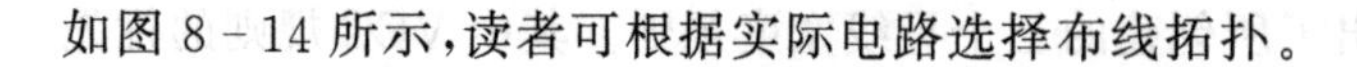
如图 8－14 所示，读者可根据实际电路选择布线拓扑。

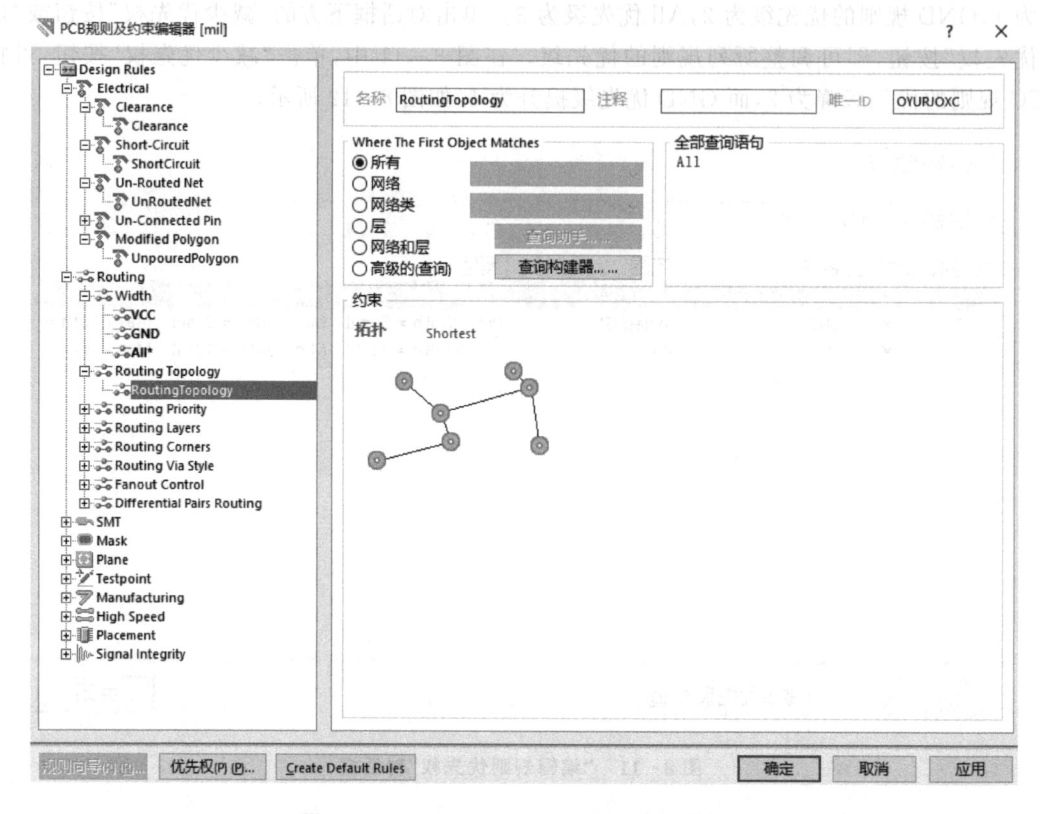

图 8－13 Routing Topology 子规则设置窗口

(3) Routing Priority 子规则

Routing Priority 子规则用于设置 PCB 中各网络布线的先后顺序，优先级高的网络先进行布线，其设置窗口如图 8－15 所示。

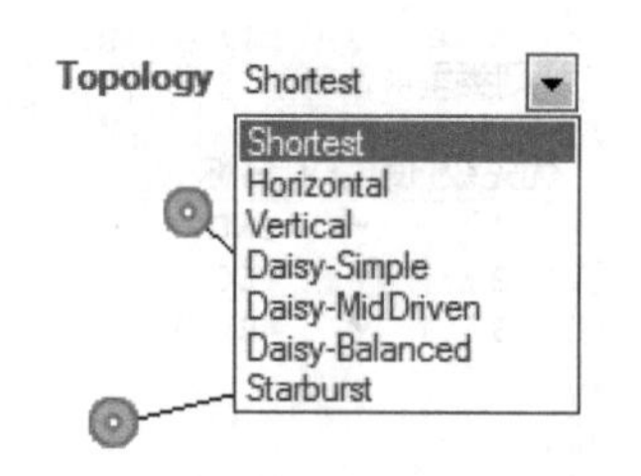

图 8－14 7 种可选的拓扑结构

“约束”区域内，只有一项数字选择框“行程优先权”，用于设置指定匹配对象的布线优先级，级别的取值范围是 0～100，数字越大，相应的级别越高。对于匹配对象范围的设定与上面介绍的一样，这里不再重复。

假设想将 GND 网络先进行布线，首先，建立一个 Routing Priority 子规则，设置对象范围为 All 并设置其优先级为 0 级，对规则命名为 All p。单击规则列表中的 Routing Priority 子规则，右击选择“新规则”，为新创建的规则命名 GND，设置其对象范围为“网络(‘GND’)”并设置其优先级为 1 级，如图 8－15 所示。

单击“应用”按钮，使系统接受规则设置的更改。这样在布线时就会先对 GND 网络进行布线，再对其他网络进行布线。

(4) Routing Layers 子规则

Routing Layers 子规则用于设置在自动布线过程中各网络允许布线的工作层。

在“约束”区域内，列出了“层堆管理”中定义的所有层，允许布线选中各层所对应的复选框。

图 8 - 15　设置 GND 网络优先级

在该规则中可以设置 GND 网络布线时只布在顶层等。系统默认为所有网络允许布线在任何层,其设置结果如图 8 - 16 所示。

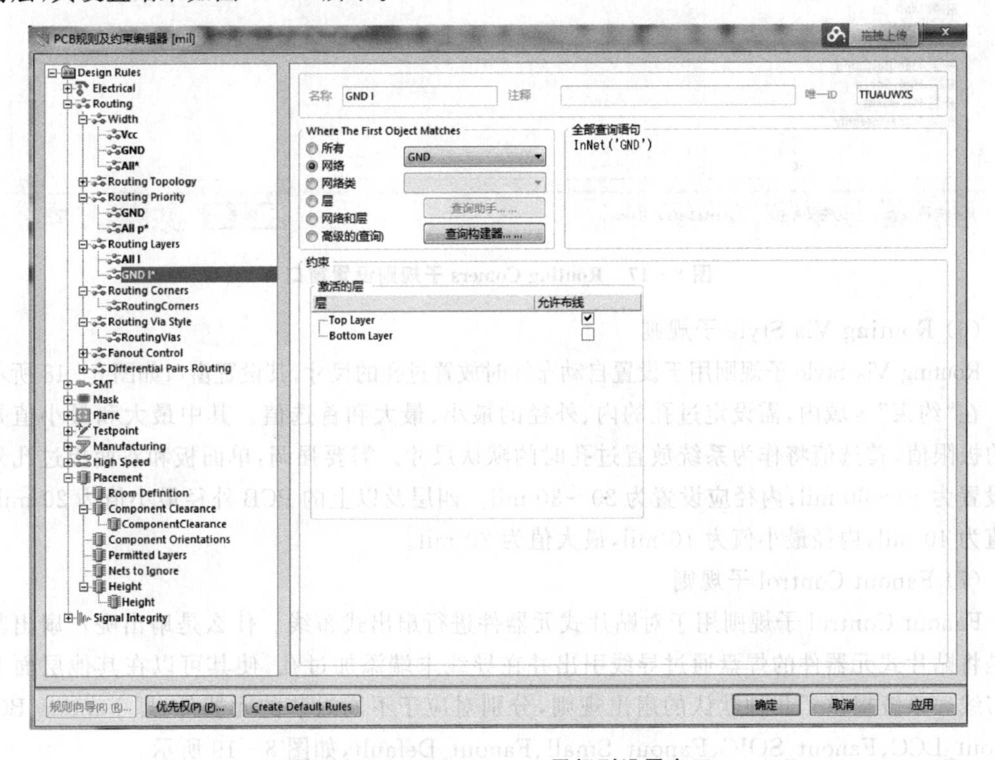

图 8 - 16　Routing Layers 子规则设置窗口

(5) Routing Corners 子规则

Routing Corners 子规则用于设置自动布线时导线拐角的模式，设置窗口如图 8－17 所示。

在“约束”区域内，系统提供了几种可选的拐角模式，分别为 90°、45°和圆弧形，系统默认是 45°角模式。

对于 45°和圆弧形这两种拐角模式需要设置拐角尺寸的范围，在“退步”栏中输入拐角的最小值，在 to 栏中输入拐角的最大值。

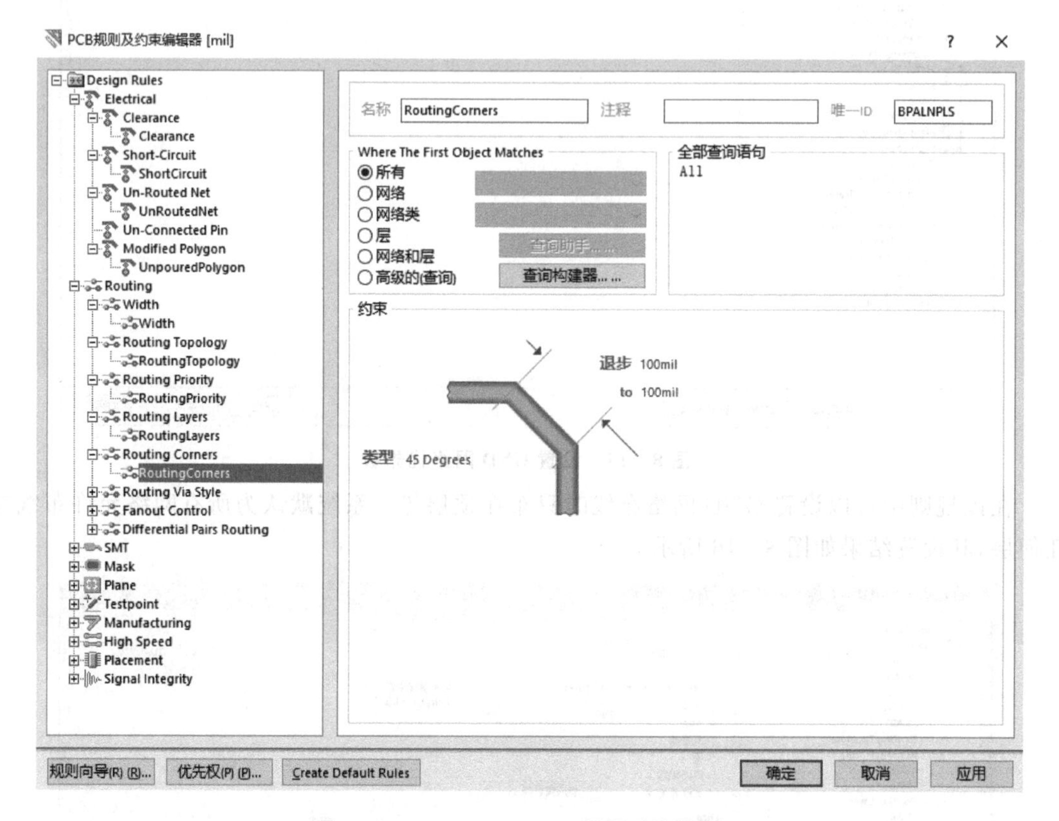

图 8－17 Routing Comers 子规则设置窗口

(6) Routing Via Style 子规则

Routing Via Style 子规则用于设置自动布线时放置过孔的尺寸，其设置窗口如图 8－18 所示。

在“约束”区域内，需设定过孔的内、外径的最小、最大和首选值。其中最大和最小值是过孔的极限值，首选值将作为系统放置过孔时的默认尺寸。需要强调：单面板和双面板过孔外径应设置为 40～60 mil；内径应设置为 20～30 mil。四层及以上的 PCB 外径最小值为 20 mil，最大值为 40 mil；内径最小值为 10 mil，最大值为 20 mil。

(7) Fanout Control 子规则

Fanout Control 子规则用于对贴片式元器件进行扇出式布线。什么是扇出呢？扇出其实就是将贴片式元器件的焊盘通过导线引出并在导线末端添加过孔，使其可以在其他层面上继续布线。系统提供了几种默认的扇出规则，分别对应于不同封装的元器件，即 Fanout_BGA、Fanout_LCC、Fanout_SOIC、Fanout_Small、Fanout_Default，如图 8－19 所示。

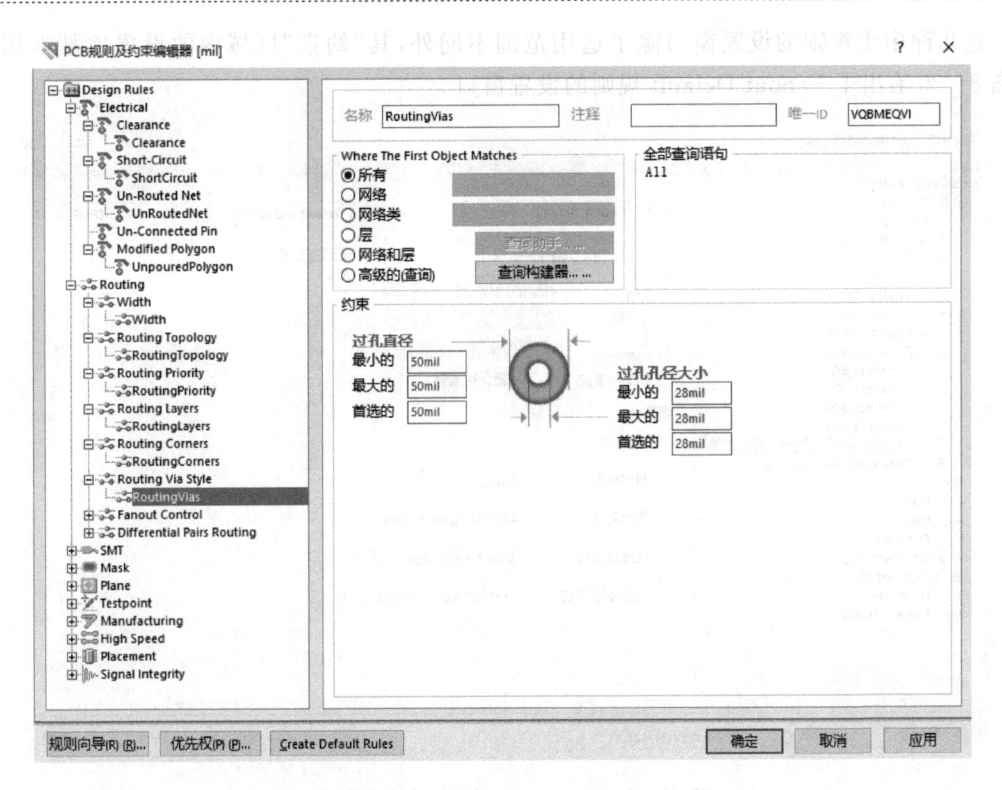

图 8－18　Routing Via Style 子规则设置窗口

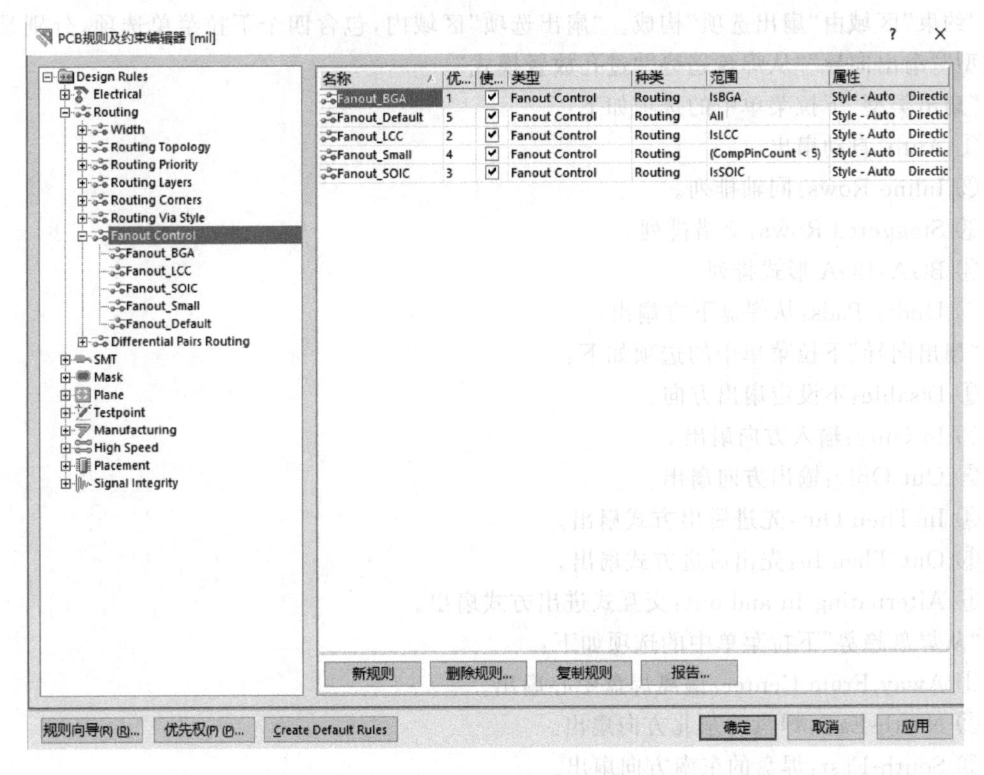

图 8－19　系统给出的默认扇出规则

这几种扇出规则的设置窗口除了适用范围不同外，其“约束”区域内的设置项基本相同。如图 8-20 给出了 Fanout Default 规则的设置窗口。

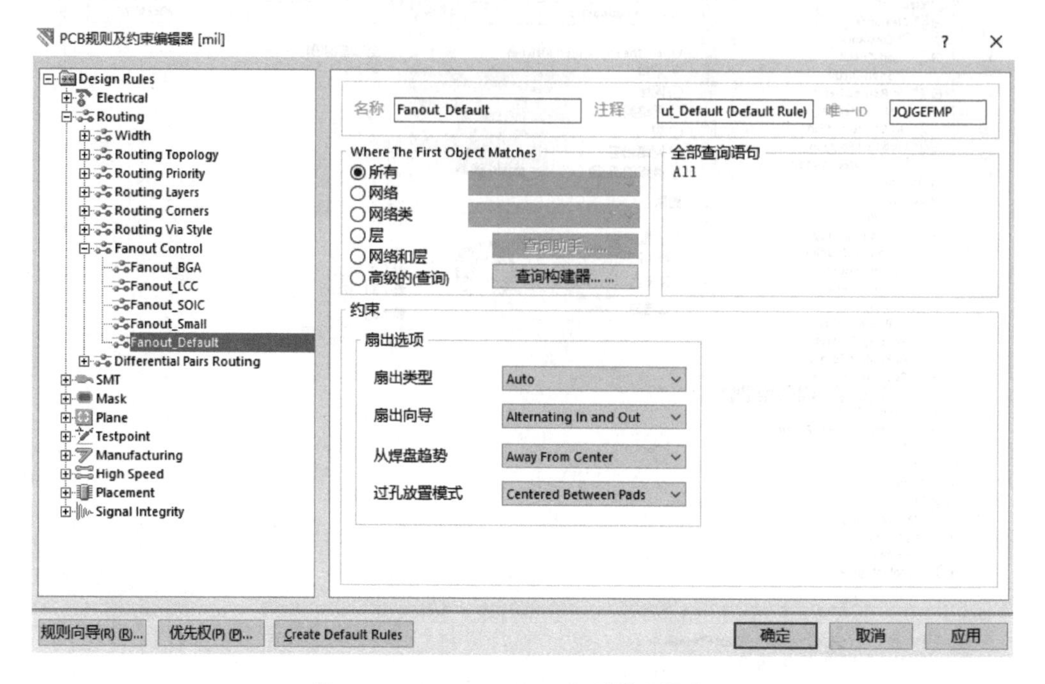

图 8-20 Fanout Default 规则的设置窗口

“约束”区域由“扇出选项”构成。“扇出选项”区域内，包含四个下拉菜单选项，分别是“扇出类型”“扇出向导”“从焊盘趋势”“过孔放置模式”。

“扇出类型”下拉菜单中的选项如下：

① Auto：自动扇出。

② Inline Rows：同轴排列。

③ Staggered Rows：交错排列。

④ BGA：BGA 形式排列。

⑤ Under Pads：从焊盘下方扇出。

“扇出向导”下拉菜单中的选项如下：

① Disable：不设定扇出方向。

② In Only：输入方向扇出。

③ Out Only：输出方向扇出。

④ In Then Out：先进后出方式扇出。

⑤ Out Then In：先出后进方式扇出。

⑥ Alternating In and out：交互式进出方式扇出。

“从焊盘趋势”下拉菜单中的选项如下：

① Away From Center：偏离焊盘中心扇出。

② North-East：焊盘的东北方向扇出。

③ South-East：焊盘的东南方向扇出。

④ South-West：焊盘的西南方向扇出。

⑤ North-West：焊盘的西北方向扇出。

⑥ Towards Center：正对焊盘中心方向扇出。

“过孔放置模式”下拉菜单中的选项如下：

① Close To Pad(Follow Rules)：遵从规则的前提下，过孔靠近焊盘放置。

② Centered Between Pads：过孔放置在焊盘之间。

(8) Differential Pairs Routing 子规则

Differential Pairs Routing 子规则主要用于对一组差分对设置相应的参数，其设置窗口如图 8-21 所示。

在“约束”区域内，需对差分对内部两个网络之间的最小间隙(Min Gap)、最大间隙(Max Gap)、优选间隙(Preferred Gap)及最大非耦合长度(Max Uncoupled Length)进行设置，以便在交互式差分对布线器中使用，并在 DRC 校验中进行差分对布线的验证。

选中“仅层堆栈里的层”复选框，下面的列表中只是显示图层堆栈中定义的工作层。

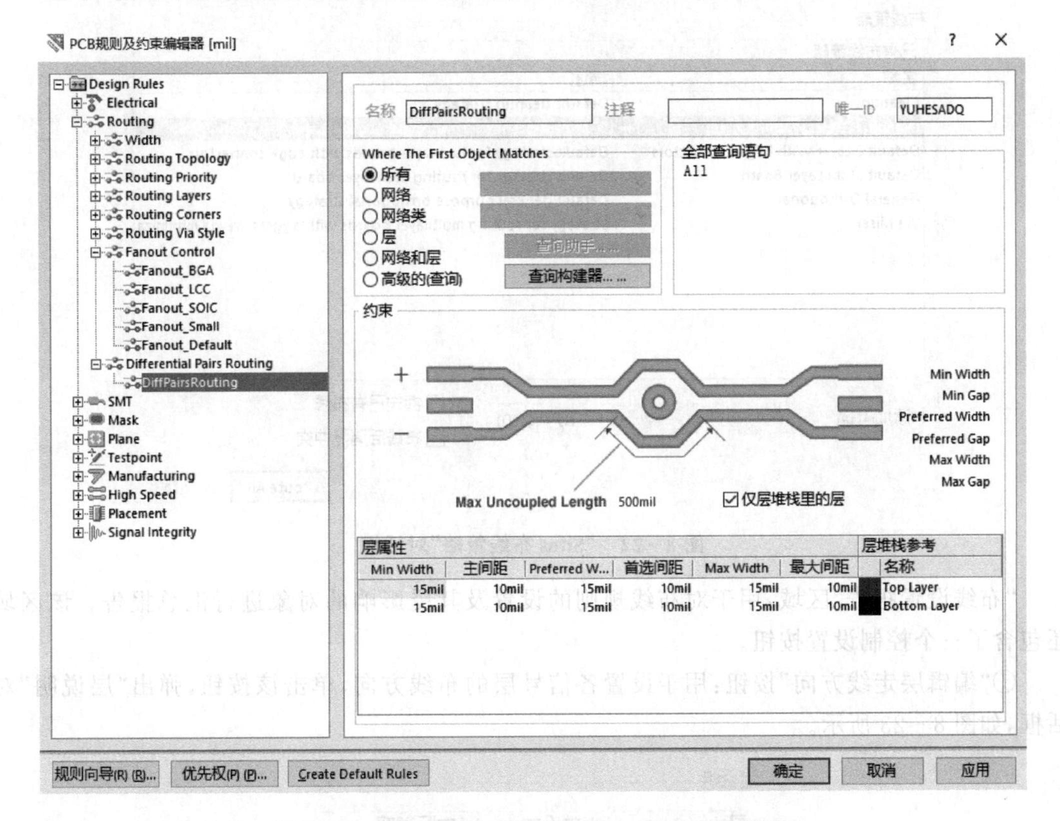

图 8-21　Differential Pairs Routing 子规则设置窗口

8.3.2　自动布线

1. All 方式

布线参数设置完毕后，读者就可以利用 AD17 提供的自动布线器进行自动布线，选择“自动布线”→“全部”命令。此时系统弹出“Situs 布线策略”对话框，如图 8-22 所示。

该对话框分为上下两个区域，分别是“布线设置报告”区域和“布线策略”区域。

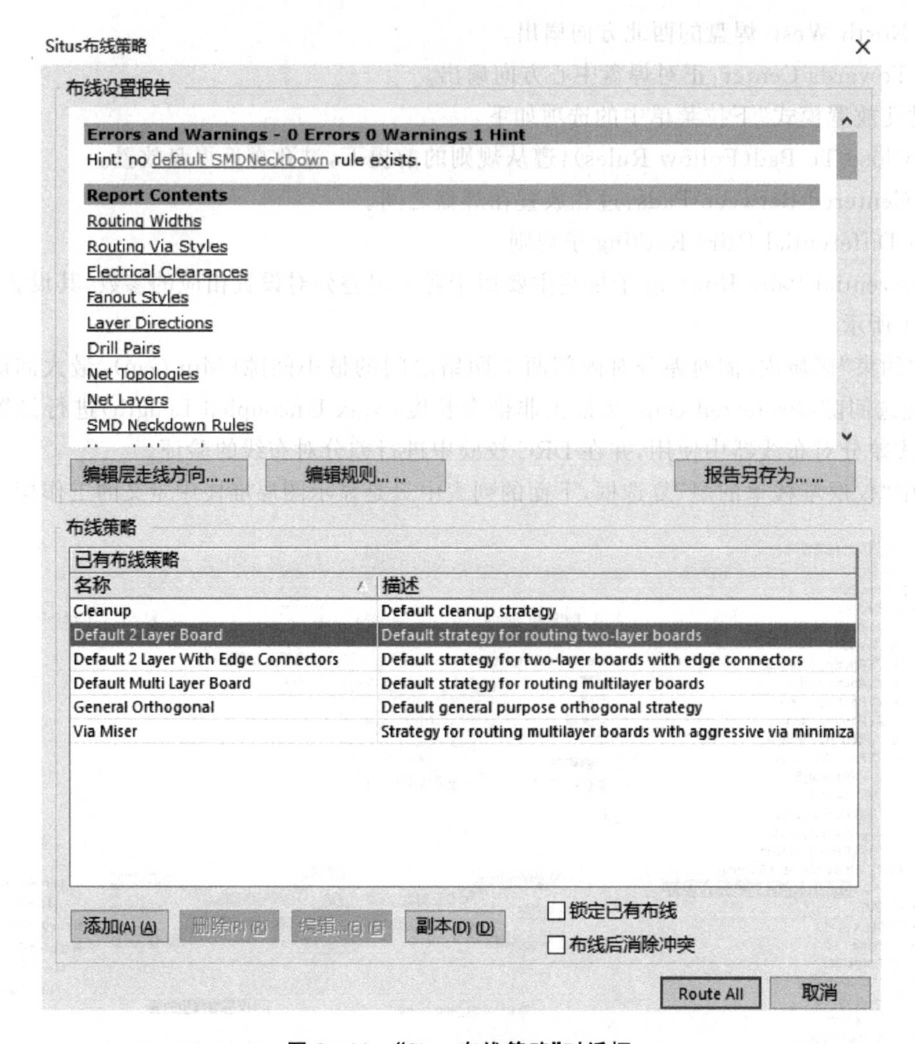

图 8-22 “Situs 布线策略”对话框

“布线设置报告”区域：用于对布线规则的设置及其受影响的对象进行汇总报告。该区域还包含了三个控制设置按钮。

①“编辑层走线方向”按钮：用于设置各信号层的布线方向，单击该按钮，弹出“层说明”对话框，如图 8-23 所示。

图 8-23 “层说明”对话框

由图 8-23 可以看出，顶层的走线是沿水平方向的，而底层的走线是沿垂直方向的，它们的走线方向都设定为自动。这里读者还可以做进一步的设置。

②“编辑规则”按钮：单击该按钮，可以打开“PCB 规则及约束编辑器”对话框，对于各项规则可以继续进行修改或设置。

③“报告另存为”按钮：单击该按钮，可将规则报告导出并以后缀为“.htm”文件保存。

“布线策略”区域：用于选择可用的布线策略或编辑新的布线策略。系统提供了如下几种默认的布线策略。

① Cleanup：默认优化的布线策略。

② Default 2 Layer Board：默认的双面板布线策略。

③ Default 2 Layer with Edge Connectors：默认具有边缘连接器的双面板布线策略。

④ Default Multi Layer Board：默认的多层板布线策略。

⑤ General Orthogonal：默认的常规正交布线策略。

⑥ Via Miser：默认尽量减少过孔使用的多层板布线策略。

该窗口的下方还包括两个复选框。

①“锁定已有布线”复选框：选中该复选框，表示可将 PCB 上原有的预布线锁定，在开始自动布线过程中自动布线器不会更改原有预布线。

②“布线后消除冲突”复选框：选中该复选框，表示重新布线后，系统可以自动地删除原有的布线。

如果系统提供的默认布线策略不能满足读者的设计要求，可以单击“添加”按钮，打开“Situs 策略编辑器”对话框，如图 8－24 所示。

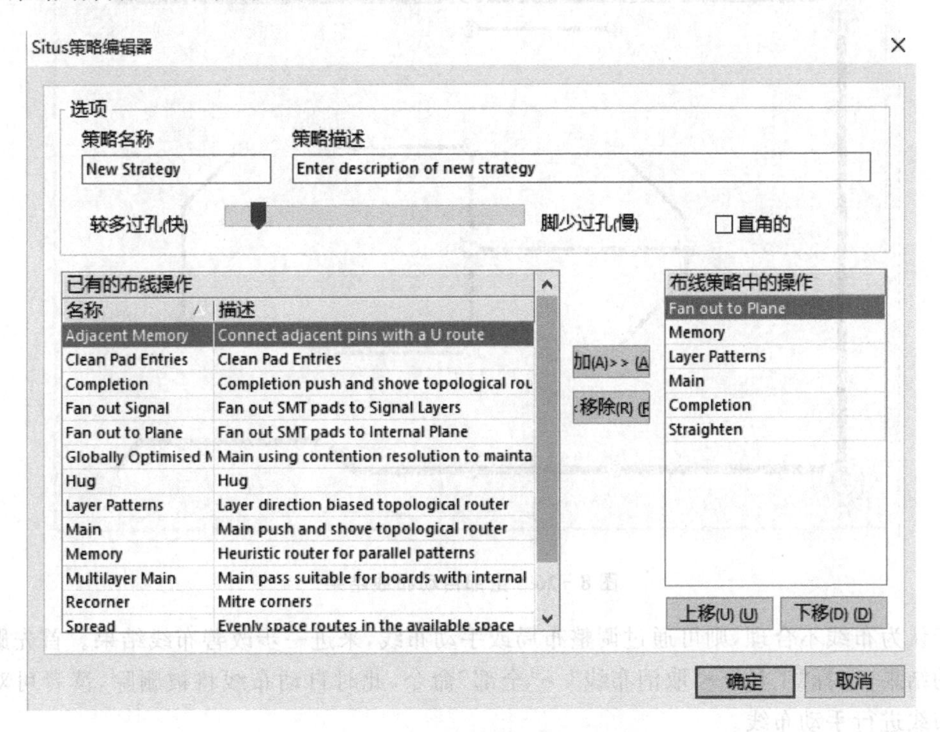

图 8－24　“Situs 策略编辑器”对话框

在该对话框中读者可以编辑新的布线策略或设定布线时的速度。

在设定好所有的布线策略后，单击 Route All 按钮，开始对 PCB 全局进行自动布线。在布线的同时系统的 Messages 面板会同步给出布线的状态信息，如图 8－25 所示。

Messages

Class	Document	Source	Message	Time	Date	N..
Ro...	基本放大...	Situs	Calculating Board Density	18:45:55	2016/6/18	8
Sit...	基本放大...	Situs	Completed Layer Patterns in 0 Seconds	18:45:55	2016/6/18	9
Sit...	基本放大...	Situs	Starting Main	18:45:55	2016/6/18	10
Ro...	基本放大...	Situs	Calculating Board Density	18:45:55	2016/6/18	11
Sit...	基本放大...	Situs	Completed Main in 0 Seconds	18:45:55	2016/6/18	12
Sit...	基本放大...	Situs	Starting Completion	18:45:55	2016/6/18	13
Sit...	基本放大...	Situs	Completed Completion in 0 Seconds	18:45:55	2016/6/18	14
Sit...	基本放大...	Situs	Starting Straighten	18:45:55	2016/6/18	15
Sit...	基本放大...	Situs	Completed Straighten in 0 Seconds	18:45:55	2016/6/18	16
Ro...	基本放大...	Situs	12 of 12 connections routed (100.00%) in 1 ...	18:45:56	2016/6/18	17
Sit...	基本放大...	Situs	Routing finished with 0 contentions(s). Fail...	18:45:56	2016/6/18	18

图 8－25 布线状态信息

关闭信息窗口，可以看到布线的结果如图 8－26 所示。

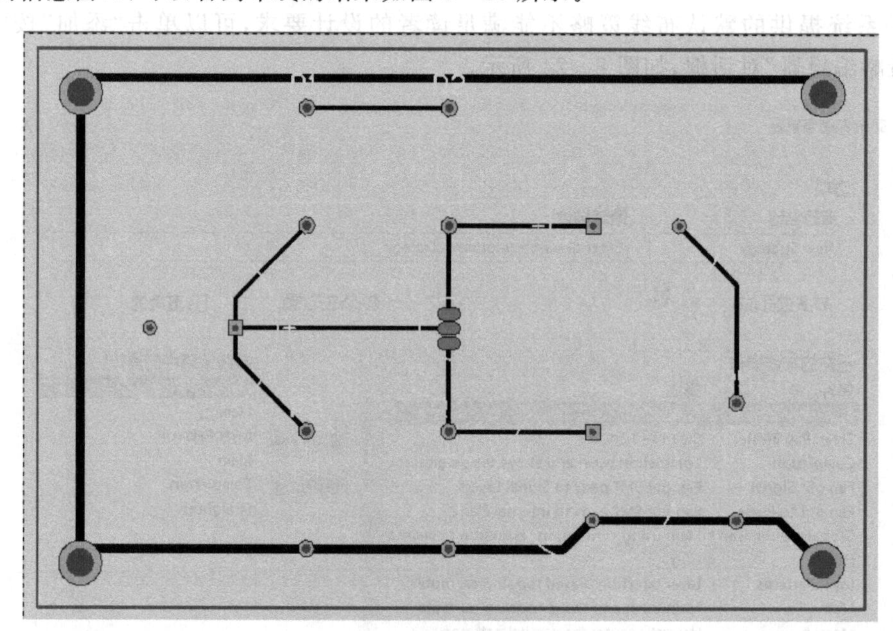

图 8－26 全部自动布线结果

若认为布线不合理，则可通过调整布局或手动布线，来进一步改善布线结果。首先删除刚布线的结果，选择“工具”→“取消布线”→“全部”命令，此时自动布线将被删除，读者可对不满意的布线进行手动布线。

2. Net 方式

Net 方式布线，即读者可以网络为单元，对 PCB 进行布线。以基本放大电路为例，首先对

GND 网络进行布线，然后对剩余的网络进行全 PCB 自动布线。

首先，查找 GND 网络，读者可使用“过滤器”工具栏查找，如图 8－27 所示。

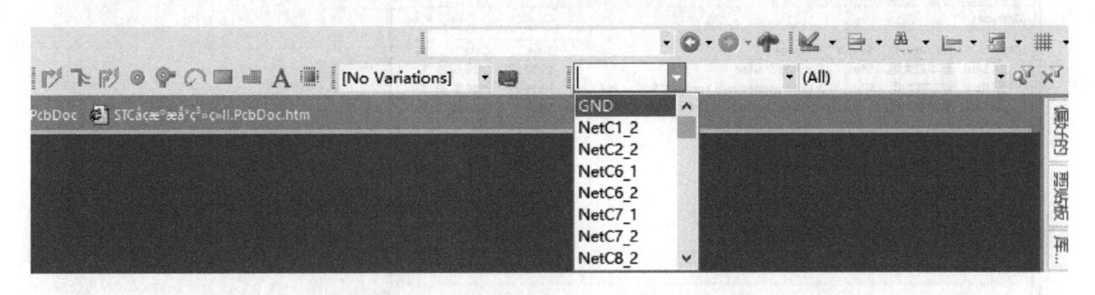

图 8－27　使用“过滤器”工具栏查找网络

在 PCB 编辑环境中，所有的 GND 网络以高亮状态显示，如图 8－28 所示。

选择“自动布线”→“网络”命令，此时光标以十字形式出现，在 GND 网络的飞线上左击，系统弹出 Messages 对话框，同时对 GND 网络进行单一网络自动布线操作，右击结束布线操作，结果如图 8－29 所示。布线结束后关闭 Messages 对话框即可。

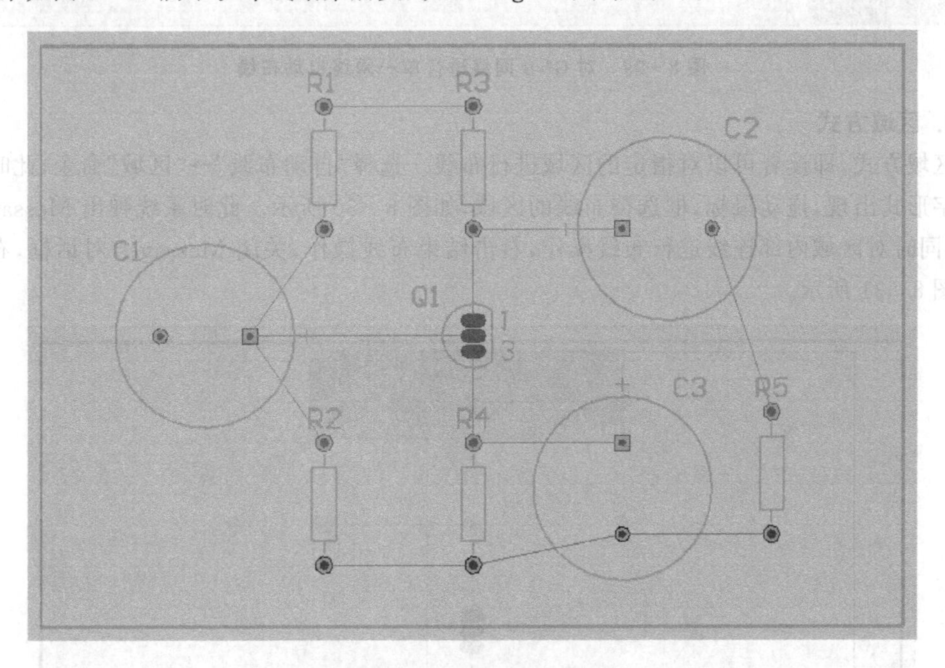

图 8－28　显示 GND 网络

按 Shift＋C 键清除当前过滤器。接着对剩余电路进行布线，选择“自动布线”→“全部”命令，在弹出的“Situs 布线策略”对话框中选中“锁定已有布线”复选框。然后单击 Route All 按钮对剩余网络进行布线。

3. 连接方式

连接方式，即读者可以对指定的飞线进行布线。选择“自动布线”→“连接”命令，此时光标以十字形式出现，在期望布线的飞线上左击，即可对这一飞线进行单一连线自动布线操作。

将期望布线的飞线布置完成后，即可对剩余网络进行布线。

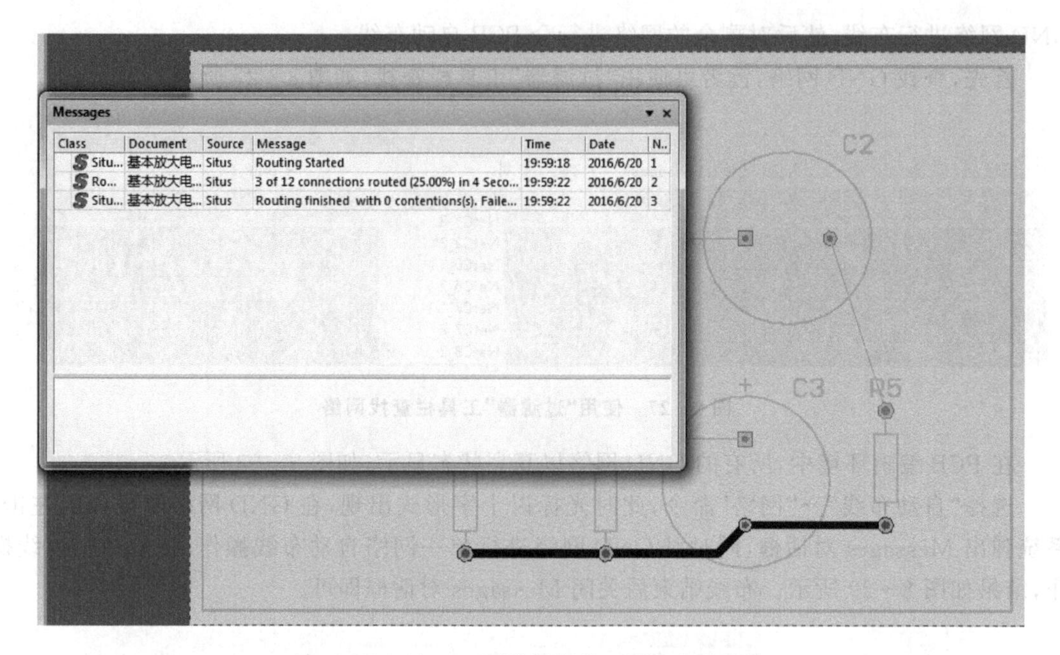

图 8-29　对 GND 网络进行单一网络自动布线

4. 区域方式

区域方式，即读者可以对指定的区域进行布线。选择“自动布线”→“区域”命令，此时光标以十字形式出现，拖动鼠标，框选待布线的区域，如图 8-30 所示。此时系统弹出 Messages 对话框，同时对区域内部连线进行布线操作，右击结束布线操作，关闭 Messages 对话框，布线结果如图 8-31 所示。

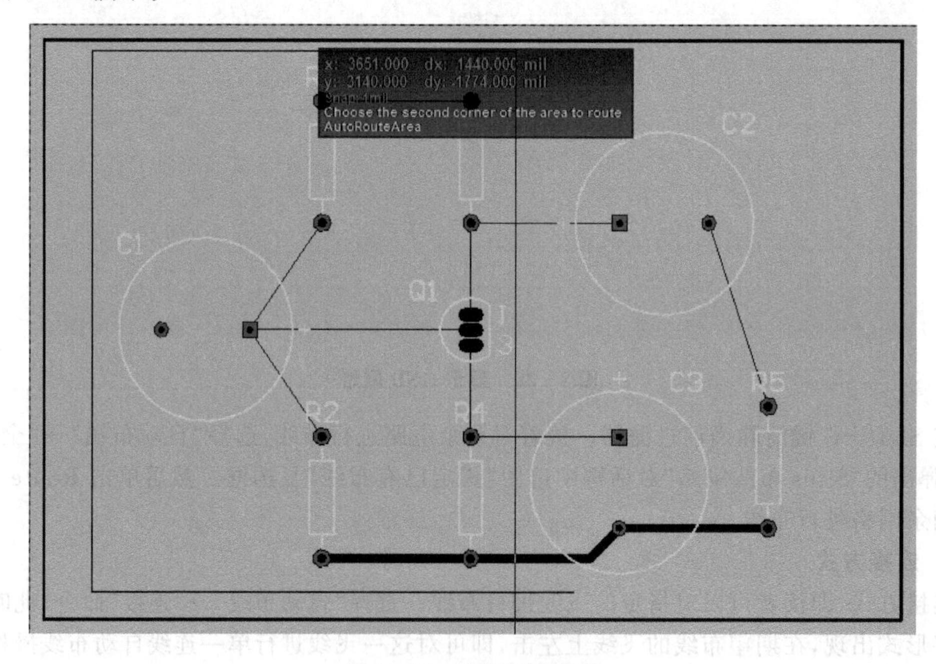

图 8-30　确定布线区域

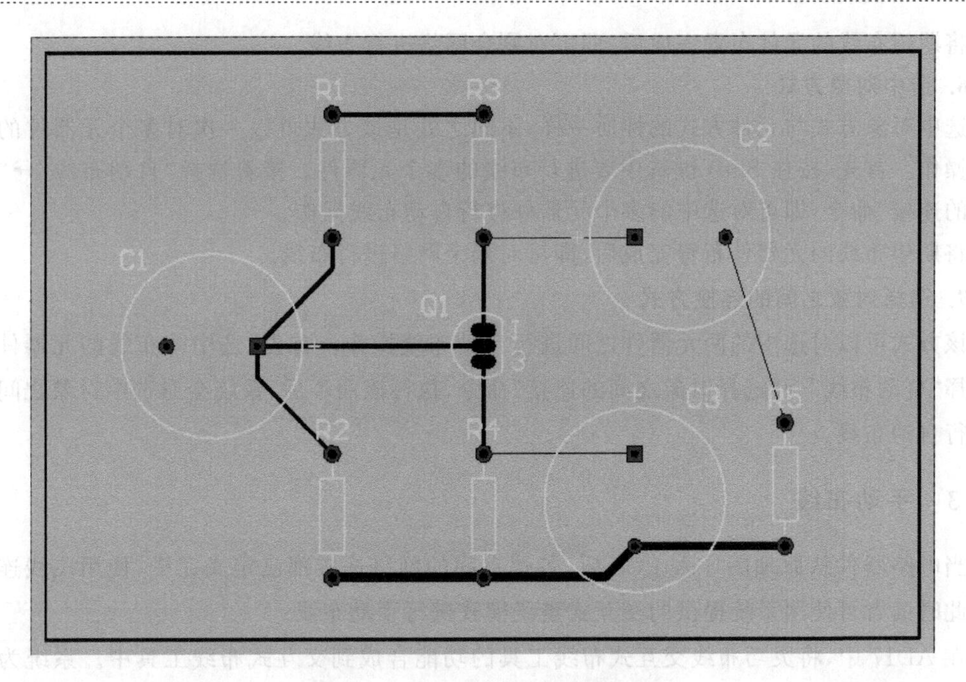

图 8-31　对单一区域进行布线操作

5. 元件方式

元件方式，即读者可以对指定的元件进行布线。选择“自动布线”→“元件”命令，此时光标以十字形式出现，在期望布线的元件（这里以器件 C2 为例）上左击，即可对这一元件的网络进行单一连线自动布线操作，布线结果如图 8-32 所示。

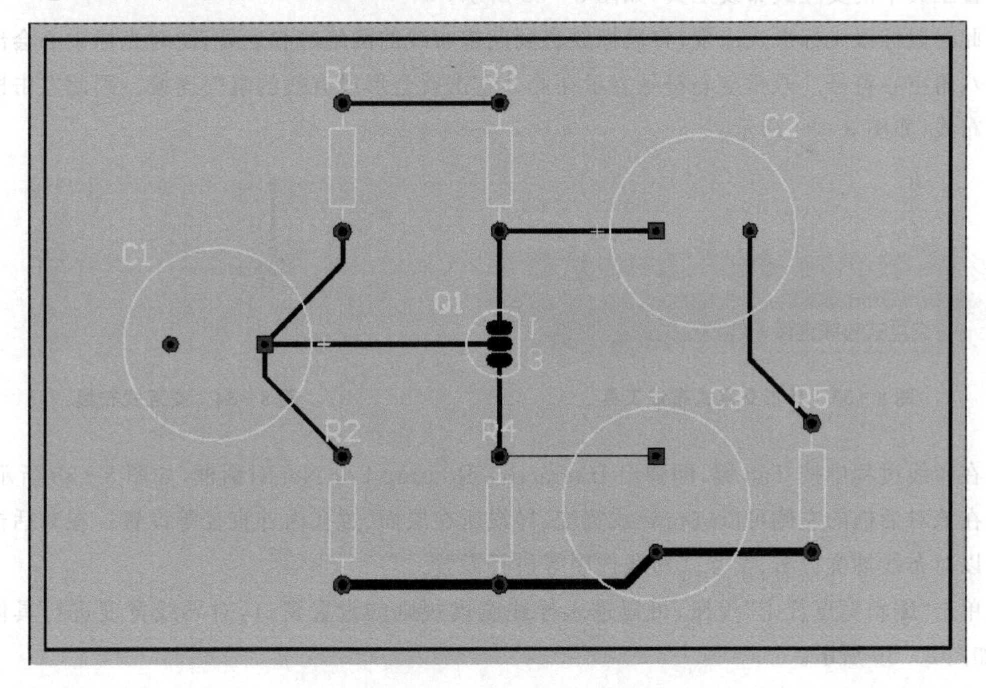

图 8-32　对单一元件进行自动布线操作

将期望布线的元件布置完成后，即可对剩余网络进行布线。

6. 选中对象方式

选中对象方式与元件方式的性质一样，不同之处是该方式可以一次对多个元器件的布线进行操作。首先，按住 Shift 键选中要进行布线的多个元器件。接着选择“自动布线”→“选中对象的连接”命令，即可对选中的多个元器件进行自动布线操作。

将期望布线的元器件布置完成后，即可对剩余网络进行布线。

7. 选择对象之间的连接方式

该方式可以对选中的两元器件之间进行自动布线操作。首先，选中待布线的元器件。接着选择“自动布线”→“选择对象之间的连接”命令，执行该命令后，系统会对选中对象之间的连接进行自动布线。

8.3.3 手动布线

当电路器件从原理图导入 PCB 后，各焊点间的网络连接都已定义完毕(使用飞线连接网络)，此时读者可使用系统提供的交互式走线模式进行手动布线。

在 AD17 中，将灵巧布线交互式布线工具的功能合成到交互式布线工具中。系统为设计者提供了非自动、自动两种不同的连接完成模式。

1. 非自动完成模式下的布线

非自动完成模式下，布线过程中系统只是给出从连接点到当前光标位置的路径。打开“基本放大电路”文件夹，打开“基本放大电路. PrjPcb”工程中的“基本放大电路. PcbDoc”文件，单击放置工具中的交互式布线工具，如图 8－33 所示。

此时鼠标以光标形式出现，将鼠标放置到期望布线的网络的起点处，此时光标中心会出现一个八角空心符号。八角空心符号表示在此处左击就会形成有效的电气连接。因此左击即可开始布线，如图 8－34 所示。

图 8－33 单击交互式布线工具

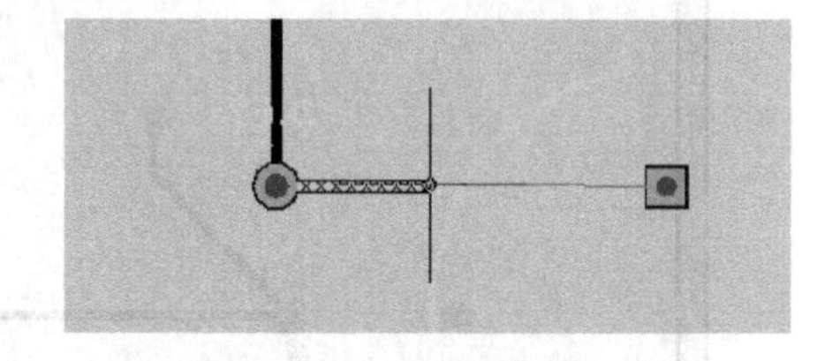

图 8－34 交互式布线

在布线过程中按 Tab 键，即弹出 Interactive Routing For Net 对话框，如图 8－35 所示。

在该对话框的左侧可以进行导线宽度、导线所在层面、过孔内外直径等设置。在对话框右侧可以对布线冲突分析、交互式布线选项等进行设置。

单击“编辑宽度规则”按钮，可以进入导线宽度规则的设置窗口，对导线宽度进行具体设置，如图 8－36 所示。

单击“编辑过孔规则”按钮，可以进入过孔规则的设置窗口，对过孔规则进行具体设置，如图 8－37 所示。

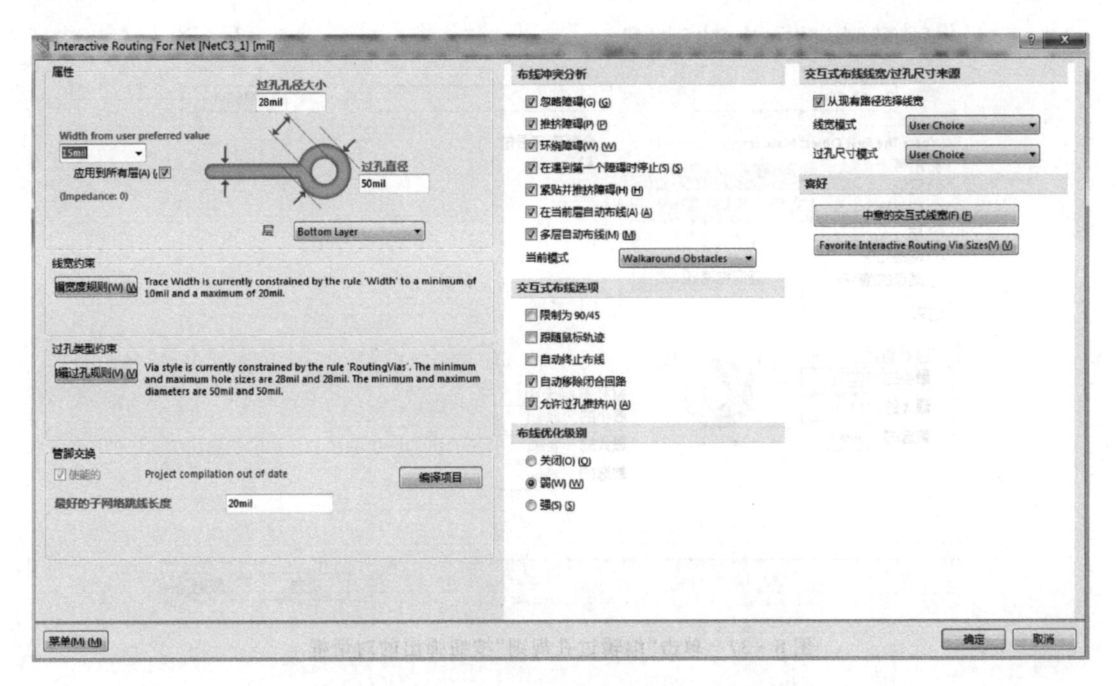

图 8 - 35　Interactive Routing For Net 对话框

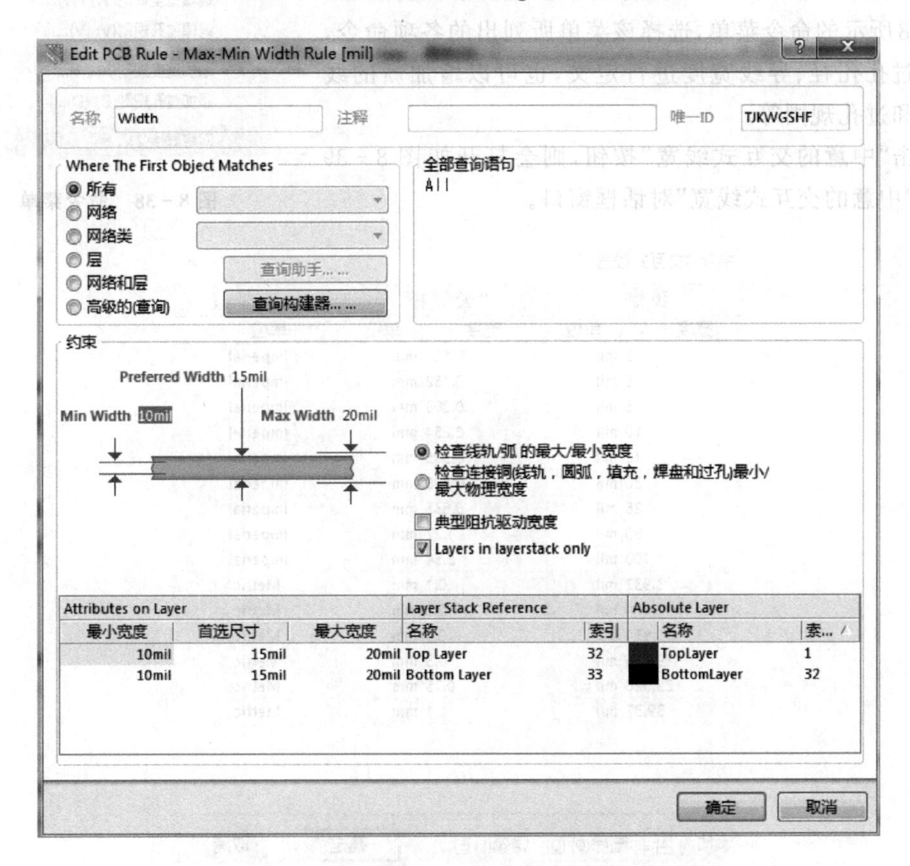

图 8 - 36　单击“编辑宽度规则”按钮弹出的对话框

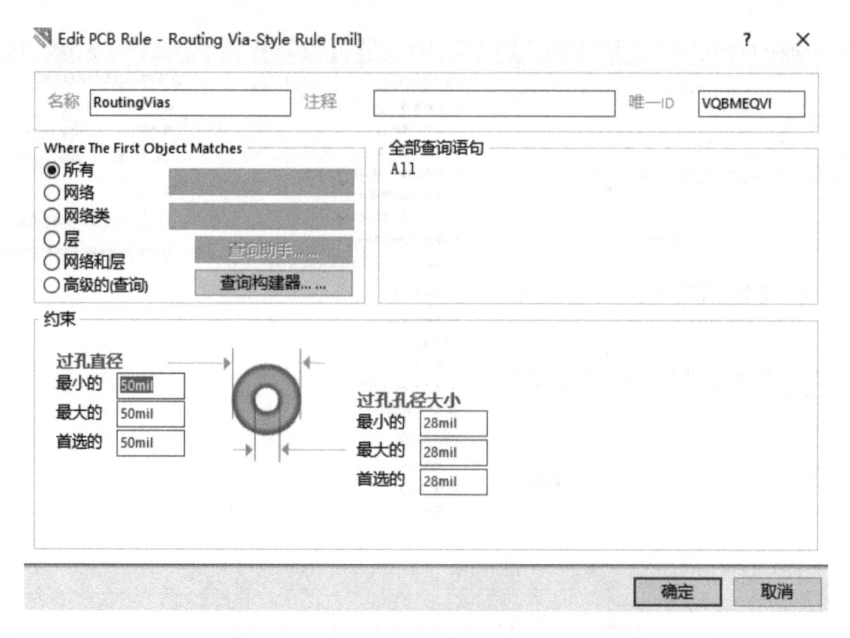

图 8-37　单击"编辑过孔规则"按钮弹出的对话框

单击对话框最下方的"菜单"按钮，可以打开如图 8-38所示的命令菜单，选择该菜单所列出的各项命令，可以对过孔孔径、导线宽度进行定义，也可以增加新的线宽规则和过孔规则等。

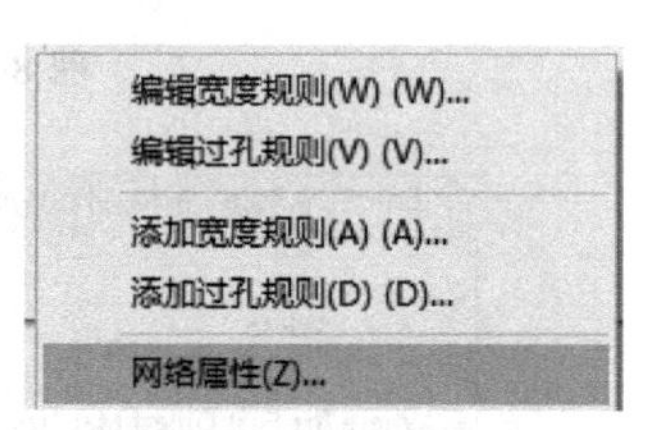

图 8-38　命令菜单

单击"中意的交互式线宽"按钮，则会打开如图 8-39所示的"中意的交互式线宽"对话框窗口。

中意的交互式线宽

英制		&公制的		系统单位
宽度	单位	宽度	单位	单位
5	mil	0.127	mm	Imperial
6	mil	0.152	mm	Imperial
8	mil	0.203	mm	Imperial
10	mil	0.254	mm	Imperial
12	mil	0.305	mm	Imperial
20	mil	0.508	mm	Imperial
25	mil	0.635	mm	Imperial
50	mil	1.27	mm	Imperial
100	mil	2.54	mm	Imperial
3.937	mil	0.1	mm	Metric
7.874	mil	0.2	mm	Metric
11.811	mil	0.3	mm	Metric
19.685	mil	0.5	mm	Metric
29.528	mil	0.75	mm	Metric
39.37	mil	1	mm	Metric

图 8-39　"中意的交互式线宽"对话框窗口

在该窗口中，给出了公制和英制相对应的若干导线的宽度值，在不超出导线宽度规则设定范围的前提下，读者在放置导线时可以随意选用。选中要设定的值后，单击“确定”按钮，即可设定为当前所布线的线宽。

单击 Favorite Interactive Routing Via Sizes 按钮，会打开如图 8－40 所示的 Favorite Interactive Via Sizes 对话框窗口。

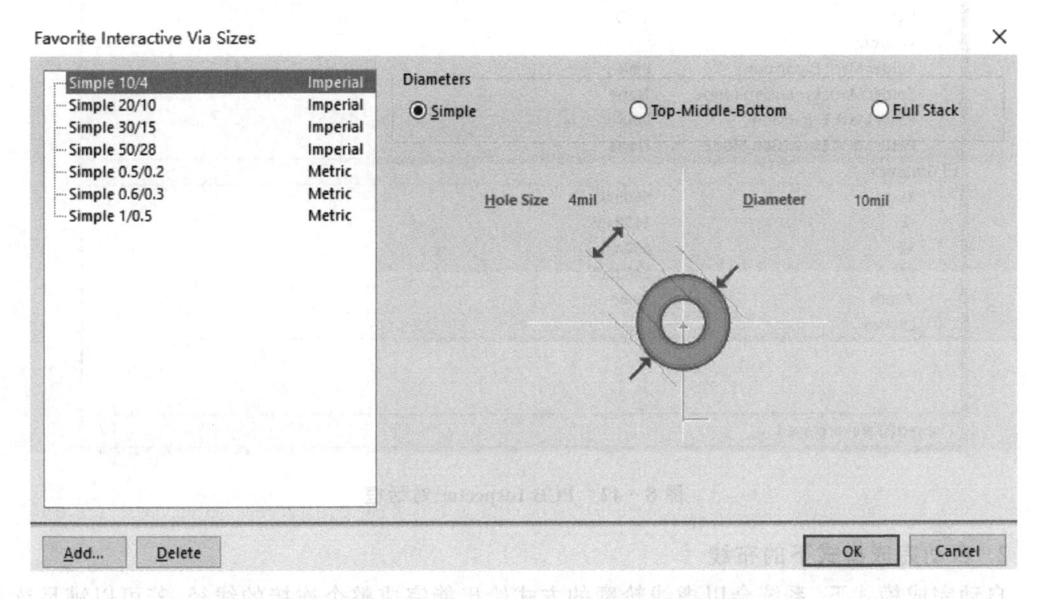

图 8－40　Favorite Interactive Via Sizes 对话框

在该窗口中，给出了公制和英制相对应的若干过孔的孔径值，在不超出过孔孔径规则设定范围的前提下，读者在放置过孔时可以随意选用。选中要设定的值后，单击 OK 按钮，即可设定为当前放置过孔的尺寸。

设置完成后，单击“确定”按钮确认设置。

将鼠标移动到另一点待连接的焊盘处，左击，完成一次布线操作，如图 8－41 所示。

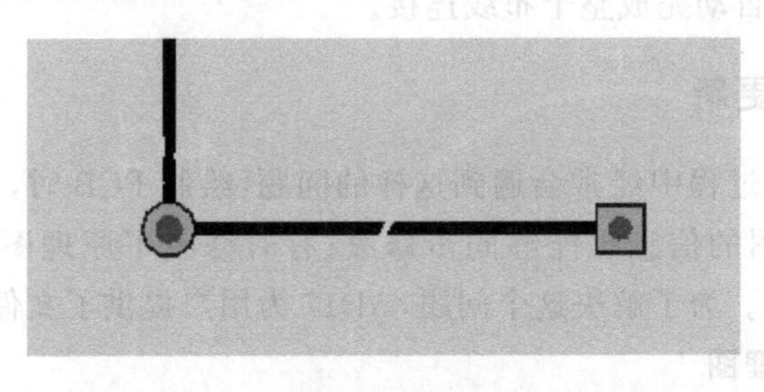

图 8－41　交互式布线方式连接网络

当绘制好铜膜走线后，希望再次调整铜膜走线的属性时，读者可双击绘制完毕的铜膜走线，此时系统将弹出 PCB Inspector 对话框，如图 8－42 所示。

在 PCB Inspector 对话框中，读者可编辑铜膜走线的宽度、所在层、所在网络及其位置等信息。

按照上述方式布线，即可完成 PCB 板的布线。

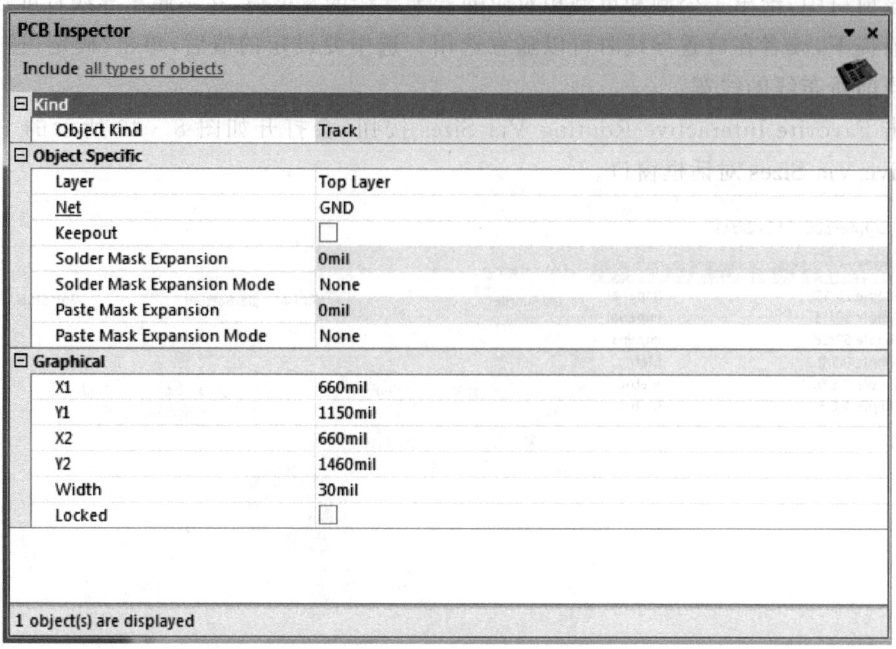

PCB Inspector

Include all types of objects

Kind	
Object Kind	Track
Object Specific	
Layer	Top Layer
Net	GND
Keepout	☐
Solder Mask Expansion	0mil
Solder Mask Expansion Mode	None
Paste Mask Expansion	0mil
Paste Mask Expansion Mode	None
Graphical	
X1	660mil
Y1	1150mil
X2	660mil
Y2	1460mil
Width	30mil
Locked	☐

1 object(s) are displayed

图 8-42　PCB Inspector 对话框

2. 自动完成模式下的布线

自动完成模式下，系统会以虚线轮廓的方式给出能完成整个连接的线径，若可以满足读者的设计要求，只需按下 Ctrl 键，同时左击，即可完成整个路径的布线。单击放置工具中的交互式布线工具，此时鼠标以光标形式出现，将鼠标放置到期望布线的网络的起点处，此时光标中心会出现一个八角空心符号。

左击，拖动鼠标，开始布线。此时可以看到，编辑窗口内显示了两种不同的线段，一种是从起点到当前光标位置处的实线段，另一种是系统以细实线轮廓显示所提供的布线路径。按下 Ctrl 键，同时左击，即可自动完成整个布线连接。

8.3.4　文件的双向更新

设计人员在设计的过程中经常会遇到这样的问题：绘制 PCB 时，会对元器件封装等做一些修改，这时希望原理图的信息也能够同步修改；有时修改了原理图的连线或封装等，希望 PCB 也能够相应地修改。为了解决这个问题，AD17 为用户提供了文件的双向更新功能。

1. 从 PCB 更新原理图

在 PCB 编辑环境下，选择“设计”→“Update Schematics in *.PrjPcb”命令，系统会弹出提示对话框，单击 Yes 按钮，弹出“工程更改顺序”对话框。在该对话框中显示了所有的更改信息，单击“执行更改”按钮，原理图中的相关信息就会被自动更新。

2. 从原理图更新 PCB

在原理图编辑环境下，选择“设计”→“Update PCB Document *.PcbDoc”命令，系统会弹出“工程更改顺序”对话框，在该对话框中同样显示了所有的更改信息，单击“执行更改”按钮，PCB 中的相关信息就会被自动更新。

8.4 PCB 抗干扰处理

布线工作完成之后,电路板制作的主要工作就已经完成了。但有经验的设计人员还会对 PCB 板进行一些必备的其他操作,如补泪滴、包地、敷铜等。通过这些基本的设计操作,可以极大地提高电路板的抗干扰性能。

8.4.1 补泪滴

PCB 板在装配或焊接元器件的时候,经常会出现焊盘脱落或与焊盘连接的走线断裂的情况,可见焊盘与铜膜导线的连接处比较脆弱。为了防止断裂现象的发生,设计人员经常会在设计 PCB 板的时候,在焊盘与导线的过渡位置放置一个泪滴形状的导线段,以增强机械强度,通常称这种做法为补泪滴。

补泪滴的操作方法很简单,选择“工具”→“滴泪”命令,系统就会弹出 Teardrops 对话框,如图 8-43 所示。对话框包括 Working Mode、Objects、Options、Scope 四个区域,可以根据需要设置滴泪操作的工作模式、滴泪对象、操作选项、滴泪形状。

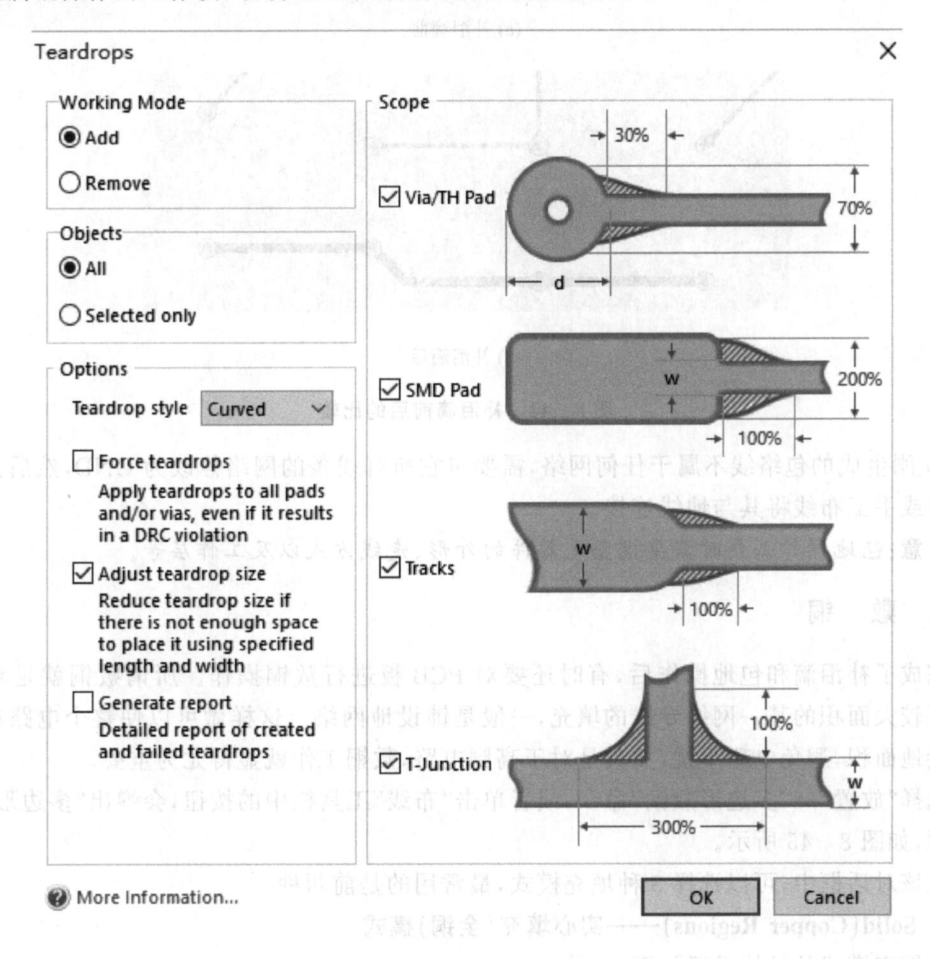

图 8-43 Teardrops 对话框

设置完相关的选项后，单击 OK 按钮，系统就会自动对 PCB 板进行补泪滴操作，如图 8-44 所示。

8.4.2 包 地

所谓包地，就是为了避免噪声干扰，在某些重要的信号走线周围额外地围一圈地线。具体操作方法如下：

① 选择“编辑”→“选中”→“网络”命令，将要包地的网络选中。

② 选择“工具”→“描画选择对象的外形”命令，选中网络的焊盘和导线即可被导线包围起来。

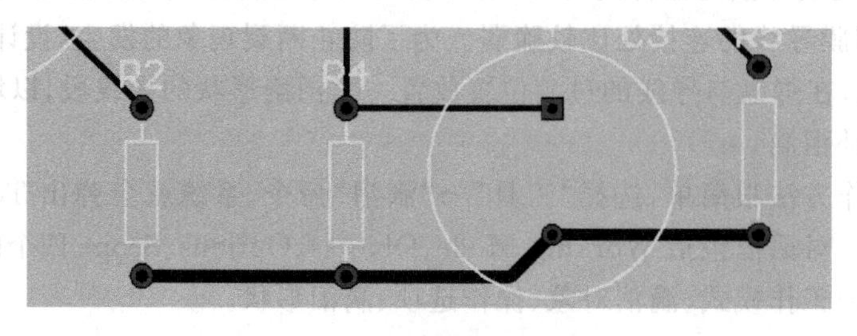

(a) 补泪滴前

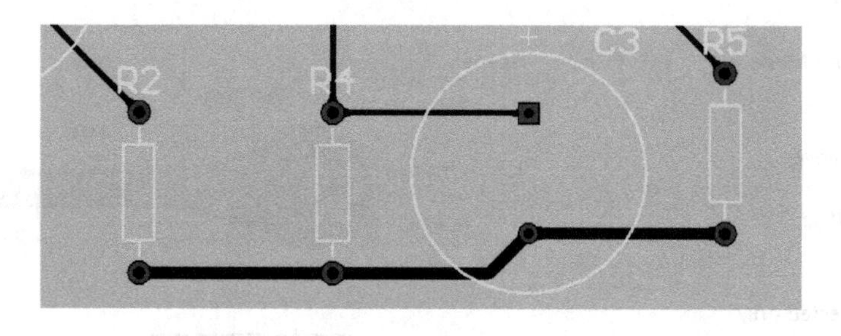

(b) 补泪滴后

图 8-44 补泪滴前后的比较

③ 刚生成的包络线不属于任何网络，需要将它所有线条的网络修改为 GND，然后执行自动布线或手工布线将其与地线连接。

注意：包地操作必要时需要调整元器件的外形、走线方式以及工作层等。

8.4.3 敷 铜

完成了补泪滴和包地操作后，有时还要对 PCB 板进行敷铜操作。所谓敷铜就是对 PCB 板进行较大面积的某一网络导线的填充，一般是铺设地网络。这样做可以使整个电路板有较大的接地面积，避免电磁干扰，尤其是对于高频电路，敷铜工作就显得尤为重要。

选择“放置”→“多边形敷铜”命令，或者单击“布线”工具栏中的按钮，会弹出“多边形敷铜”对话框，如图 8-45 所示。

在该对话框中，可以选择 3 种填充模式，最常用的是前两种。

1. Solid(Copper Regions)——实心填充(全铜)模式

该填充模式的具体设置如下：

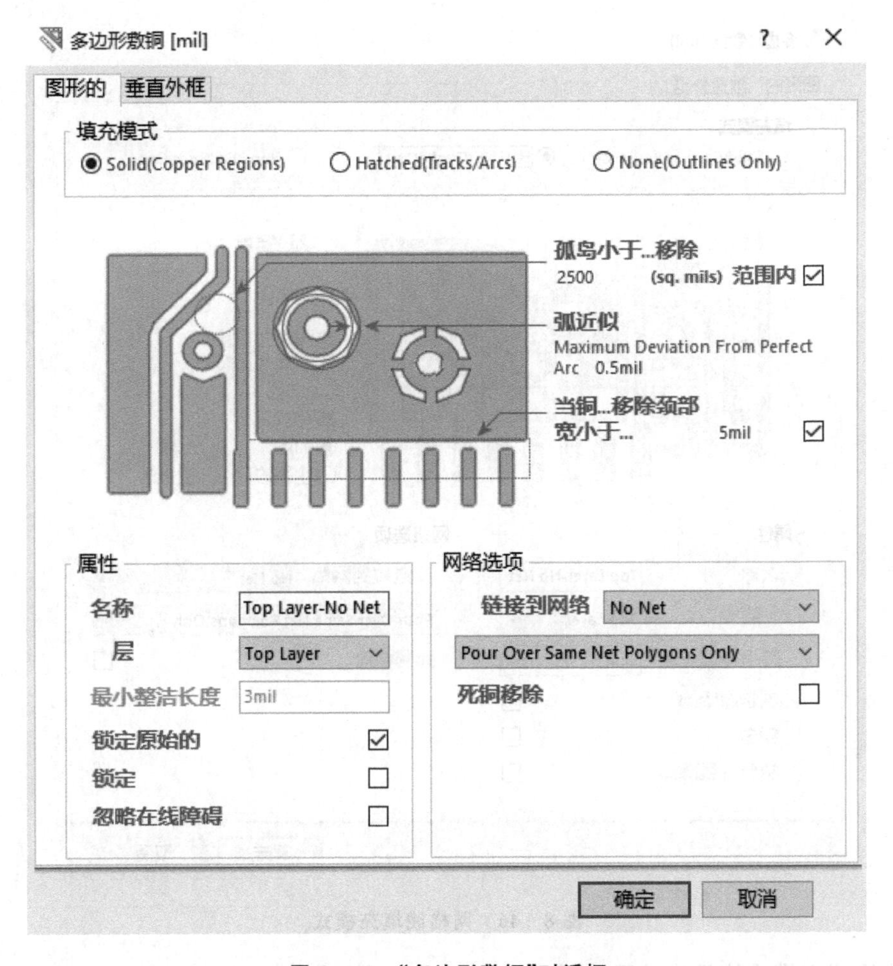

图 8-45　"多边形敷铜"对话框

①"孤岛小于…移除"：该选项的功能是删除小于指定面积的填充，可直接输入面积值。复选框选中时有效。

②"弧近似"：该选项用于设置弧线的近似值。

③"当铜…移除颈部"：该选项的功能是删除小于指定宽度的凹槽，可直接输入宽度值。复选框选中时有效。

④"属性"：该分组框用于设置敷铜的属性，包括名称、所在层、是否锁定、是否忽略障碍等选项。

⑤"网络选项"：该分组框用于设置敷铜连接到的网络，并有 3 个铺铜方式可供选择：

- Don't Pour Over Same Net Objects：不覆盖相同网络的对象。
- Pour Over All Same Net Objects：覆盖全部相同网络的对象。
- Pour Over Same Net Polygons Only：覆盖相同网络的敷铜。

⑥"死铜移除"：该复选框用于设置是否删除死铜。所谓死铜就是不能连接到指定网络上的孤立敷铜。

2. Hatched(Tracks/Arcs)——网格线填充(线条/弧)模式

选择该填充模式，如图 8-46 所示。

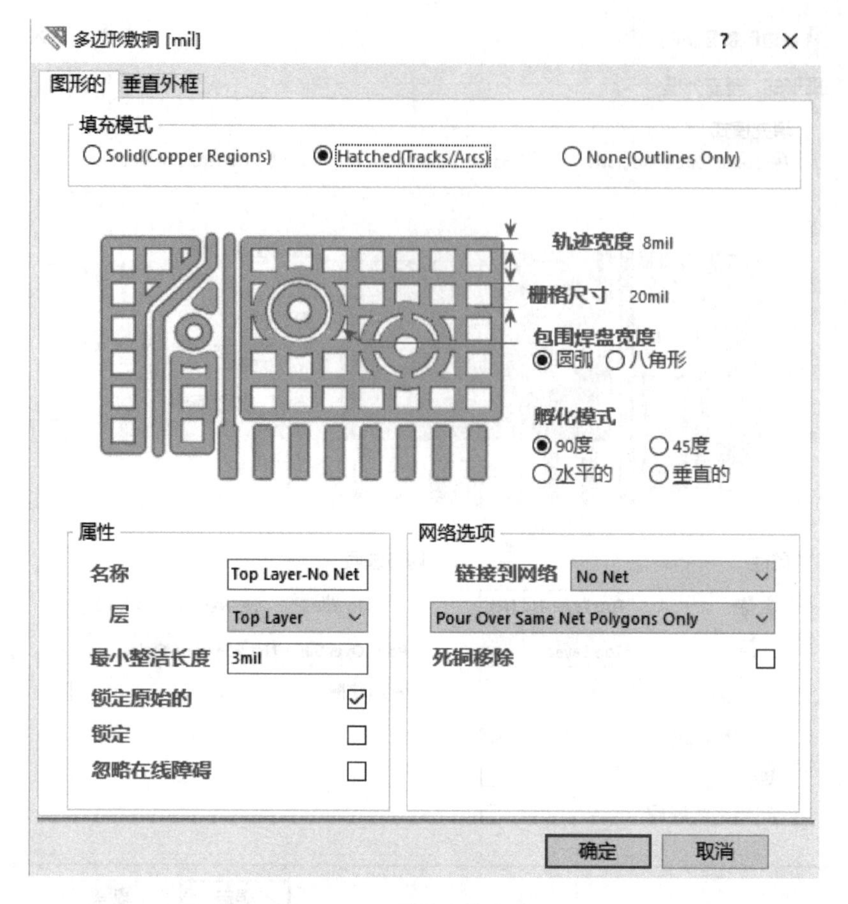

图 8-46 网格线填充模式

网格线填充模式的具体设置如下：

①“轨迹宽度”：该选项用来设置敷铜导线的宽度。

②“栅格尺寸”：该选项用来设置栅格的宽度。

③“包围焊盘宽度”：该选项用来设置包围焊盘的形状，有“圆弧”和“八角形”两个选项。

④“孵化模式”：该选项用来设置网格线的模式，有“90 度”“45 度”“水平的”“垂直的”4 个选项。

其他选项的设置与实心模式相同。

3. None(Outlines Only)——无填充(只有边框)模式

无填充模式如图 8-47 所示。该模式的敷铜只有边框，内部没有填充，各项设置与网格线填充模式相同。

按照前面的介绍完成“多边形敷铜”对话框的设置。在本例中，我们将填充模式设置为网格线填充，填充层设置为 Top Layer，填充网络设置为 GND，选中“死铜移除”复选框，其他各项都为默认值。然后单击“确定”按钮，光标会变成十字形，沿 PCB 板的电气边界选取填充区域，选取完毕右击结束操作，敷铜工作设置完毕，结果如图 8-48 所示。

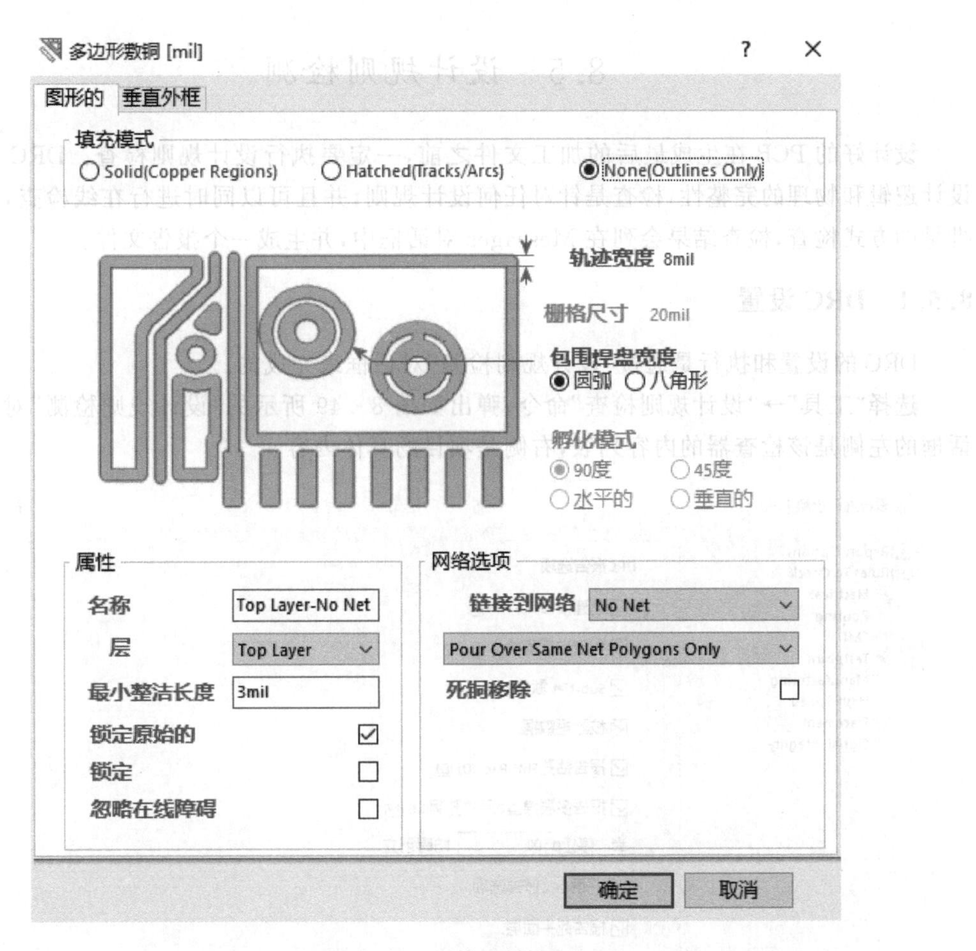

图 8－47　无填充模式

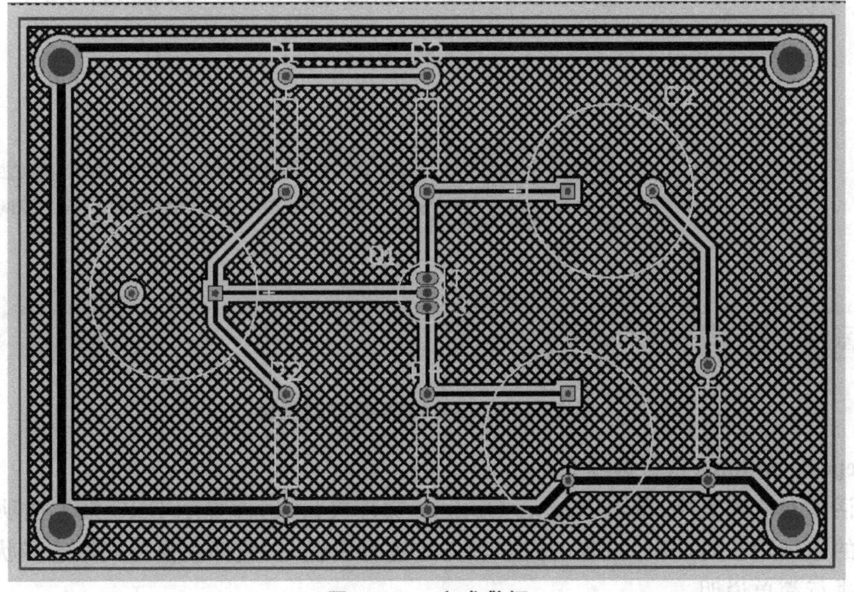

图 8－48　完成敷铜

8.5 设计规则检测

设计好的 PCB 在生成最后的加工文件之前，一定要执行设计规则检查。DRC 可以检查设计逻辑和物理的完整性，检查是针对任何设计规则，并且可以同时进行在线检查，同样适合批量的方式检查，检查结果会列在 Messages 对话框中，并生成一个报告文件。

8.5.1 DRC 设置

DRC 的设置和执行是通过“设计规则检测”对话框来完成的。

选择“工具”→“设计规则检查”命令，弹出如图 8-49 所示的“设计规则检测”对话框。对话框的左侧是该检查器的内容列表，右侧是项目的具体内容。

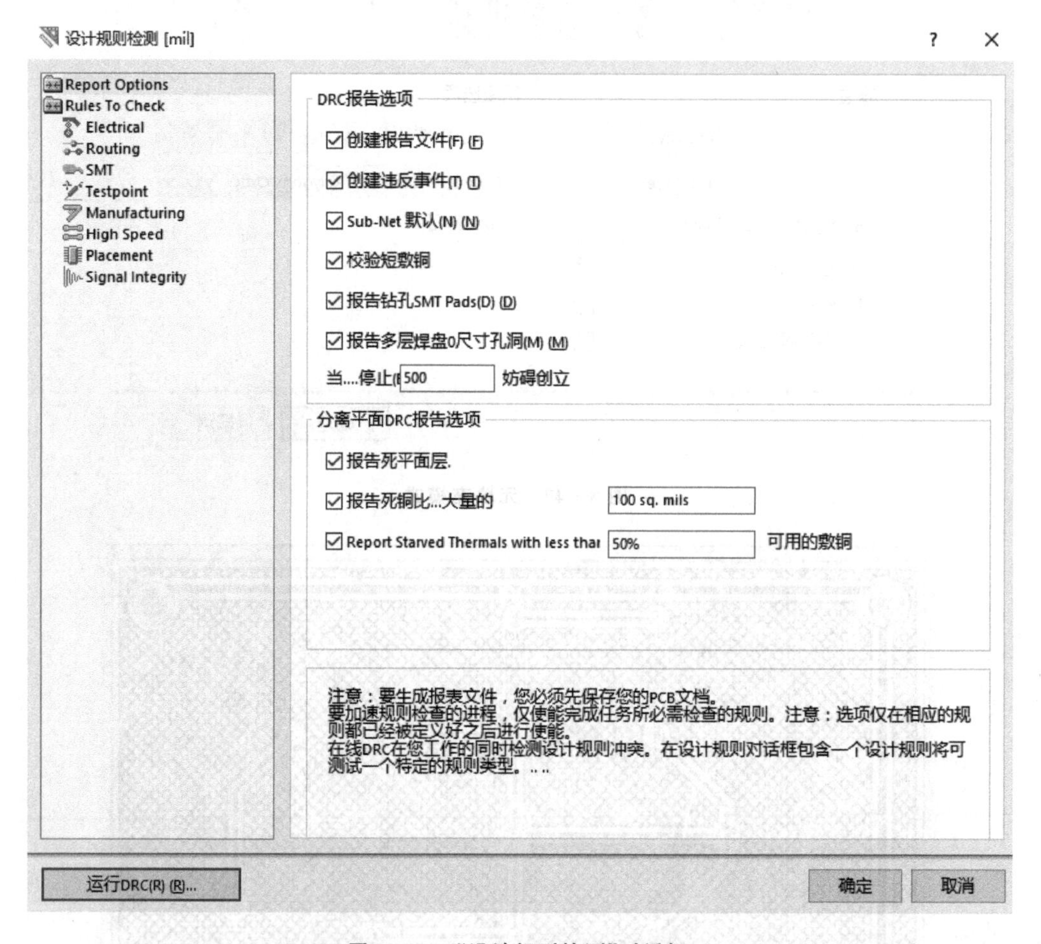

图 8-49 “设计规则检测”对话框

1. Report Options(报告选项)

在对话框左侧列表中，单击 Report Options 文件夹目录，即显示 DRC 报告选项的具体内容。这里的选项用于对 DRC 报告的内容和方式进行设置，一般都应保持默认选择状态。下面对前四项进行简单说明：

① “创建报告文件”复选框：运行批处理 DRC 后会自动生成报告文件(设计名.drc)。报告文件包含了本次 DRC 运行使用的规则、违规数量和细节。

② “创建违反事件”复选框：能在违规对象和违规消息之间建立连接，使用户可以直接通过 Message 面板中的违规消息进行错误定位，找到违规对象。

③ “Sub-Net 默认”复选框：对网络连接关系进行检查，并生成报告。

④ “校验短敷铜”复选框：对敷铜或非网络连接造成的短路进行检查。

2. Rules To Check(规则检查)

在对话框左侧列表中，单击 Rules To Check 目录，即可显示所有可进行检查的设计规则，其中包括了 PCB 制作中常见的规则和高速电路设计的规则，如图 8 - 50 所示。例如，线宽设定、引线间距、过孔大小、网络拓扑结构、元器件安全距离、高速电路设计图的引线长度、等距引线等，可以根据规则的名称进行具体设置。

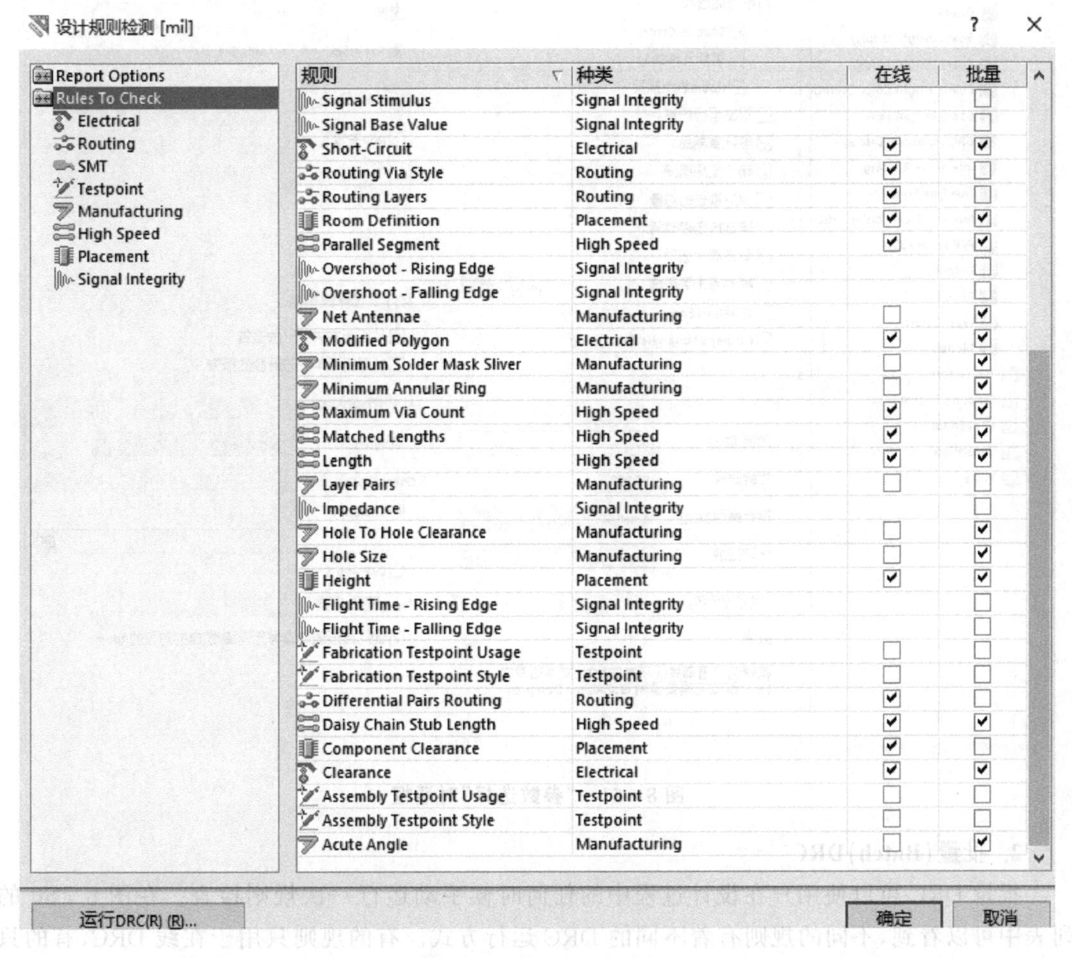

图 8 - 50　Rules To Check

8.5.2　常规 DRC 校验

常规 DRC 校验有两种形式：在线和批量，用来控制是否在线 DRC 和批量 DRC 执行该规则检查。

1. 在线(Online)DRC

在线 DRC 在后台运行,设计者在设计过程中,系统随时进行规则检查,对违反规则的对象做出警示或自动限制违规操作的执行。选择"工具"→"优先选项"命令,弹出"参数选择"对话框。在该对话框的左侧列表中,选择 PCB Editor 下的 General(常规)命令,可以设置是否选择"在线 DRC",如图 8-51 所示。

图 8-51 "参数选择"对话框

2. 批量(Batch)DRC

批量 DRC 可以使用户在设计过程中的任何时候手动运行一次规则检查。在图 8-50 的列表中可以看到,不同的规则有着不同的 DRC 运行方式。有的规则只用于在线 DRC,有的只用于批量 DRC;当然,大部分的规则都是可以在两种检查方式下运行的。

此外,在不同阶段运行批量 DRC,对其规则选项要进行不同的选择。例如,在未布线阶段,如果要运行批量 DRC,就要将部分布线规则禁止,否则会导致过多的错误提示而使 DRC 失去意义。在 PCB 设计结束的时候,也要运行一次批量 DRC,这时就要选中所有 PCB 相关的设计规则,使规则检查尽量全面。

8.5.3　设计规则校验报告

1. 未布线的 DRC 报告

打开“基本放大电路”工程文件夹，在该文件未布线的情况下，运行批量 DRC。适当配置 DRC 选项得到有参考价值的错误列表。

① 选择“工具”→“设计规则检查”命令，系统弹出“设计规则检测”对话框，暂不进行规则适用和禁止的设置，使用系统的默认设置。

② 单击 运行DRC(R) (R)... 按钮，系统执行批量 DRC，运行结果在 Messages（信息）窗口显示出来，如图 8－52 所示。系统产生了 31 项 DRC 警告，其中大部分是未布线警告，这是因为未在 DRC 运行之前禁止该规则的检查。

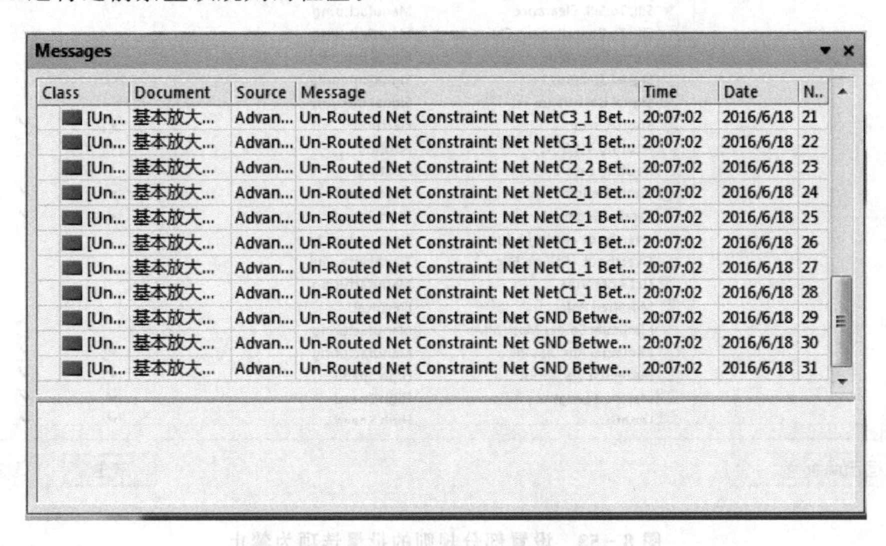

Messages

Class	Document	Source	Message	Time	Date	N..
[Un...	基本放大...	Advan...	Un-Routed Net Constraint: Net NetC3_1 Bet...	20:07:02	2016/6/18	21
[Un...	基本放大...	Advan...	Un-Routed Net Constraint: Net NetC3_1 Bet...	20:07:02	2016/6/18	22
[Un...	基本放大...	Advan...	Un-Routed Net Constraint: Net NetC2_2 Bet...	20:07:02	2016/6/18	23
[Un...	基本放大...	Advan...	Un-Routed Net Constraint: Net NetC2_1 Bet...	20:07:02	2016/6/18	24
[Un...	基本放大...	Advan...	Un-Routed Net Constraint: Net NetC2_1 Bet...	20:07:02	2016/6/18	25
[Un...	基本放大...	Advan...	Un-Routed Net Constraint: Net NetC1_1 Bet...	20:07:02	2016/6/18	26
[Un...	基本放大...	Advan...	Un-Routed Net Constraint: Net NetC1_1 Bet...	20:07:02	2016/6/18	27
[Un...	基本放大...	Advan...	Un-Routed Net Constraint: Net NetC1_1 Bet...	20:07:02	2016/6/18	28
[Un...	基本放大...	Advan...	Un-Routed Net Constraint: Net GND Betwe...	20:07:02	2016/6/18	29
[Un...	基本放大...	Advan...	Un-Routed Net Constraint: Net GND Betwe...	20:07:02	2016/6/18	30
[Un...	基本放大...	Advan...	Un-Routed Net Constraint: Net GND Betwe...	20:07:02	2016/6/18	31

图 8－52　默认设置规则的 DRC 违规列表

③ 再次运行“工具”→“设计规则检查”命令，重新配置 DRC 规则。在“设计规则检测”对话框的左侧列表中，单击 Rules To Check 选项。设置其中部分规则的批量选项为禁止。禁止项包括 Un-Routed Net（非布线网络）和 Width（宽度），如图 8－53 所示。

(4)单击 运行DRC(R) (R)... 按钮，系统再次执行批量 DRC，运行结果在 Messages 窗口显示出来，如图 8－54 所示，可见重新配置检查规则后，批量 DRC 检查得到了 19 项 DRC 违规，进一步检查原理图确定这些引脚连接的正确性。

2. 已布线的 DRC 报告

对布线完毕的 PCB 文件“基本放大电路. PrjPcb”再次运行 DRC。尽量检查所有涉及的设计规则。

① 选择“工具”→“设计规则检查”命令，系统弹出“设计规则检查器”对话框，单击左侧列表中的 Rules To Check 选项，配置检查规则。

② 在 Rules To Check 列表中，选中部分批量选项被禁止的规则，允许其进行该规则检查。选项必须包括：Clearance、Width、Short-Circuit、Un-Routed Net、Component Clearance 等项，其他项使用系统默认设置即可。

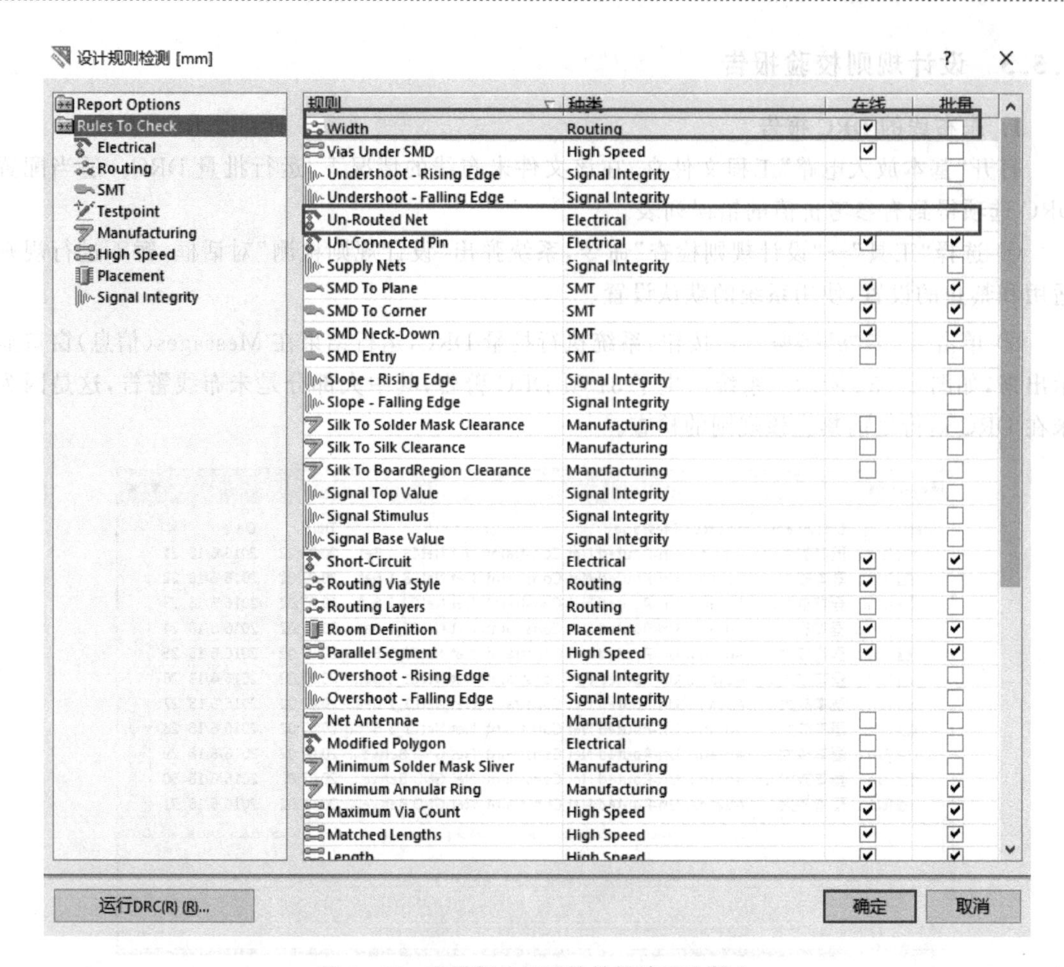

图 8-53 设置部分规则的批量选项为禁止

Messages

Class	Document	Source	Message	Time	Date	N..
[Sil...	基本放大...	Advan...	Silk To Solder Mask Clearance Constraint: (4...	20:10:12	2016/6/18	9
[Sil...	基本放大...	Advan...	Silk To Solder Mask Clearance Constraint: (4...	20:10:12	2016/6/18	10
[Sil...	基本放大...	Advan...	Silk To Solder Mask Clearance Constraint: (C...	20:10:12	2016/6/18	11
[Sil...	基本放大...	Advan...	Silk To Solder Mask Clearance Constraint: (C...	20:10:12	2016/6/18	12
[Sil...	基本放大...	Advan...	Silk To Solder Mask Clearance Constraint: (C...	20:10:12	2016/6/18	13
[Sil...	基本放大...	Advan...	Silk To Solder Mask Clearance Constraint: (C...	20:10:12	2016/6/18	14
[Sil...	基本放大...	Advan...	Silk To Solder Mask Clearance Constraint: (C...	20:10:12	2016/6/18	15
[Sil...	基本放大...	Advan...	Silk To Solder Mask Clearance Constraint: (4...	20:10:12	2016/6/18	16
[Sil...	基本放大...	Advan...	Silk To Solder Mask Clearance Constraint: (4...	20:10:12	2016/6/18	17
[Mi...	基本放大...	Advan...	Minimum Solder Mask Sliver Constraint: (6.8...	20:10:12	2016/6/18	18
[Mi...	基本放大...	Advan...	Minimum Solder Mask Sliver Constraint: (7.8...	20:10:12	2016/6/18	19

图 8-54 配置规则后的 DRC 违规列表

③ 单击 运行DRC(R) (R)... 按钮，系统执行批量 DRC，运行结果在 Messages 窗口显示出来。对于批量 DRC 中检查到的违规项，可以通过错误定位进行修改。

8.6 PCB 的 3D 预览

AD17 为用户提供了 3D 效果的显示功能。通过 3D 效果显示，能使设计者更清楚地观察到 PCB 板的全貌，查看元器件布局是否合理，及时排查可能存在的元器件封装以及装配干涉等问题，尽量将问题消灭在 PCB 的设计阶段。

打开“基本放大电路. PcbDoc”文件，选择“查看”→“切换到 3 维显示”命令，或者单击数字键“3”，即可打开 PCB 板的 3D 效果图，如图 8 - 55 所示。

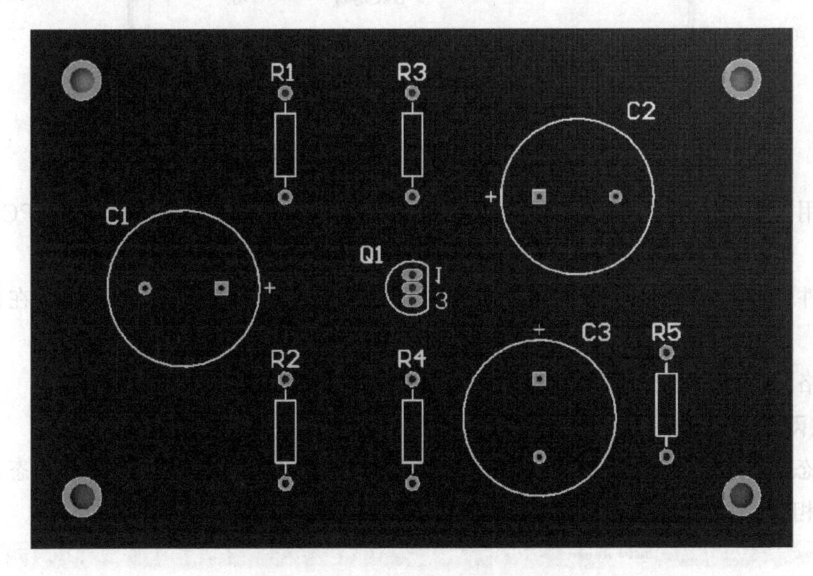

图 8 - 55　PCB 板的 3D 效果图

8.7 PCB 后期处理

设计好 PCB 图以后，还有一些后期工作，如生成各种信息报表、为制板商准备加工制造文件、打印输出 PCB 图等。

8.7.1　生成报表

1. 生成电路板信息报表

电路板信息报表用于给用户提供电路板的完整信息，包括电路板的尺寸、焊点数量、过孔数量、导线数量、元器件标号等。下面以“基本放大电路”为例来讲述电路板信息报表的具体内容。

打开“基本放大电路”工程文件夹中的“基本放大电路. PcbDoc”文件，在 PCB 编辑器环境下，选择“报告”→“板子信息”命令，系统会自动弹出如图 8 - 56 所示的“PCB 信息”对话框。该对话包含三个选项卡，具体如下：

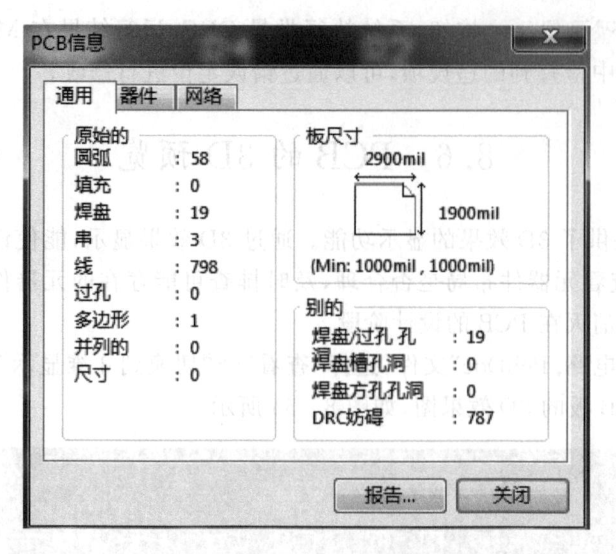

图 8-56 "PCB 信息"对话框

① "通用"选项卡：该选项卡提供了电路板的一般信息，如各个组件的数量、PCB 板的尺寸等信息。

② "器件"选项卡：该选项卡提供了电路板上使用的元器件序号及元器件所在板的板层等信息。

③ "网络"选项卡：该选项卡主要提供了电路板的网络信息。

2. 生成网络状态表

网络状态表用于列出电路板中每个网络导线的长度，选择"报告"→"网络状态表"命令，系统自动生成相应的网络状态表（见图 8-57），该文件以".REP"为后缀。

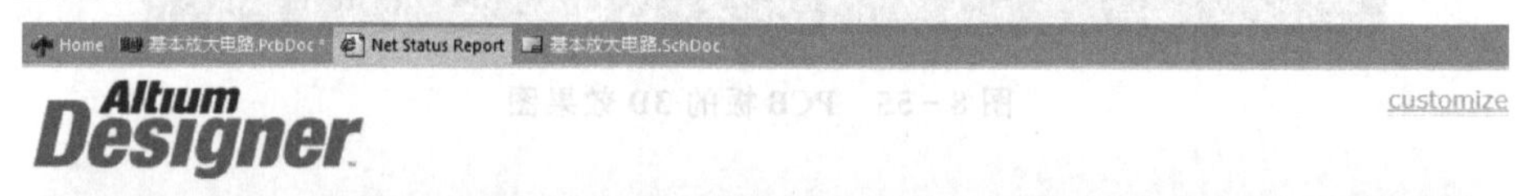

Net Status Report

Date : 2016/6/18
Time : 20:19:08
Elapsed Time : 00:00:00
Filename : E:\½Ì²Ä\»ù±¾·Å´óµçÂ·\»ù±¾·Å´óµçÂ·.PcbDoc
Units : mm mils

Nets	Layer	Length
GND	Signal Layers Only	1744.747mil
NetC1_1	Signal Layers Only	2277.772mil
NetC2_1	Signal Layers Only	2205.128mil
NetC2_2	Signal Layers Only	634.143mil
NetC3_1	Signal Layers Only	2116.450mil
VCC	Signal Layers Only	383.142mil

图 8-57 网络状态表

3. 生成元器件报表

元器件报表主要提供了一个电路板或一个项目中元器件的信息，形成一个元器件列表，以方便用户了解该文件或项目中使用了哪些元器件。

在 PCB 编辑器状态下，选择“报告”→Bill of Materials 命令，系统弹出如图 8－58 所示的元器件报表对话框。

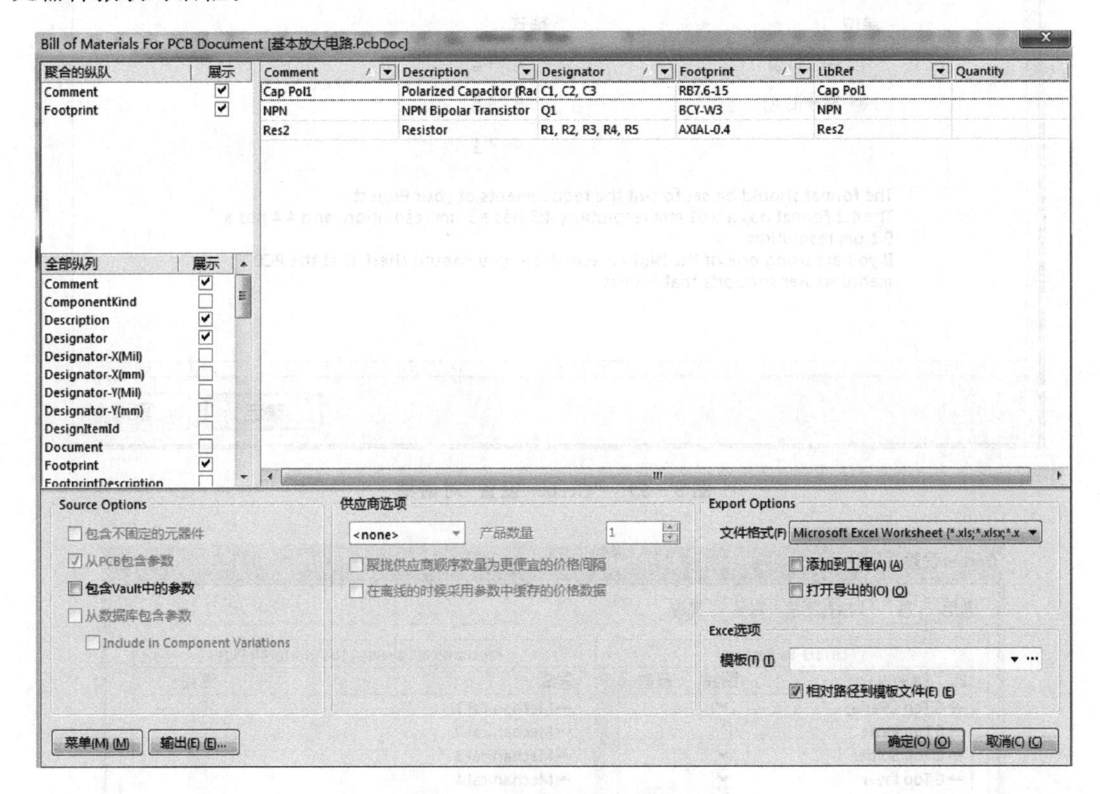

图 8－58　元器件报表对话框

8.7.2　生成输出制造文件

生产加工文件是包含加工制造相关数据的文件，比如光绘文件(Gerber Files)、NC 钻孔图形文件(NC Drill Files)等，它们是完成电路板设计后交给制板商进行生产的最终文件。

1. 创建 Gerber 文件

这里仍然以前面所创建的“基本放大电路”为例进行说明。选择“文件”→“制造输出”→Gerber Files 命令，系统会打开“Gerber 设置”对话框，如图 8－59 所示。

在该对话框默认打开的“通用”选项卡中可以根据需要设置单位和格式。

选择“层”选项卡，如图 8－60 所示，单击左下角的“画线层”下拉列表，选择“所有使用的”选项，也可以根据需要在复选框中打勾。此处的设置结果如图 8－60 所示。

其他选项卡采用系统默认设置，需要时再重新进行设置。设置完成后，单击“确定”按钮，系统即生成 CAMtastic1. Cam 图形文件，并显示在编辑窗口中，如图 8－61 所示。

选择“表格”→“光圈”命令，即可打开“编辑光圈”对话框。在一个 D 码表中，一般应该包括 D 码，每个 D 码所对应码盘的外形、尺寸，如图 8－62 所示。

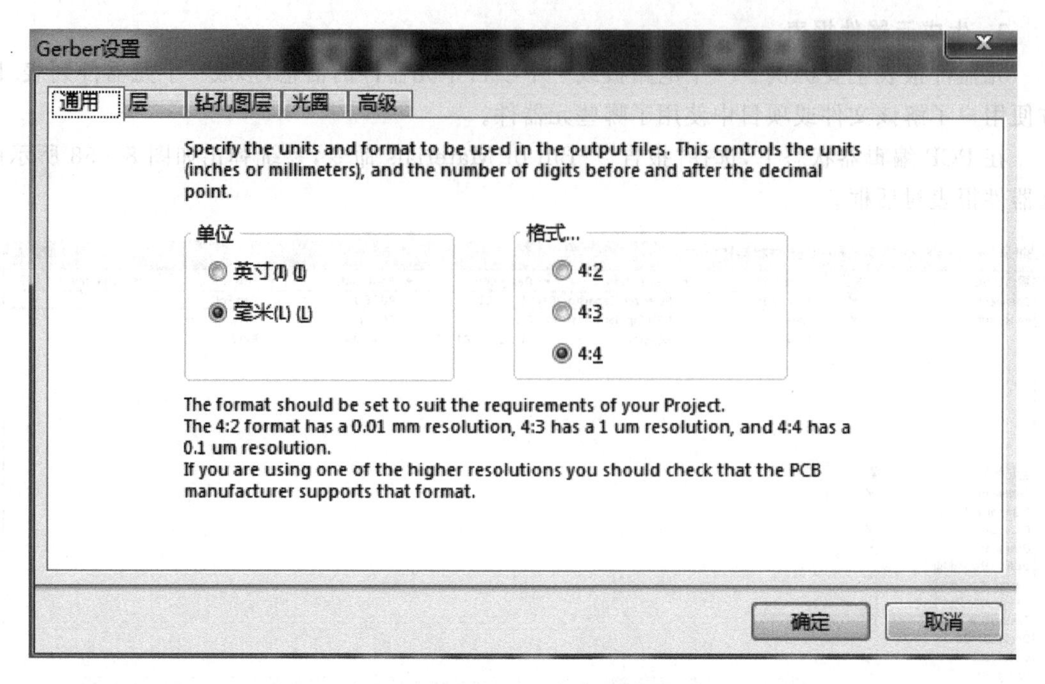

图 8-59 "Gerber 设置"对话框

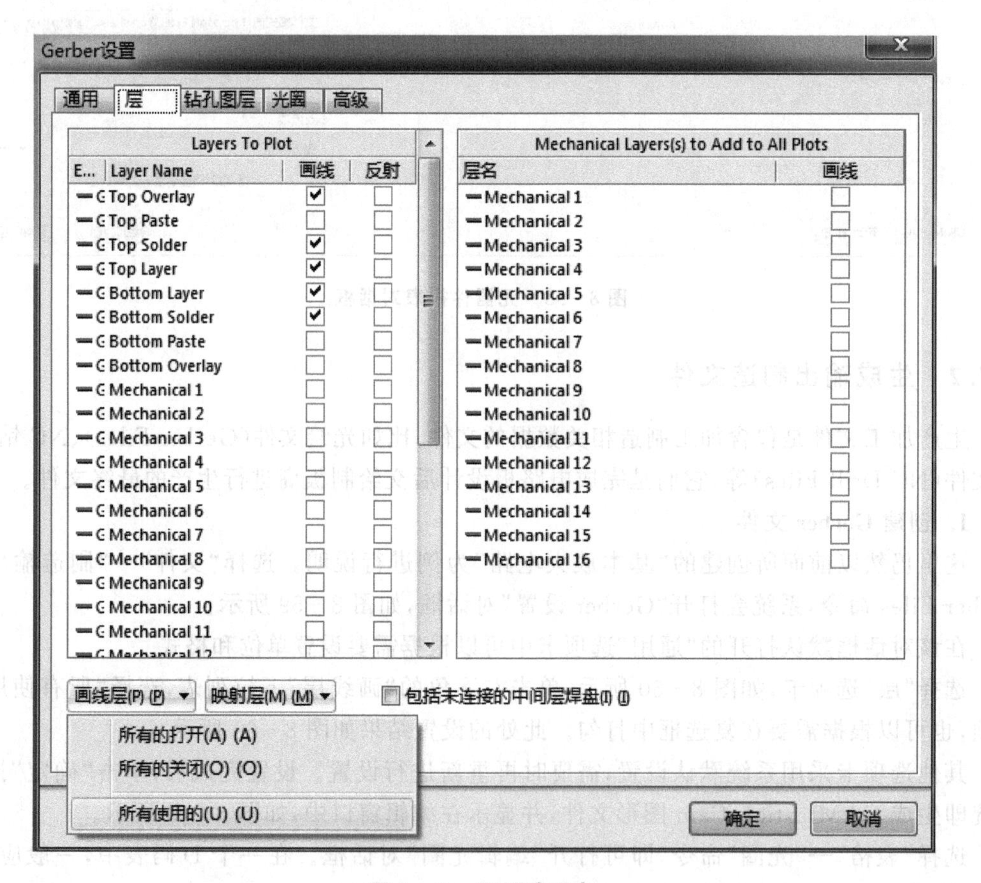

图 8-60 "层"选项卡

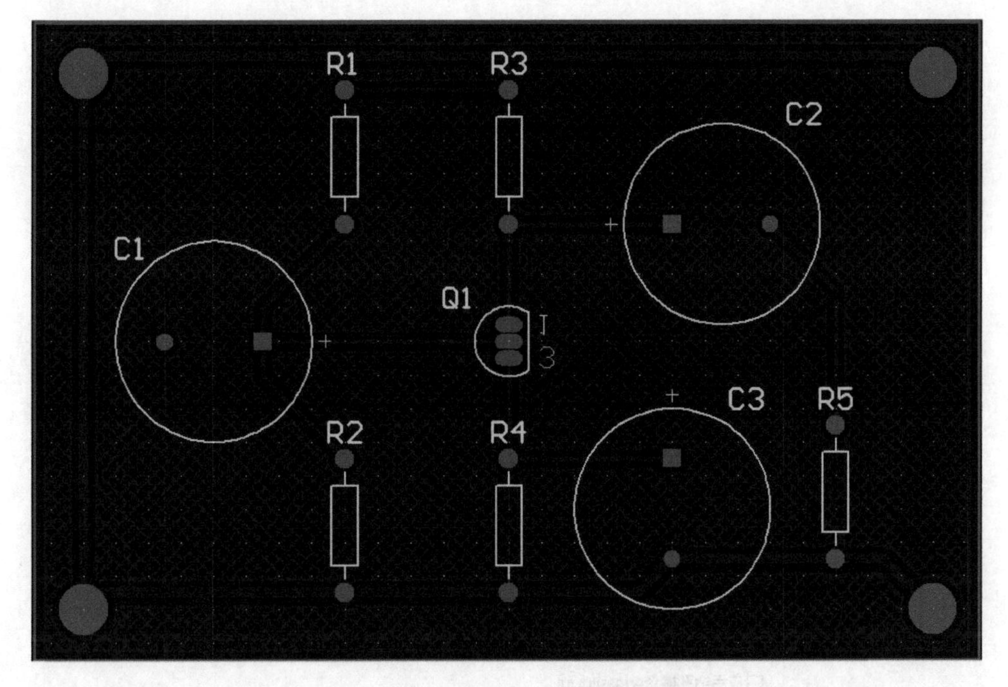

图 8－61　CAMtastic1. Cam 图形文件

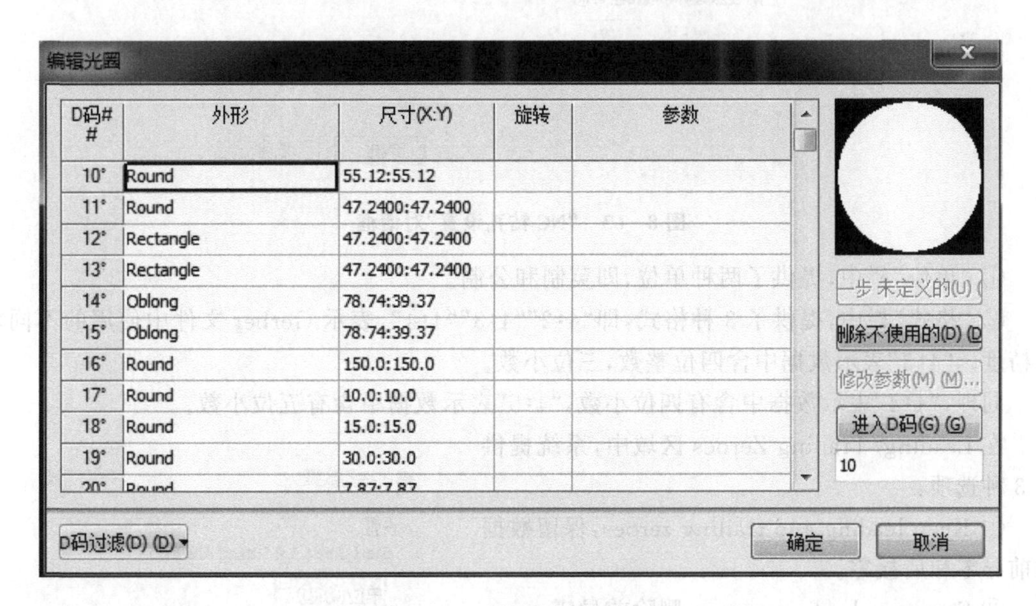

图 8－62　“编辑光圈”对话框

2. 创建钻孔文件

钻孔文件用于记录钻孔的尺寸和钻孔的位置。当读者的 PCB 数据要送入 NC 钻孔机进行自动钻孔操作时，读者需创建钻孔文件。

再次打开文件“基本放大电路. PcbDoc”，选择“文件”→“制造输出”→NC Drill Files 命令。此时，系统将弹出“NC 钻孔设置”对话框，如图 8－63 所示。

在“NC 钻孔格式”区域中包含“单位”和“格式”两个设置栏，其意义如下：

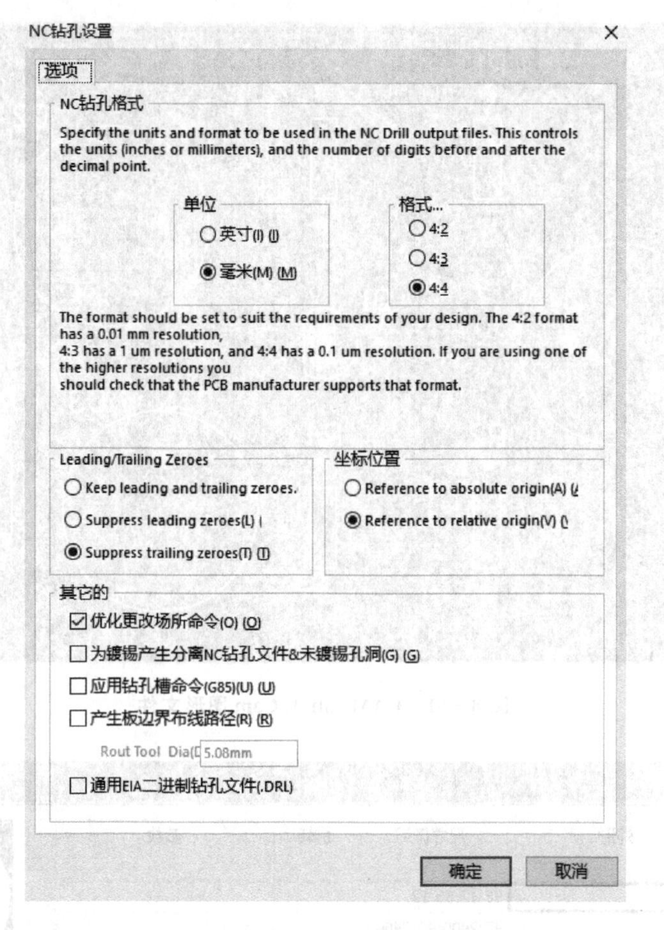

图 8-63 “NC 钻孔设置”对话框

① “单位”栏中，提供了两种单位，即英制和公制。

② “格式”栏中，提供了 3 种格式，即“4∶2”“4∶3”“4∶4”，表示 Gerber 文件中使用的不同数据精度。“4∶3”表示数据中含四位整数，三位小数。

同理，“4∶4”表示数据中含有四位小数，“4∶5”表示数据中含有五位小数。

在 Leading/Trailing Zeroes 区域中，系统提供了 3 种选项：

① Keep leading and trailing zeroes：保留数据的前导零和后接零。

② Suppress leading zeroes：删除前导零。

③ Suppress trailing zeroes：删除后接零。

在“坐标位置”区域中，系统提供了两种选项，即 Reference to absolute origin 和 Reference to relative origin。

这里使用系统提供的默认设置。单击“确定”按钮，弹出“输入钻孔数据”对话框，如图 8-64 所示，再单击“确定”按钮，即生成一个名为 CAMtastic2.

图 8-64 “输入钻孔数据”对话框

Cam 的图形文件并显示，如图 8-65 所示。

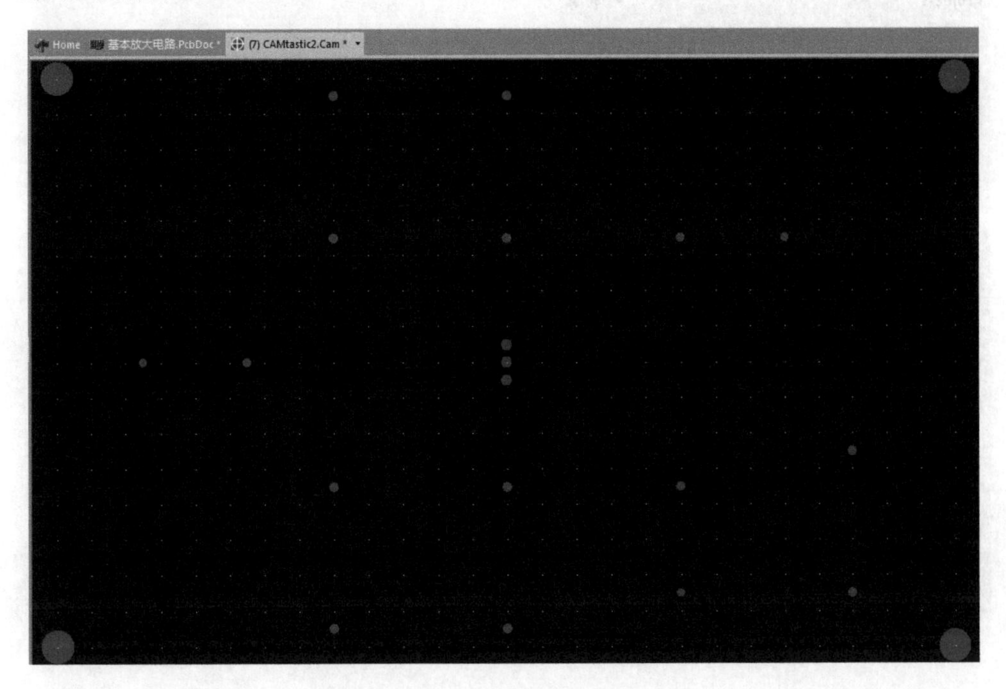

图 8-65 CAMtastic2.Cam 图形文件

在该环境下，读者可以进行与钻孔有关的各种校验、修正和编辑等工作。

3. 光绘及钻孔文件的导出

当读者将设计完成的电路板信息提交给 PCB 加工厂商时，读者需向厂家提供各层的光绘文件和钻孔文件。

(1) 光绘文件的导出

在 Projects 对话框中单击 Generated 左侧的⊞按钮，再单击“CAMtastic! Documents”左侧的⊞按钮，上述步骤生成的光绘文件是由如图 8-66 所示的 8 个文件叠加而成的，可以根据需要打开相应的文件，选择“文件”→“保存为”命令，在弹出的对话框中选择文件保存的路径，设置完成后单击“保存”按钮，逐个实现光绘文件的导出。

除此之外，还可以轻松实现批量光绘文件的导出。具体步骤如下：

① 将工作界面切换回 CAMtasticl.Cam，选择“文件”→“导出”→Gerber 命令，系统弹出“输出 Gerber”对话框，如图 8-67 所示。

② 这里采用系统默认设置，单击“确定”按钮，则会弹出 Write Gerber(s)对话框，如图 8-68 所示。在该对话框中，选中需要输出的文件，并在对话框最下方选择文件保存路径，设置完成后单击“确定”按钮即可完成光绘文件的导出。

(2) 钻孔数据文件的导出

在 Projects 对话框中单击 Generated 左侧的⊞按钮，再单击 Text Documents 左侧的⊞按钮，结果如图 8-69 所示。

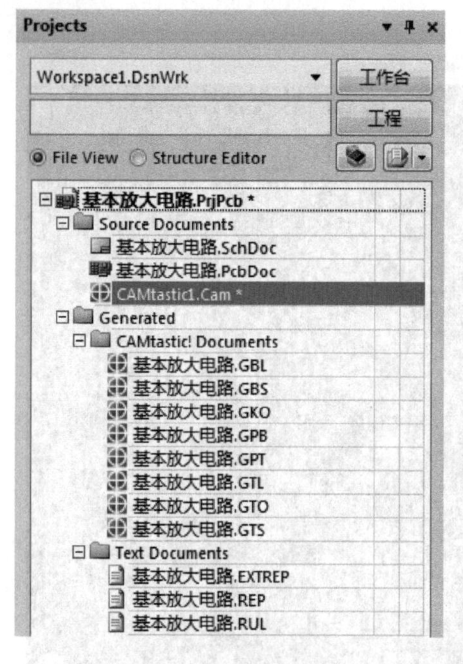

图 8-66　光绘文件列表

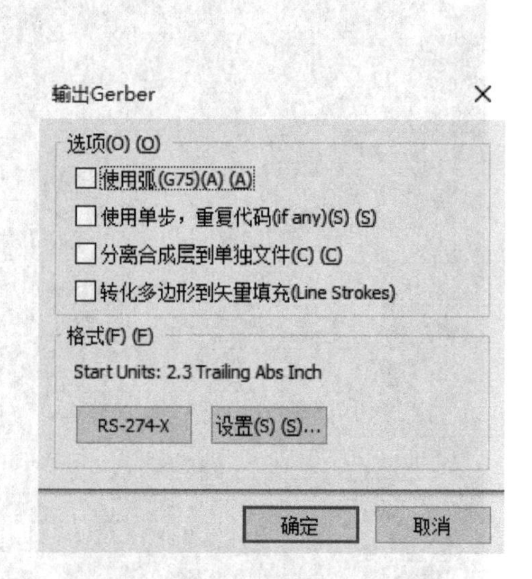

图 8-67　“输出 Gerber”对话框

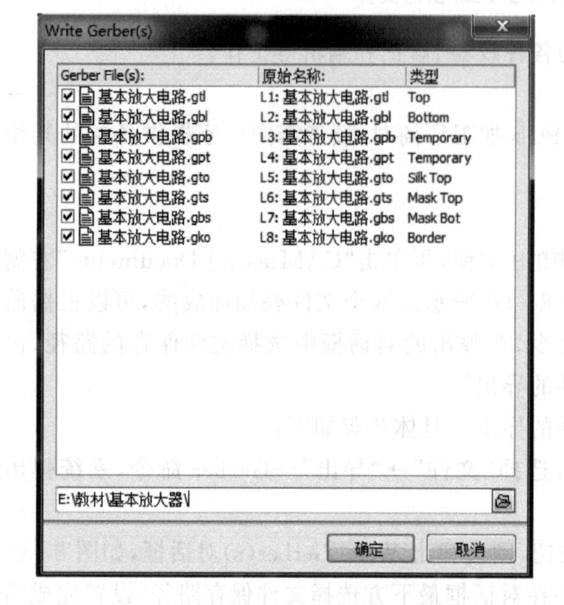

图 8-68　Write Gerber(s)对话框

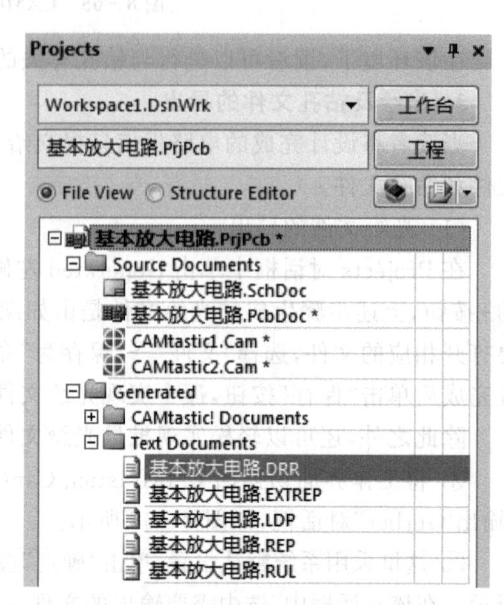

图 8-69　生成的钻孔数据文件

图 8-69 所示的“基本放大电路. DRR”即为钻孔数据文件，选择“文件”→“保存为”命令，在弹出的对话框中选择文件保存的路径，设置完成后单击“保存”按钮，即完成了钻孔数据文件的导出。

8.7.3　打印输出 PCB 图

在完成 PCB 的设计之后，需要打印输出以生成印制板和焊接元器件，首先要设置打印机的类型、纸张大小和电路图的设计等内容，具体方法如下：

① 打开 PCB 图，选择“文件”→“页面设置”命令，系统会弹出如图 8－70 所示的对话框，在该对话框中完成打印纸、缩放比例、颜色等设置。

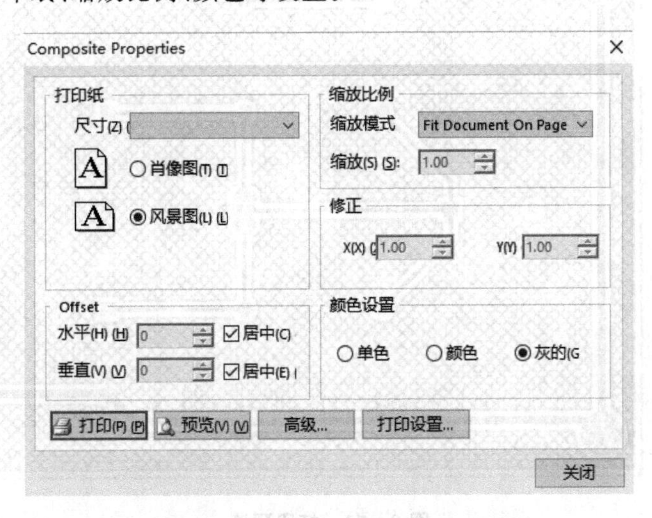

图 8－70　Composite Properties 对话框

② 单击“高级”按钮，弹出如图 8－71 所示的对话框，可以在该对话框中设置输出的工作层面的类型。完成设置后单击 OK 按钮。

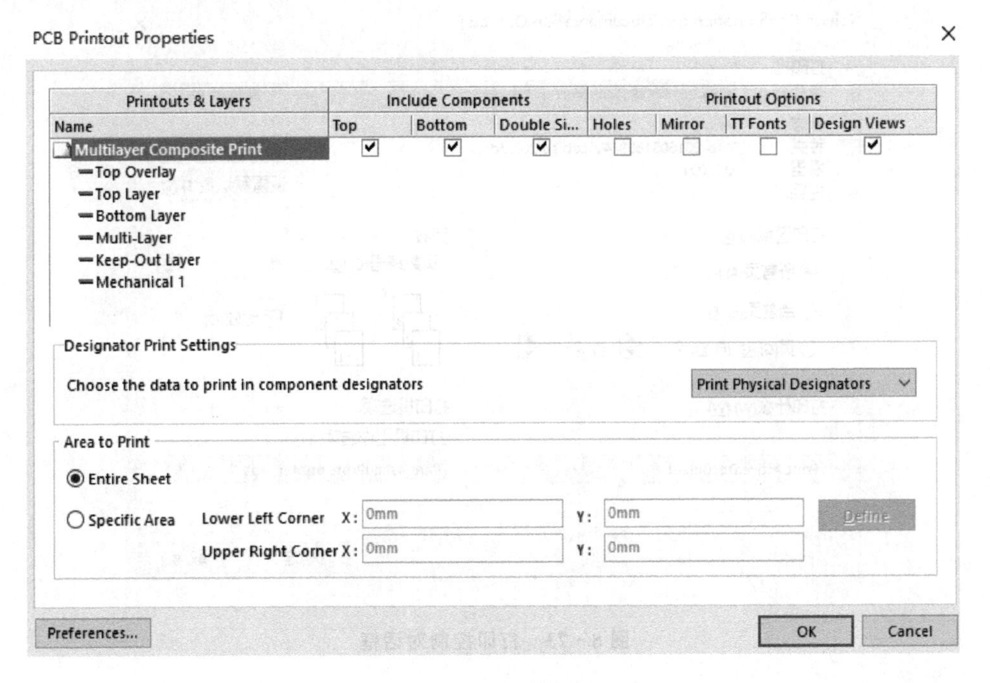

图 8－71　工作层面的设置

③ 选择“打印预览”命令，系统显示打印的效果图，如图 8－72 所示，如果不符合要求，则可以返回前面的步骤继续修改。

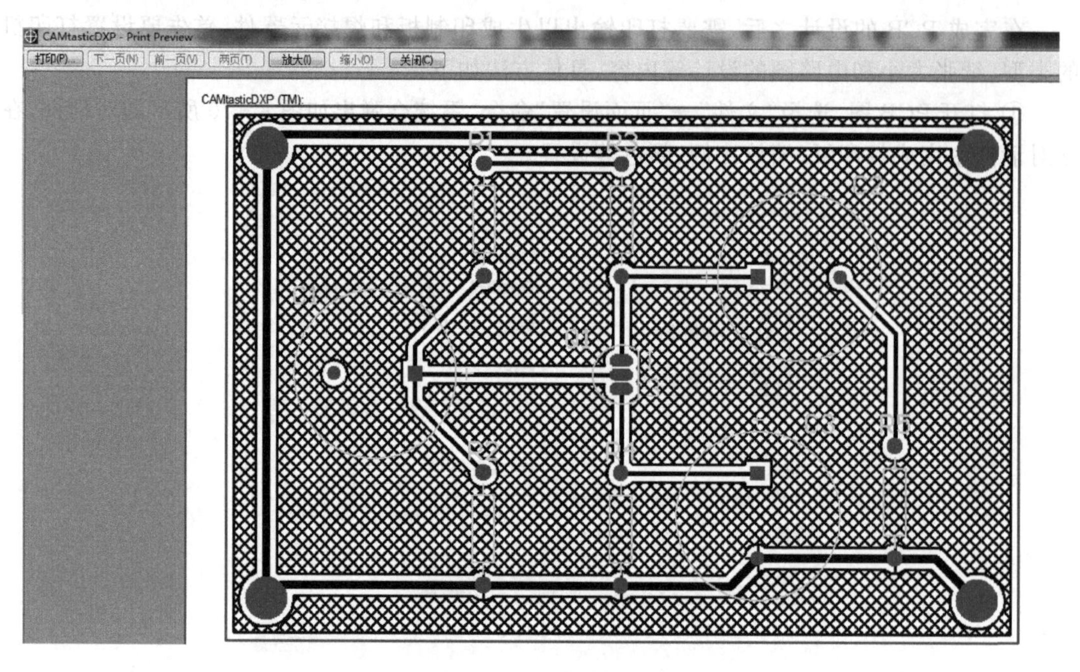

图 8－72　打印预览

④ 如果效果符合要求，则单击“打印”按钮，系统弹出打印对话框，如图 8－73 所示。单击“确定”按钮，即可开始打印。

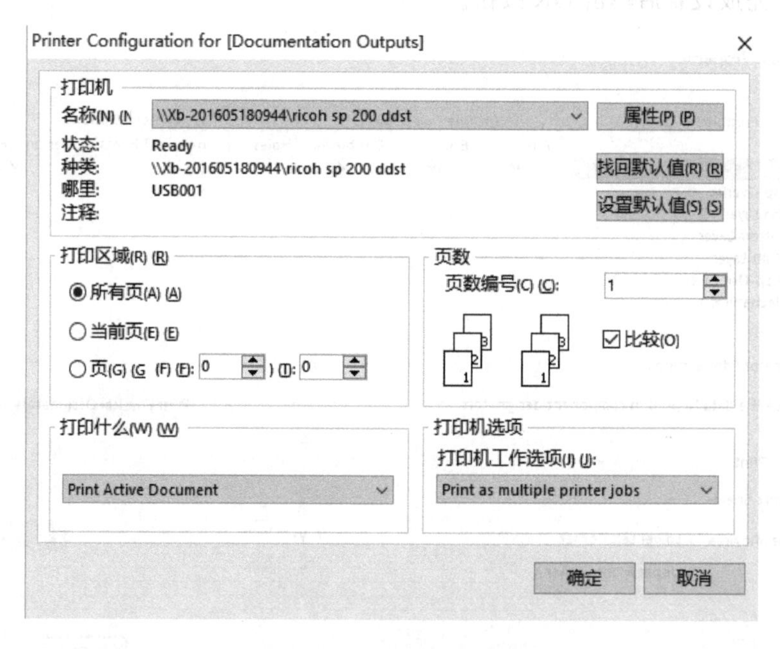

图 8－73　打印控制对话框

习 题

1. 问答题

(1) 在进行元件布局和 PCB 布线时应考虑哪些基本原则?

(2) 怎样使用排列菜单或工具栏对齐元件?

(3) 怎样设置元件布局约束参数? 怎样设置 PCB 电气规则和布线规则?

(4) 怎样实现自动布线?

(5) 怎样对 PCB 上的焊盘和过孔补泪滴? 怎样对 PCB 进行敷铜? 如果两项都进行,应先补泪滴还是先敷铜?

(6) 怎样对 PCB 进行设计规则检查并排查错误?

(7) 在完成 PCB 设计后,应该为制板商提供哪些文件?

(8) 怎样打印输出 PCB 图,如何设置 PCB 打印输出属性?

2. 操作题

(1) 设计信号发生器的 PCB 板。

要求:

① 创建"信号发生器. PrjPCB"项目文件,将"信号发生器电路. SchDoc"添加到项目中(见图 8－74),并为项目新建一个"信号发生器 PCB. PcbDoc"文件。

② 为其设置环境参数,选择公制单位,PCB 板尺寸为 60 mm×40 mm 的双面板。

③ 根据经验合理布局。

④ 设置布线规则,GND 布线宽度为 1 mm,Width 线宽为 0.5 mm,采用自动布线。

⑤ 若有不合理或是未布通,用手动布线进行调整,布线完成后进行设计规则检查。

⑥ 进行补泪滴和敷铜处理。

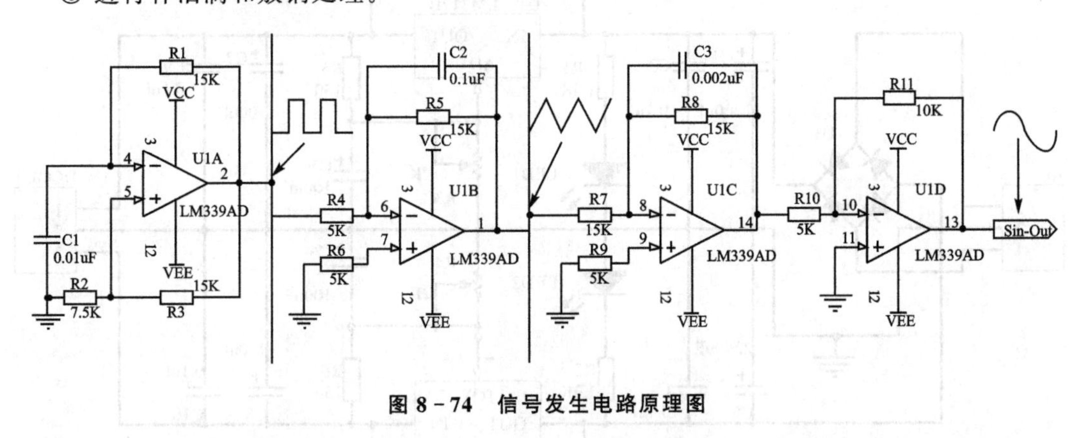

图 8－74 信号发生电路原理图

(2) 完成第 7 章操作题(见图 7－49) 12 V 直流稳压电路原理图电源电路板的布线工作。

要求:单面布线走线适当加粗,参考电路板如图 8－75 所示。(可以适当练习自动和手工结合布线,元件封装可用元件库中自带的元件。)

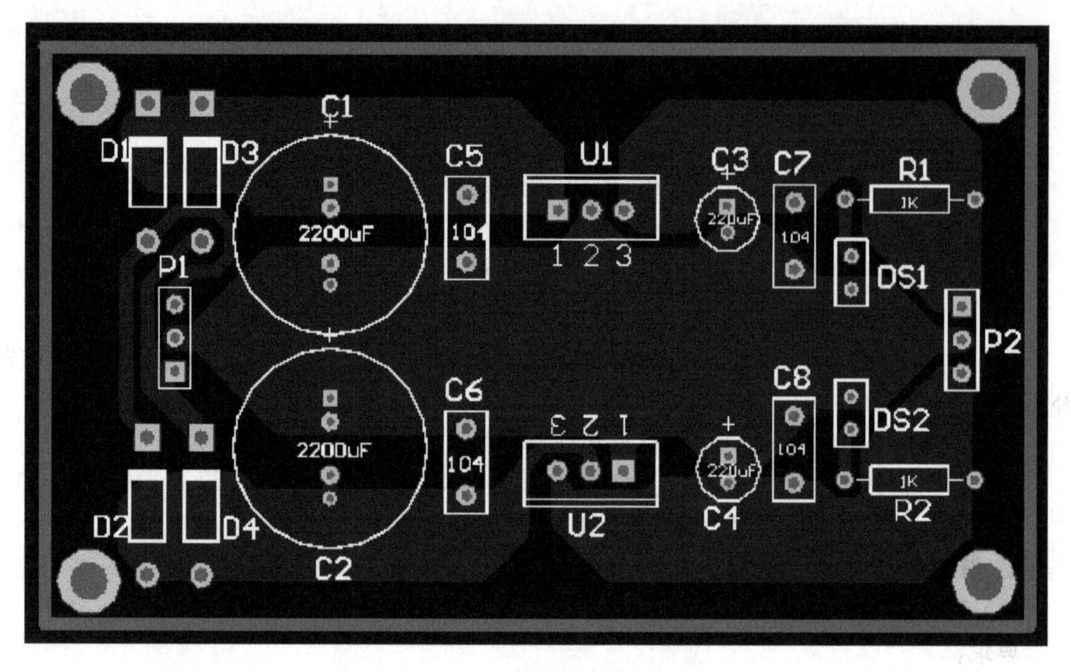

图 8-75　12 V 直流稳压电路板图

(3)拓展练习。

要求:完成图 8-76 所示的 317/337 可调稳压电源电路板设计。参考图 8-75 的 12 V 直流稳压电路布局,可使用双面板。

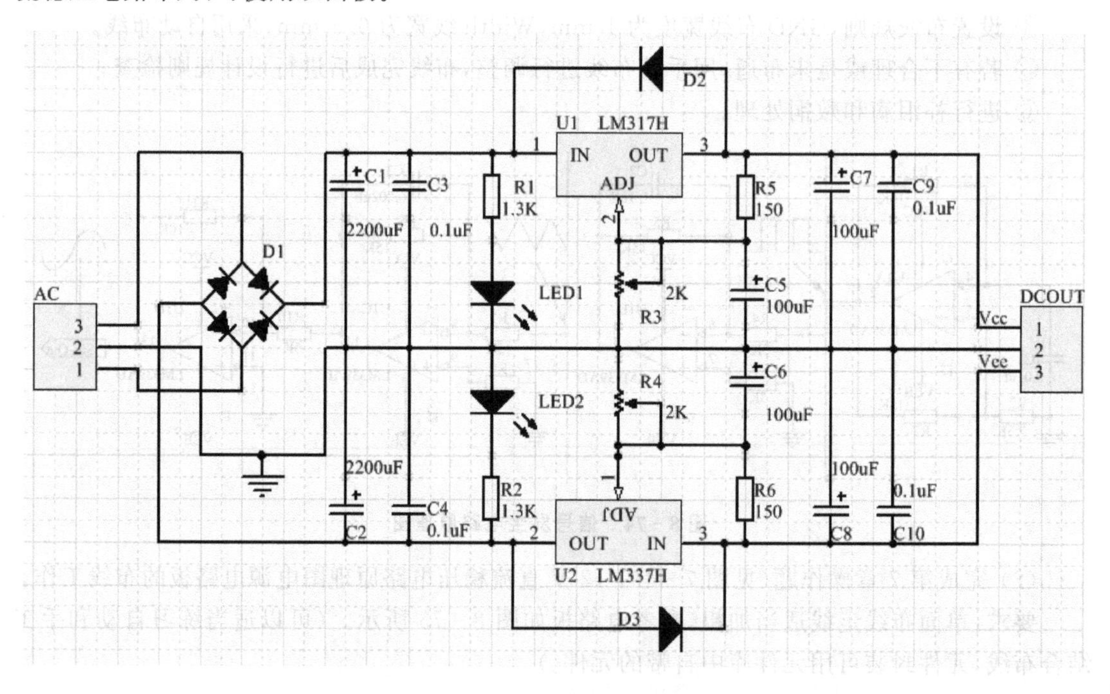

图 8-76　317/337 可调稳压电源电路图

第9章 PCB元件封装设计

本章导读

尽管AD17已经给用户提供了丰富的PCB元件库，并可以通过下载不断更新元件库，基本能够满足一般PCB板的设计要求，但是在印刷电路板的设计制作过程中，偶尔还是会遇到某些元器件在现有封装库中找不到对应封装的情况，此时就需要用户自己为这类元器件创建一个新的PCB元件封装，以满足设计的需要。创建元器件封装主要有以下三种方法：

① 利用元器件封装向导创建一个新的元器件封装。

② 手工绘制元器件封装。

③ 通过现有的元器件封装进行编辑、修改，使之成为新的元器件封装。

9.1 制作元器件封装

9.1.1 创建新的元件封装库

元件封装是指元件的外形大小和焊盘位置及大小，是空间的概念；而制作元件封装则主要关注元件的外形尺寸和焊盘的相关属性。

1. 收集必要的资料

在开始制作封装之前，需要收集的资料主要包括该元件的封装信息。这个工作往往和收集原理图元件同时进行，因为用户手册一般都有元件的封装信息，当然上网查询也可以。如果用上述方法仍然找不到元器件的封装信息，那么就只能先买元器件，通过手工测量得到器件的尺寸(用游标卡尺量取正确的尺寸)。

假如在PCB上使用英制单位，应注意公制和英制单位的转换。它们之间的转换关系是：

$$1\ \text{in}=1\,000\ \text{mil}=2.54\ \text{cm}$$

2. 绘制元件外形轮廓

在制作元件封装的过程中，利用AD17提供的绘图工具在PCB的丝印层(Top Overlay)上绘制出元件的外形轮廓。外形轮廓在放置元件时非常有用，轮廓应该绘制得足够精确。如果轮廓画得太大，就会占用过多的PCB空间；反之，就可能导致元件无法按预想的那样进行装配。

3. 放置元件引脚焊盘

焊盘需要的信息比较多，如焊盘外形、焊盘大小、焊盘序号、焊盘内孔大小、焊盘所在的工作层等。需要注意的是元件外形和焊盘位置之间的相对位置。元件外形容易测量，焊盘分布也容易测量，但两者之间的相对位置却难以准确测量。

9.1.2 进入元件封装库管理器

PCB元件封装库是用来存放多个元件封装的文件，一般根据需要在具体工程中创建，也可以创建在集成库当中,然后在实际工程中调用相应的集成库加以应用。这里,先创建一个集成库,然后在集成库中再创建一个 PCB 元件封装库,最后在该库文件中创建需要的元件封装。

1. 新建一个项目

① 选择"文件"→"新建"→Project 命令,在弹出的 New Project 对话框左侧的 Project Types 列表中选择 Integrated Library,设置工程名称为"集成库 1",并根据需要指定该工程的存储路径,如图 9-1 所示。

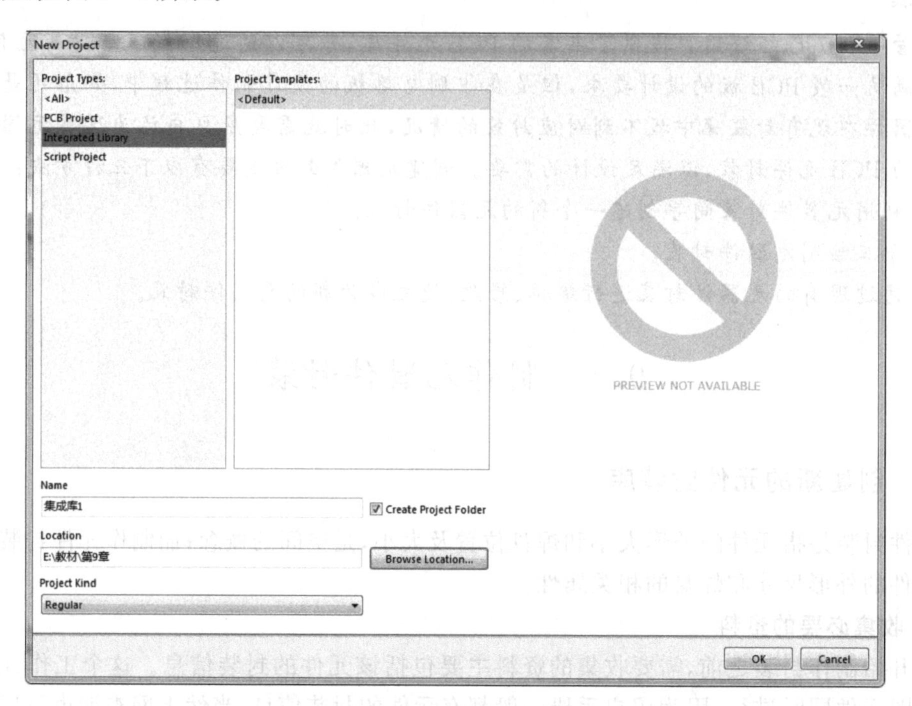

图 9-1　New Project 对话框及相关设置

② 单击 OK 按钮,文件保存在指定的路径下,文件名为"集成库 1. LibPkg"。

2. 启动元件封装编辑器

① 在刚建立的集成库项目中选择"文件"→New→Library→"PCB 元件库"命令,新建一个元件封装库文件。

② 单击按钮,将其保存在默认路径中,即"E:\教材\第 9 章\集成库 1",名称改为 mylib. PcbLib,界面如图 9-2 所示。

③ 如图 9-2 所示编辑区左侧是 Projects 工作面板,左击该面板下方的 PCB Library 选项,弹出 PCB Library 工作面板,如图 9-3 所示。

3. 元件封装库编辑器界面

(1) 菜　单

Altium Designer 封装库编辑器提供了 10 个菜单。包括 DXP、文件、编辑、察看、工程、放置、工具、报告、Window 和帮助。其中"放置"菜单提供放置功能,包括放置圆弧(由中心定义圆弧、由边沿定义圆弧、由任意角度定义圆弧)、整圆等,如图 9-4 所示。

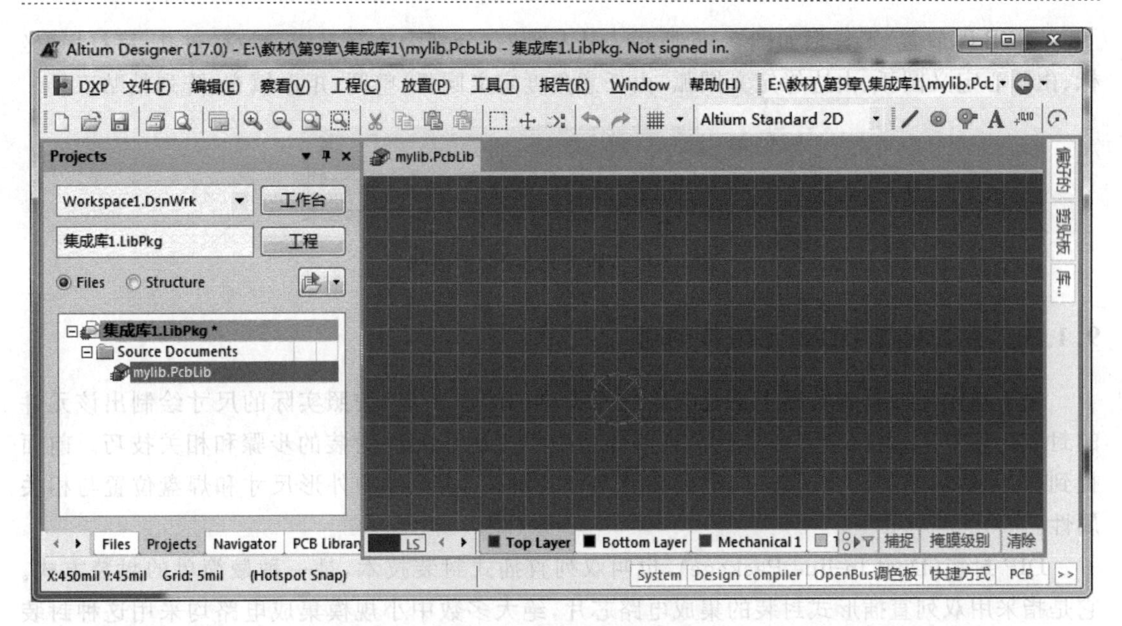

图 9－2　元件封装编辑器

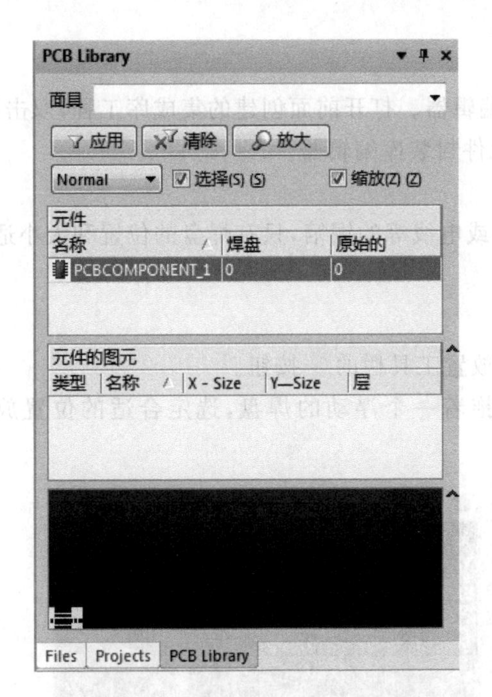

图 9－3　PCB Library 工作面板

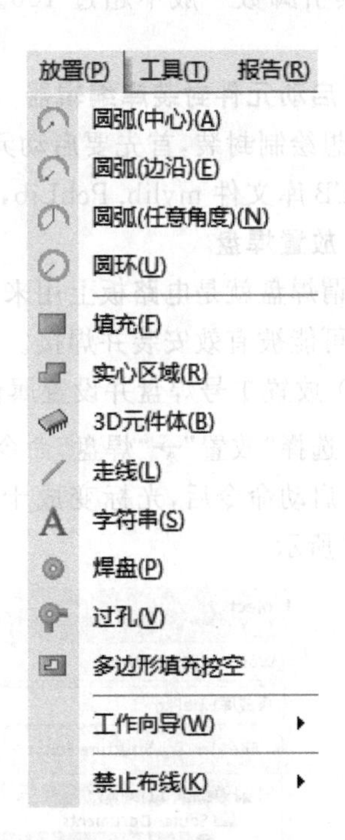

图 9－4　“放置”菜单

(2) 工具栏

主工具栏(PCB 库标准)如图 9－5 所示。

图 9－5　“PCB 库标准”工具栏

"PCB库放置"工具栏如图9-6所示。从左到右,分别为放置直线、焊盘、过孔、字符串、坐标、由圆心定义圆弧、由边缘定义圆弧、由任意角度定义圆弧、整圆、矩形填充、阵列粘贴工具。

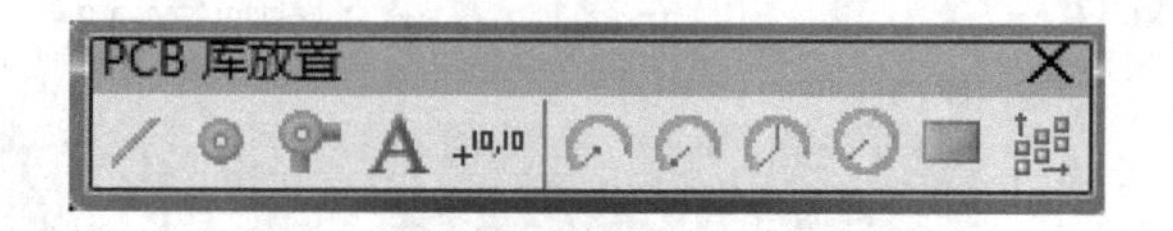

图9-6 "PCB库放置"工具栏

9.1.3 手工制作DIP8元器件封装

手工制作元件封装实际上就是利用软件提供的绘图工具,按照实际的尺寸绘制出该元件的封装。接下来,继续学习在AD17软件环境中手工制作元件封装的步骤和相关技巧。前面提到,在元件封装的制作过程中,需要注意两个关键信息:元件的外形尺寸和焊盘位置与相关属性。

DIP封装(Dual In-line Package),也叫双列直插式封装技术,是一种最简单的封装方式。它是指采用双列直插形式封装的集成电路芯片,绝大多数中小规模集成电路均采用这种封装形式,其引脚数一般不超过100。这里以8个引脚的DIP封装为例来学习手工制作封装的方法。

1. 启动元件封装库编辑器

要想绘制封装,首先要启动元件封装库编辑器。打开前面创建的集成库工程,双击该工程中的PCB库文件mylib.PcbLib,即可启动元件封装库编辑器。

2. 放置焊盘

所谓焊盘就是电路板上用来焊接元器件或电线等的铜箔,只有焊盘的位置和大小适当,元器件才可能被有效安装并焊接。

(1) 放置1号焊盘并设置属性

① 选择"放置"→"焊盘"命令,或者单击放置工具栏的◎按钮。

② 启动命令后,光标变成十字形状,并拖着一个浮动的焊盘,选定合适的位置放置,如图9-7所示。

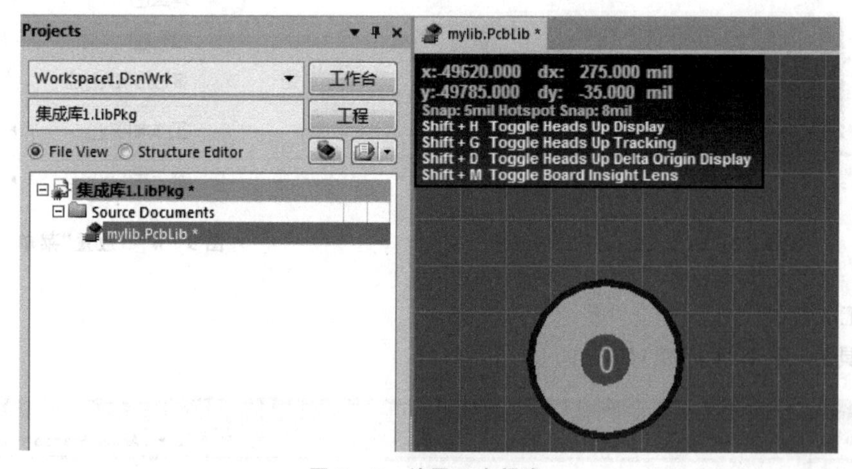

图9-7 放置一个焊盘

③ 选择“编辑”→“设置参考”→“定位”命令，光标呈现十字形状，此时将光标移动到焊盘中心并单击，就将该焊盘中心设置为坐标原点。

④ 双击该焊盘，弹出如图 9-8 所示的对话框。在绘制 DIP 封装时，习惯将 1 号焊盘布置在原点位置，且其形状为方形。因此在该对话框中，将进行如下的设置：

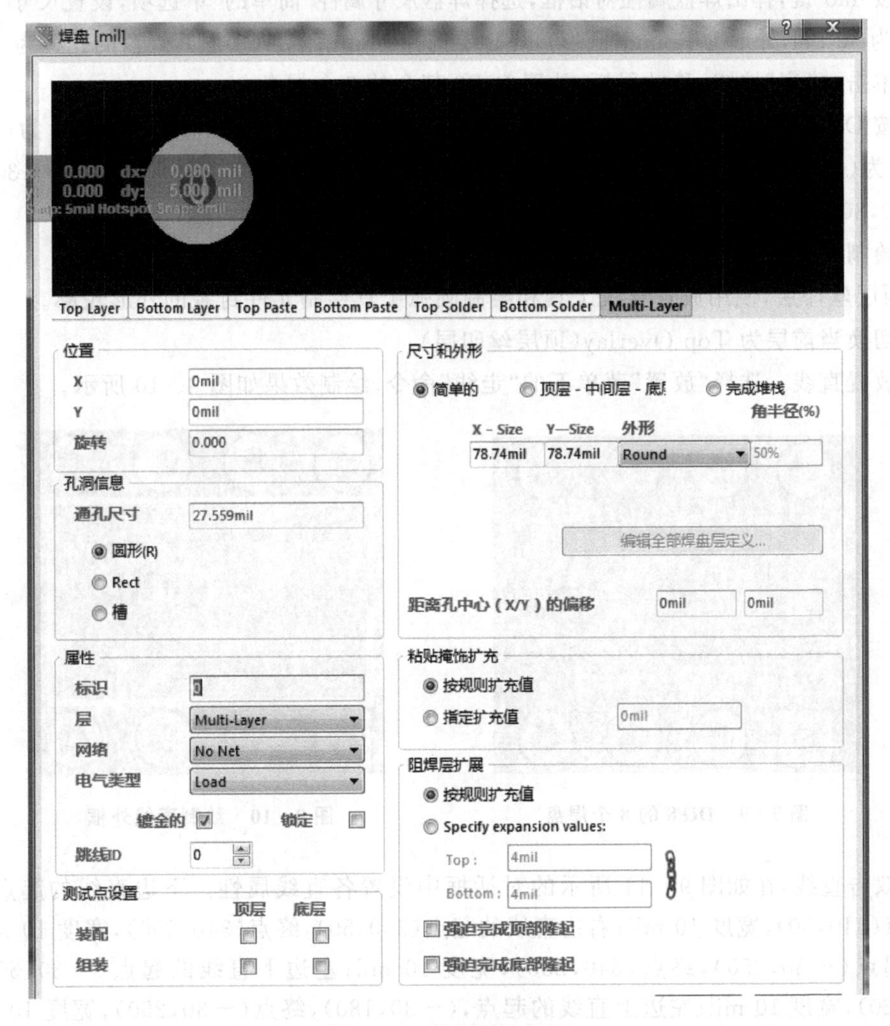

图 9-8　焊盘属性设置

- 位置：焊盘所处位置。一般用户可通过确定各焊盘中心的坐标位置来精确确定各焊盘的位置以及相对位置，其相对位置就是实际元件引脚之间的距离。
- 孔洞信息：焊盘中心孔洞的相关信息，包括通孔尺寸和通孔大小。这里选择焊盘孔形状为“圆形”，通孔尺寸为 35 mil。
- 属性：焊盘的相关属性，包括焊盘标识、焊盘所在层、网络及电气类型。这里设置焊盘标识为“1”；焊盘所属层面为 Multi-Layer。
- 尺寸和外形：焊盘外部轮廓信息。在设计集成电路 DIP 封装时，一般第一个焊盘外形设置为 Rectangular(矩形)，大小为 60 mil×60 mil。

上述设置完成后单击“确定”按钮，完成 1 号焊盘的放置及属性设置。

(2) 放置其他 7 个焊盘并设置属性

① 选择“放置”菜单下的“焊盘”命令，或者单击放置工具栏的◎按钮。

② 光标变成十字形状，并拖着一个浮动的焊盘。

③ 按 Tab 键，弹出焊盘属性对话框，选择焊盘尺寸属性“简单的”单选项，设置尺寸 X - Size、Y - Size 为 60 mil，外形为 Round(圆形)，焊盘层选择 Multi-Layer(多层)，焊盘的孔径为 35 mil。

④ 单击“确定”按钮，移动鼠标，放置 DIP8 其余的 7 个焊盘。

⑤ 按 DIP8 要求，修改各个焊盘的位置属性。2 号焊盘为(100,0)，3 号焊盘为(200,0)，4 号焊盘为(300,0)，5 号焊盘为(300,300)，6 号焊盘为(200,300)，7 号焊盘为(100,300)，8 号焊盘为(0,300)，设置完成后效果如图 9 - 9 所示。

3. 绘制外形轮廓

在顶层丝印层，使用放置导线工具和绘制圆弧工具绘制元件封装的外形轮廓。

① 切换当前层为 Top Overlay(顶层丝印层)。

② 放置直线。选择“放置”菜单下的“走线”命令，绘制效果如图 9 - 10 所示。

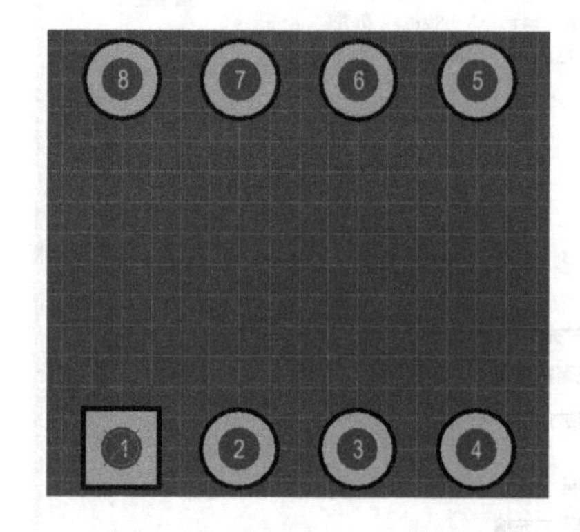

图 9 - 9　DIP8 的 8 个焊盘

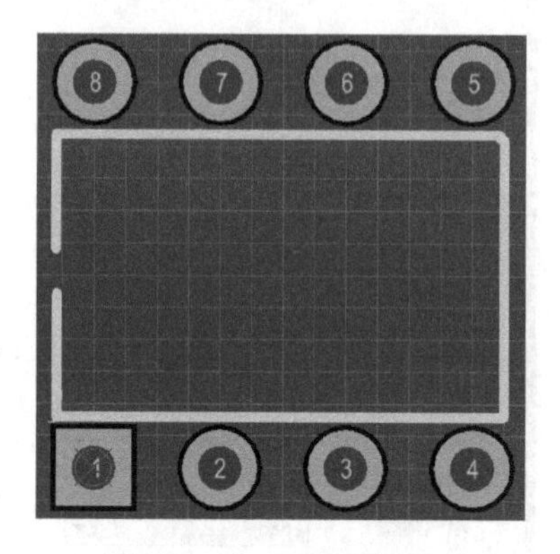

图 9 - 10　绘制直线外框

③ 双击直线，在如图 9 - 11 所示的对话框中设置各直线属性。下边直线的起点(－30,50)，终点(340,50)，宽度 10 mil；右边直线的起点(340,50)，终点(340,250)，宽度 10 mil；上边直线的起点(－30,250)，终点(340,250)，宽度 10 mil；左边下直线的起点(－30,50)，终点(－30,120)，宽度 10 mil；左边上直线的起点，(－30,180)，终点(－30,250)，宽度 10 mil。设置完成后删掉多余的直线。

④ 放置圆弧。选择“放置”菜单下的“圆弧(中心)”命令，确定圆弧的中心(－30,150)以及半径(30)，绘制半圆弧，如图 9 - 12 所示。

4. 设置元件封装参考点

选择“编辑”→“设置参考”→“1 脚”命令，定位 1 号焊盘为参考点。

5. 重命名与存盘

在创建元件封装时，系统给出默认的元件封装名称“PCBCOMPONENT_1”，并在元件管理器中显示出来。

① 选择“工具”→“元件属性”命令。

② 弹出“PCB 库元件”对话框。

③ 在库参数“名称”中输入元件封装名称“DIP8”，如图 9 - 13 所示。

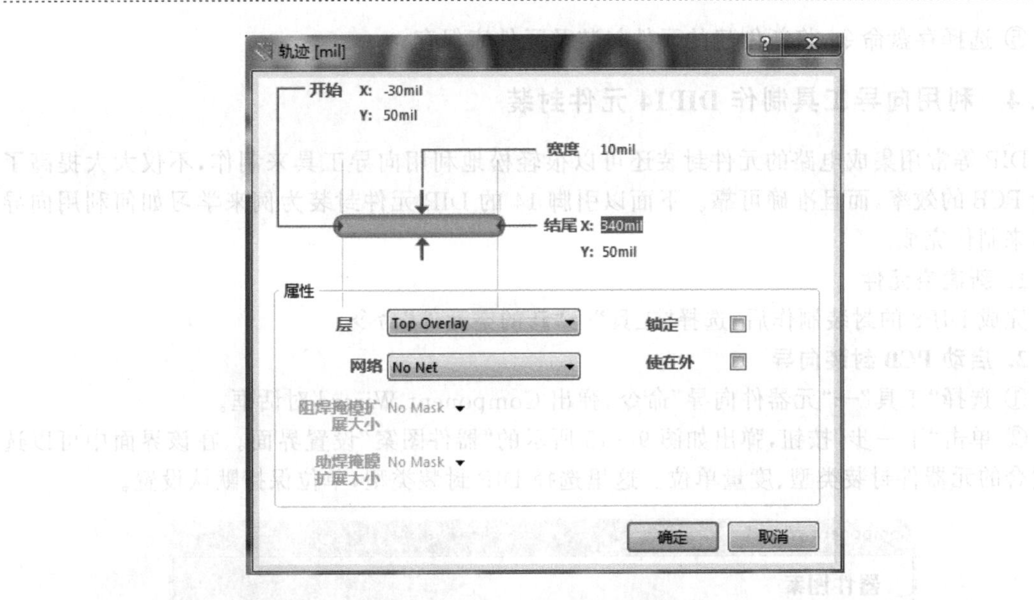

图 9-11　"轨迹"对话框

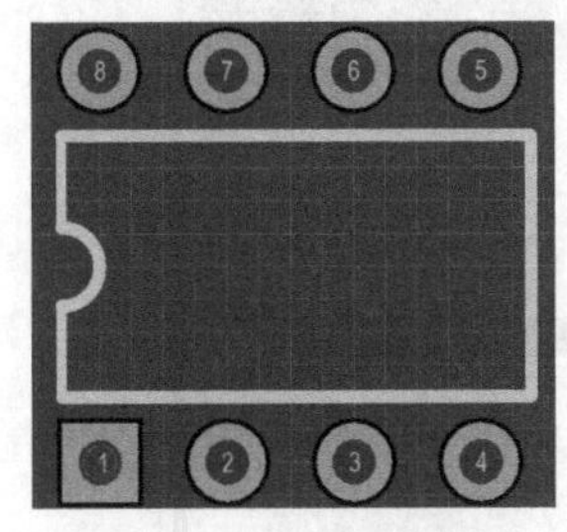

图 9-12　绘制半圆弧

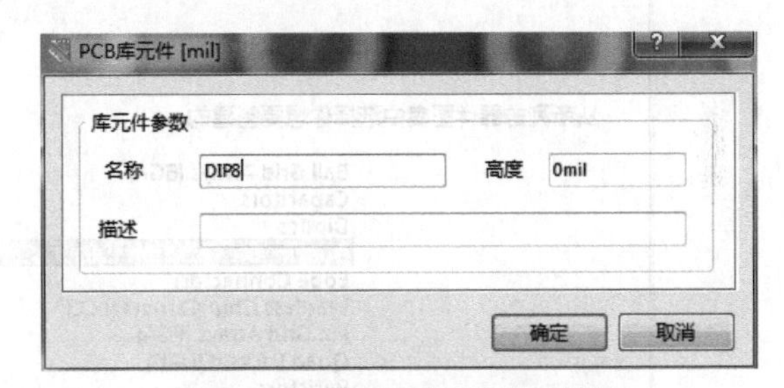

图 9-13　"PCB 库元件"对话框

④ 单击"确定"按钮，关闭对话框。元件封装名称修改为 DIP8，如图 9-14 所示。

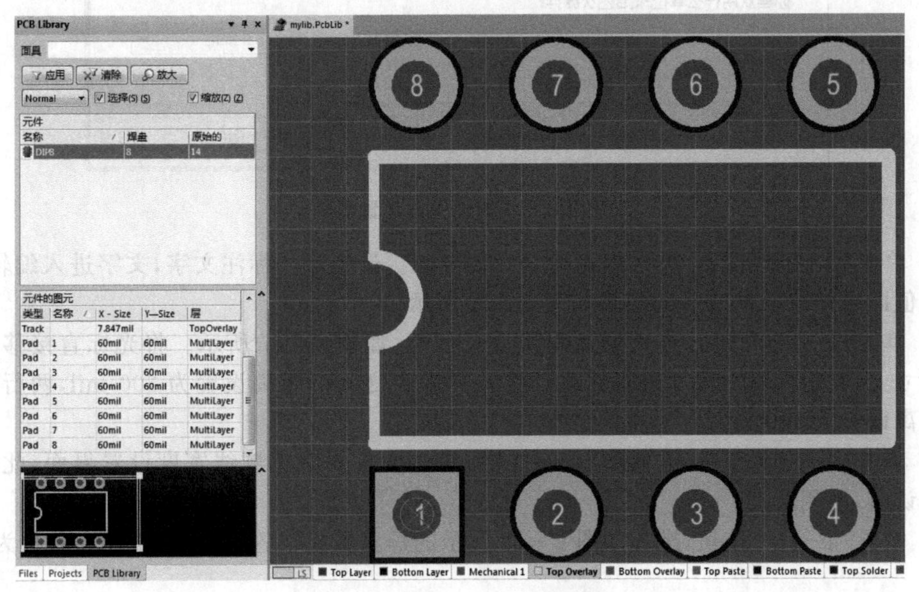

图 9-14　修改元件封装名称

⑤ 选择存盘命令，将新创建的元件封装及元件库保存。

9.1.4 利用向导工具制作 DIP14 元件封装

DIP 等常用集成电路的元件封装还可以很轻松地利用向导工具来制作，不仅大大提高了设计 PCB 的效率，而且准确可靠。下面以引脚 14 的 DIP 元件封装为例来学习如何利用向导工具来制作完成。

1. 新建空元件

完成 DIP8 的封装制作后，选择“工具”→“新的空元件”命令。

2. 启动 PCB 封装向导

① 选择“工具”→“元器件向导”命令，弹出 Component Wizard 对话框。

② 单击“下一步”按钮，弹出如图 9－15 所示的“器件图案”设置界面。在该界面中可以选择适合的元器件封装类型、度量单位。这里选择 DIP 封装类型，单位保持默认设置。

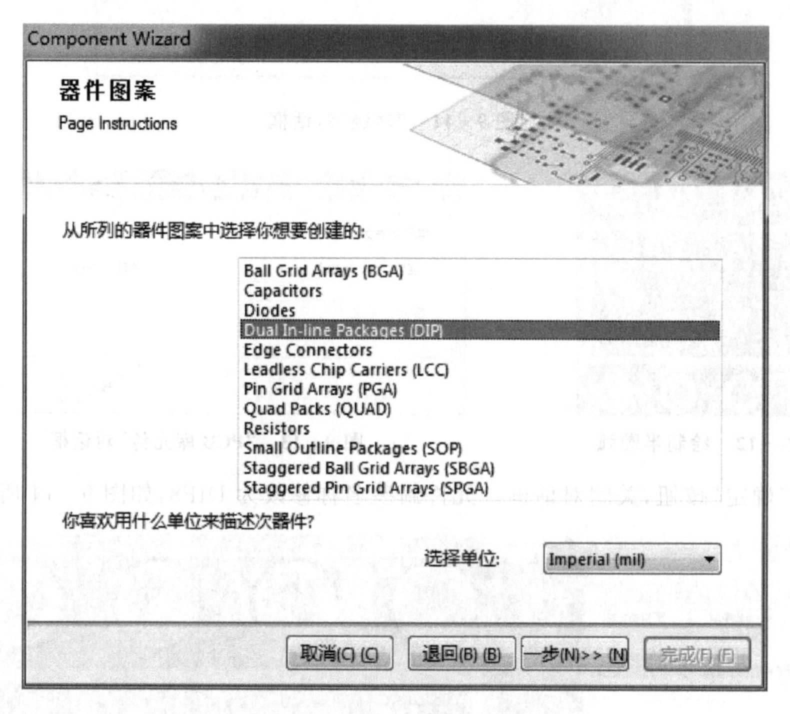

图 9－15　器件图案设置界面

③ 单击“下一步”按钮，进入焊盘尺寸设置界面。选中尺寸标注文字，文字进入编辑状态，键入数值即可修改。修改后的结果如图 9－16 所示。

④ 单击“下一步”按钮，进入焊盘间距设置界面，如图 9－17 所示。将光标直接移到要修改的尺寸上，左击即可对尺寸进行修改。将两列焊盘之间的距离设置为 300 mil，两行焊盘之间的距离设置为 100 mil。

⑤ 单击“下一步”按钮，进入如图 9－18 所示的元件封装轮廓线宽度设置界面，此处一般选择默认值，不用改动。

⑥ 单击“下一步”按钮，进入如图 9－19 所示的焊盘数量设置界面，调整焊盘数量为 14。

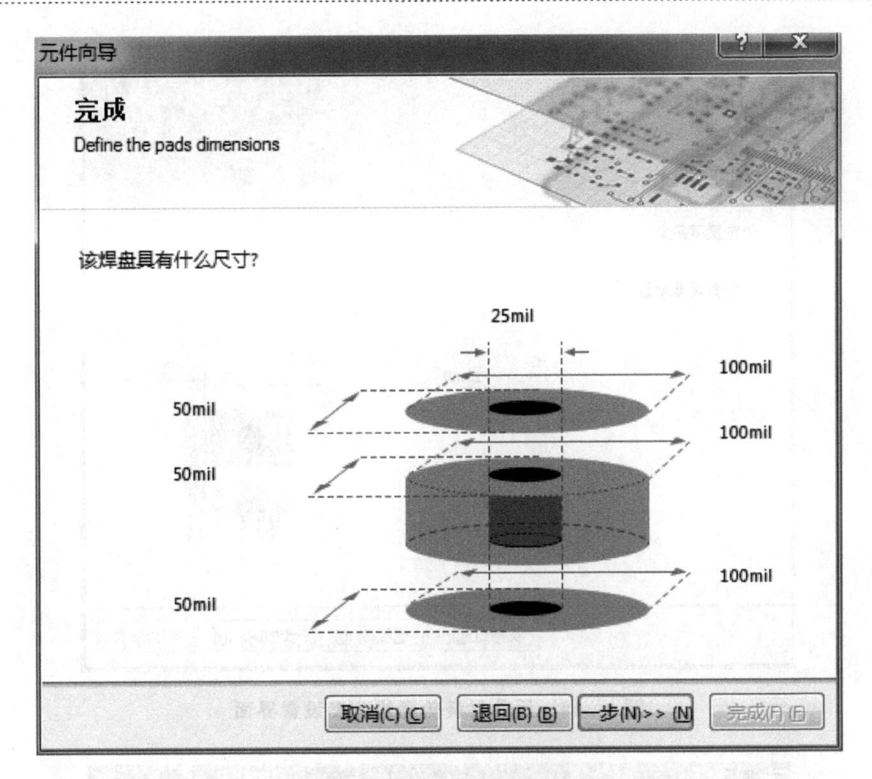

图 9-16　焊盘尺寸设置界面

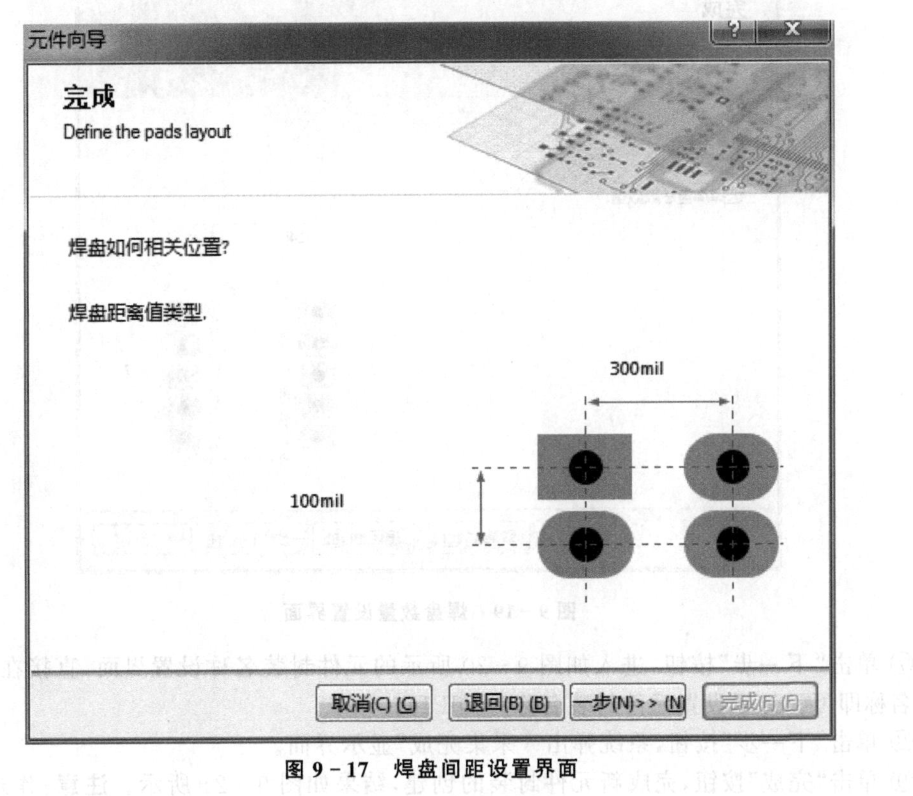

图 9-17　焊盘间距设置界面

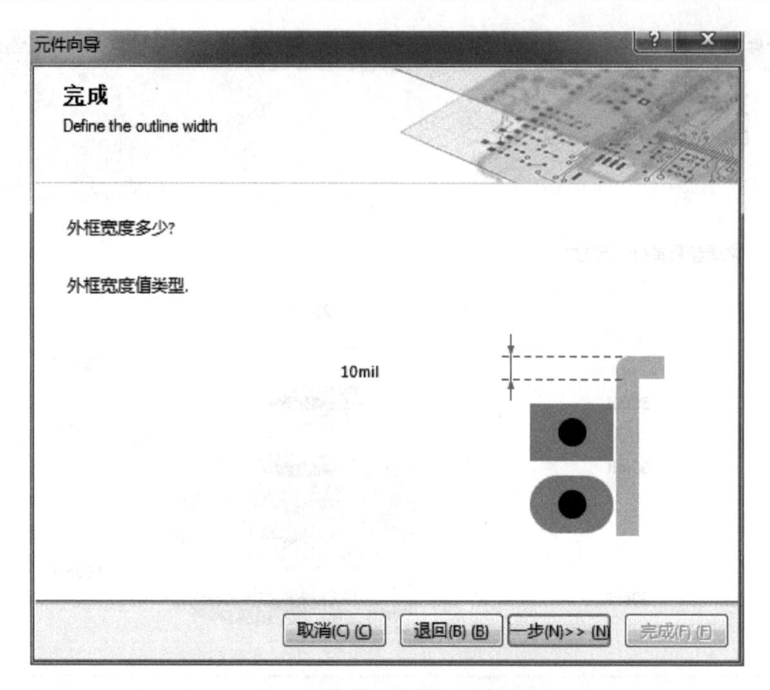

图 9-18 元件封装轮廓线宽度设置界面

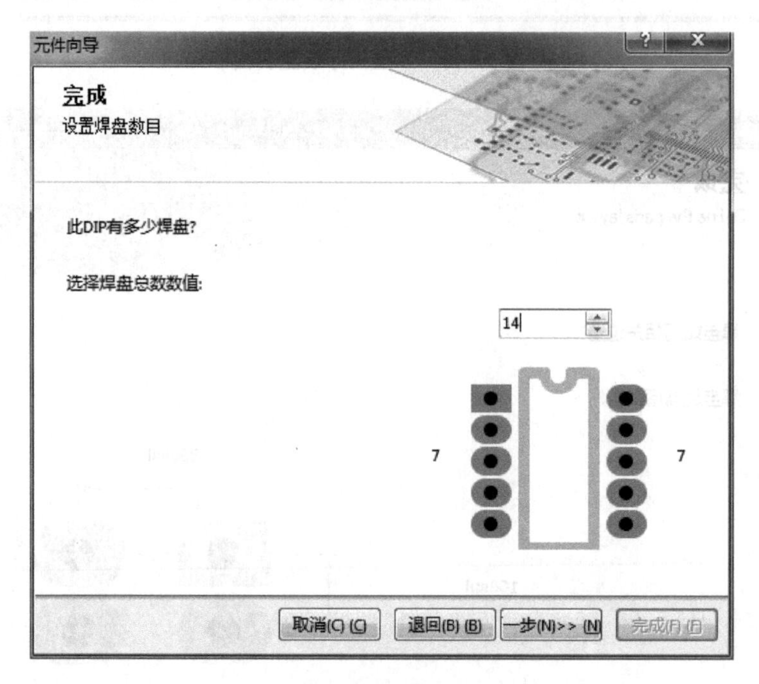

图 9-19 焊盘数量设置界面

⑦ 单击“下一步”按钮，进入如图 9-20 所示的元件封装名称设置界面，直接在编辑框中键入名称即可。这里设置元件封装名称为 DIP14。

⑧ 单击“下一步”按钮，系统弹出 “采集完成”显示界面。

⑨ 单击“完成”按钮，完成新元件封装的创建，结果如图 9-21 所示。**注意：**作为标志，第一个焊盘的形状是方形。左边元器件封装管理器 Components 一栏出现 DIP14。从元件库管

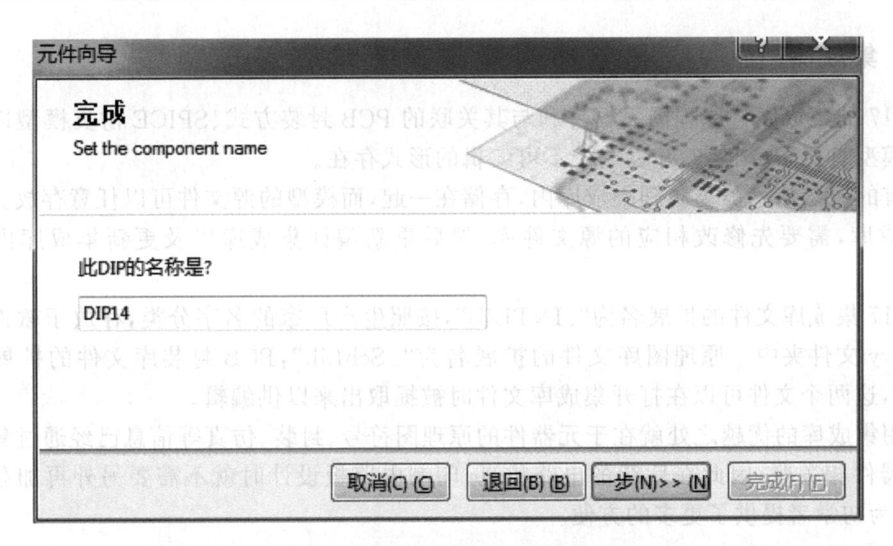

图 9－20　元件封装名称设置界面

理器中可以看到，在新建的元件库 mylib. PcbLib 中已经存在新创建的两个封装。

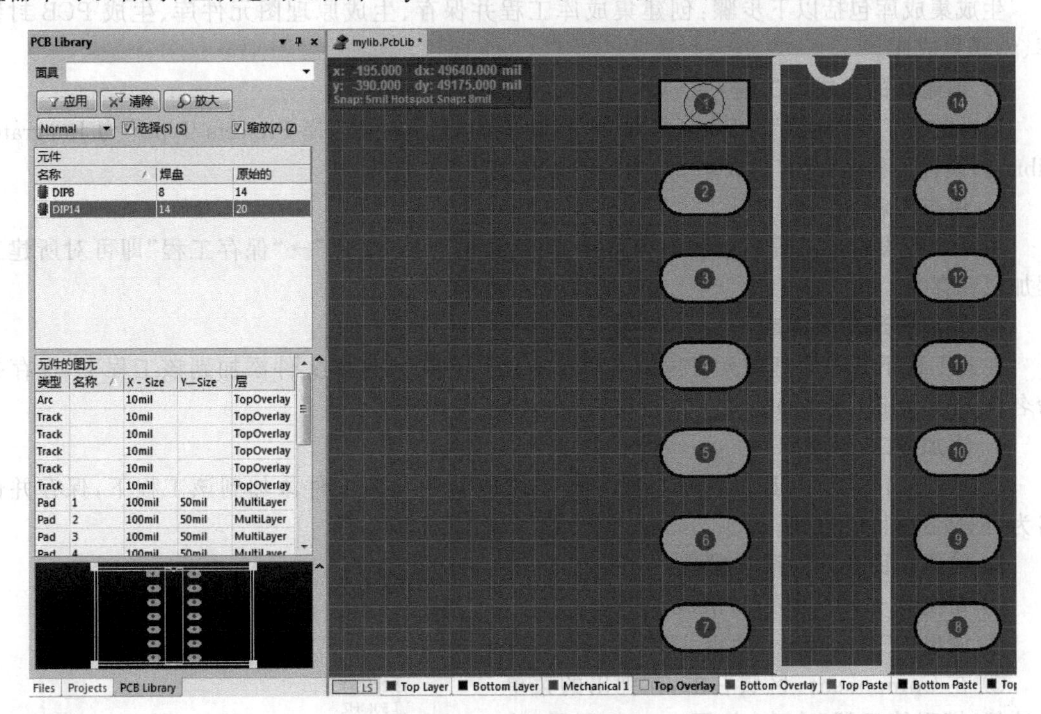

图 9－21　元器件 DIP14

9.2　集成库的生成与维护

9.1 节在集成库中创建了 PCB 元件封装库，对元件封装实行了有效管理。AD17 提供的元器件库即为集成库，该库中的元器件具有整合的信息，包括原理图符号、PCB 封装、仿真和信号完整性分析等。

9.2.1 集成库简介

AD17 的集成库将原理图元器件和与其关联的 PCB 封装方式、SPICE 仿真模型以及信号完整性模型有机结合起来，并以一个不可编辑的形式存在。

所有的模型信息被复制到集成库内，存储在一起，而模型的源文件可以任意存放。如果要修改集成库，需要先修改相应的源文件库，然后重新编译集成库以及更新集成库内相关的内容。

AD17 集成库文件的扩展名为“.INTLIB”，按照生产厂家的名字分类，存放于软件安装目录 Library 文件夹中。原理图库文件的扩展名为“.SchLib”，PCB 封装库文件的扩展名为“.PcbLib”，这两个文件可以在打开集成库文件时被提取出来以供编辑。

使用集成库的优越之处就在于元器件的原理图符号、封装、仿真等信息已经通过集成库文件与元器件相关联，因此在后续的电路仿真、印制电路板设计时就不需要另外再加载相应的库，同时为初学者提供了更多的方便。

9.2.2 生成集成库

生成集成库包括以下步骤：创建集成库工程并保存、生成原理图元件库、生成 PCB 封装库、编译集成库。

1. 创建新的集成库工程

选择“文件”→“新建”→Projects 命令，在弹出的对话框中选择 Projects Types 为 Integrated Library，设置工程名称为“集成库 2”，指定保存路径。

2. 保存工程

由于已经设置了工程名称和保存路径，因此这里选择“文件”→“保存工程”即可对所建工程加以保存。

3. 添加原理图元件库

在此工程下新建原理图元件库或者将已有的原理图元件库文件添加到该工程下，保存并命名为 mySchlib1.SchLib。

4. 添加 PCB 封装库

在此工程下新建 PCB 封装库或者将已有的 PCB 封装库文件添加到该工程下，保存并命名为 myPcblib1.PcbLib。

5. 给原理图元器件添加模型

① 切换到 mySchlib1.SchLib 文件。

② 调出 SCH Library 面板。

③ 在 Components 区域右击，在弹出的菜单中选择“模型管理器”命令，如图 9－22 所示，或者选择“工具”→“模式管理”命令，系统均会弹出如图 9－23 所示的“模型管理器”对话框。

④ 在“模型管理器”对话框左侧的元器件列表中选择“seg7”，单击右侧的 Add Footprint 添加封装按钮，弹出“PCB 模型”对话框。

⑤ 在“PCB 模型”对话框的“封装模型”区域，单击“浏览”按钮，弹出“浏览库”对话框。在

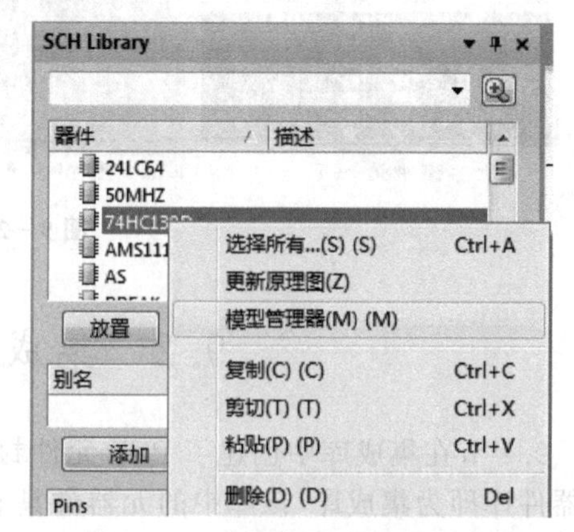

图 9－22 选择“模型管理器”命令

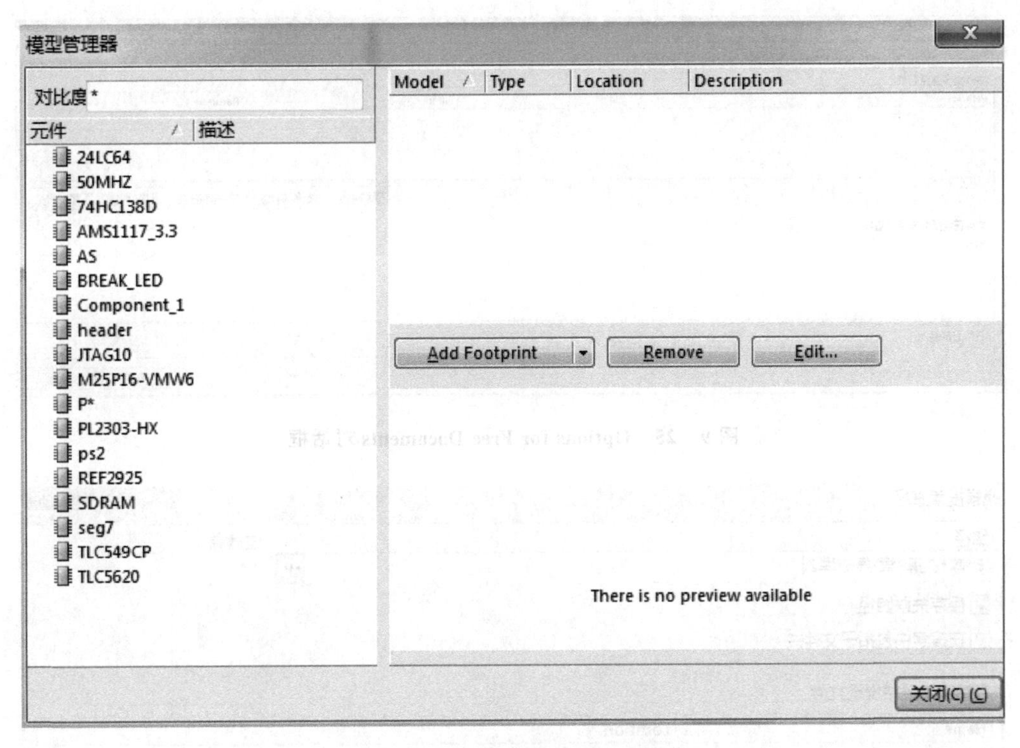

图 9 - 23　“模型管理器”对话框

这里需要找到存放有与上述元件对应封装的库文件，具体操作如下：

- 在“浏览库”对话框中，单击“发现”按钮左侧的⋯按钮，弹出“可用库”对话框。
- 单击“搜索路径”，激活该选项卡，如图 9 - 24 所示。单击“路径”按钮，系统弹出 Options for Free Documents 对话框，如图 9 - 25 所示。

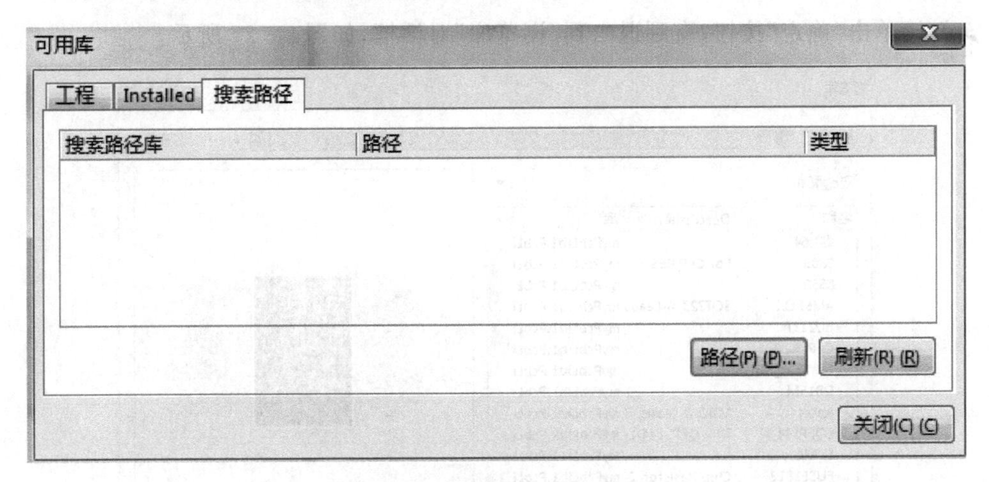

图 9 - 24　“搜索路径”选项卡

- 单击上述对话框中的“添加”按钮，系统弹出如图 9 - 26 所示的“编辑搜索路径”对话框。单击对话框中的⋯按钮，通过“浏览文件夹”对话框指定元件封装库所在的路径，单击“确定”按钮。

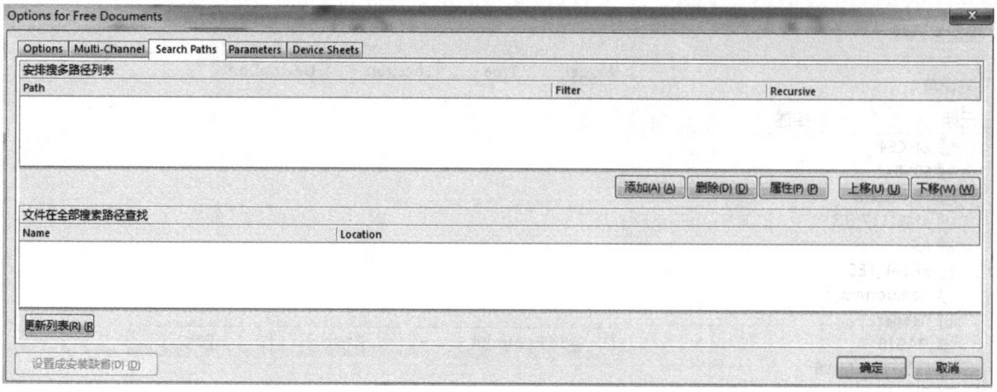

图 9-25　Options for Free Documents 对话框

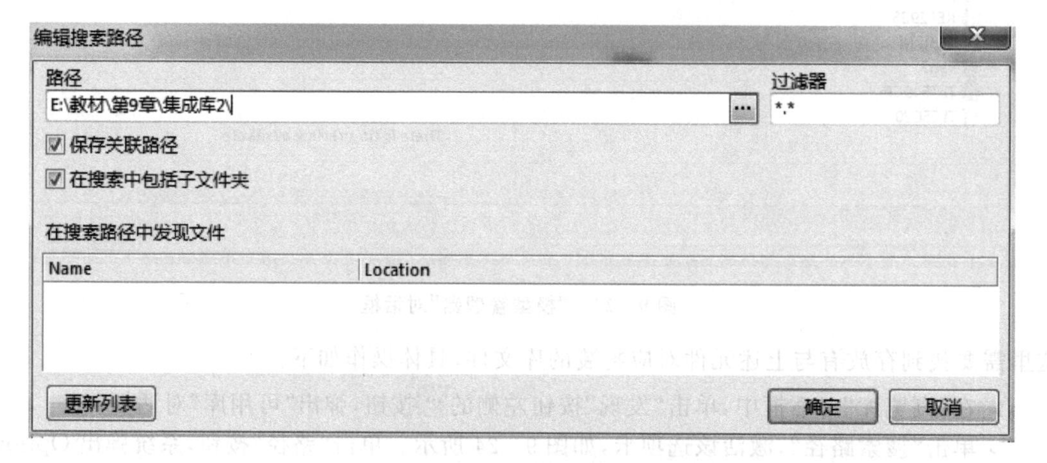

图 9-26　"编辑搜索路径"对话框

➢ 继续单击"确定"按钮，直到退出到"浏览库"对话框，如图 9-27 所示。

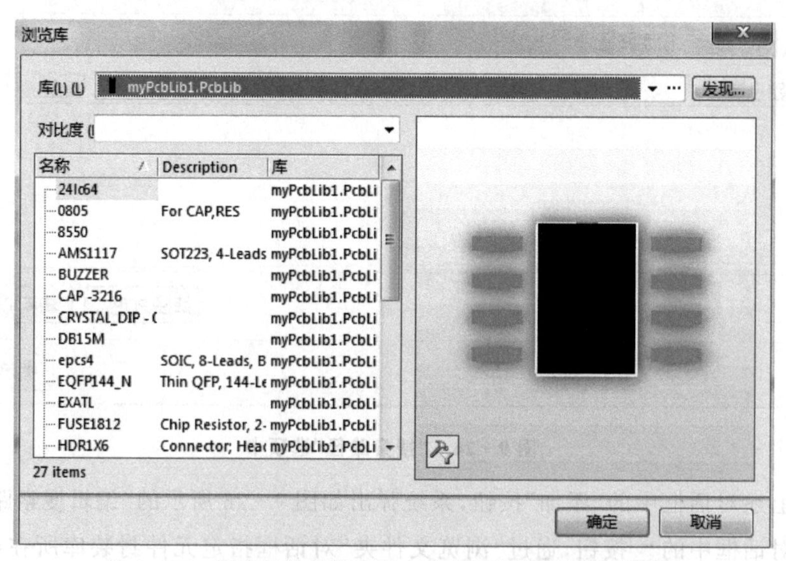

图 9-27　指定元件封装库所在路径后的"浏览库"对话框

⑥ 在“浏览库”对话框左侧的列表中选择“seg - 8”封装，如图 9 - 28 所示。单击“确定”按钮，返回“模型管理器”对话框。如图 9 - 29 所示，成功添加封装后，封装信息在该对话框中显示。单击“关闭”按钮，完成模型封装的添加。

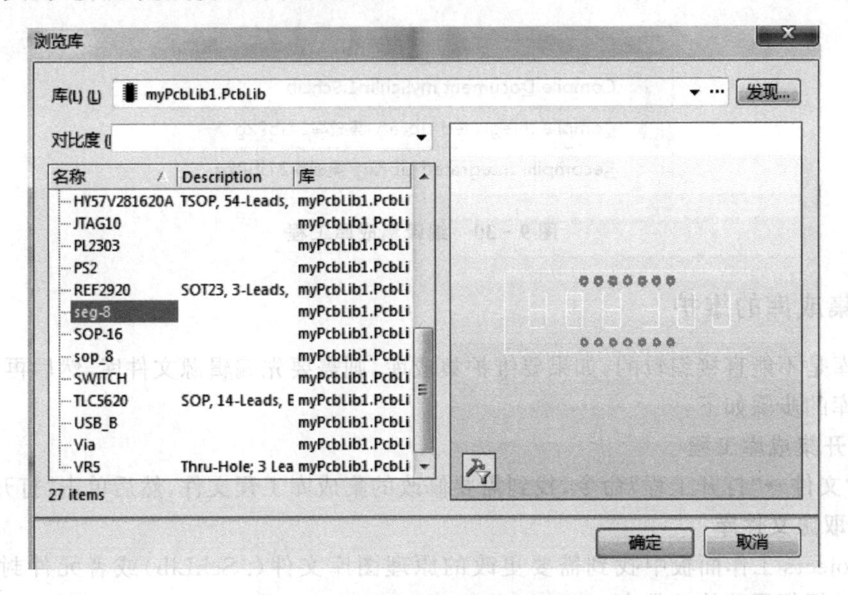

图 9 - 28　选择与元件对应的封装

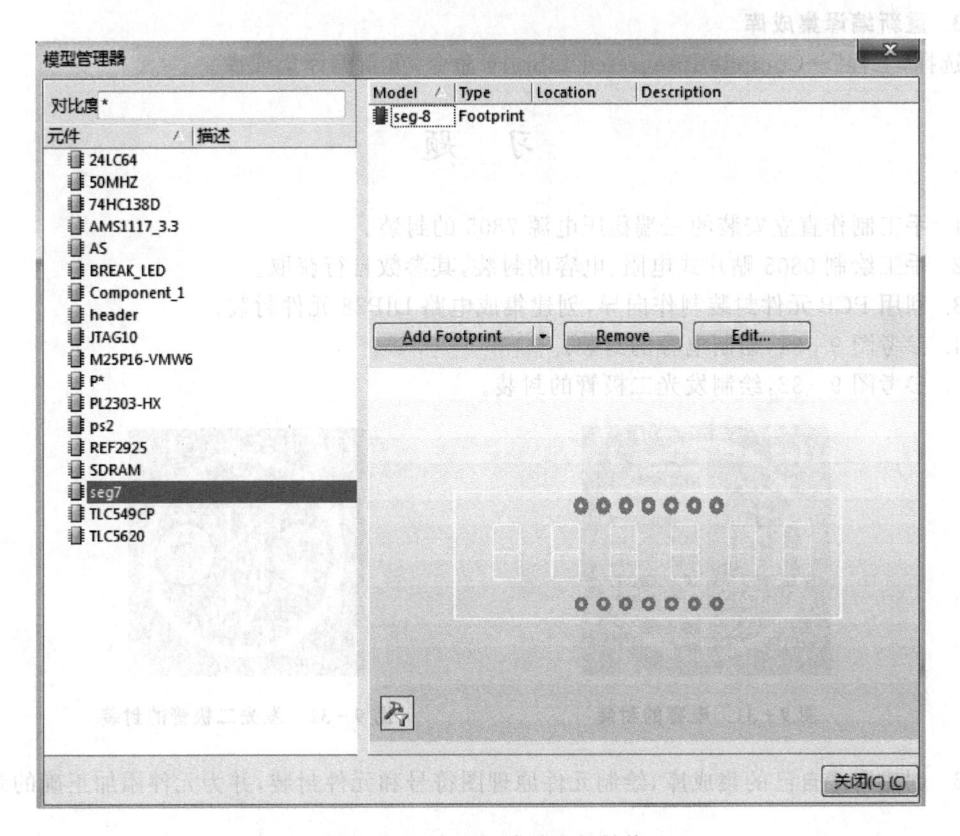

图 9 - 29　为 seg7 成功添加封装

6. 编译集成库

调出 Projects 工作面板，选择“工程”→Compile Integrated Library 命令，如图 9－30 所示。此时 AD17 编译源库文件，错误和警告报告将显示在 Messages 面板上。

图 9－30　编译集成库工程

9.2.3　集成库的维护

集成库是不能直接编辑的，如果要维护集成库，则需要先编辑源文件库，然后再重新编译。维护集成库的步骤如下：

1. 打开集成库工程

选择“文件→“打开工程”命令，找到需要修改的集成库工程文件，然后单击“打开”按钮。

2. 提取源文件库

在 Projects 工作面板中找到需要更改的原理图库文件(.SchLib)或者元件封装库文件(.PcbLib)，根据需要修改保存。

3. 重新编译集成库

选择“工程”→Compile Integrated Library 命令，重新编译集成库。

习　题

1. 手工制作直立安装的三端稳压电源 7805 的封装。
2. 手工绘制 0805 贴片式电阻、电容的封装，其参数自行获取。
3. 利用 PCB 元件封装制作向导，创建集成电路 DIP28 元件封装。
4. 参考图 9－31，绘制电容的封装。
5. 参考图 9－32，绘制发光二极管的封装。

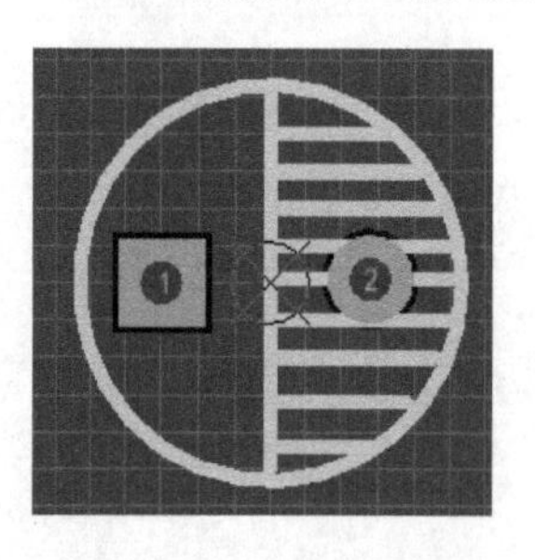

图 9－31　电容的封装

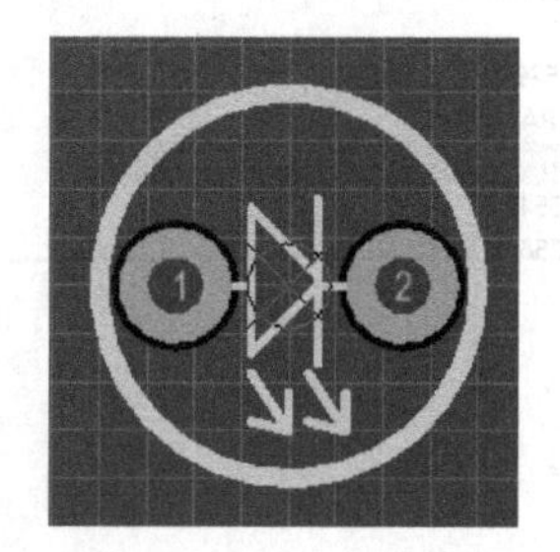

图 9－32　发光二极管的封装

6. 创建属于自己的集成库，绘制元件原理图符号和元件封装，并为元件添加正确的封装。

第 10 章　实例篇

本章导读

通过 U 盘和 FPGA 开发板的电路图设计，掌握从原理图到 PCB 板的制作过程，并介绍多层板的绘制方法。通过本章的学习，让读者更深入地理解电路板的设计过程，并能熟练使用各种操作方法绘制电路原理图和设计 PCB 板。

10.1　U 盘 PCB 设置

10.1.1　设计任务

电路功能：该电路的一个 32 MB 的 U 盘，采用了 IC1114 作为控制器，K9F5608U0B 为存储器，可以通过 IC1114 从 USB 接口传送到 PC 设备。

主要元件：IC1114_F48LQ、K9F5608U0B、SW1A、AT1201。电路预览如图 10 - 1 所示。

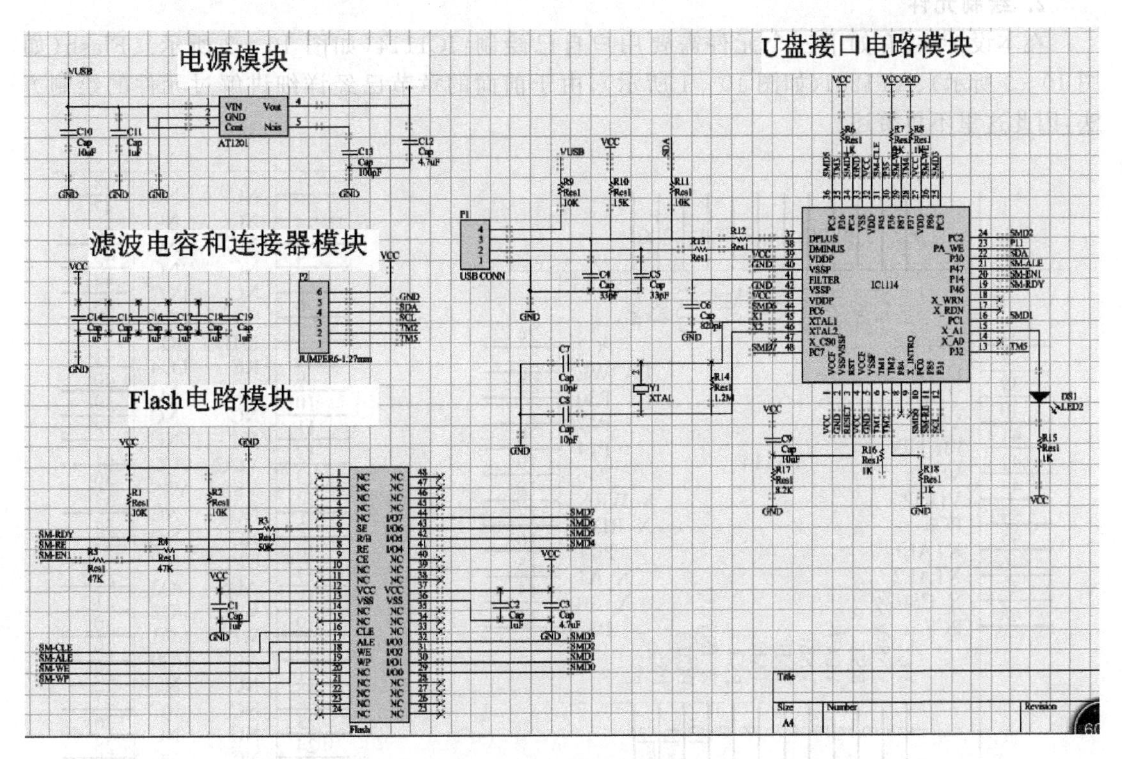

图 10 - 1　U 盘电路图预览

10.1.2 创建项目

在进行原理图设计之前，先要建立工程项目，步骤如下：

① 选择“文件”→“新建”→Projects 命令，在弹出的 New Project 对话框中，设置工程名称为“U 盘”，指定工程路径。

② 保存刚才新建的项目，选择“文件”→“保存工程”命令。

③ 在项目中添加一个原理图文件，选择“文件”→“新建”→“原理图”命令，创建一个新的原理图文件，并选择“文件”→“保存为”命令，将文件命名为“U 盘. SchDoc”。

10.1.3 创建元件库

1. 新建元件库

在绘制原理图的过程中，首先需要放置元件，对于一些通用的元件可以直接查找调用，对于特殊的元件就需要自己绘制。因此在开始绘制原理图之前，需要创建元件库（参考第 6 章），来管理手动绘制的元件。新建元件库的步骤如下：

① 选择“文件”→“新建”→“库”→“原理图库”命令。

② 选择“文件”→“保存为”命令，设置文件名称为“U 盘”，指定工程所在的文件夹。

③ 单击编辑区左侧工作面板下方的“SCH Library”，激活“SCH Library”工作面板，可以利用该工作面板中的“放置”“添加”“删除”“编辑”等按钮来创建、管理所绘制的元件。

2. 绘制元件

在本设计中，有如下三个元件需要用户自己绘制：IC1114（如图 10－2 所示）、Flash（如图 10－3 所示）、AT1201（如图 10－4 所示），由于前面的章节已经详细讲解过元件的绘制方法，因此这里不再赘述。

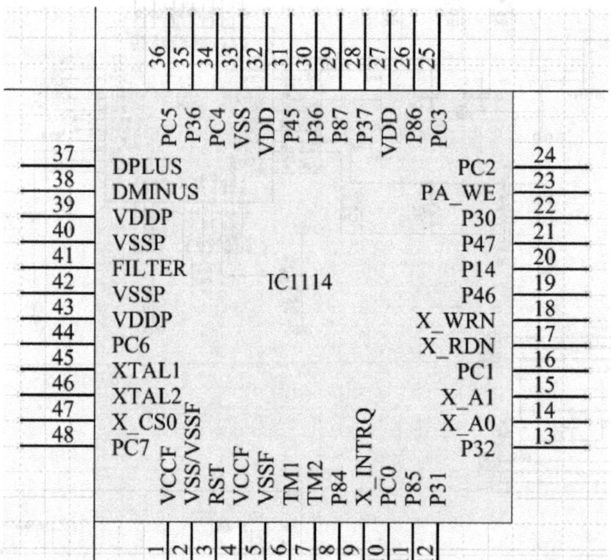

图 10－2 IC1114

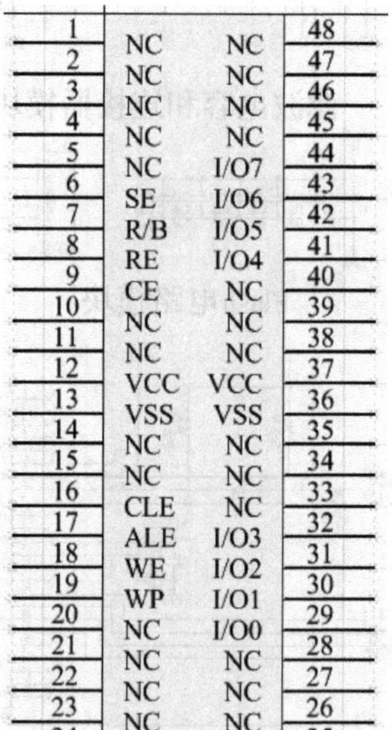

图 10－3 Flash

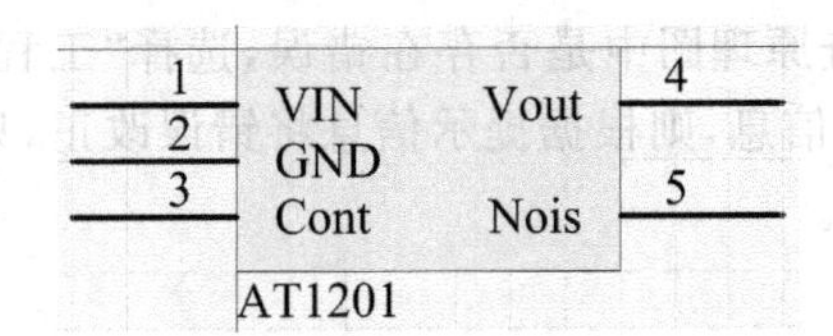

图 10-4 AT1201

10.1.4 创建原理图文件

1. 新建原理图文件

选择“文件”→“新建”→“原理图”命令，并将其保存为“U 盘. SchDoc”。

2. 放置主要元件

绘制原理图时，一般先放置大的元件，后放置小的元件。如图 10-5 所示为放置主要元器件。

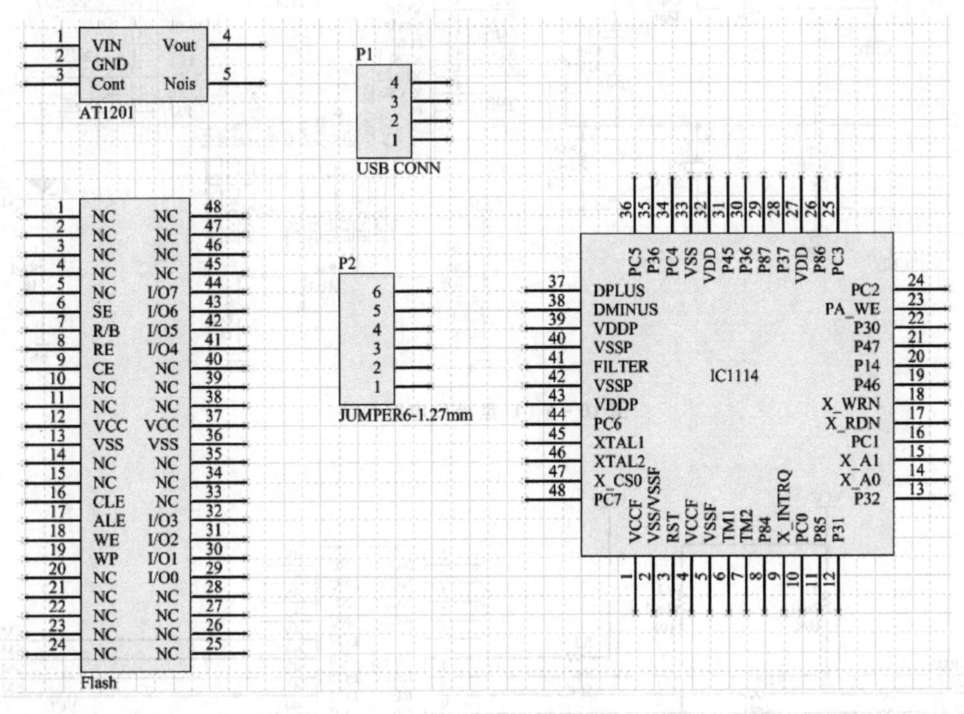

图 10-5 放置主要元器件

3. 放置小元件并连线

在放置好主要的元器件之后，就可以开始针对每一个元器件摆放小的元器件并连线了，例如以元器件 IC1114 为核心的 U 盘接口电路模块如图 10-6 所示；以元器件 Flash 为核心的 Flash 电路模块如图 10-7 所示；以元器件 AT1201 为核心的电源模块如图 10-8 所示；滤波电容和连接器模块如图 10-9 所示。

4. 原理图后期处理

在原理图设计完成之后，必须对原理图进行必要的后期处理，检查原理图中是否存在错误，并生成元件报表。具体处理步骤如下：

① 首先要编译项目，检查原理图中是否存在错误，选择“工程”→Compile PCB Project 命令，如果系统给出了错误提示信息，则根据提示信息将错误改正，只有在没有错误的情况下，才能进入后期的 PCB 制板工作。

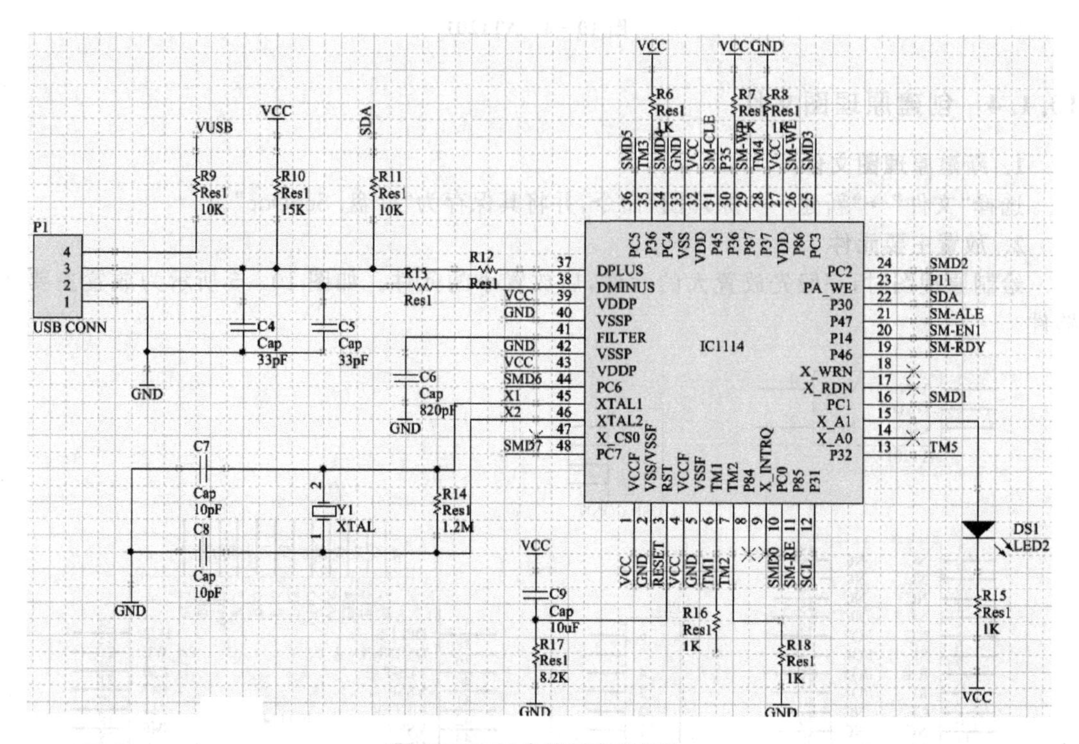

图 10－6　U 盘接口电路模块

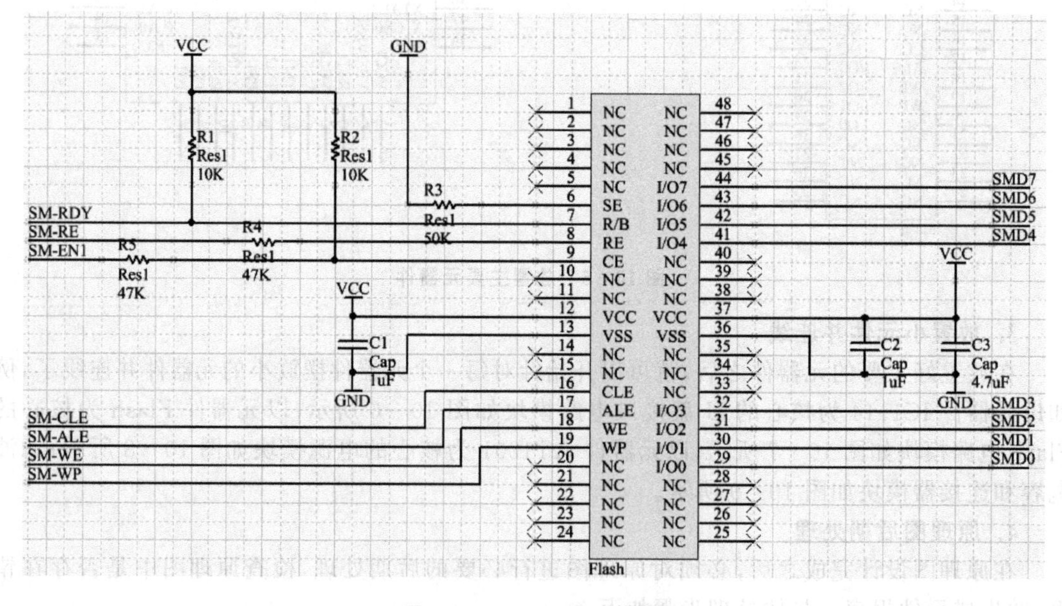

图 10－7　Flash 电路模块

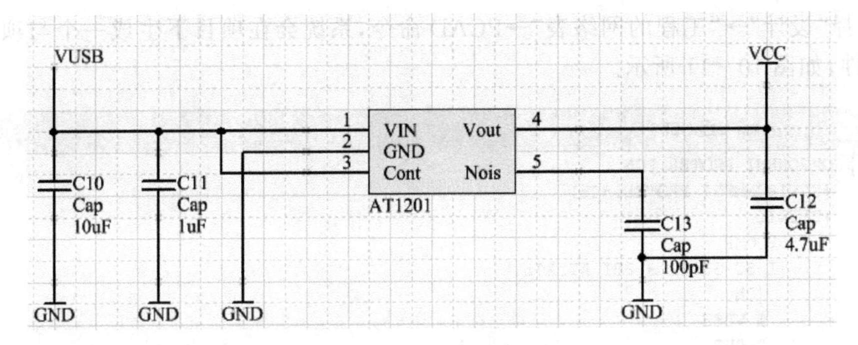

图 10-8　电源模块

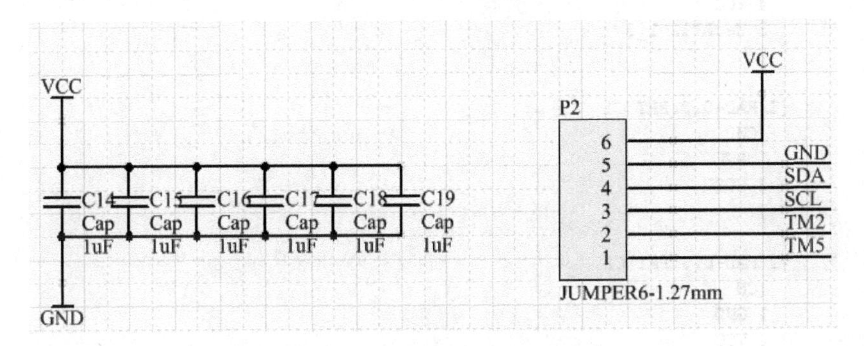

图 10-9　滤波电容和连接器模块

② 选择“报告”→Bill of Materials 命令，生成元器件报表，如图 10-10 所示。

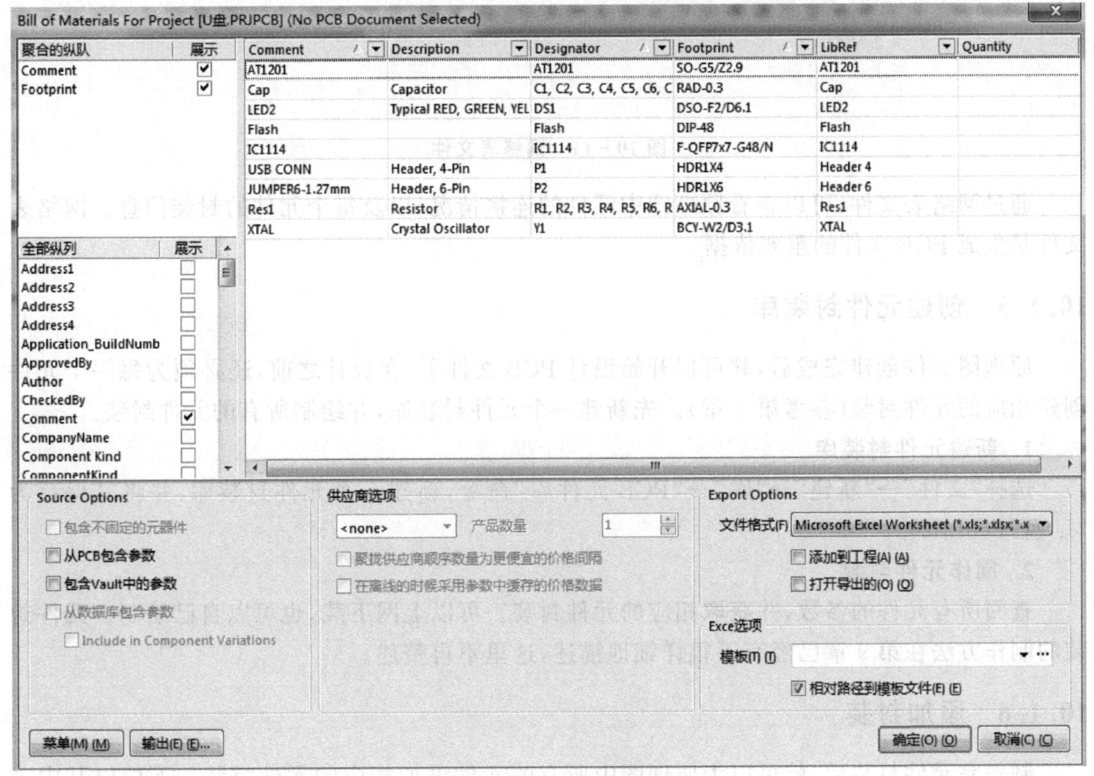

图 10-10　元器件报表

③ 选择"设计"→"工程的网络表"→PCAD 命令，系统会在项目下生成一个与项目同名的网络表文件，如图 10-11 所示。

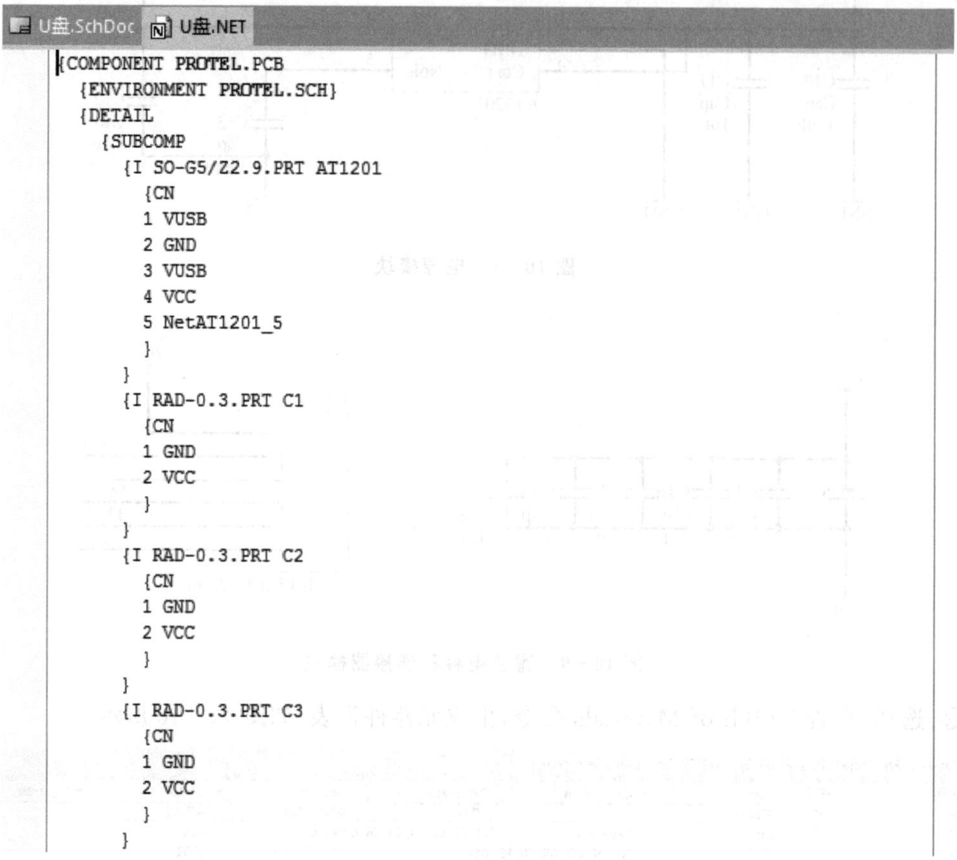

```
U盘.SchDoc  U盘.NET
{COMPONENT PROTEL.PCB
  {ENVIRONMENT PROTEL.SCH}
  {DETAIL
    {SUBCOMP
      {I SO-G5/Z2.9.PRT AT1201
        {CN
        1 VUSB
        2 GND
        3 VUSB
        4 VCC
        5 NetAT1201_5
        }
      }
      {I RAD-0.3.PRT C1
        {CN
        1 GND
        2 VCC
        }
      }
      {I RAD-0.3.PRT C2
        {CN
        1 GND
        2 VCC
        }
      }
      {I RAD-0.3.PRT C3
        {CN
        1 GND
        2 VCC
        }
      }
```

图 10-11　网络表文件

通过网络表文件，可以查看原理图中元件的连接情况，以及每个元件的封装信息。网络表文件是生成 PCB 文件的重要依据。

10.1.5　创建元件封装库

原理图文件创建完成后，就可以开始设计 PCB 文件了，在设计之前，还必须为每一个元件创建相应的元件封装(参考第 9 章)。先新建一个元件封装库，并绘制所有的元件封装。

1. 新建元件封装库

选择"文件"→"新建"→"库"→"PCB 元件库"命令，新建一个元件封装库，并将其保存为"U 盘. PcbLib"。

2. 制作元件封装

查阅所有元件的参数，并获取相应的元件封装。可以上网下载，也可以自己绘制。元件封装的制作方法在第 9 章已经有了很详细地描述，这里不再赘述。

10.1.6　添加封装

制作完元件封装后，就可以为原理图中所有的元件添加相应的元件封装。下面以其中一个元件为例来说明添加封装的具体步骤：

① 打开项目中的原理图文件“U 盘. SchLib”。

② 双击原理图电源模块的核心器件“AT1201”，系统会弹出 Properties for Schematic Component in Sheet 对话框。

③ 单击图 10－12 中的 Add... 按钮，系统会弹出对话框，在该对话框的列表中选择 Footprint 选项。

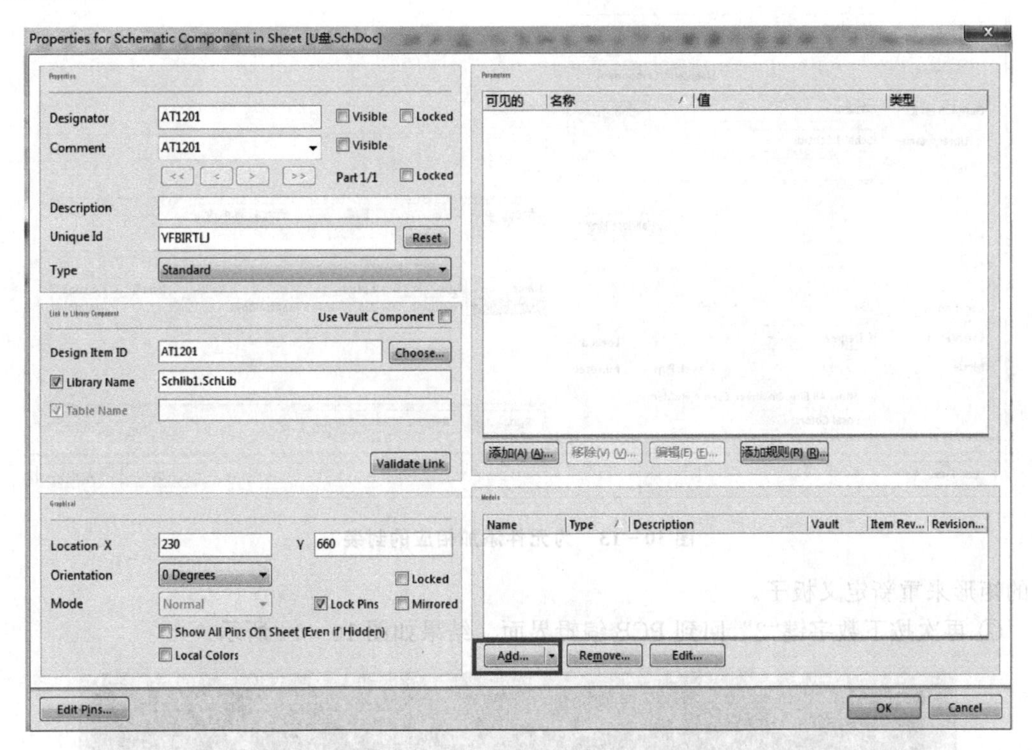

图 10－12　Properties for Schematic Component in Sheet 对话框

④ 单击“确定”按钮，在弹出的对话框中选择相应的封装，设置完成后，结果如图 10－13 所示。

10.1.7　规划电路板

在前期工作都完成的情况下，就可以开始 PCB 的设计了，参考第 7 章，具体步骤如下：

① 在项目文件夹下新建一个 PCB 文件，选择“文件”→“新建”→PCB 命令。

② 选择“文件”→“保存为”命令，将文件命名为“U 盘. PcbDoc”，将其保存在工程文件夹里。

③ 在 PCB 编辑环境下，选择“设计”→“层叠管理”命令，在弹出的 Layer Stack Manager 对话框中，将该 PCB 板设置为双面板。

④ 将输入法切换到英文状态，按下字母键 Q，将单位切换为 mm。将工作层切换至 Keep-Out Layer。按 P、L 键，激活绘制导线命令，在该工作层绘制用来定义板子形状用的矩形边框，大小为 105 mm×66 mm，线宽为 0.254 mm。

⑤ 将输入法切换到英文输入状态，按下数字键“1”。

⑥ 选择“设计”→“重新定义板形状”命令，光标呈现十字形状，此时就可以按照刚才所绘

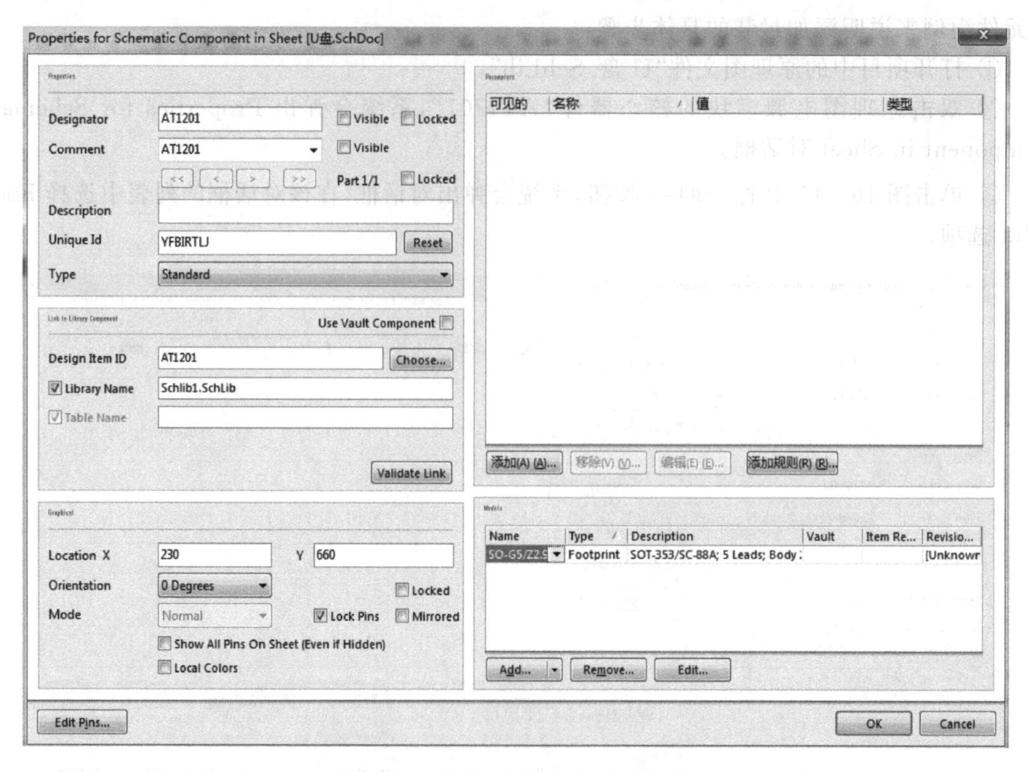

图 10-13　为元件添加相应的封装

制的矩形来重新定义板子。

⑦ 再次按下数字键"2",回到 PCB 编辑界面。结果如图 10-14 所示。

图 10-14　重新定义板子后的 PCB 编辑

⑧ 按两次 P 键,激活放置焊盘的命令,按 Tab 键,在系统弹出的焊盘属性设置对话框中设

置焊盘属性，如图 10－15 所示。

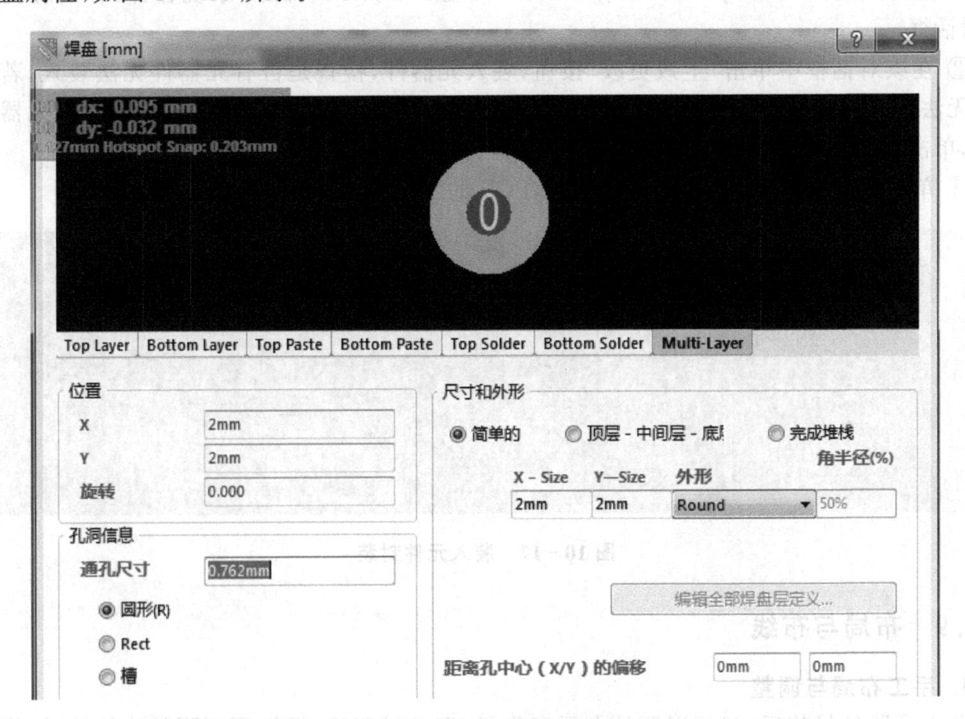

图 10－15 设置焊盘属性

⑨ 参考步骤⑧放置其他 3 个焊盘，焊盘中心与各角点的相对位置相同，结果如图 10－16 所示。

图 10－16 放置焊盘

10.1.8 网络表与元器件封装的装入

在电路板设置完毕之后，就可以装入网络表和元器件封装了，具体步骤如下：

① 选择“设计”→“Import Changes From U盘.PRJPCB”命令，系统会弹出“工程更改顺序”对话框。

② 在该对话框中单击“生效更改”按钮，装入元器件，检查是否有元器件无法装入，若有元器件无法装入，则返回到原理图检查元器件的封装属性是否正确。当确定了所有的元器件装入后，单击“执行更改”按钮，装入网络表和元器件封装。

③ 单击“关闭”按钮，关闭上述对话框，PCB的工作界面如图10-17所示。

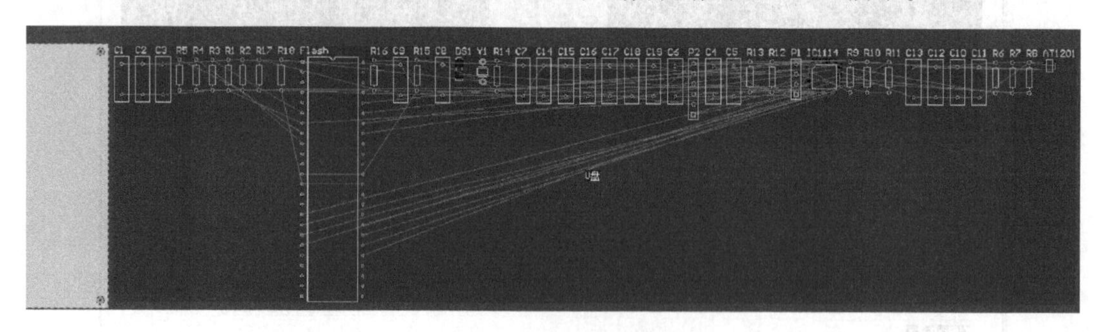

图10-17 装入元件封装

10.1.9 布局与布线

1. 手工布局与调整

载入元器件封装后，就可以开始布局工作了，调整过程后，根据原理图的连接关系，将具有相近连接的元器件封装尽量放到一起。

调整边框线，让边框的大小尽量接近元件。

到此为止，整个PCB板的手工布局就已经完成了。下面开始进行元件封装标注的调整，具体步骤如下：

① 选择PCB中所有的元件封装，然后选择“编辑”→“对齐”→“定位器件文本”命令，系统弹出“器件文本位置”对话框，如图10-18所示。

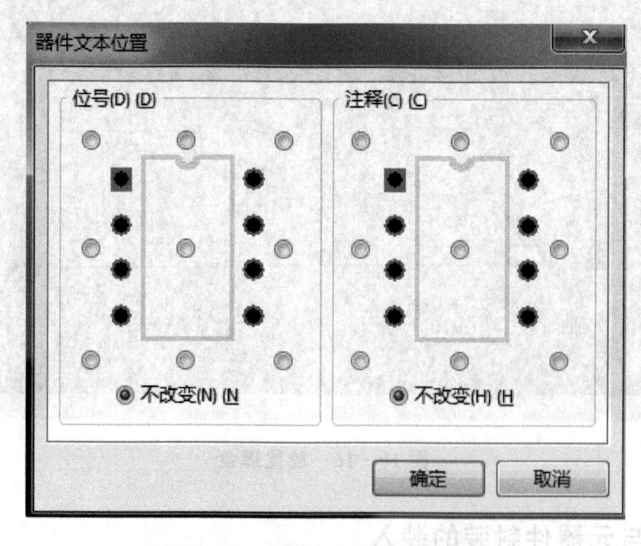

图10-18 “器件文本位置”对话框

② 在对话框中根据需要进行设置。

③ 完成设置后单击“确定”按钮，完成标注的调整。

2. 布线规则设置

接下来的工作就是布线规则设置了。在 PCB 编辑环境下，选择“设计”→“规则”命令，系统弹出“PCB 规则及约束编辑器”对话框，如图 10-19 所示。

对“PCB 规则及约束编辑器”对话框进行如下设置：

① 打开 Electrical 中的 Clearance 选项，在“约束”中，将“最小间隔”设置为 0.25 mm，如图 10-20 所示。

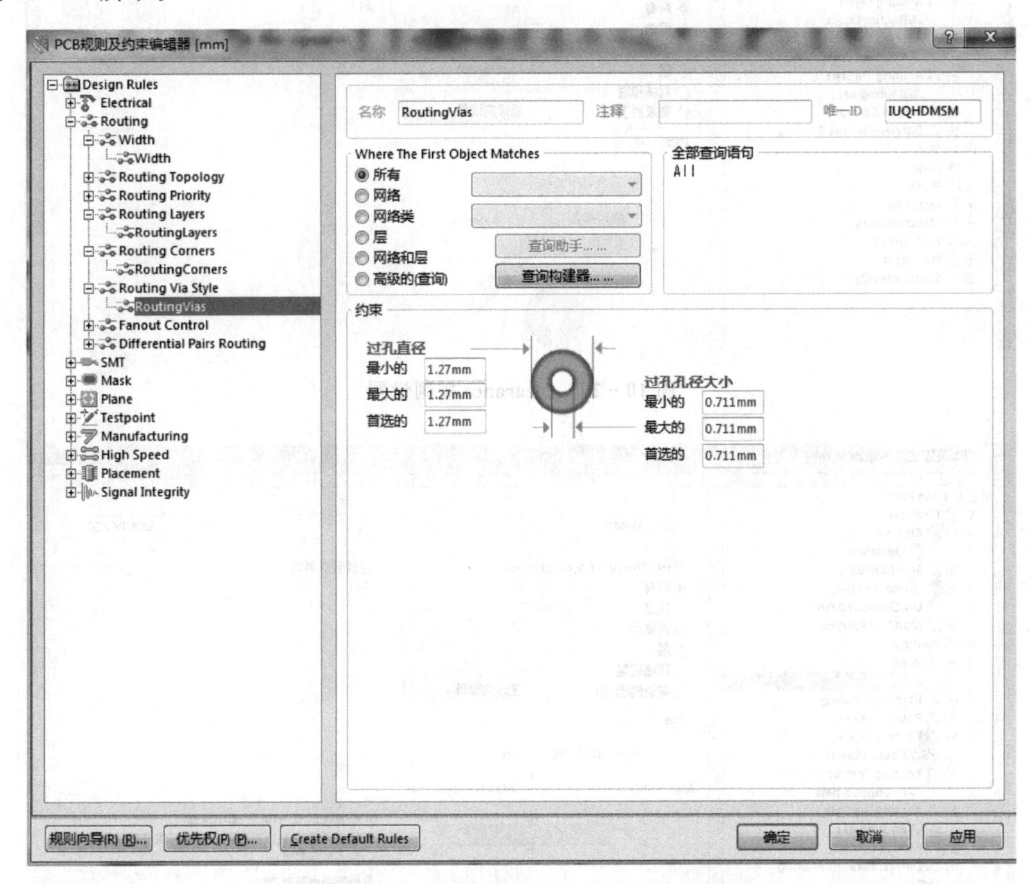

图 10-19　“PCB 规则及约束编辑器”对话框

② 打开 Routing 的 Width 子选项，将“约束”中的 Min Width(最小线宽)设置为 0.2 mm，将 Preferred Width(典型线宽)设置为 0.2 mm，将 Max Width(最大线宽)设置为 0.3 mm，如图 10-21 示。

③ 在 Width 子项上右击，在弹出的菜单中选择“新规则”命令，添加新的布线宽度子项，在其右侧的设置栏中，将“名称”设置为 Power，选择“网络”单选项，在其右侧下拉列表中选中 VCC，在“约束”中，将 Min Width(最小线宽)设置为 0.4 mm，将 Preferred Width(典型线宽)设置为 0.4 mm，将 Max Width(最大线宽)设置为 0.4 mm，如图 10-22 所示。

④ 打开 Plane 中的 PolygonConnect 选项，在敷铜层规则设置中将使用设置为 All，将“连接类型”设置为 45 Angle，将“导线宽度”设置为 0.2 mm，如图 10-23 所示。

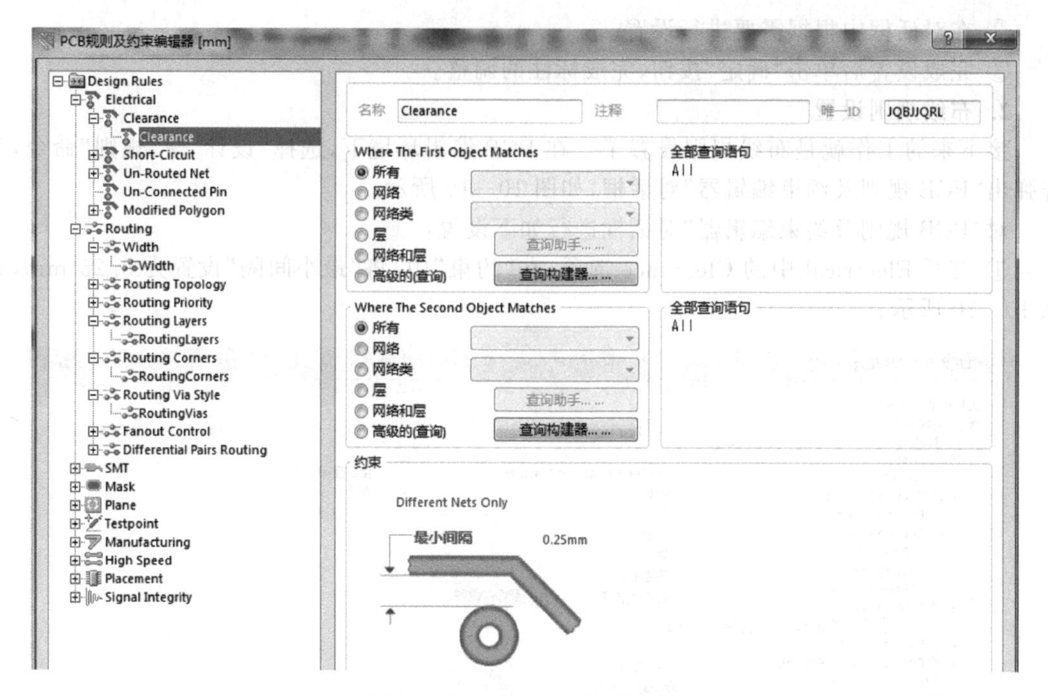

图 10-20 Clearance 规则设置

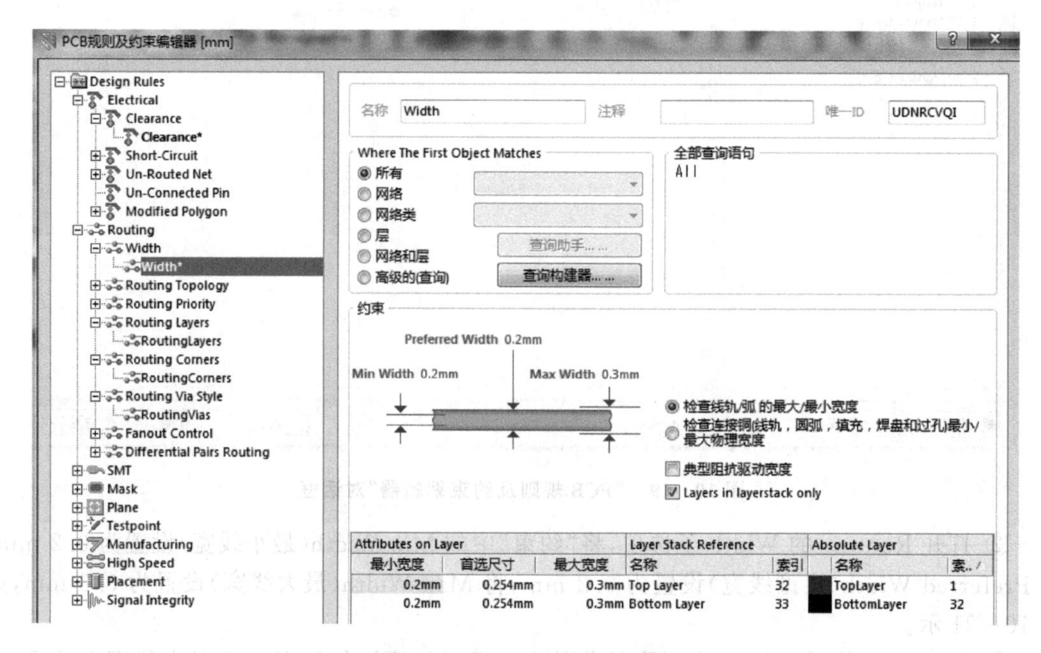

图 10-21 Width 规则设置

3. 预布电源线与自动布线

设置好了布线规则之后，就可以开始布线操作了。

① 选择“自动布线”→“设置”命令，打开自动布线设置对话框。该对话框显示了布线结果与布线规则的冲突之处，若有冲突，则根据其提供的信息适当修改。

② 选择“自动布线”→“网络”命令，激活网络自动布线。

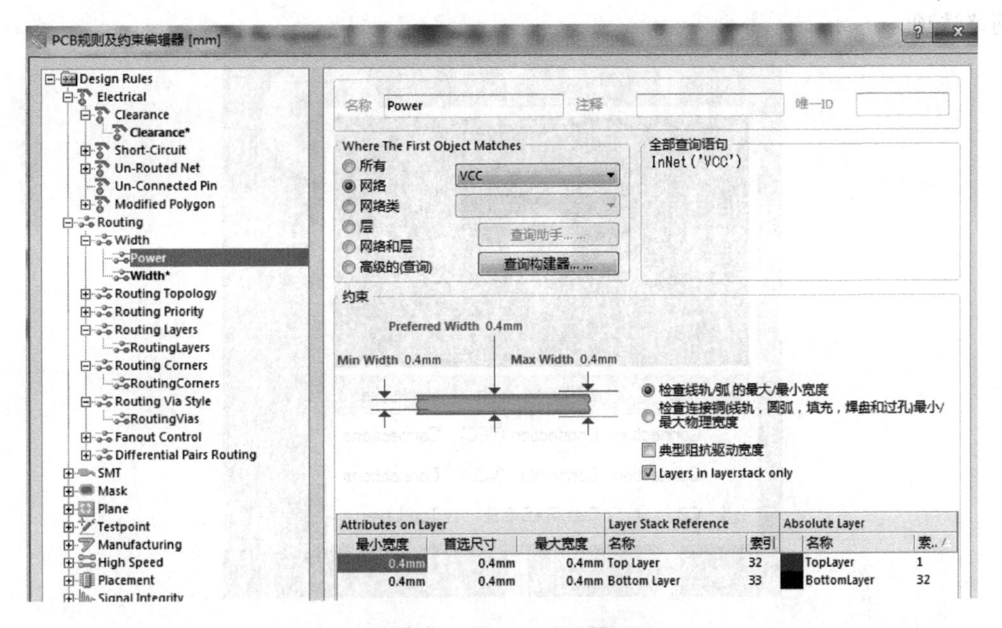

图 10 - 22　Power 规则设置

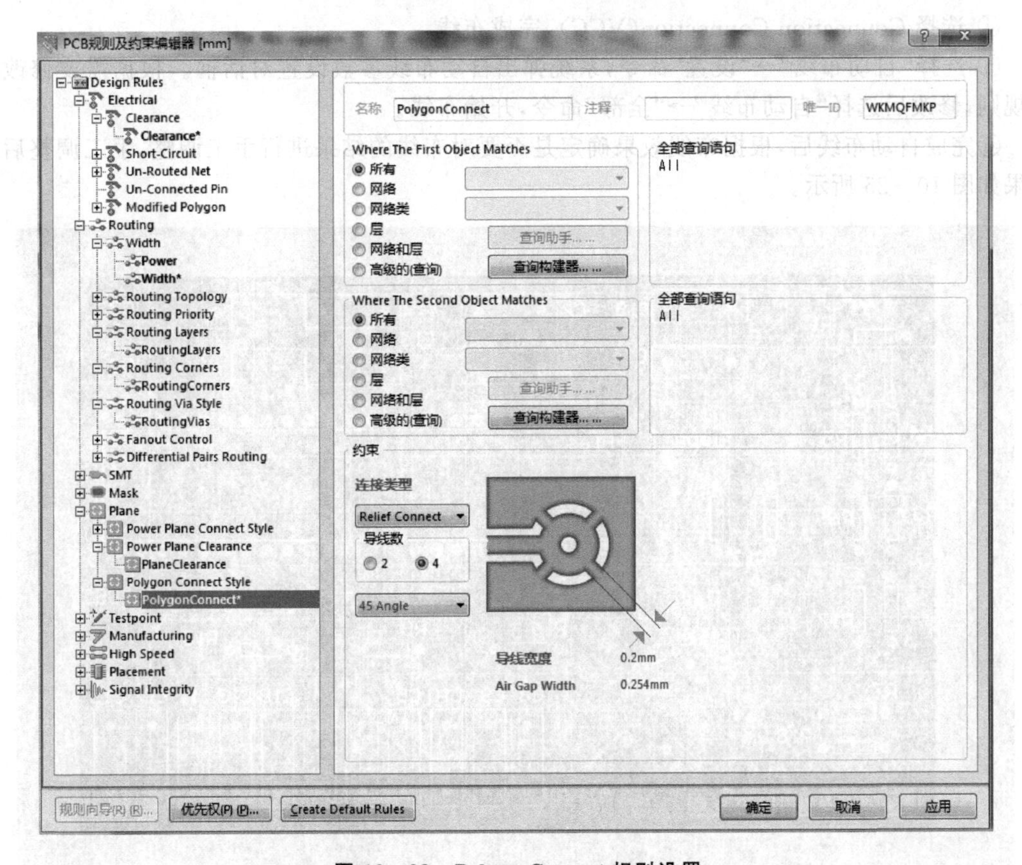

图 10 - 23　PolygonConnect 规则设置

③ 选择该命令后，光标变成十字形，移动光标到 VCC 处单击，系统弹出如图 10 - 24 所示

的网络选项。

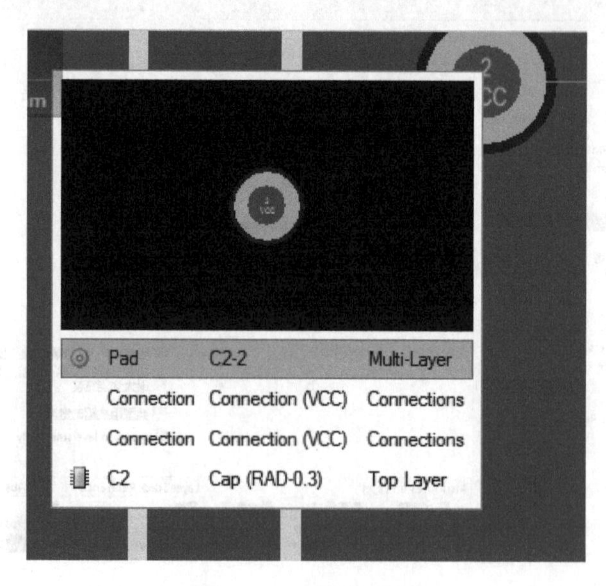

图 10－24　网络选项

④ 选择 Connection Connection(VCC)，完成布线。

⑤ 选择“自动布线”→“设置”命令，系统弹出自动布线参数设置对话框。根据需要修改布线规则，修改后选择“自动布线”→“全部”命令，开始布线。

⑥完成自动布线后，根据布线效果确定是否要对布线的结果进行手工调整，手工调整后的效果如图 10－25 所示。

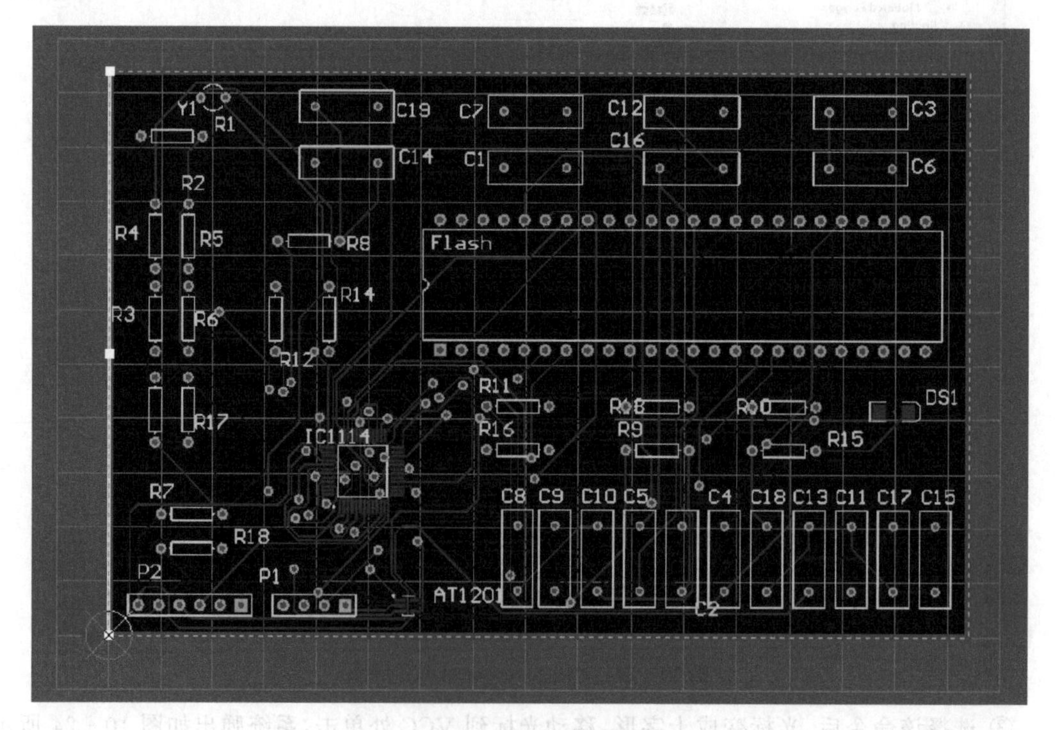

图 10－25　布线效果

4. 敷　铜

为了加强电路板的抗干扰能力，需要对电路板进行敷铜处理，下面具体介绍敷铜的步骤：

① 选择"设计"→"规则"命令，系统打开布线参数设置对话框。

② 在该对话框中选择 Plane 中的 Polygon Connect Style，进行敷铜层规则设置，将规则使用范围设置为 All，将"连接类型"设置为 Relief Connect，将"导线数"设置为 4，连接类型设置为 45 Angle，"导线宽度"设置为 0.5 mm，完成后关闭对话框。

③ 选择"放置"→"多边形敷铜"命令，设置敷铜层属性。

④ 完成敷铜层属性设置后，单击 OK 按钮，此时光标变成十字形，在 PCB 板上单击，将要敷铜的区域围成一个闭合的圈。

如果对结果不满意，则可以双击敷铜层，系统弹出敷铜层属性对话框，单击 OK 按钮，系统弹出重做敷铜的对话框，单击 NO 按钮，即可撤销敷铜。

⑤ 选择"工具"→"滴泪"命令，弹出 Teardrops 对话框。

⑥ 补泪滴是为了加强焊盘和导线的连接，单击 OK 按钮，即可完成补泪滴的操作。

5. 设计规则检查

在最后确定 PCB 的设置之前，还需要对 PCB 进行设计规则检查，以确定 PCB 板上没有设计性的错误，具体步骤如下：

① 选择"工具"→"设计规则检查"命令，系统会弹出一个设计规则检查对话框，在该对话框中设置检查规则。

② 完成相关的规则后，选择设计规则检查即可。

10.1.10　3D 效果图

选择"察看"→"切换到 3 维显示"命令，可以查看该 PCB 的 3D 效果图，如图 10－26 所示。

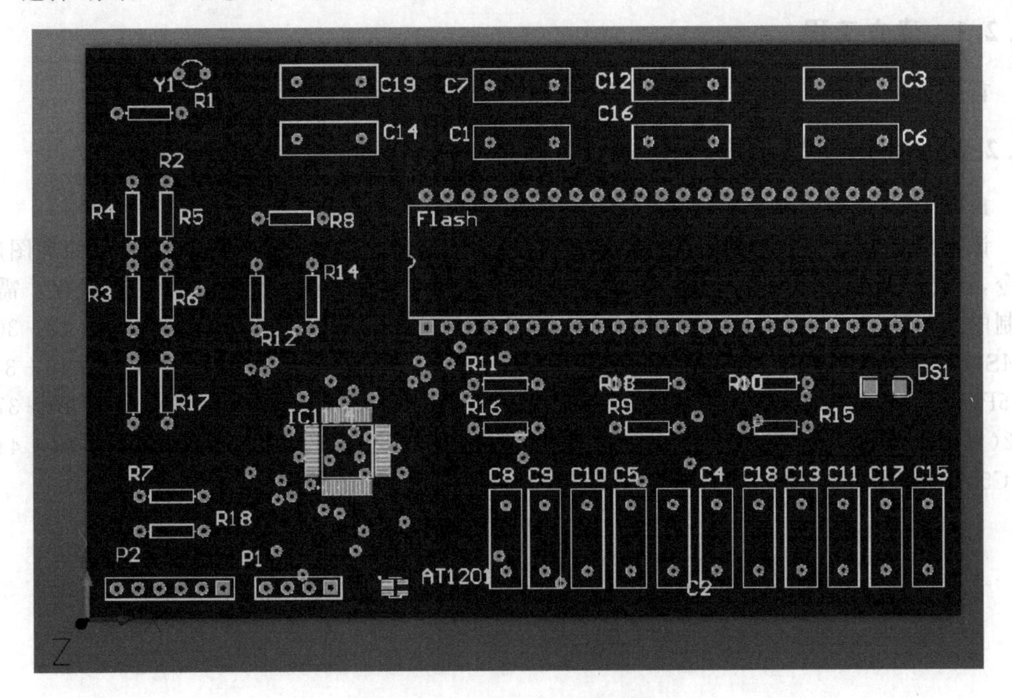

图 10－26　PCB 的 3D 效果图

10.1.11　元件属性

该原理图中的元件属性如图 10－27 所示。

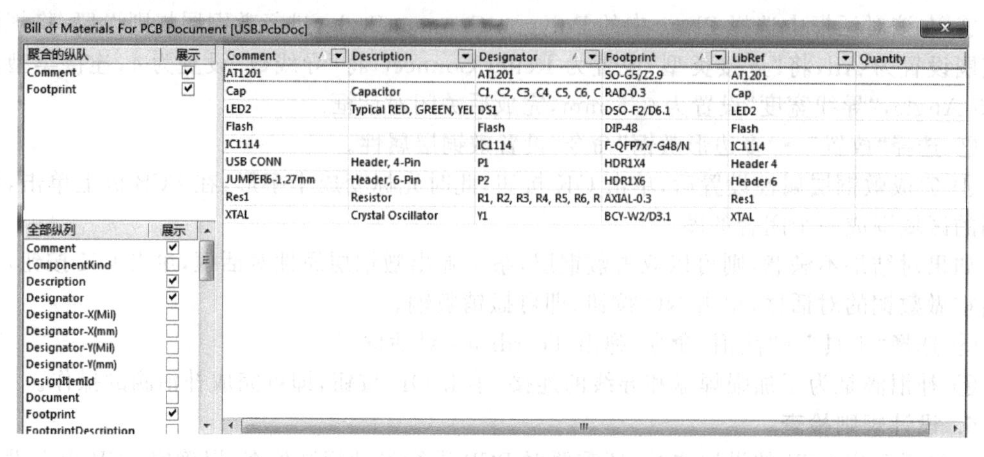

Comment	Description	Designator	Footprint	LibRef	Quantity
AT1201		AT1201	SO-G5/Z2.9	AT1201	
Cap	Capacitor	C1, C2, C3, C4, C5, C6, C	RAD-0.3	Cap	
LED2	Typical RED, GREEN, YEL	DS1	DSO-F2/D6.1	LED2	
Flash		Flash	DIP-48	Flash	
IC1114		IC1114	F-QFP7x7-G48/N	IC1114	
USB CONN	Header, 4-Pin	P1	HDR1X4	Header 4	
JUMPER6-1.27mm	Header, 6-Pin	P2	HDR1X6	Header 6	
Res1	Resistor	R1, R2, R3, R4, R5, R6, R	AXIAL-0.3	Res1	
XTAL	Crystal Oscillator	Y1	BCY-W2/D3.1	XTAL	

图 10－27　元件属性列表

10.2　FPGA 开发板原理图与 PCB 板制作

本节将介绍 FPGA 开发板原理图设计及其 PCB 的制作过程，由于实验板的硬件资源较多，不宜采用自动布线方式实现 PCB 的布线。该项目中包括 6 张原理图分别为：原理图 power、原理图 seg、原理图 dds、原理图 peripheral、原理图 fpga、原理图 core。

10.2.1　建立工程

首先，创建一个 PCB 工程，然后将工程命名为“PCB_ep4”。

10.2.2　FPGA 开发板原理图设计

1. 新建原理图库并手绘需要的元件

该项目原理图中有许多元器件需要自行绘制。选择“文件”→“新建”→“库”→“原理图库”命令，新建一个原理图库，并保存为“PCB_ep4. SchLib”。根据需要绘制元器件并保存。需要绘制的元器件如下：24LC64(见图 10－28)、50 MHz(见图 10－29)、74HC138D(见图 10－30)、AMS1117_3. 3(见图 10－31)、AS(见图 10－32)、header(见图 10－33)、JTAG10(见图 10－34)、M25P16－VMW6TG(FLASH)(见图 10－35)、P＊(见图 10－36)、PL2303－HX(见图 10－37)、PS2(见图 10－38)、REF2925(见图 10－39)、SDRAM(见图 10－40)、seg7(见图 10－41)、TLC549CP(见图 10－42)、TLC5620(见图 10－43)、USB B 型(见图 10－44)。

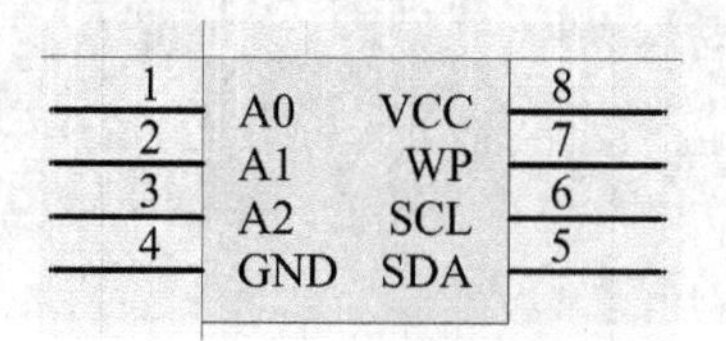

图 10－28　元器件 24LC64

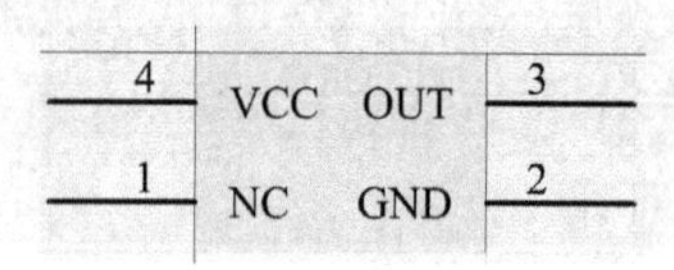

图 10－29　元器件 50 MHz

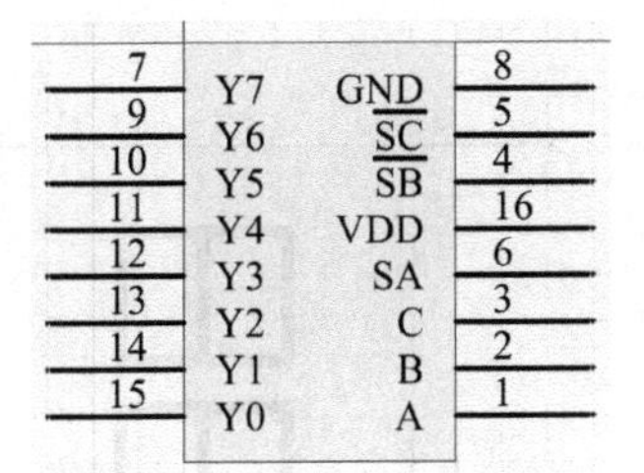

图 10-30　元器件 74HC138D

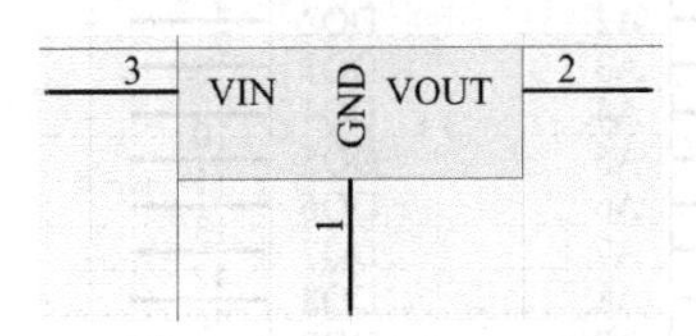

图 10-31　元器件 AMS1117_3.3

图 10-33　元器件 header

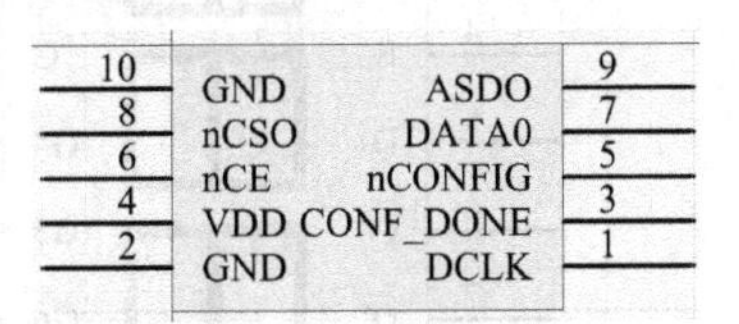

图 10-32　元器件 AS

图 10-34　元器件 JTAG10

图 10-35　元器件 M25P16-VMW6TG(FLASH)

图 10-36　元器件 P＊

图 10-37　元器件 PL2303-HX

图 10-38　元器件 PS2

图 10-39　元器件 REF2925

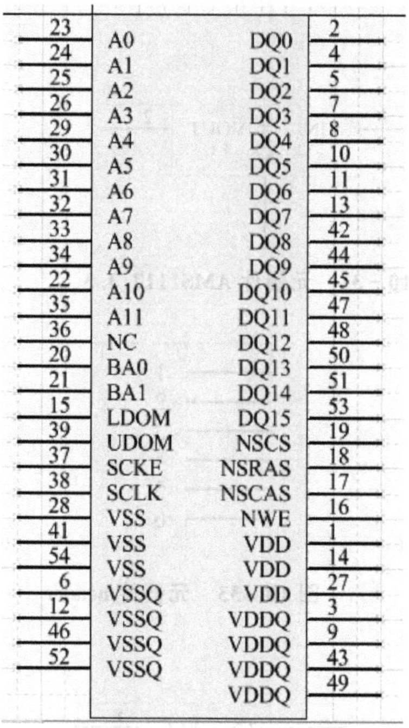

图 10-40　元器件 SDRAM

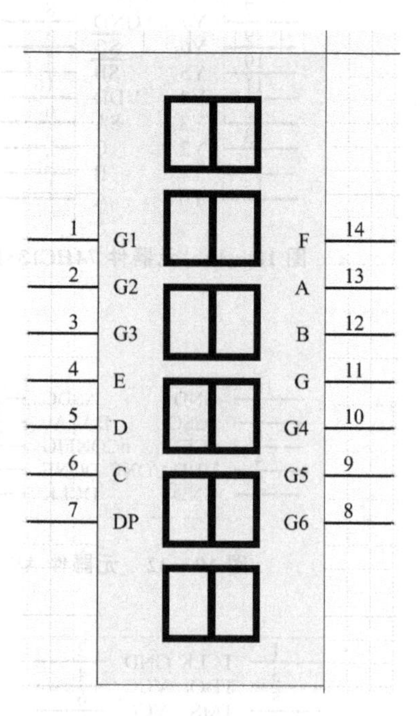

图 10-41　元器件 seg7

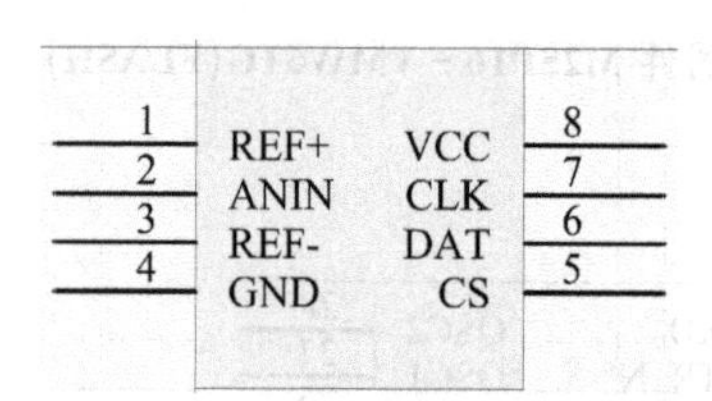

图 10-42　元器件 TLC549CP 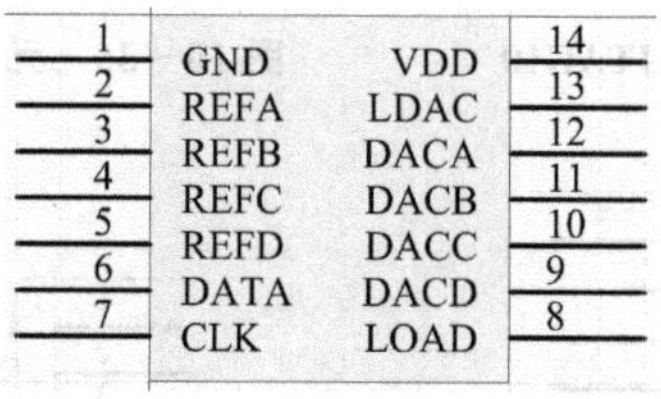　　图 10-43　元器件 TLC5620 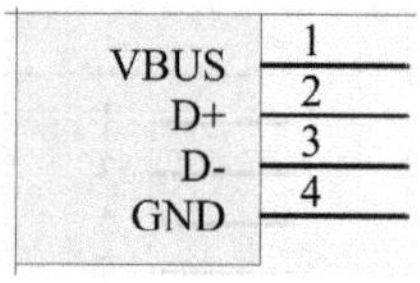　　图 10-44　元器件 USB B 型

2. 新建原理图文件并绘制相应的原理图

由于 FPGA 开发板硬件资源较多，很难在一张原理图中绘制，因此这里按照其模块功能分绘在 6 张原理图中。选中新建的 PCB_ep4 工程，右击，在弹出的快捷菜单中选择“给工程添加新的”→Schematic 命令，将新建一个原理图文件。单击“保存”按钮，将文件名修改为 power 后保存文档。采用同样的方法新建另外 5 张原理图，分别命名为 seg、dds、peripheral、fpga、core，如图 10-45 所示。

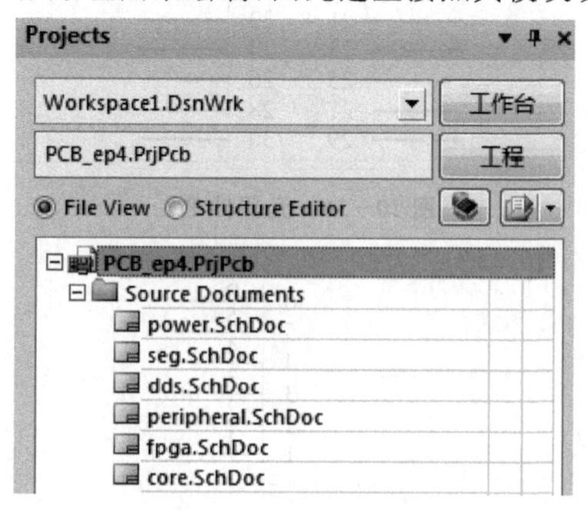

图 10-45　新建原理图文件

将元器件放置到原理图中并修改其封装属性，最后用导线将各元器件连接起来，并在适当的位置进行文字标注，在上述 6 张原理图中绘制相应的原理图并实时保存，其

中原理图power，如图 10－46 所示；原理图 seg，如图 10－47 所示；原理图 dds，如图 10－48 所示；原理图peripheral，如图 10－49 所示；原理图 fpga，如图 10－50 所示；原理图 core，如图 10－51 所示。

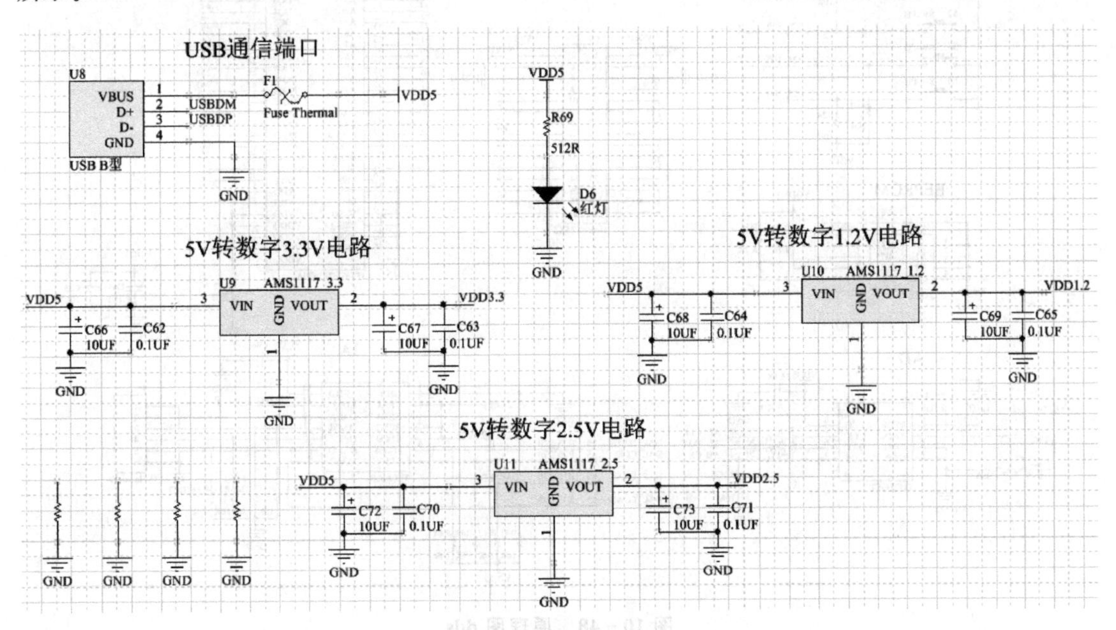

图 10－46　原理图 power

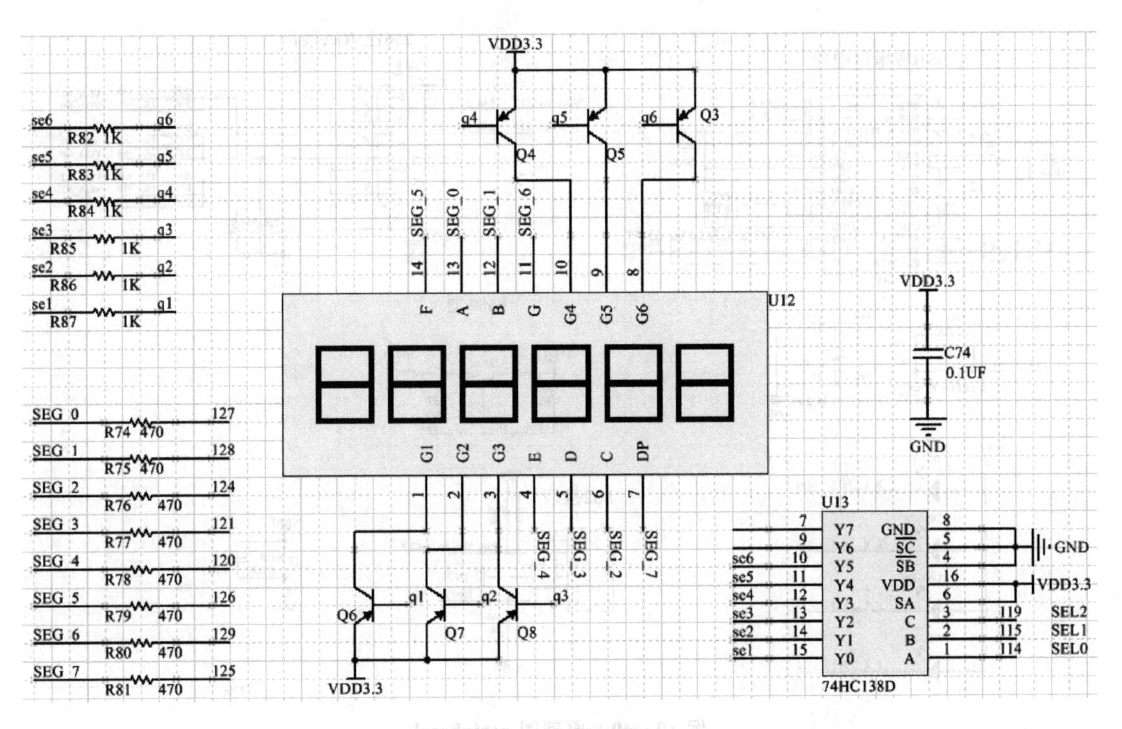

图 10－47　原理图 seg

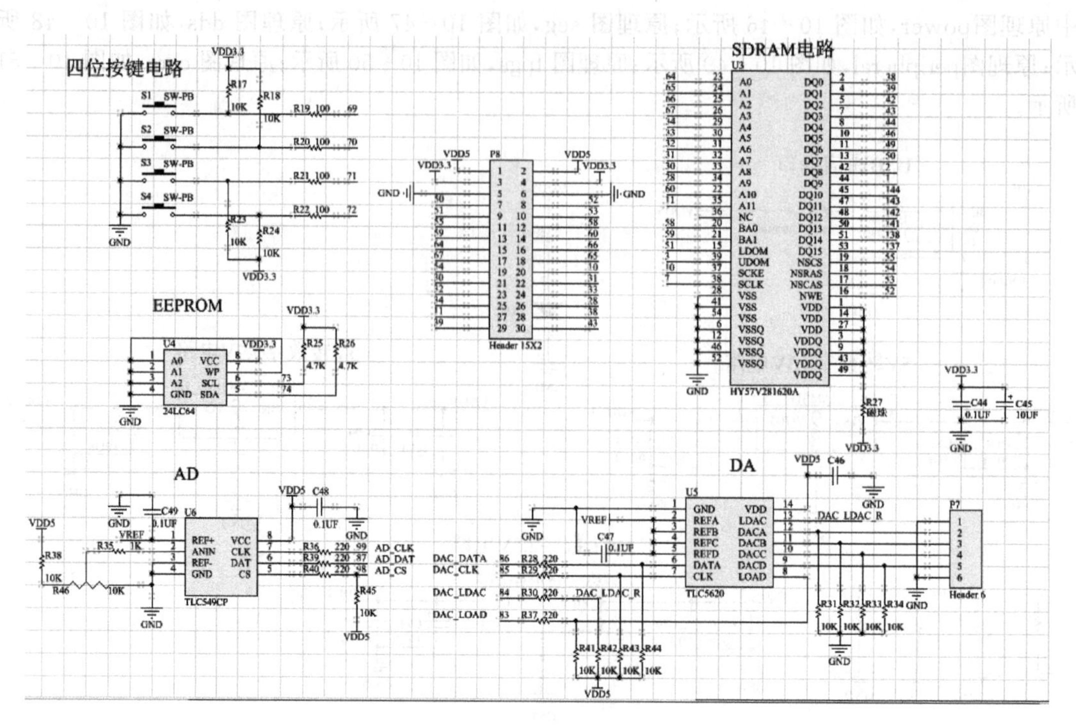

图 10－48　原理图 dds

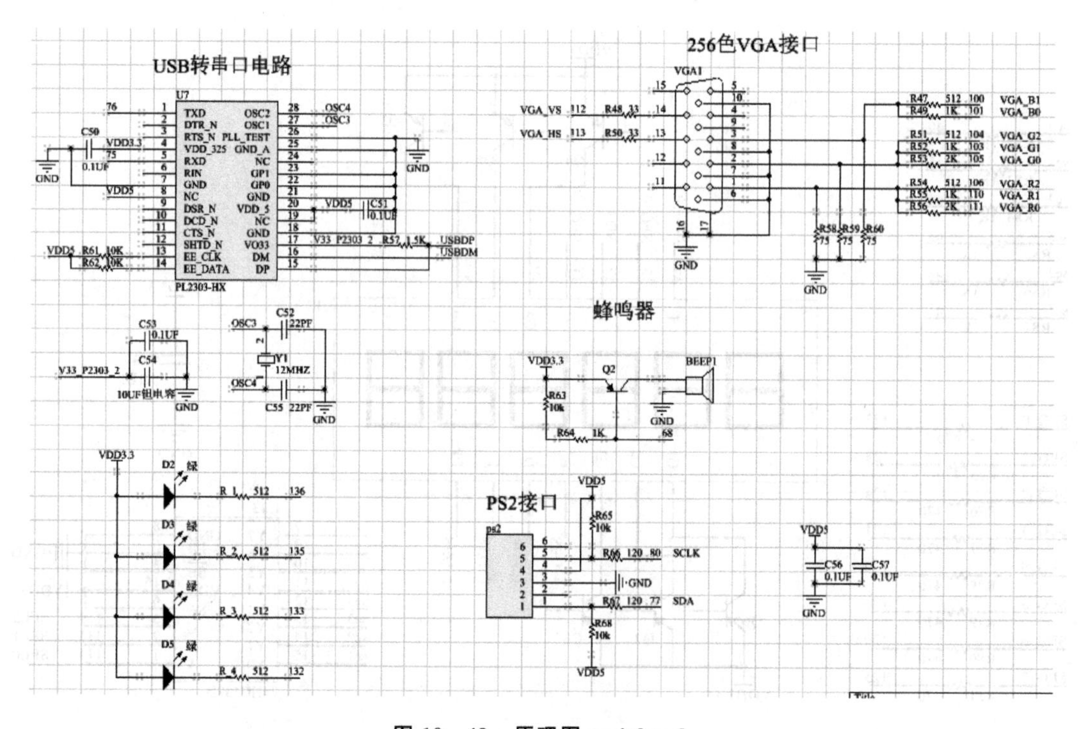

图 10－49　原理图 peripheral

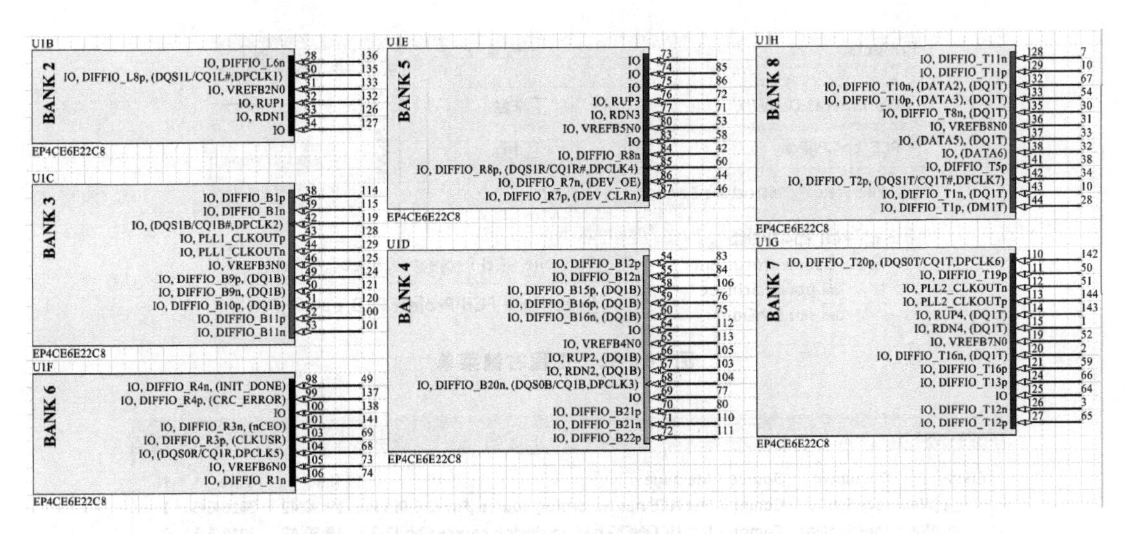

图 10－50 原理图 fpga

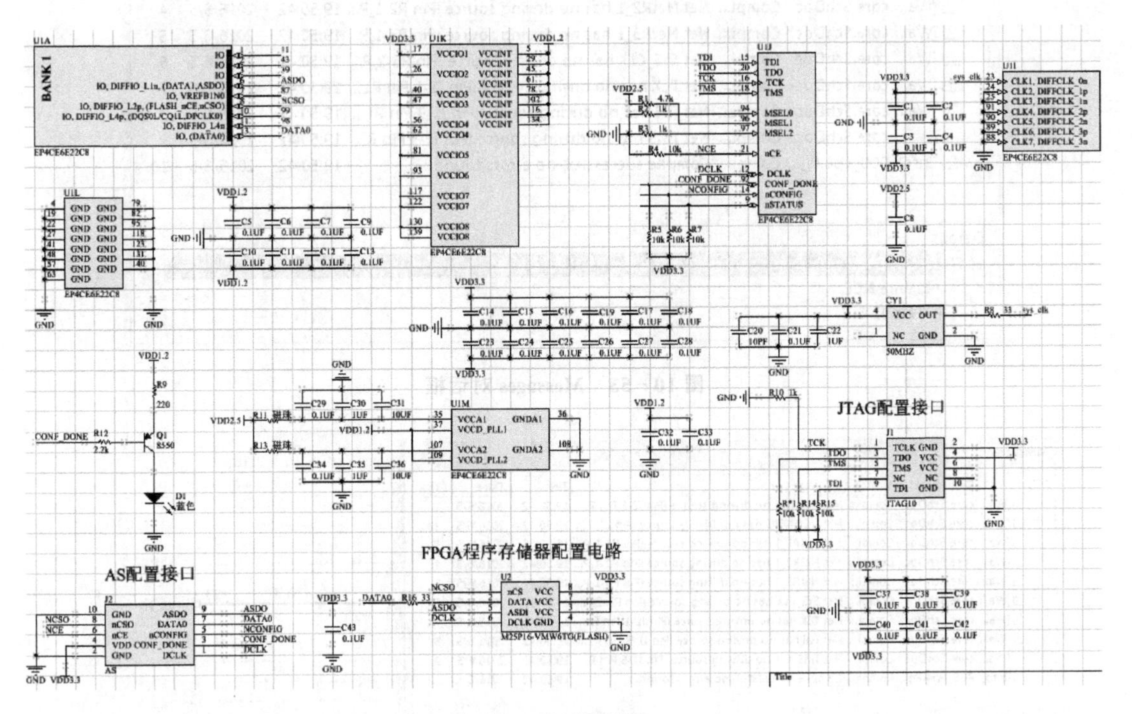

图 10－51 原理图 core

3. 工程编译及生成网络表

选中工程 PCB_ep4，然后右击，在弹出的快捷菜单中选择“Compile PCB Project PCB_ep4. PrjPcb”命令，即可对工程进行编译，如图 10－52 所示。

编译结束后，选择“察看”→Workspace Panels→System→Messages 命令来查看编译结果，如图 10－53 所示。共出现三处错误，根据提示可知该错误是由名为 NCE 的导线连接有问题而导致的。双击 Wire NCE，原理图中出错的位置会高亮显示，如图 10－54 所示，如此找出问题并解决直至编程没有错误为止。

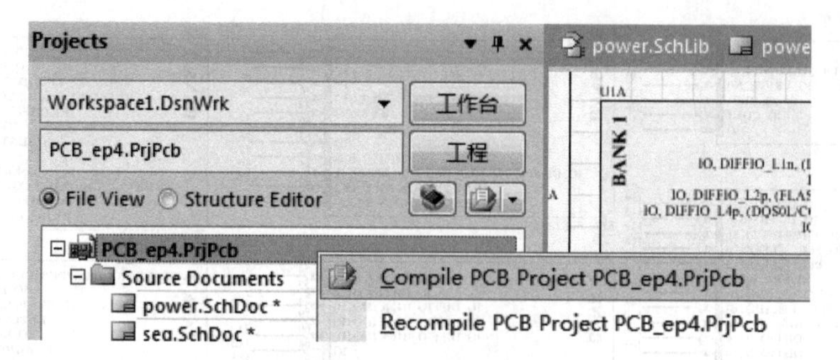

图 10-52　工程右键菜单

Messages

Class	Document	Source	Message	Time	Date	N..
[Wa...	core.SchDoc	Compi...	Net NCE has no driving source (Pin J2-6,Pin R...	19:50:42	2016/6/5	1
[Wa...	core.SchDoc	Compi...	Net NCONFIG has no driving source (Pin J2-5,...	19:50:42	2016/6/5	2
[Wa...	core.SchDoc	Compi...	Net NetR1_1 has no driving source (Pin R1-1,P...	19:50:42	2016/6/5	3
[Wa...	core.SchDoc	Compi...	Net NetR2_1 has no driving source (Pin R2-1,P...	19:50:42	2016/6/5	4
[Wa...	core.SchDoc	Compi...	Net NetR3_1 has no driving source (Pin R3-1,P...	19:50:42	2016/6/5	5
[Wa...	core.SchDoc	Compi...	Net SYS_CLK has no driving source (Pin R8-2,P...	19:50:42	2016/6/5	6
[Wa...	core.SchDoc	Compi...	Net TCK has no driving source (Pin J1-1,Pin R1...	19:50:42	2016/6/5	7
[Wa...	core.SchDoc	Compi...	Net TDI has no driving source (Pin J1-9,Pin R1...	19:50:42	2016/6/5	8
[Wa...	core.SchDoc	Compi...	Net TMS has no driving source (Pin J1-5,Pin R...	19:50:42	2016/6/5	9
[Info]	PCB_ep4.Prj...	Compi...	Compile successful, no errors found.	19:50:42	2016/6/5	10

Details
Net NCE has no driving source (Pin J2-6,Pin R4-1,Pin U1-21)
Wire NCE
Pin J2-6

图 10-53　Messages 对话框

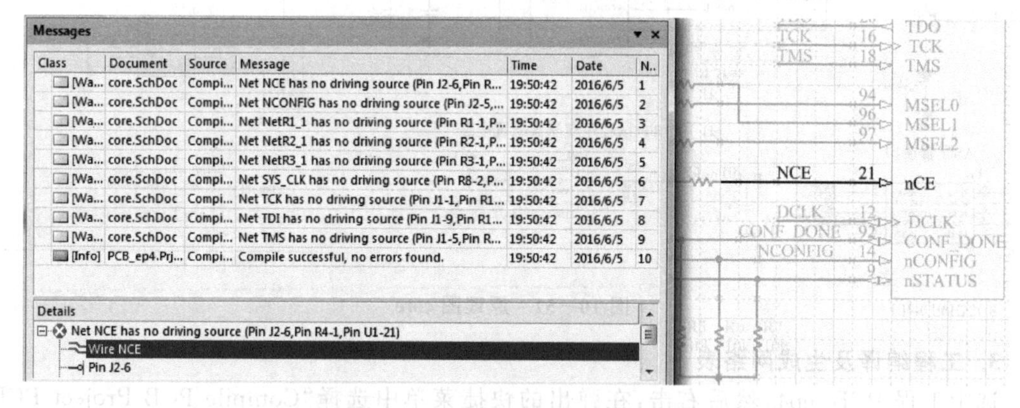

图 10-54　原理图中出错的位置高亮显示

4. 打印原理图和材料清单报表

选择“文件”→“页面设置”命令，在弹出的 Schematic Print Properties 对话框中，设置打印纸张的尺寸为 A4，页面方向设置为“风景图”，缩放比例为 Fit Document On Page，颜色设置为灰的。单击“预览”按钮，原理图 core 缩放到 A4 中的图纸如图 10-55 所示。

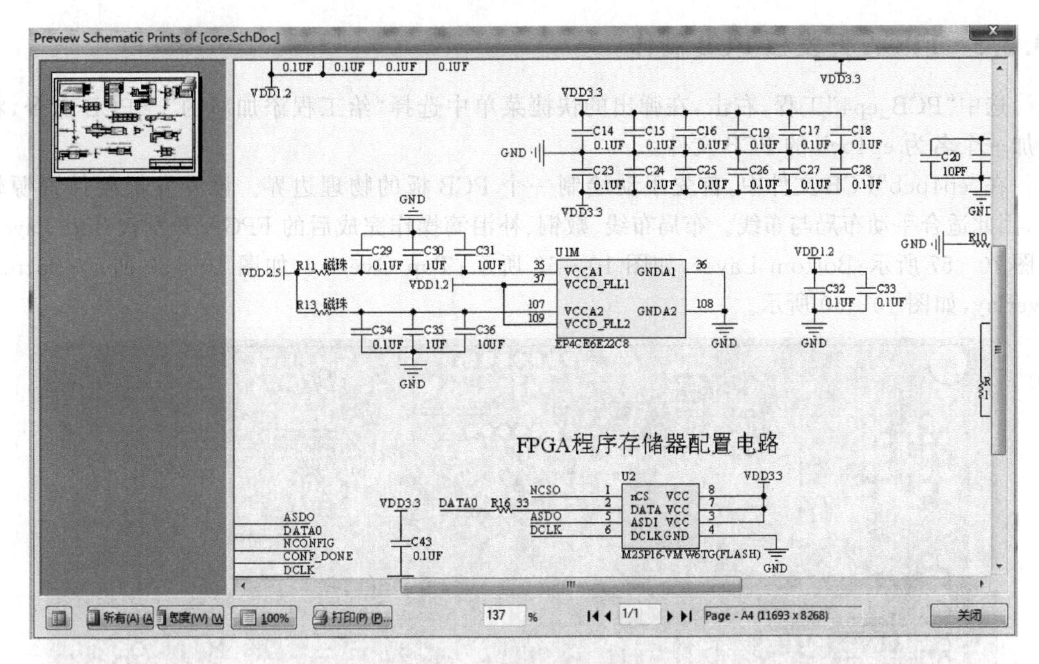

图 10－55　原理图打印预览

选择“报告”→Bill of Materials 命令，在弹出的 Bill of Materials For Project 对话框中，选择“菜单”→“报告”命令。如图 10－56 所示，单击“报告预览”对话框中的“打印”按钮，即可将材料清单报表打印输出。

报告预览

Report Generated From Altium Design

Comment	Description	Designator	Footprint	LibRef	Quanti
ps2		*1	PS2	ps2	1
Speaker	Loudspeaker	BEEP1	BUZZER	Speaker	1
Cap	Capacitor	C1, C2, C3, C4, C5, C6, C7, C8, C9, C10, C11, C12, C13, C14, C15, C16, C17, C18, C19, C20, C21, C22, C23, C24, C25, C26, C27, C28, C29, C30, C31, C32, C33, C34, C35, C36, C37, C38, C39, C40, C41, C42, C43, C44, C46, C47, C48, C49, C50, C51, C52, C53, C55, C56, C57, C62, C63, C64, C65, C70, C71, C74	0805	Cap	62
Cap Pol2	Polarized Capacitor (Axial)	C45, C66, C67, C68, C69, C72, C73	CAP -3216	Cap Pol2	7
Cap	Capacitor	C54	CAP -3216	Cap	1
50MHZ		CY1	EXATL	50MHZ	1
蓝色	Typical INFRARED GaAs LED	D1	0805	LED0	1
绿	Typical INFRARED GaAs LED	D2, D3, D4, D5	0805	LED0	4
红灯	Typical INFRARED GaAs LED	D6	0805	LED0	1 0
Fuse Thermal	Thermal Fuse	F1	FUSE1812	Fuse Thermal	1
JTAG10		J1	JTAG10	JTAG10	1

Page 1 of 2

所有(A) (A)　宽度(W) (W　100%　111 %　1

输出(E) (E)..　打印(P) (P)..　打开报告(O) (O)..　停止(S) (S　关闭(C) (C)

图 10－56　“报告预览”对话框

10.2.3 FPGA 开发板 PCB 制作

选中“PCB_ep4”工程，右击，在弹出的快捷菜单中选择“给工程添加新的”→PCB 命令，将添加一个名为 ep4pcb 的 PCB 文件。

在“ep4pcb”PCB 文件中，首先手动绘制一个 PCB 板的物理边界。该开发板硬件资源较多，因此适合手动布局与布线。布局布线、敷铜、补泪滴操作完成后的 FPGA 开发板 Top Layer，如图 10－57 所示；Bottom Layer，如图 10－58 所示；Top Overlay，如图 10－59 所示；Bottom Overlay，如图 10－60 所示。

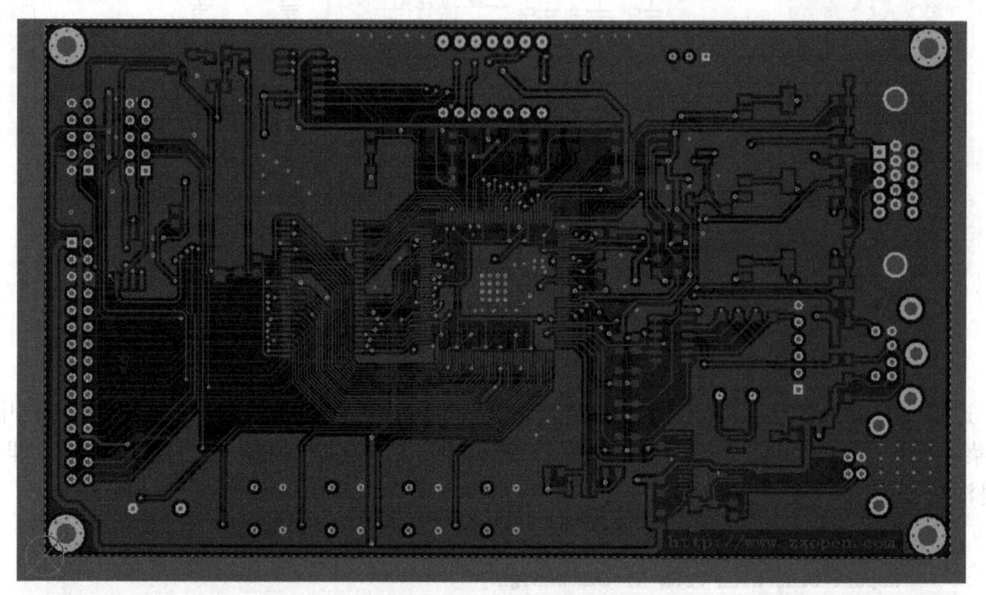

图 10－57 Top Layer

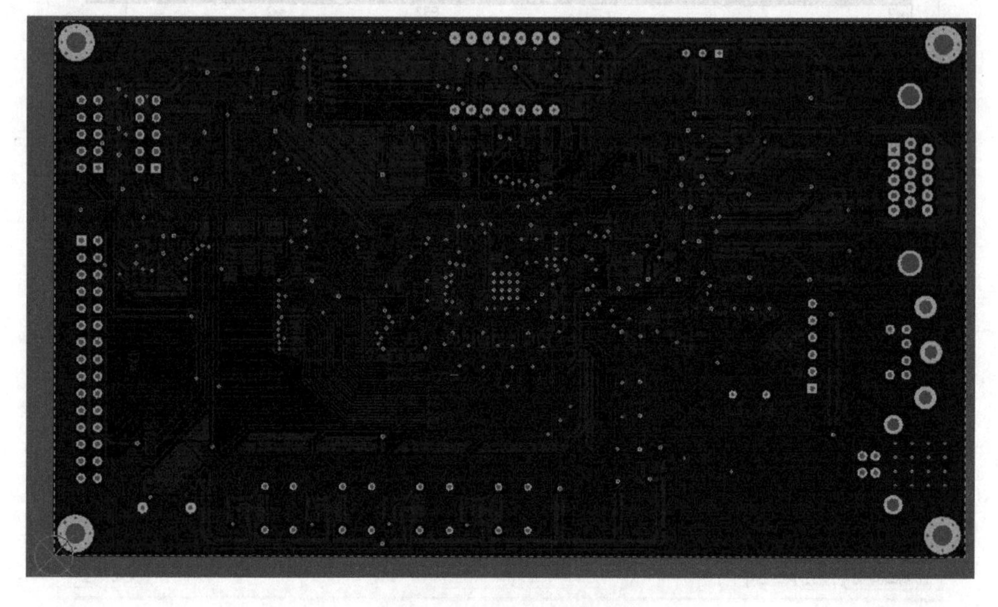

图 10－58 Bottom Layer

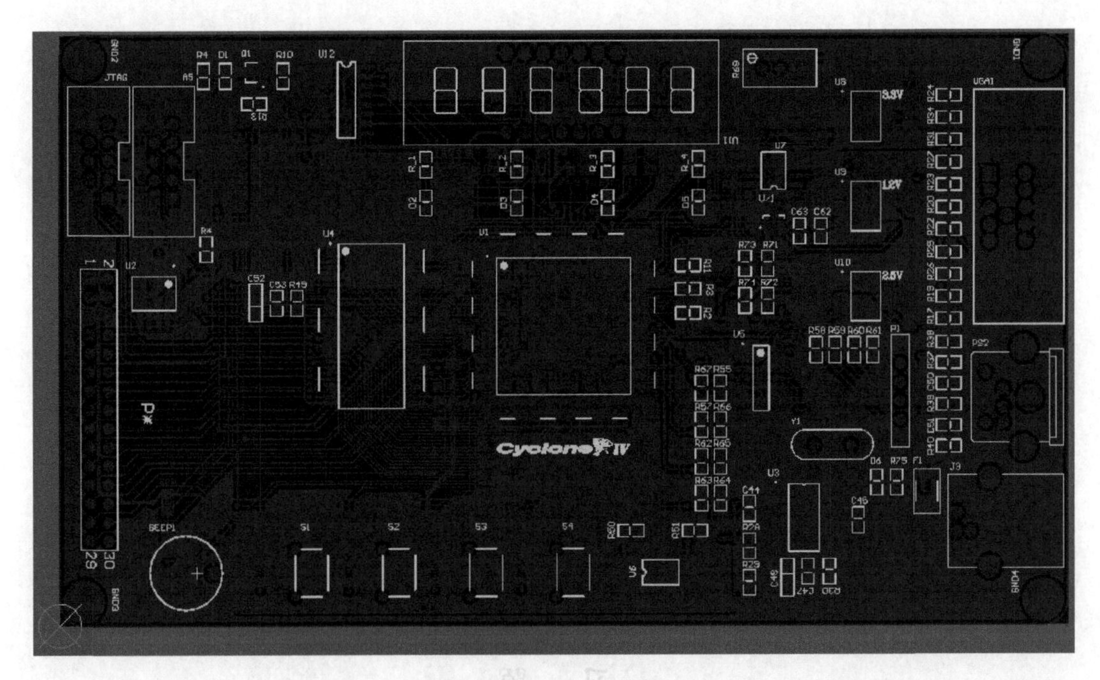

图 10-59　Top Overlay

图 10-60　Bottom Overlay

10.2.4　3D 效果图

选择“察看”→“切换到 3 维显示”命令，可以查看该 PCB 的 3D 效果图，如图 10-61 所示。

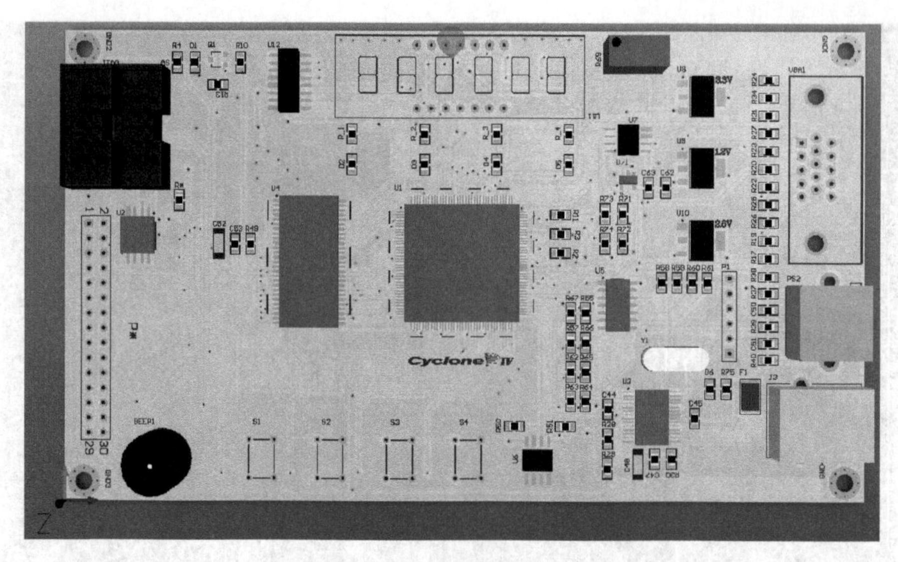

图 10-61　FPGA 开发板 3D 效果图

习　题

1. 绘制如图 10-62 所示的数/模转换电路原理图,并完成该电路板的制作,要求考虑电路板的对称性、核心元件的散热问题。

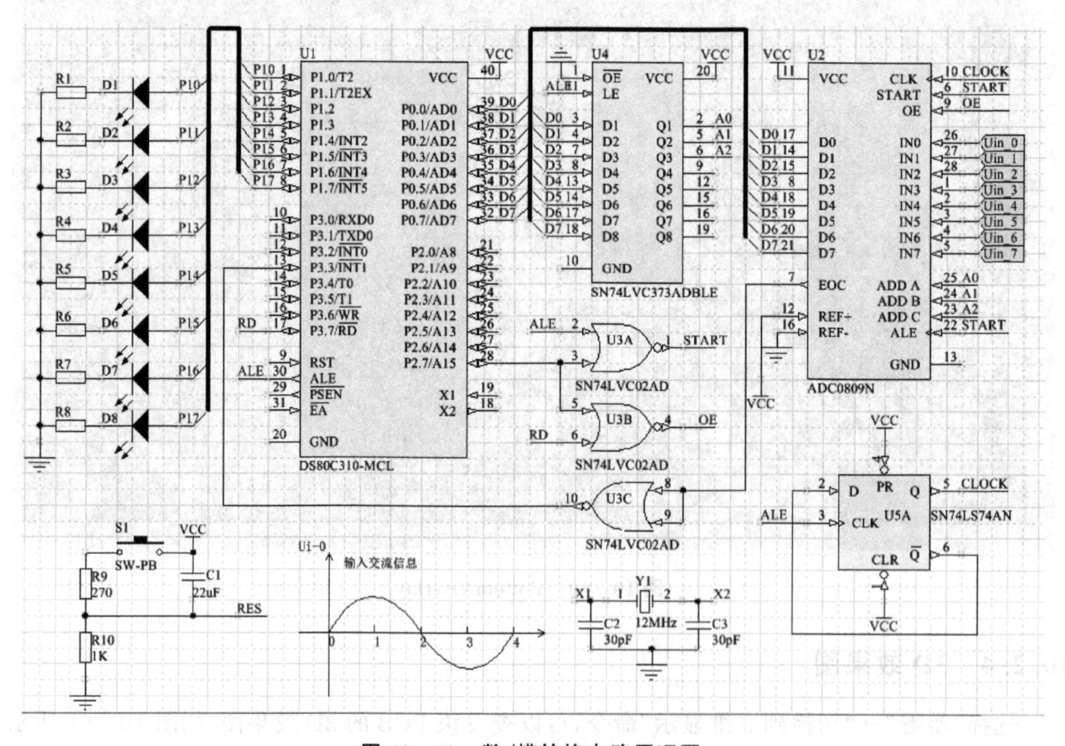

图 10-62　数/模转换电路原理图

2. 绘制如图 10－63 所示的声光报警电路原理图，并完成该电路板的设计。根据需要自行考虑该电路板的形状。

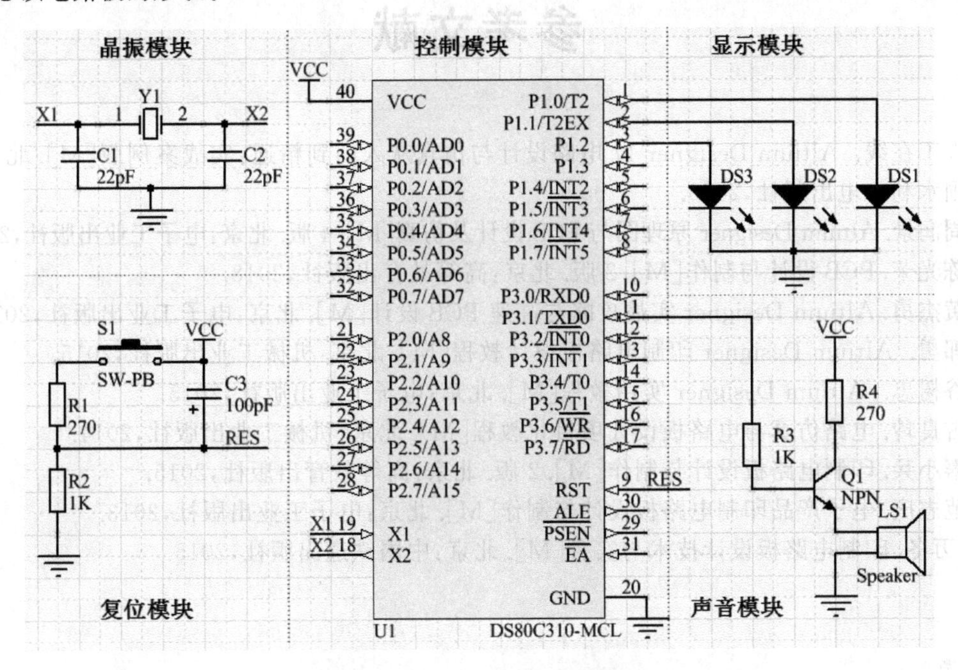

图 10－63　声光报警电路原理图

参考文献

[1] 天工在线. Altium Designer 17 电路设计与仿真从入门到精通:实战案例版[M]. 北京:中国水利水电出版社,2020.
[2] 周润景. Altium Designer 原理图与 PCB 设计及仿真[M]. 4 版. 北京:电子工业出版社,2019.
[3] 陈光荣. PCB 设计与制作[M]. 2 版. 北京:高等教育出版社,2018.
[4] 黄杰勇. Altium Designer 实战攻略与高速 PCB 设计[M]. 北京:电子工业出版社,2015.
[5] 郭勇. Altium Designer 印制电路板设计教程[M]. 北京:机械工业出版社,2015.
[6] 谷树忠. Altium Designer 实用教程[M]. 北京:电子工业出版社,2015.
[7] 古良玲. 电路仿真与电路板设计项目化教程[M]. 北京:机械工业出版社,2014.
[8] 辜小兵. 印制电路板设计与制作[M]. 2 版. 北京:高等教育出版社,2015.
[9] 范志庆. 电子产品印制电路板设计与制作[M]. 北京:电子工业出版社,2013.
[10] 万冬. 印制电路板设计技术与实务[M]. 北京:中国铁道出版社,2015.